KB052734

운동의 역설

운동의 역설
다이어트와 운동에 관한 놀라운 과학

초판 1쇄 펴낸날 2022년 7월 15일
초판 4쇄 펴낸날 2023년 9월 20일

지은이 허먼 폰처
옮긴이 김경영
감수 박한선
펴낸이 이건복
펴낸곳 동녘사이언스

책임편집 구형민
편집 이지원 김혜윤 홍주은
마케팅 임세현
관리 서숙희 이주원

등록 제406-2004-000024호 2004년 10월 21일
주소 (10881) 경기도 파주시 회동길 77-26
전화 영업 031-955-3000 편집 031-955-3005 **전송** 031-955-3009
블로그 www.dongnyok.com **전자우편** editor@dongnyok.com
페이스북·인스타그램 @dongnyokpub
인쇄 새한문화사 **라미네이팅** 북웨어 **종이** 한서지업사

ISBN 978-89-90247-83-4 (03470)

• 잘못 만들어진 책은 바꿔드립니다.
• 책값은 뒤표지에 쓰여 있습니다.

운동의 역설

허먼 폰처 지음·김경영 옮김·박한선 감수

다이어트와 운동에 관한
놀라운 과학

동녘사이언스

추천의 말

다이어트와 운동이 왜 우리를 더 날씬하게 만들어주지 못할까?

그 많고 많은 건강 지식은 정말 신빙성이 있을까

"권위적인 지식의 힘은 그 지식이 옳기 때문이 아니라 널리 인정받기 때문에 나온다."

인류학자 브리지트 조던Brigitte Jordan의 말이다. 우리가 알고 있는 건강에 관한 지식 상당수는 과학적 근거가 없다. "와인을 마시면 장수한다. 물을 많이 마시면 건강해진다. 식사 직후에는 수영하면 안 된다. 어두운 곳에서 책을 보면 시력이 나빠진다. 상추를 먹으면 잠이 온다. 뇌는 단지 10%만 사용된다. 손가락을 꺾어 소리를 내면 관절염이 생긴다. 검은콩을 먹으면 흰머리가 줄어든다. 달리기를 많이 하면 무릎 연골이 상한다. 비타민 C를 먹으면 감기를 막는다. 윗몸일으키기 운동을 하면 뱃살이 빠진다. 단것을 먹으면 여드름이 생긴다 등등……" 웬만한 책을 한 권 써도 될 정도로 목록이 끝나지 않는다. 이러한 목록의 순위를 매겨본다면 분명 맨 위에 이런 말이 쓰여 있을 것이다.

"운동을 하면 살이 빠진다."

왠지 책을 덮고 싶은 마음이 들지도 모르겠다. '운동을 통한 체중 감량'이라는 피트니스교의 절대 교리를 버리란 말인가? 사문난적이다. 비록 그 교리를 실천하는 사람은 별로 보지 못했지만, 그래도 모든 이가 믿어 의심치 않는 계명이다. 언젠가 고통스러운 순례, 아니 운동만 해낼 수 있다면, 날씬한 몸을 얻어 구원받을 수 있다는 믿음이다. 그러나 단언컨대 순례를 마쳐도 약속된 땅은 기다리지 않을 것이다.

이 책의 저자 허먼 폰처는 듀크대학교 진화인류학 및 글로벌 보건학과 교수다. 펜실베이니아 주립대학에서 인류학 학부를 마치고, 하버드대학교에서 생물인류학 대학원을 마쳤다. 진화적 관점에서 인류의 독특한 에너지 대사 관련 형질을 연구하고 있는 젊은 학자다. 다양한 논문과 책, 칼럼을 통해서 인간 에너지 대사에 관한 오랜 통념을 깨려고 노력해왔다. 물론 그 노력이 그리 성공적이지는 못했다.

사람들의 믿음은 그리 쉽게 바뀌지 않는다. 아직도 열 명 중 한 명은 지구가 평평하다고 믿으며, 열 명 중 네 명은 진화이론을 인정하지 않는다(미국 기준). 건강 관련 상식, 특히 다이어트에 관해서는 사정이 더 나쁘다. 내가 아는 어떤 사람은 밥을 스무 번 이상 씹어 먹으면 살이 찌지 않는다고 믿고 있었다. 입에서 충분히 소화를 시키므로 위장의 무리가 덜 간다는 것이다. 위장에 무리가 덜 가면 살이 더 찔 것 같았지만, 반론은 허용되지 않았다. 아무튼 조금 효과는 있었다. 밥 한술을 스무 번이나 씹다 보면 식사 시간이 끝나기 전까지 밥 한 공기를 다 비우기 어렵다. 다이어트에 관한 수많은 통념은 마치 찰스 다윈 이전의 박물학이나 아이작 뉴턴 이전의 물리학처럼, 과학이라기보다는 미신에 가깝다.

그것은 혁명일까 아니면 반反혁명일까, 식단의 변화

인간과 침팬지가 갈라진 500~700만 년 전, 초기 호미닌은 주로 잡식을 했다. 침팬지의 식단에는 고기가 2% 정도만 포함되지만, 오스트랄로피테신을 비롯한 초기 호미닌은 고기반찬을 더 많이 즐겼다. 하지만 초기 호미닌의 사냥 기술은 그리 인상적이지 못했고(대개 다른 육식동물이 사냥한 고기를 약취했다), 고기를 원 없이 먹지는 못했을 것이다.

그러나 약 260만 년 전, 석기를 사용하면서 사정이 좀 달라졌다. 석기는 기본적으로 요리 도구다. 뼈를 깨서 골수를 빼먹거나 질긴 고기를 잘게 자르는 용도다. 물론 죽은 동물의 살점을 자르는 것뿐 아니라, 산 동물을 잡는 데도 사용했다. 인간은 점점 육식동물이 되어갔다. 심지어 필수 지방산을 만드는 능력도 잃어버렸다(그래서 '필수'라는 이름이 붙은 것이다). 식물성 지방에는 18개의 탄소 원자로 된 지방산이 흔한 데, 원래 인류의 조상은 이를 20개 혹은 22개의 탄소로 이루어진 지방산으로 합성해낼 수 있었다. 그러나 언제부터인지 이 능력을 잃었다. 뭐, 상관없었다. 매일 식탁에 오르는 고기에는 '필수' 지방산이 풍부했다. 육식은 이제 필수가 되었다.

수렵채집인은 고기를 좋아한다. 현생 수렵채집인 중 식물성 식량에서 절반 이상의 열량을 섭취하는 문화는 14%에 불과하다. 70% 이상의 수렵채집 사회에서 물고기나 육고기는 식단의 절반 이상을 차지한다. 심지어 극지에 사는 일부 수렵채집인의 경우, 육식 비율이 99%에 달한다. 채식주의자가 채식을 선택하는 이유는 다양하겠지만, 만약 '원시에 가까운 자연 식단'을 추구하려는 것이라면 잘못된 이유다. 미국인은 그 어떤 산업 국가의 국민보다도 육식을 좋아하는 것으로 알려져 있는데, 미국인이 먹는 평균 육식량의 2배 이상을 먹어야 수렵채집인 육식량의 하단에 겨우 다다를 수 있다.

식탁에서 고기가 점점 사라진 것은 신석기 혁명 이후다. 고기를 좋아하는 사람이라면 혁명이 아니라 '반혁명'이라고 할 텐데, 사실 신석기 혁명은 그 밖의 여러 이유에서도 실패한 혁명이었다. 불평등, 기아, 전염병, 일부다처제, 전쟁 등이 모두 이때 시작되었다.

처음에는 양이나 염소, 소, 돼지 등을 가축화하면서 안정적인 육식이 가능해졌다. 약 기원전 1만1000년부터 9000년 전의 일이다. 하지만 인구 증가가 너무 빨랐다. 고기가 점점 귀해졌다. 칼로리의 대부분이 탄수화물로 대체되었다. 기원전 8000년경, 닭을 사육하기 시작하면서 그나마 사정이 나아졌다. 하지만 초기의 닭은 비둘기 크기에 불과했다. 인구 증가를 감당할 수 없었다. 사람들은 심지어 동물의 젖도 마시기 시작했다. 젖을 먹은 어른은 곧 배탈이 났지만, 굶는 것보다는 나았다. 세계 여러 곳에서 젖산을 소화시키는 돌연변이가 독립적으로 나타났다. 동물의 젖을 인간의 아기에게 주면서 여성은 수유 기간을 줄일 수 있었다. 임신 터울이 짧아지면서, 인구는 더더욱 늘어났다. 사람들은 여전히 고기를 좋아했고, 수요 공급 곡선에 따라 고기는 너무 비싸졌다. 하는 수 없이 밥과 빵에 크게 의존하기 시작했다.

이러한 식단의 변화는 지금도 멈추지 않는다. 구대륙의 인류가 감자를 먹기 시작한 것은 500년밖에 되지 않는다. 설탕은 200년, 콜라는 150년, 콘플레이크는 100년 전에 처음 등장했다. 옥수수로 만든 과당은 온갖 음식에 다 들어가는데, 불과 50년 전부터 널리 사용되었다.

그래서 우리 몸은 빠른 식이 변화에 잘 적응하지 못하고 있다. 진화적 불일치evolutionary mismatch라고 부르는 현상이다. 인간은 기원전 6000년 전부터 동물의 젖을 마시기 시작했지만, 아직도 65%의 인구가 유당불내증을 겪는다. 우유를 마시면 배가 아프고 방귀가 나온다. 한국인은 90% 이상이 유당불내증이다. 식이는 가장 빠른 속도로 진화를 유발하는 선택압이지만, 그래도 수백 세대 이상의 시간이 필요하다.

흔히 '황제 다이어트'나 '보그 다이어트'로 불리는 구석기 다이어트가 이러한 불일치 가설에 근거한 것이다. 결론부터 말하지만 잘못된 주장이다. 물론 구석기 조상의 식단에서 건강에 유익한 힌트를 얻을 수 있겠지만, 체중 감량에 도움이 된다고 하긴 어렵다. 게다가 대중적인 구석기 다이어트의 식단은 전혀 '구석기 조상의 식단'이 아니다. 파라과이 동부의 수렵채집인, 아체족은 21종의 파충류와 양서류, 78종의 포유류, 150종의 조류, 헤아릴 수 없이 많은 종류의 식물성 음식을 섭취한다. 곡물 사료를 듬뿍 주고 키운 소고기를 버터에 구워 먹으면서 구석기 식단이라고 우기면 곤란하다.

신석기 혁명은 인구를 크게 늘려주었다. 비옥한 초승달 지역에서 농사를 짓기 시작한 후, 1년에 1킬로미터의 속도로 농경이 확산되었다. 기술이 직접 전파되기도 했고, 아예 인구 집단이 이동하기도 했다. 인류는 족외혼의 오랜 관습을 가지고 있는데, 다른 부족의 구성원과 혼인하는 것을 말한다. 농경인의 숫자가 늘어나면서 수렵채집인의 결혼 후보자 리스트에 다른 수렵채집인보다 농경인의 비율이 더 많아지기 시작했다. 이러한 소집단 확산demic diffusion은 인구 증가와 농업 확산이라는 두 가지 현상을 나선형으로 가속화시켰다. 농사를 짓는 사람이 많아지면서, 점점 더 아기를 많이 낳고, 더 열심히 일하고, 더 빨리 죽었다.

하지만 구석기 시대를 잃어버린 에덴동산으로 간주하면 곤란하다. 앞서 말한 대로 21종의 파충류와 양서류를 먹을 자신이 없다면 말이다. 구석기 다이어트를 다룬 어떤 책의 제목은 심지어 《대사적 인간: 에덴에서 쫓겨난 지 1만 년(Metabolic Man: Ten Thousand Years from Eden)》이다. 에덴동산에는 젖과 꿀이 흐른다는데, 구석기 조상은 꿀은 몰라도 젖은 먹지 않았다. 물론 마블링이 영롱한 소고기도, 육종을 통해 부드러운 잎과 풍부한 과육을 가지게 된 식물성 음식도 없었다. 구석기 다이어트를 하고 싶다면 일단 나미비아 사막에 사는 '쿵족'의 식문화 다큐멘터리를 먼저 보고 오자. 분명 생각이 바뀔 것이다.

지속 가능한 건강한 삶을 이야기하는 '유쾌한 배신감'의 서사 속으로

그러면 이대로 비만과 당뇨, 고혈압에 시달리며 살아가라는 것인가? 그건 아니다. 진화적 불일치를 해결하고 싶다면, 생활 방식부터 바꾸자. 완벽한 구석기인처럼 생활하기는 좀처럼 어렵지만, 건강에 도움이 될 인류학적 지혜를 얻을 수 있다. 분명 균형 잡힌 식사와 적당한 운동은 당신을 훨씬 건강하게 만들어줄 것이다. 하지만 (아쉽게도) 매력적인 몸을 가지기는 어렵다. 많이 먹든 적게 먹든, 그리고 많이 운동하든, 적게 운동하든 체중은 크게 달라지지 않는다. 며칠 굶으면 처음에는 살이 쏙 빠지지만, 곧 원래대로 돌아온다. 운동도 마찬가지다. 운동을 통한 지속적인 체중 감량은 대단히 어려운 일이다.

책에서도 나오는 말이지만, 사실 다이어트의 가장 큰 동기는 바로 허영이다. 주린 배를 움켜쥐고, 트레드밀에서 전진 없는 전진을 하는 주된 이유다. 원래 트레드밀은 영국에서 죄수를 고문하던 기구였다. 죄수들이 발판을 열심히 밟으면, 그 힘으로 곡식을 빻았다. 트레드tread는 '밟는다'는 뜻이고, 밀mill은 '방아'라는 뜻이다. 1898년에 영국은 트레드밀을 폐지했는데, '반인권적' 형벌이라는 것이 주된 이유였다. 이제 현대인은 피트니스 센터 회비를 내고 반인권적 트레드밀 위에 스스로 오른다.

진화적으로 신체적 매력은 크게 두 가지 신호와 관련된다. 하나는 번식 능력에 관한 신호이고, 다른 하나는 연령에 관한 신호다. 남성의 근육 분포와 여성의 지방 분포는 번식 능력에 관한 정직한 신호다. 호리호리한 몸은 젊은 연령에 관한 정직한 신호다. 근육이 잘 발달하고 볼륨감이 있으면서도, 동시에 날씬한 몸은 청소년 급성장기adolescent growth spurt에 일어나는 일시적인 현상이다. 인류학자 배리 보긴Barry Bogin와 홀리 스미스Holly Smith는 인간만이 이러한 청소년 급성장기를 겪는다고 주장했다. 번식 성공률을 높여준 진화적 적응이다. 그러므로 20대 초반의 신체가 매력적으로 보이는 것은 당연한 일이다. 하지만 20대가 아닌 나이대에서도 그런 몸이 가장 건강한 상태의 몸이라고 단언할 수는 없다.

이 책의 전반부는 흥미롭고 재미있는 인류학적 지식으로 가득하다. 후반부로 넘어오면서 독자들은 슬슬 '섹시한 몸을 만드는 10가지 진화인류학적 조언' 류의 결론을 기대하게 될 것이다. 그러다가 책의 마지막 장을 덮으면서 배신감을 느낄 것이다. 이 책은 정반대의 주장을, 그것도 부정하기 어려운 과학적 근거를 통해 제시하고 있다. 폰처는 생생한 인류학적 현지 조사의 경험과 해박한 진화의학적 지식을 동원하여 '다이어트와 운동이 왜 우리를 더 날씬하게 만들어주지 못하는지'에 관해 강력하게 풀어내고 있다.

아마 책을 덮으며 느끼는 배신감은 지구가 평평하기를 기대하는 사람의 좌절감과 비슷할 것이다. 사실 나도 마찬가지다. 솔직히 지구가 평평하면 좋겠고, 우주가 일주일 만에 창조되었다면 좋겠고, 피트니스 회원권과 다이어트 식품으로 스무 살의 몸을 되찾으면 좋겠다. 그러나 진실은 냉혹한 법이다. 그래도 너무 실망할 필요는 없다. 어차피 체중 감량 프로그램에서 제안하는 다이어트와 운동 계획은 실천하기가 매우 어렵다. 그러므로 그러한 프로그램이 과학적 진실과 부합하든 그렇지 않든 우리와는 상관없는 일이다. 어차피 못할 테니까.

책의 핵심 내용을 조금 누설하자면, 대략 이렇다. 인류는 식량 공급 패턴이 불안정한 환경에서 오래 살았다. 인간은 그 어떤 유인원과도 다른 대사 기전과 행동 전략을 진화시켰다. 첫째는 식단의 다양성이다. 다양한 야생 동물을 많이 먹지만, 못지않게 식물성 음식도 다양하게 먹는다. 둘째는 이동성이다. 식량 확보를 위해 아주 넓은 영역을 끊임없이 이동한다. 셋째는 완충적 에너지 할당이다. 식사량이나 운동량이 변화함에도 유연한 에너지 할당을 통해 체중을 안정적으로 유지한다.

저자는 분명 한 달 만에 슈퍼 모델 같은 몸을 만드는 법을 가르쳐주지는 않는다. 그러나 건강을 위한 유익한 인류학적 조언을 아주 흥미로운 사례를 들어가며 재미있게 전한다. 생화학은 수많은 의대생이 낙제를 면치 못하는 어려운 학문인데, 그 어려운 생화학적 과정도 정말 쉽게 설명하고 있다. 특히 책 전반에 등장하는 깨알 같은 유머도 즐겁다.

당신은 분명 하이틴 패션모델의 몸을 가질 수는 없을 것이다(영원히!). 하지만 당신의 나이에 걸맞은 가장 건강한 몸을 가질 수는 있다. 그리 어려운 일이 아니다. 규칙적으로 다양한 음식을 먹고, 몸을 더 많이 움직이고, 이웃과 더 즐거운 시간을 나누는 것뿐이다. 우리의 조상이 늘 그랬듯이 말이다. 그러면 이제 책의 첫 장을 펼치고 그 흥미진진한 이야기로 들어가자.

서울대학교 인류학과 생물인류학 강사
부산대학교 의과대학 진화의학센터 겸임교수
박한선

일러두기

1. 이 책은 Herman Pontzer의 *Burn: New Research Blows the Lid Off How We Really Burn Calories, Lose Weight, and Stay Healthy*(2021)를 우리말로 옮긴 것이다.
2. 본문의 각주는 옮긴이와 감수자의 주이다. 단, 내용이 길지 않은 간단한 주는 본문에서 〔 〕에 넣어 처리했다.
3. 잡지, 단행본은 《 》로, 글, 논문, 노래, 영화 제목은 〈 〉로 표기했다.
4. 본문의 고딕체는 지은이가 강조한 부분이다.
5. 옮긴이 주에서 미국 달러를 한화로 환산한 환율은 2022년 6월을 기준으로 했다.

차례

약어

BMR

(basal metabolic rate, **기초 대사율**)

휴식 중인 항온동물이 단위 시간당 소모하는 에너지 소비율을 말한다. 열량계를 사용한 가스 분석으로 측정할 수 있지만, 대개는 연령이나 성별, 신장, 체중, 체지방량 등을 활용한 회귀식으로 추정값을 얻을 수 있다.

BMI

(body mass index, **체질량 지수**)

인간의 비만도를 나타내는 경험적 지수로, 체중을 키의 제곱으로 나눈 값이다. 보통 18.5에서 24.9까지를 정상으로 보고, 이보다 작으면 저체중으로, 이보다 크면 과체중이나 비만으로 분류한다. 한국을 비롯한 아시아 지역에서는 18.5~22.9까지를 정상으로 간주한다.

ATP

(adenosine triphosphate, **아데노신3인산**)

아데노신에 인산기가 3개 달린 유기화합물로 아데노신3인산이라고도 한다. 살아 있는 세포의 다양한 생명 활동에 필요한 에너지를 공급하는 기능을 담당한다. ATP는 인산기가 떨어지면서 ADP나 AMP로 변환되는데, 이 과정에서 에너지가 방출된다. 또한, 포도당과 산소, 물을 사용하여 다시 ATP에 에너지를 저장할 수도 있다. 에너지의 전달과 변환에 널리 활용되므로 흔히 세포 내 에너지 '화폐'로 불린다.

METs

(metabolic equivalent of task, **대사당량**)

편안하게 앉아서 쉬고 있을 때의 에너지 소비량을 대략 체중 1kg당 분당 3.5ml의 산소 소모량으로 정의했을 때, 이에 비해서 얼마나 많은 산소를 소모하는지를 측정하여 에너지 소모량을 측정하는 단위를 말한다. 예를 들어 걷기의 METs는 약 3, 가벼운 조깅의 METs는 약 8이다. 이는 걷기와 가벼운 조깅이 편히 앉아 쉬는 활동에 비해 에너지를 약 3배 및 8배 소모한다는 뜻이다. 그러나 성별과 연령, 체중, 체지방 비율에 따라 상당히 변동이 심하므로 대략적인 경향만 알려줄 수 있다.

PAR

(physical activity rate, 신체 활동 수준)

활동의 에너지 소비량에 관한 단위로, BMR에 관한 배수로 표시된다. 예를 들어 텔레비전을 보며 앉아 있을 경우, PAR은 1.0에 가까워진다. 기초 대사율(BMR)과 크게 다르지 않다. 반면에 테니스를 치는 경우 PAR은 6에서 7에 달한다. 비슷한 개념으로 PAL(physical activity level)이 있는데, 이는 하루 종일 여러 활동을 합쳐서 전반적인 신체 활동 수준을 평가한 단위다. 예를 들어, 하루 8시간 정도 사무실에서 근무할 경우는 PAR이 약 1.7이며, 하루 8시간 벽돌쌓기를 할 경우 3~4에 달한다. 이론적으로 METs와 같아야 하지만, 실제로는 측정 방법이 다르므로 연령과 성별 등에 따라 다소 다르게 나타난다.

AEE

(activity energy expenditure, 활동 에너지 소비량)

총 에너지 소비량(total energy expenditure, TEE)는 안정 에너지 소비량(resting energy expenditure, REE), 식이 유발성 열 발생(diet-induced thermogenesis, DIT), 활동 에너지 소비량(AEE)로 나뉜다. AEE는 다시 운동성 에너지 소비량(exercise energy expenditure, ExEE)와 비운동성 활동 열 발생(non exercised activity thermogenesis, NEAT)로 나눌 수 있다. TEE의 약 60%가 REE, 15%가 DIT, 약 25%가 AEE이다. AEE 중 일부만 ExEE 이므로, 의도적인 운동을 통해 소모할 수 있는 에너지 소비량은 상당히 제한된다.

The Invisible Hand

새벽 2시경 사자 소리에 잠이 깼다. 그다지 **요란하지도** 않았다. 기껏 해봐야 쓰레기차 유압 장치 소리가 윙윙거리다가 이내 할리데이비슨이 쿨럭대고 붕붕거리며 공회전 하는 소리 정도였다. 잠이 덜 깨 멍한 채로 처음 든 기분은 고마움이 섞인 기쁨이었다. 우아, 아프리카 야생의 소리다! 얇은 메시 소재로 된 텐트 천장 사이로 머리 위의 별을 올려다봤다. 밤바람이 마른 풀과 가시투성이 아까시나무 사이를 통과해 텐트의 얇은 나일론 벽을 스치며 사자의 합창을 실어오는 게 느껴졌다. 이런 곳에 있다니 행운아가 된 기분이었다. 드넓은 동아프리카 대초원, 불과 몇백 미터 밖 **사자 떼**가 자리 잡은 아무런 속박도 없는 외딴 땅 한가운데, 나의 작은 텐트에서 야영을 하고 있다니. 이 얼마나 행운인가?

잠시 아드레날린이 솟구치더니 이내 두려움이 몰려왔다. 여긴 동물원도 관광용 사파리도 아니었다. 사자들은 《내셔널 지오그래픽》이나 PBS 자연 프로그램에 나오는 예쁜 사진도 영상도 아니었다. 진짜 사자였다. 근육이 두툼하고 체중이 136킬로그램에 육박하는 고양잇과의 살인 기계 한 무리가 코앞에 모여 있고, 무언가를 갈망하고 있었다. 어쩌면… **배가 고팠을까?** 분명히 사자들은 나의 냄새를 맡을 수 있었다. 며칠간 야영을 하고 나니 나도 내 냄새를 맡을 수 있을 지경이었으니까. 사자들이 미국인의 말캉말캉한 살점, 인간의 살로 만든 따뜻한 트리플 크림 브리를 맛보려고 다가오면 어쩌지? 얼마나 가까이 와야 키 큰 수풀 뒤에 숨은 사자들의 소리를 들을 수 있을지, 발톱과 성난 이빨이 갑작스레 텐트 벽을 뚫고 들어오며 돌연 죽음을 맞게 될지 걱정됐다.

이성의 끈을 놓치지 않으려 애쓰며 계속 생각했다. 소리가 들리는 방향을 볼 때, 사자는 데이브와 브라이언의 텐트를 먼저 지나치게 되리라. 나는 이 복불복의 세 목표 중 하나다. 세 명 중 한 명이 희생된다면, 나는 3분의 1의 확률로 잡아먹힐 테다. 긍정적으로 생각하면, 67퍼센트의 확률로 살아남을 테다. 그렇게 생각하니 마음이 좀 편해졌다. 게다가 우리는 하드자 부족과 같이 있었다. 부족이 사는 야영지 주변에 머물고 있었다. 녀석들은 하드자족을 건드리지 않았다. 물론 밤이면 때로 하이에나와 표범이 남은 음식이나 혼자 있는 아기를 노리고 부족의 초가집 옆을 살금살금 지나갔지만, 사자는 가까이 오지 않는 것 같았다.

두려움이 잦아들었다. 다시 졸음이 몰려왔다. 괜찮을 것이다. 게다가 사자에게 먹힌다 해도 그 순간에 잠들어 있는 편이 나을 것 같았다. 적어도 마지막 순간에는. 베개로 사용하던 더러운 옷가지를 부풀리고 슬리핑 패드를 바로잡은 뒤 다시 잠이 들었다.

하드자족과 함께 보낸 첫 여름이었다. 하드자족은 인정 많고 지혜롭고 또 거친 사람들로, 탄자니아 북부의 에야시 호수 근처 험준한 반건조 기후(강우량이 적고 증발이 심한 기후)의 초원 지대에 흩어진 작은 야영지에서 살아간다. 나 같은 인류학자와 인간생물학자가 하드자족을 연구하고 싶어 하는 이유는 이 부족이 생계를 꾸려가는 방식 때문이다. 하드자족은 수렵채집인이다. 농사를 짓지 않고, 가축도 기계도 총도 전기도 없다. 부족 사람들은 매일 주변 야생에서 먹을거리를 구한다. 오직 성실한 노동과 기술만으로. 여자는 열매를 따거나 끝이 뾰족한 튼튼한 막대로 돌투성이 흙 속에서 야생 뿌리식물의 덩이줄기를 캐낸다. 여자들은 대부분 포대로 아이를 업은 채로 일한다. 남자는 나뭇가지와 동물의 힘줄을 이용해 손수 만든 튼튼한 활과 화살로 얼룩말이나 기린, 영양 등의 동물을 사냥하거나 작은 도끼로 나무를 쪼개 나무줄기나 둥치 구멍에 있는 벌집에서 야생 벌꿀을 채취한다. 아이는 야영지의 초가 근처에서 뛰어다니며 놀거나 무리 지어 나가서 땔감이나 물을 구해온다. 노인은 다른 이들과 함께 먹을거리를 찾으러 가거나(이들은 70대에도 놀랍도록 건강하다) 야영지에 남아 살림살이를 지킨다.

인류 진화 초기부터 1만 2000년 전 농업이 발명되기까지 200만 년이 넘는 시간 동안 세계 어디에서나 우리는 이렇게 살았다. 농업이 확산되고 도시화가 이루어지고 그 여파로 마침내 산업화가 확산되면서 거의 모든 문화권에서는 활과 뒤지개digging sticks를 버리고 작물과 벽돌집을 택했다. 하드자족 같은 일부 부족만이 그들을 향해 다가오는 변화의 바람 앞에서도 부족의 전통을 당당하게 지켜냈다. 오늘날 그

수가 얼마 안 되는 하드자족은 전 인류가 거쳐온 수렵채집의 과거를 들여다보는 마지막 남은 창이다.

나의 친한 친구이자 동료 연구자인 데이브 라이클렌Dave(David) Raichlen과 브라이언 우드Brian Wood 그리고 나의 연구 조교 피데스와 함께 탄자니아 북부에 있는 하드자 랜드(우리가 하드자족의 자치 구역을 일상적으로 이르는 말)에 와 있었다. 하드자족의 생활 방식이 그들의 신진대사metabolism에 어떤 식으로 반영되는지, 즉 그들의 몸이 에너지를 소모하는 방식을 알고 싶어서였다. 이것은 단순하지만 대단히 중요한 질문이다. 우리 몸이 하는 모든 일, 성장하고 움직이고 병이 낫고 번식하는 일에는 에너지가 필요하다. 그래서 우리의 에너지가 어떻게 소모되는지 이해하는 일은 우리 몸의 작동 방식을 이해하기 위한 첫 번째 기초 단계다. 인간의 몸이 하드자족 같은 수렵채집 사회에서 어떻게 작동하는지 알고 싶었다. 수렵채집 사회에서는 먼 옛날 우리의 생활 방식과 비슷하게 살아가는 인간이 생태계의 중요한 위치를 차지하고 있다. 그전엔 누구도 수렵채집인의 일일 에너지 소비량, 즉 하루에 소모하는 칼로리의 총량을 측정한 적이 없다. 어떻게든 우리가 처음으로 그 일을 해내고 싶었다.

매일 맨손으로 음식을 구하는 노동을 할 필요가 없는 현대화된 세계에 사는 우리는 에너지 소비량energy expenditure에 별 관심이 없다. 생각을 해봤자 요즘 유행하는 다이어트, 운동 계획, 먹고 싶은 도넛을 먹었는지 정도다. 칼로리는 일종의 취미이자 스마트워치에 뜨는 정보에 불과하다. 하드자족이 더 잘 알고 있다. 그들은 음식과 그 음식에 담긴

[사진 1.1] **하드자족 야영지의 초저녁 모습**

아까시나무가 대초원에 그늘을 만든다. 어른들과 아이들이 모여 느긋하게 쉬며 그날 있었던 일을 이야기한다. 사진 왼편이 부족의 초가집이다.

에너지가 삶의 중요한 부분이라는 사실을 직관적으로 알고 있다. 그들은 매일 아주 오래된 진실을 마주한다. 쓰는 에너지보다 더 많이 먹어야 하며, 그렇지 않으면 배가 고프다는 진실 말이다.

태양이 동쪽 지평선에서 오렌지 빛을 띠며 옅게 빛날 무렵 잠에서 깼다. 나무와 풀은 은은한 아침 빛에 색이 옅어 보였다. 브라이언은 돌 세 개를 받쳐 만든 하드자식 화로에 불을 붙이더니 물 주전자를 올려 물을 끓였다. 데이브와 나는 게슴츠레한 눈으로 서성거렸다. 카페인이 필요했다. 아프리카페Africafe(탄자니아의 인스턴트커피 브랜드)의 인스턴트 커피를 뜨겁게 한 잔 타서 마시며 플라스틱 그릇에 가득 담긴 인스턴트 오트밀과 젤리를 숟가락으로 떠먹었다. 식사를 하며 그날 연구 계획을 의논했다. 둘 다 밤새 사자 울음소리를 들었다며 소리가 얼마나 가까이에서 났는지 불안한 마음으로 농담을 주고받았다.

그때 하드자족 남자 네 명이 높다란 마른풀 사이에서 느긋하게 걸어왔다. 네 사람은 야영지가 아닌 반대쪽 풀숲에서 나타났다. 각자 어깨에 커다랗고 이상한 모양의 짐을 지고 있었다. 한참이 지나서야 그게 뭔지 알아차렸다. 다리와 둔부, 피가 엉겨 붙은 막 잡은 영양의 여러 부위였다. 야영지로 가져가는 식량을 우리가 기록하고 싶어 한다는 걸 알기에 야영지에서 가족과 나눠 먹기 전에 우리에게 사냥한 영양을 기록할 기회를 주려고 온 것이다.

브라이언은 서둘러 저울 위를 비운 뒤 **수렵채집 수확물** 노트를 꺼내 우리가 하드자족과 대화를 나눌 때 쓰는 스와힐리어로 대화를 시작했다.

[사진 1.2] **하드자족의 일하는 날**

(위) 남자들은 활과 화살로 사냥을 하거나 야생 벌집에서 꿀을 채취한다. 왼쪽에 있는 남자는 한 시간 전에 활로 잡은 임팔라를 해체할 준비를 하고 있다. 임팔라 추적을 도와준 남자의 친구들은 지켜보고 있다. (아래) 여자들은 야생 열매와 다른 식물을 채집한다. 사진 속에 있는 여자는 나무 막대로 돌 섞인 땅에서 야생 덩이줄기를 캐며 등에 업은 아이의 낮잠을 재우고 있다.

"영양을 가져와줘서 고마워요. 근데 대체 아침 6시에 어디서 이런 거대한 영양을 잡은 거예요?" 브라이언이 물었다.

"이건 쿠두[몸집이 큰 아프리카산 영양]예요. 우리가 가져왔어요." 하드자족 남자들이 활짝 웃으며 말했다.

"가져와요?" 브라이언이 물었다.

"지난밤에 사자 소리 들었죠? 사자들이 뭔가 일을 꾸미고 있는 것 같아서 가서 확인해봤어요. 그랬더니 이 쿠두를 방금 잡았더라고요… 그래서 가져왔어요." 그들이 설명했다.

그랬다. 하드자 랜드의 또 다른 일상일 뿐이다. 사실 기념할 만한 일이었다. 지방과 단백질이 풍부한 커다란 짐승이라는 귀한 전리품으로 시작하는 하루였으니까. 그날 하드자족 아이는 아침 늦도록 야영지에서 구운 쿠두 고기를 뜯으며 아빠와 아빠의 친구들이 어둠 속에서 배고픈 사자 무리를 뒤쫓아 먹을거리를 집에 가져온 이야기를 들으며 시대를 초월하는 중요한 교훈을 머리에 새겼으리라. 즉 에너지는 무엇보다 중요하며, 모든 걸 걸고 얻을 가치가 있다는 사실. 심지어 사자의 턱밑에서 아침 식사를 훔치는 한이 있더라도.

삶과 죽음을 결정하는 작은 녀석들

에너지는 삶에 두루 필요하다. 에너지가 없으면 죽는다. 우리의 몸은 대략 37조 개의 세포로 이루어져 있고, 각 세포는 매일 매 순간 작은 공장처럼 윙윙 소리를 내며 일을 한다. 세포가 24시간 동안 태우는 에너지는 약 30리터의 얼음물을 펄펄 끓어오르게 할 정도로 충분한 양이다. 세포는 별보다 더 눈부시게 빛난다. 살아 있는 각 인간 세포는 매일 1온스의 태양 빛보다 1만 배 많은 에너지를 소모한다. 세포 활동의 일부는 의식적으로 통제할 수 있다. 움직일 때 사용하는 근육 활동이 그렇다. 심장 박동이나 호흡처럼 어렴풋이 인식하는 활동도 있다. 하지만 끊임없는 세포 활동의 대부분은 우리가 인식하지 못하는 세포 내 활동이라는 거대한 바다의 수면 아래에서 이루어진다. 바로 우리를 살아있게 하는 활동 말이다. 우리는 병을 앓을 때만 그러한 세포의 내부 활동에 관심을 가진다. 점차 늘어나고 있는 비만, 2형 당뇨, 심장병, 암을 비롯해 현대 사회에 유행하는 질병 대부분은 본질적으로 우리 몸이 에너지를 섭취, 소모하는 기전에 그 뿌리를 두고 있다.

생명과 건강에 중요한 역할을 하는 데도 불구하고, 신진대사(우리 몸이 에너지를 분해하는 작용)는 어디서나 심각한 오해를 받고 있다. 일반 성인은 하루에 어느 정도의 에너지를 소모할까? 슈퍼마켓에서 볼 수 있는 모든 영양 성분표는 미국인의 표준 칼로리를 하루 2000칼로리로 표기하는데, 모두 틀렸다. 아홉 살짜리가 2000칼로리를 소비하며, 성인은 3000칼로리 가까이 소비한다. 정확한 수치는 각자의 체중과 체지방량에 따라 달라진다(참고로 하루 권장 섭취량을 이야기할 때 올바른 용어는 칼로리가 아니라 **킬로칼로리**kcal다). 도넛 하나에 든 칼로리를 태우려면 몇 킬로미터를 달려야 할까? 적어도 4.8킬로미터는 달려야 하지만, 앞에서 말했듯 각자의 체중에 따라 달라진다. 그런데 우리가 운동으로 '칼로리를 태우면' 지방은 어디로 갈까? 열로 바뀔까? 아니면 땀? 근육? 셋 다 아니다. 우리는 대부분의 칼로리를 **숨을 쉬어서** 이산화탄소로 내뿜는다. 극소량은 물로 바뀐다(그렇다고 꼭 땀은 아니다). 이 사실을 몰랐다고 해도 자책할 것 없다. 의사도 잘 알지 못하기는 매한가지니까.

우리가 에너지학energetics이라는 주제에 무지한 주된 이유는 교육 시스템의 문제다. 마치 테팔 프라이팬에서 음식이 미끄러져 나가듯 실생활에 쓰이지 않는 지식은 우리 뇌에서 미끄러져 사라지기 때문이다. 미국인 넷 중 셋이 미국 연방 정부 기관의 이름(12년 넘도록 학교를 다니면서 매년 주입하는 중요한 정보) 세 개를 못 대는 마당에 고등학교 생물 시간에 배운 크렙스 회로•의 자세한 내용을 기억해낼 리가 없다. 그러나 이게 이유의 전부는 아니다. 돌팔이, 그리고 인터넷에 가득한 사기꾼이 이익을 위해 터무니없는 주장을 퍼트리면서 오해가 단단하게 굳어진다. 건강해지고 싶지만 몸에 대한 정보가 부족한 대중에게 조악한 정보를 팔아 치운다. **'신진대사 촉진!'** 그들은 이렇게 약속한다. **'이 단순한 비법 하나로 지방을 태워라!' '날씬해지고 싶으면 이 음식은 피하라!'** 번쩍이는 표지의 패션 잡지는 진짜 증거도, 과학적 근거도 없는 주장을 소리쳐 외친다.

하지만 사람들이 에너지학을 잘못 이해하는 더 중요하고 구조적인 이유는 에너지 소비의 원리를 근본적으로 잘못 이해하고 있기 때문이다. 20세기에 접어들 무렵 신진대사에 관한 현대적 연구가 시작되면

• 아미노산, 지방, 탄수화물 따위가 분해하여 발생한 유기산이 호흡에 의하여 산화하는 경로.

서 우리는 우리 몸이 단순한 엔진이라고 배웠고 쭉 그렇게 생각해왔다. 즉 음식이라는 형태로 '연료'를 섭취하고 운동으로 엔진의 속도를 높여 연료를 태워 없앤다. 연소되지 않고 남은 연료는 지방이 된다. 엔진을 더 뜨겁게 돌려 매일 더 많은 연료를 태우는 사람은 연소되지 않은 연료가 축적되어 뚱뚱해질 가능성이 더 적다. 이미 원치 않는 지방이 쌓였다면 더 열심히 운동해 태워 없애면 된다.

설득력 있고 단순한 모델이다. 어떻게 보면 책상머리 이론가가 신진대사를 바라보는 관점이다. 물론 이 모델에도 몇 가지 맞는 내용은 있다. 우리의 몸은 연료로 음식을 필요로 한다는 사실과 연소되지 않은 연료는 지방으로 축적된다는 사실. 하지만 나머지는 다 틀렸다. 우리 몸은 단순한 연소 장치처럼 작동하지 않는다. 몸은 공학 기술이 아니라 진화의 산물이기 때문이다.

과학계는 5억 년간의 진화가 우리의 신진대사 기관을 엄청나게 활동적이고 적응력이 강하도록 만들었음을 이제야 제대로 이해하기 시작했다. 우리 몸은 아주 영리해져 운동과 식단에 변화가 생기면 그에 맞춰 진화적으로 타당한 방식으로 적응할 수 있다. 날씬하고 건강해지려는 우리의 시도를 우리 몸 자체가 방해한다 해도 말이다. 결과적으로 운동을 더 많이 한다고 해서 반드시 하루에 더 많은 에너지를 소모한다는 의미는 아니며, 더 많은 에너지를 소모한다고 해서 살이 찌지 않는다는 말도 아니다. 그런데도 공중 보건 전략은 신진대사를 바라보는 단순한 탁상공론식 시각에 고집스럽게 머물며 비만, 당뇨, 심장병, 암 등 치명적인 질병과 싸우려는 노력을 좌절시킨다. 우리 몸이 어떻게 에너지를 소모하는지 더 제대로 이해하지 않고는 체중 감량 계획은 실패할 것이며, 피트니스 센터에서 아무리 열심히 운동해도 욕실 체중계의 눈금은 움직이지 않을 것이다. 요즘 과장 광고되고 있는 신진대사의 마법이란 없음을 깨닫고 절망하게 되는 순간이다.

이 책은 인간의 신진대사라는 새롭게 떠오르는 과학 분야를 다룬다. 우리 인간 종의 진화적 과거와 미래에 관심 있는 인간생물학자로서 나는 십수 년 동안 인간과 다른 영장류의 신진대사 연구의 최전선에 있었다. 지난 몇 년간 흥미롭고 놀라운 사실을 발견했다. 이미 알고 있던 에너지 소비와 운동, 식단, 질병 사이의 상관관계에 관한 상식이 바뀌고 있다. 이제 이렇게 새롭게 발견한 사실 그리고 이러한 사실이 건강하게 오래 사는 데 어떤 의미를 갖는지 살펴보려고 한다.

이러한 새로운 사실 대부분은 하드자족처럼 살아가는 부족을 연구해 밝혀진 것이다. 즉 산업화되지 않은 소규모 사회는 지금도 지역의 생태계에 융화되어 살아간다. 이러한 문화권은 선진국에 사는 우리에게 가르쳐줄 것이 많지만, 그렇다고 오늘날의 수많은 팔레오 식단•에서 어설프게 따라하는 수렵채집인의 생활은 아니다. 여기서도 나와 나의 동료들은 지난 몇 년간 이런 수렵채집인들의 식단과 매일의 육체 활동이 어떻게 이들을 '문명의 질병'에 걸리지 않게 해주는지 상당히 많은 사실을 알게 됐다. 문명화된 질병은 현대사회의 도시화된 산업국

• 인류가 수렵 생활을 하던 구석기 시대에 먹었던 음식에서 고안한 식단으로 가공 정제 식품은 피하고 가능하면 자연식품을 먹는 것을 말한다.

가 시민을 괴롭힐 뿐이다. 우리는 이들 수렵채집인을 찾아 이들 사회에서 매일의 삶과 현장 연구를 통해 그들의 일상이 어떤지, 또 어떤 교훈을 얻을 수 있는지 살펴볼 것이다. 또한 전 세계의 동물원과 열대우림, 고고학 발굴지를 찾아 살아 있는 원숭이와 죽은 화석 인류 연구가 신진대사 건강을 이해하는 데 어떤 도움을 주는지 알아볼 예정이다.

일단 신진대사가 우리 삶에 얼마나 지대한 영향을 미치는지 알 필요가 있다. 에너지 소비의 중요성을 제대로 이해하기 위해서는 건강과 질병의 일상적 영향 그 이면을 봐야 한다. 지구의 지각 판처럼 신진대사는 모든 것의 아래에 있는 보이지 않는 도대로, 천천히 우리의 삶을 바꾸고 또 만들어 간다. 자궁 속에서 첫 9개월을 보내는 순간부터 지상에서 보내는 80년가량의 시간까지 인간 존재의 익숙한 지형은 우리 안에서 타 없어지는 신진대사 기관에 의해 만들어진다. 크고 영리한 뇌와 토실토실한 아기는 유인원 친척의 신진대사 기전과는 다른 방식으로 에너지를 얻는다. 신진대사의 진화가 인류를 지금처럼 독특하고 경이로운 종으로 만들었다는 사실은 최근에야 알게 된 일이다.

개의 시간

"우나 미아카 응가피?"

20대로 보이는 하드자족 남자와 이야기를 하고 있었다. 우리는 매년 시행하는 연구 활동의 일환으로 수렵채집인의 기본적인 건강 정보를 수집하기 위한 질문을 던졌다. 유창하진 않지만 그럭저럭 말은 통하는 수준의 스와힐리어로 이렇게 질문했다. **"몇 살이에요?"**

남자는 당황한 것 같았다. 내가 잘못 발음했나? 다시 물었다.

"우나 미아카 응가피?"

그의 얼굴에 미소가 번졌다. **"우나세마."(맞혀 봐요.)**

나의 스와힐리어는 문제가 없었다. 질문이 어리석었다.

시간에 쫓겨 사는 전형적인 미국인인 나에게 하드자족과 함께 살면서 가장 당혹스러운 문화 충격은 그들이 시간에 무관심하다는 것이다. 그렇다고 시간 개념이 없지는 않다. 그들은 밝고 어둡고 덥고 시원한 매일의 리듬, 달의 주기, 비가 오고 맑은 계절의 주기에 따라 살아간다. 그들은 성장과 나이 듦, 우리 삶을 설명하는 문화적, 생리적 이정표를 잘 알고 있다. 연구자를 비롯한 다른 외부인들이 수십 년간 찾아온 터라 하드자족은 분과 시간, 주와 해로 이루어진 서양식 시간 단위도 잘 알고 있다. 알고 있지만, 개의치 않는다. 시간을 지키는 데 관심이 없다. 하드자 랜드에는 시계도 달력도 시간표도 생일도 휴일도 월요일도 없다. 전 야구선수 사첼 페이지Satchel Paige가 했다는 말 "당신이 몇 살인지 모른다면 몇 살이고 싶은가?"는 하드자족에게는 깊은 자기 성찰적 격언이 아니다. 그저 일상이다. 연구자에게 하드자족 야영지에 사는 모든 사람의 나이를 알아내는 일은 양치질과 비슷하다. 꼭 필요한 과정이면서 귀찮고, 조금은 짜증 나는 일이다.

이처럼 시간에 무관심한 하드자족의 태도는 미국에서라면 빈축을 샀을 것이다. 미국에서는 모든 부모가 자녀의 예상된 발달 궤적을 정확히 알고 있으며, 권리와 책임은 정확히 나이에 따라 정해진다. 한 살에 걷고, 두 살에 말을 하고, 다섯 살에 유치원을 가고, 열세 살에 사춘기가 되고, 열여덟에 법적 성인이 된다. 그리고 스물한 살에는 법적 음주와 함께 삶의 이른 기념일을 축하할 수 있다. 그리고 결혼, 자녀, 폐경, 은퇴, 노화, 사망 등이 정해진 순서대로 찾아온다. 각 시기를 놓치면 스스로 불안감을 느끼거나 이런저런 주변의 참견을 받을 수 있다. 하지만 우리가 맨해튼의 밀레니얼 세대처럼 성장의 중요한 모든 시기를 조바심 내며 살아가든 하드자족 할머니처럼 수도승과 같이 무심한 태도로 세월을 보내는 인간의 삶의 속도는 우리 모든 인간이 편안함을 느끼는 리듬이자 인류가 공유하는 가장 큰 보편성 중 하나다.

하지만 인간의 삶의 속도는 **결코** 보편적이지 않다. 우리 인간은 생애사, 즉 성장하고 생식하고 나이 들고 죽는 일대기 면에서 동물의 왕국에서 가장 앞서가는 변종이다. 우리는 느리게 살아간다. 인간이 몸집이 비슷한 전형적인 포유류처럼 살았더라면 우리는 두 살이 되기 전에 사춘기를 겪고 스물다섯 살이 되기 전에 죽었을 것이다. 여자들은 매년 2킬로그램이 넘는 아기를 낳았을 것이다. 평균 여섯 살이면 이미 조부모가 되고, 하루하루의 삶을 자각할 겨를이 없었을 것이다.

인간이 얼마나 특이한 종인지 우리는 직관적으로 알지만, 늘 그렇듯이 인간 중심적인 사고로 이 사실을 부정한다. 반려견은 일반적인 포유류의 시간표대로 살아가지만, 우리는 그들이 너무 빠른 삶을 살아간다고 말한다. 인간 기준으로 매년 7년씩 늙어가는 '개의 시간'이 특이하다는 식이다. 하지만 이상한 건 인간이다. 반대로 계산해보라. 우리의 나이를 개의 나이로 바꿔보면 우리가 얼마나 유별난 종인지 알게 된다. 난 거의 (개의 나이로) 300세이며, 그 나이치고 상당히 건강하다고 느낀다.

생애사를 공부하는 생물학자들은 삶의 속도가 하늘에서 내려오는 임의적이며 고정된 숫자가 아님을 진작 알고 있었다. 종의 성장률, 출생률, 그리고 노화 속도는 긴 진화적 시간을 거치며 변화한다. 또 우리는 인간과 다른 영장류•(여우원숭이, 원숭이, 유인원을 포함하여 인간과 같은 진화적 가족에 속하는 종)가 다른 포유류에 비해 상당히 느린 생애사를 가지고 있다는 사실을 수십 년 전부터 알고 있었다. 심지어 왜 영장류가 느린 생애사를 가지게 됐는지도 대단히 잘 이해하고 있다. 피식 가능성이 낮을수록 생애사 속도는 늦어지는 경향을 보인다.

그래서 우리 인간을 포함한 영장류가 진화 단계에서 먼 과거 어느 때에 사망률이 낮아진 결과(아마도 초기의 영장류가 숲으로 이주하면서 포식자로부터 더 자유로워졌을 것이다.)로 생애사가 느려졌다고 알고 있었다. 하지만 어떻게 그런 일이 일어났는지에 대해서는 오리무중이었다. 인간을 포함한 다른 영장류는 어떻게 삶의 속도와 성장률을 늦추면서 수명 연장을 달성할 수 있었을까? 아마도 신진대사와 관련이 있었을 것이다. 3장에서 이야기하겠지만, 성장과 생식에는 에너지가 필요하니까. 하지만 에너지와 생애사는 서로 어떻게 연결되는 것일까? 아직 모

• 영장류는 크게 여우원숭이를 포함하는 영장류, 일반적인 원숭이, 그리고 꼬리가 없는 유인원으로 나뉜다.

르는 것이 많다. 우리는 그 답을 찾기 위해 전 세계의 동물원 및 영장류 보호구역을 찾아 나섰다. '보통의' 생애사를 이토록 특이하게 만든 대사 과정의 진화적 변화를 밝히려는 것이었다.

유인원의 행성

원숭이와 유인원은 영리하고 귀엽고 또 믿을 수 없을 정도로 위험하다. 여러 추측이 있지만, 인간이 아닌 영장류는 체급 불문 인간보다 2배 정도 힘이 세다. 대부분 길쭉하고 창처럼 날카로운 송곳니로 서로를 위협하며, 종종 실제로 상해를 입힌다. 감금 상태로 사육되는 유인원은 인간을 해치려고 타고난 능력을 발휘하는데, 기분이 좋지 않으면 더욱 위험하다. 실험실이나 오물 범벅의 동물원 혹은 멍청한 차고에 갇혀 있다면 대개는 지루하고, 화가 나고, 아마 분개하는 마음도 들 것이다. 우리는 텔레비전에 (감사하게도 요즘은 줄었지만) 나오는 유인원 출연자를 사랑스러운 마음으로 바라본다. 그러나 그들은 새끼다. 작고 순진해서 필요하면 인간이 힘으로 다룰 수 있는 어린 동물. 하지만 열 살만 돼도 유인원은 아주 포악해진다. 평화롭게 쉬고 있다가도 느닷없이 공격적으로 변해서 당신의 얼굴과 고환을 잡아 찢어버릴 수 있다. 귀여운 어린이 출연자가 느닷없이 충동적이고 파괴적인 악당이 되어 가는 이야기는 인간이나 유인원이나 매한가지다.

이런 점을 알고 있던 터라 내 눈앞의 광경을 도저히 믿을 수 없었다. 때는 2008년 늦은 여름이었고, 나는 아이오와의 그레이트 에이프 트러스트Great Ape Trust에 있는 넓고 현대적인 오랑우탄 시설의 유인원 접근 구역 문에 달린 작은 창 사이를 들여다보고 있었다. 그곳에서 롭 슈마커Rob Shumaker는 동위원소가 들어간 무설탕 아이스티를 113킬로그램에 육박하는 다 자란 수컷 오랑우탄 아지의 크게 벌린 입 속으로 침착하게 붓고 있었다. 아지는 얼굴이 포수의 글러브를 닮았고, 롭의 팔을 몸통에서 깔끔하게 뜯어낼 수 있을 정도로 힘이 셌다. 물론 롭은 바보가 아니었다. 둘 사이에는 무거운 강철 울타리가 있었다. 하지만 아지는 울타리를 신경 쓰지 않고 아이스티를 맛있게 먹고 있는 것 같았다. 눈에 친근함 같은 기색이 비쳤다. 유인원 연구자에게 수없이 들은 말에 따르면 이런 장면은 도무지 있을 수 없는 일이었다. 감금 상태의 유인원은 결코 연구 조사에 협조하려 들지 않는다. 아지처럼 악의 없는 유인원조차도 말이다. 그 어떤 유인원 시설의 책임자도 이런 시도를 할 만큼 어리석고 무모하지 않을 것이다. 하지만 롭은 이중표지수(하루 에너지 소비량을 추적하기 위해 사용한 동위원소가 들어간 물. 3장 참고)를 식물에 물을 주듯 순순히 받아들였다.

내가 느낀 충격은 이게 전부가 아니었다. 우리는 정말 새로운 연구를 벌이고 있었다. 이것은 최초로 유인원의 일일 에너지 소비량(하루 소모하는 총 킬로칼로리)을 측정하는 사례가 될 터였다. 과학의 세계에서 정말 새로운 시도를 하고, 최초로 중요한 무언가를 측정할 기회는 드물다. 결정적 순간이었다. 우리는 최초로 유인원의 대사 기관을 종합적으로 살펴볼 예정이었다. 유인원의 신진대사도 인간과 유사할까?

[사진 1.3] **최초로 유인원의 일일 에너지 소비량을 측정한 사례**

무거운 강철 울타리 사이로 롭 슈마커가 무설탕 아이스티와 섞은 이중표지수를 아지의 입(털이 보송보송한 아지의 새끼가 아래 사진의 오른쪽에 보인다)에 붓고 있다. 잠시 뒤 롭은 아지가 손으로 울타리를 잡고 매달려 있는 동안 소변 샘플을 채취한다.

다른 포유류와 비슷할까? 아니면 주황빛 털 표면 아래에 뭔가 새롭고 흥미로운 것이 있을까?

새로운 사실을 찾지 못할 가능성을 염두에 두고 기대치를 낮추려 애썼다. 100년 넘게 과학자들은 동물의 기초 대사율BMR, 즉 실험 대상이 완전히 휴식 상태일 때 분당 소모하는 칼로리를 연구해왔다(3장 참고). 1980년대~1990년대에는 주로 영장류의 느린 생애사가 낮은 대사율과 연관이 있다는 가설을 연구했다. 이 가설의 대표적인 옹호자가 브라이언 맥냅Brian McNab인데, 그는 포유류의 거의 모든 생애사와 식이 변화가 서로 밀접한 관련이 있으며 BMR과 직결된다고 주장했다. 일리 있는 생각이었다. 성장과 생식에는 에너지가 필요하고 더 빠른 삶의 속도를 위해서는 아마도 더 빠른 대사 기관이 필요하기 때문이다. 하지만 통계적으로 더 철저한 분석 결과 맥냅의 훌륭한 아이디어는 사실과 다르다고 밝혀졌고, 영장류는 특별한 것 없는 보통 포유류의 BMR을 가지고 있음이 드러났다. 영장류의 특이한 생애사를 설명할 어떤 증거도 찾지 못했다. 다른 연구도 이러한 결과에 설득력을 더했다. 인간과 유인원, 다른 영장류, 심지어 다른 포유류 모두 대사에 관해서는 기본적으로 똑같다는 합의가 이루어졌다. 종 간의 차이는 단지 외형의 차이라고 생각했다. 각기 다른 차체에 동일한 엔진을 쓰는 것처럼 말이다.

나는 1990년대에 펜실베니아 주립대에서 학부를 다녔고, 2000년대에 하버드에서 대학원을 다녔다. 앞서 말한 주장을 당시 작성한 논문에 충실히 반영하기도 했다. 하지만 과학자가 으레 그렇듯이 나도 과학적 회의감이라는 본능에 사로잡혀 다른 가능성을 떠올리기 시작했다. 포유류의 에너지 소비량이 기본적으로 같다는 그 합의는 BMR 수치를 근거로 했는데, 내 생각으로는 문제가 있는 전제였다. BMR은 휴식 중인(거의 잠을 자는) 피험자를 대상으로 측정하며, 그래서 생물체가 매일 소모하는 **모든** 칼로리를 보여주지는 않는다. 그저 일부일 뿐이다. 또한 BMR은 측정하기 까다롭다. 실험 대상자가 불안하거나 춥거나 아프거나 어리고 성장기라면 수치는 높아질 수 있다. 물론 영장류 연구는 대개 나이가 어리고, 그래서 추척 연구가 가능한 개체를 대상으로 이루어진다.

일부 연구자는 다양한 종의 총 일일 에너지 소비량(BMR뿐 아니라 하루 소모하는 열량의 총량)을 측정하는 흥미로운 연구를 진행 중이었다. 이때 이중표지수법(3장 참고)이라는 정밀한 동위원소 기반의 기법을 사용했다. 연구 결과 포유류의 에너지 소모량은 종에 따라 많이 달랐다. 각 종의 진화사 및 생태 환경을 반영하는 것 같았다. 궁금증이 들기 시작했다. 만약 인간과 다른 유인원이 동일한 대사 기관을 가지고 있지 **않다면**, 일일 에너지 소비량이 다르다면, 그건 인간과 유인원, 그리고 다른 영장류의 진화사에 대한 어떤 사실을 알려줄까? 안타깝게도 유인원을 비롯한 영장류 연구는 너무 어려웠다. 이 중요한 질문의 답을 찾는 데 필요한 수치를 얻을 수 없을 것 같았다.

그레이트 에이프 트러스트로에 방문하고는 눈이 번쩍 뜨일 정도로 놀랐다. 그곳에는 거대하고 현대적인 두 개의 시설이 있었는데, 하나는 롭의 오랑우탄 시설이고 다른 하나는 보노보 시설로, 둘 다 넓은 실내와 야외 공간, 정규직 직원, 통합 연구 시설을 갖추고 있었다. 유인원의 건강과 삶의 질이 최우선이었다. 연구 프로젝트는 이곳 동물들이 좋아하고 즐길 수 있도록, 적어도 부담을 주지 않고 일상의 일부가 될 수 있도록 설계되었다. 동물들에게 성가시고 고통스럽거나 해가 되는 프로젝트는 허용되지 않았다.

그곳을 방문한 날, 어느새인가 나는 이중표지수법, 인간과 다른 영장류의 대사와 진화 그리고 유인원의 일일 에너지 소비량을 측정하는 게 얼마나 **근사한** 일인지 잡소리를 늘어놓기 시작했다. 지금까지 그런 연구를 한 사람은 없었다. 롭에게 이중표지수법이 얼마나 안전한지, 또 그 방법이 인간의 영양 연구에 늘 쓰인다는 사실을 설명했다. **"감금되어 있는 유인원의 식단과 칼로리 섭취량을 관리하는 일에 대해 유용한 사실을 알게 될 수도 있어요!"** 유인원들은 그냥 물만 좀 마시면 되고, 그러면 우리는 약 일주일간 이틀에 한 번 꼴로 소변 샘플만 얻으면 됐다. **"여기 있는 오랑우탄에게 실험을 해봐도 될까요?"**

"물론입니다." 롭이 말했다. "우리는 건강 상태를 점검하기 위해 거의 모든 오랑우탄의 소변 샘플을 정기적으로 채취하고 있습니다."

"오, 정말요? 어떻게요?" 내가 물었다. 너무 순조롭게 일이 풀리자 믿을 수 없었다.

"그냥 오랑우탄에게 그렇게 해달라고 부탁해요." 우리는 야외 구역 중 한곳의 울타리 옆에서 대화를 했다. 롭은 반쯤 놀고 반쯤 쉬고 있는 네 살짜리 수컷 오랑우탄 로키를 건너다보며 말했다. "로키, 이리 와봐." 개를 부르는 말투가 아니라 조카에게 말을 건네는 듯했다. 로키는 우리 근처의 울타리를 향해 걸어왔다. "입 한번 볼게." 롭이 말하자 로키가 입을 크게 벌렸다. "귀는 어때?" 로키가 귀를 울타리에 갖다 댔다. "반대쪽." 로키는 머리를 달려 반대쪽 귀를 우리 쪽으로 오게 했다. "고마워!" 롭이 이렇게 말하자 로키는 날쌔게 움직여 놀러 갔다.

"컵에 오줌을 누라고도 말합니다." 롭이 말했다. 나는 그저 가만히 서서 유인원과 인간의 대화를 들뜬 채로 지켜봤다. "하지만 다만 한 가지 문제가 있다면…"

"네?" 나는 생각했다. '**아무렴, 그렇지, 현실을 직시할 필요가 있지. 여기서 모든 게 무너지는구나**…'

"소변 샘플 일부가 쏟아져도 괜찮나요?"

"아무 문제없어요. 몇 밀리리터만 있어도 분석할 수 있으니까요."

"아, 좋아요." 롭이 말했다. "성체 수컷 오랑우탄 중 한 마리인 노비knobi가 늘 자기 발로 컵을 들고 가려고 고집을 피우거든요."

〈오즈의 마법사〉 속 도로시가 잠에서 깨어나는 느낌이었다. 나는 더 이상 캔자스에 있지 않았다. 아이오와에서 마법사와 대화를 나누고 있었고, 먼치킨(〈오즈의 마법사〉에서는 키 작은 소인들로 나온다)은 주황색 털이 난 네 발 달린 동물들이었다.

영장류 집안의 나무늘보

그해 늦은 가을 오랑우탄에게 물을 먹여 모든 소변 샘플을 채취한 뒤

박스 가득 담긴 오랑우탄 소변을 드라이아이스와 함께 베일러 의과대학 아동 영양 연구센터 교수 빌 웡Bill(William W.) Wong에게 보냈다. 빌은 에너지학과 이중표지수법의 권위자이며, 내가 오랑우탄 프로젝트를 준비하는 데 많은 도움을 주고 소변 샘플 수집에 필요한 일정과 물의 양을 알려줬다. 수십 년간 인간의 영양과 대사를 연구하고 흥미롭고 유익한 결실을 거둔 빌은 방향을 살짝 틀어 유인원 소변 샘플 분석 쪽으로 분야를 살짝 전환할 가능성을 즐기는 것 같았다.

첫 결과를 담은 빌의 이메일을 받자 우리는 뭔가 흥미로운 사실을 발견했다는 것을 깨달았다. 데이터는 엄청났다. 물론 반대 방향으로 엄청났다. 오랑우탄의 일일 에너지 소비량은 예상보다 낮았다. **정말 낮았다**. 빌은 내가 가지고 있는 소변 샘플을 모두 보내달라고 요청했다(우리는 분석에 필요한 것보다 더 많은 양의 소변 샘플을 채취했다). 무료로 모든 샘플을 다시 분석한다는 것이다. 빌도 정말 결과가 맞는지 확인하고 싶었다.

재분석 결과도 동일했다. 오랑우탄은 인간보다 하루 소모하는 칼로리가 더 적었다. 그 차이는 컸다. 몸무게가 113킬로그램에 달하는 아지는 하루 2050킬로칼로리를 소모했다. 29킬로그램의 아홉 살짜리 남자아이가 소모하는 칼로리와 같았다. 몸무게 54킬로그램의 성체 암컷 오랑우탄은 그보다 더 적은 1600킬로칼로리를 소모했다. 몸 크기가 같은 인간의 예상 소모 칼로리보다 30퍼센트가량 적었다. 당연히 오랑우탄의 BMR 역시 인간의 BMR보다 훨씬 낮았다. 우리는 이중표지수법으로 오랑우탄의 하루 활동량을 주의 깊게 지켜봤다. 오랑우탄들은 야생 오랑우탄만큼 걷고 나무를 올랐다(많이 움직였다는 말이 아니다. 오랑우탄은 엄청나게 게으르다) 낮은 일일 에너지 소비량은 감금 사육의 결과가 아니었다. 오랑우탄의 진화된 생리는 뭔가 근본적인 원인에 기인하고 있었다.

모든 과학자가 꿈꾸는 순간이다. 우리는 미지의 물에 컵을 담갔고, 뜻밖의 결과를 퍼냈다. 영장류 에너지학에서 일반적으로 받아들여지던 상식은 틀렸다. 적어도 어느 정도는. 인간과 우리의 유인원 사촌 간 대사율은 유의미한 큰 차이가 있었다. 인간과 오랑우탄은 약 1800만 년 전에 살았던 유인원과 닮은 단일한 조상의 후손이다. 천만년 동안 이루어진 진화는 우리 두 계통의 대사율을 갈라놓았다. 인간과 유인원은 생김새와 몸집만 다른 것이 아니었다. 내부 역시 달랐다.

진짜 놀라운 일은 따로 있었다. 오랑우탄의 에너지 소비량을 설치류, 육식동물, 유제류(척추동물의 포유류 중에서 발끝에 각질의 발굽을 가진 동물) 등 일일 에너지 소비량 수치가 알려진 찾을 수 있는 모든 태반성 포유류(즉 코알라, 캥거루처럼 특이한 생리를 지닌 유대목 동물은 생략했다)의 더 많은 종과 비교하자 정말 굉장한 일이 벌어졌다. 놀랍게도 오랑우탄은 크기가 같은 태반성 포유류의 기대 에너지 소비량의 겨우 3분의 1만을 소비했다. 오랑우탄의 일일 에너지 소비량은 태반성 포유류의 하위 1퍼센트에 속했다. 오랑우탄의 몸 크기에서 더 낮은 에너지 소비량을 지닌 종은 세발가락 나무늘보와 판다뿐이다.

우리가 오랑우탄의 생태와 생리에 대해 알았던 모든 사실은 딱 들어맞는 듯했다. 오랑우탄은 영장류의 기준에서도 이례적으로 느린 생애사를 지닌 동물이다. 야생의 수컷은 열다섯 살이 되어야 성체 오랑우탄이 되고 암컷은 첫 새끼를 낳는다. 암컷은 번식 속도가 굉장히 느려 7~9년 간격으로 임신을 하는데, 포유류 중 출산 간격이 가장 길다. 또한 오랑우탄은 원래 서식지인 인도네시아 우림에서 예측하기 어려운 심각한 먹이 부족에 시달린다. 과일을 주로 먹고 살지만, 과일을 거의 구할 수 없는 시기에는 어쩔 수 없이 이빨로 나무껍질을 뜯어 부드러운 속살을 벗겨서 먹고 산다. 이 같은 먹이 부족은 오랑우탄의 사회적 행동에 영향을 미치는 것처럼 보인다. 오랑우탄은 독립 개체로 살아가는데, 이는 집단을 유지하기 위한 먹이가 충분하지 않기 때문이다.

오랑우탄의 느린 대사는 이러한 관찰 결과를 잘 설명해주었다. 생리적 진화의 결과였다. 또한 느린 신진대사는 오랑우탄 종의 생존에 아주 중요했다. 배고픔이 끊임없이 위협하는 예측 불가한 우림에서의 삶은 하루 에너지 필요량을 최소화하도록 만들었다. 오랑우탄의 신진대사 기관은 천천히 움직여 연료를 아껴서 에너지 고갈로 죽지 않도록 진화했다. 하지만 그 결과는 냉혹했다. 성장과 생식에는 에너지가 필요하고, 낮은 대사율은 생애사가 느려지는 걸 피할 수 없다는 말이었다. 즉 자연 재난이나 인재로 인해 줄어든 오랑우탄 개체수는 아주 천천히 증가한다는 것이다. 어려운 환경에 대한 명쾌한 진화적 해법인 느린 대사율을 지닌 탓에 오랑우탄은 서식지 파괴를 비롯해 인간의 간섭에 의한 멸종 위험성이 높다.

유인원의 일일 에너지 소비량을 처음 측정한 결과 생태와 건강, 생존에 큰 영향을 미치는 신진대사 진화의 새로운 세계가 밝혀졌다.

앞으로 무엇을 더 알게 될까? 인간의 대사는 어떻게 진화했을까? 일부 영장류 종에 관한 연구로는 답을 알 수 없었다. 영장류 전체에 걸쳐 더 많은 종에 관한 더 많은 데이터가 필요했다.

지상 최고의 힘

영장류 에너지학 프로젝트는 수년이 걸렸고 공동 연구자도 열 명이 넘었으며, 여러 주제로 나누어 연구가 진행되었다. 유인원 인지 분야의 전문가이자 대학원에서 만난 나의 오랜 친구인 브라이언 헤어Brian Hare는 아프리카의 유인원 보호구역 두 곳, 콩고 공화국의 침푼가 침팬지 재활 센터, 콩고 민주공화국의 롤라 야 보노보Lola Ya Bonobo에서 일했다. (여행 시 주의사항: 콩고•를 제대로 알고 가라. 한 곳은 꽤 위험한 곳이고, 나머지 한 곳은 매우 위험한 곳이다.) 그레이트 에이프 트러스트처럼 이들 장소도 침팬지와 보노보에게 안전하고 도움이 되는 경우에만 연구가 이루어지는 유인원 우선 시설이었다. 같은 시기, 마다가스카르에서 일하는 영장류 동물학자이자 환경보호 활동가 미치 어윈Mitch(Mitchell) Erwin은 에너지 측정을 야생 왕관시파카(여우원숭이상과 인드리과 시파카속에 속하는 원영장류)의 연간 건강 검진에 포함시키는 데 동의했다.

• 콩고는 콩고 공화국과 콩고 민주 공화국이라는 두 나라를 모두 뜻하는데, 둘 다 내전이 자주 일어나지만 콩고 민주 공화국의 내전이 더 참혹하다.

오랜 기간에 걸친 대규모 연구였지만, 시카고에 있는 링컨파크 동물원의 유인원 연구와 보존을 위한 피셔 센터 책임자 스티브 로스Steve Ross의 도움을 받아 연구는 일사천리로 진행되었다. 스티브는 아주 다정하고 긍정적인 사람이었으며, 연구 진행에 많은 도움을 줬다. 역시 캐나다인다웠다. 스티브는 링컨파크 동물원에서 진행하는 고릴라와 침팬지 보존 업무와 연구 말고도 실험실과 도로변 동물원, 차고 등의 열악한 장소에 갇혀 지내는 불행한 침팬지를 시설이 좋은 동물원과 보호구역으로 보내는 데 전념해왔다. 스티브는 쉼 없이 일하며 미국에 있는 침팬지가 고릴라와 보노보, 오랑우탄이 연방 정부의 보호를 받을 수 있도록 했다. 스티브는 그야말로 영웅이다.

스티브와 함께한 덕분에 우리는 링컨파크 동물원에 있는 고릴라와 알렌원숭이Allen's swamp monkey, 긴팔원숭이, 침팬지를 이 프로젝트에 포함시킬 수 있었다. 이중표지수는 시카고, 콩고공화국과 콩고민주공화국, 마다가스카르 등 전 세계로 보내졌고 분석을 위한 소변 샘플이 천천히 들어왔다. 다른 연구실에서 이미 발표한 몇몇 측정 결과와 함께 체중 28그램의 작은 쥐여우원숭이mouse lemur부터 218킬로그램의 거대한 실버백고릴라Silverback Gorilla까지 전체 영장류 가족의 다양한 에너지 소비량을 측정할 수 있었다. 심지어 우리는 실험실, 동물원, 보호구역, 야생 등 다양한 환경을 표본으로 삼았다. 데이터 수집은 2014년까지 계속되었다. 영장류의 대사는 과연 다른 포유류 종과 다를까?

결과는 놀라웠다. 영장류가 소모하는 칼로리는 다른 태반성 포유류의 **불과 절반**밖에 되지 않았다. 인간과 비교해보자. 성인의 정상적인 일일 에너지 소비량은 하루 2500~3000킬로칼로리 사이라는 점을 감안하면 이해가 편한데, 자세한 내용은 3장에서 살펴볼 예정이다. 분석 결과 우리 인간과 체격이 같은 **전형적인** 태반성 포유류는 하루 5000킬로칼로리가 훨씬 넘는 열량을 소모한다. 한창 훈련 중인 올림픽 선수의 일일 에너지 소비량이다! 그렇다고 이 포유류들이 대단히 활동적인 것도 아니다. 이 동물들은 기껏해야 하루 3킬로미터쯤 걷고 많은 시간을 먹고 쉬면서 보낸다. 이 동물들의 몸은 우리의 줄어든 영장류 대사가 지속할 수 있는 것보다 에너지를 더 빠르게, **훨씬** 더 빠르게 태운다.

마침내 우리는 인간과 다른 영장류가 **도대체 어떻게** 그처럼 느린 생애사를 가지게 되는지 답을 찾았다. 약 6000만 년 전 영장류 진화의 초기 단계에 에너지 소비가 대폭 줄었다. 영장류의 신진대사 기관은 월등히 속도가 느려져 다른 태반성 포유류의 대사 속도의 절반에 이르렀다. 이처럼 신진대사 속도가 변한 이유는 더 느린 생애사에 대한 진화적 압력 때문이었는지, 혹은 식이와 환경의 부분적 변화가 성장, 생식, 노화에 연쇄 반응을 일으킨 신진대사 속도의 감소를 불러왔는지 여전히 분명하지 않다. 명료한 사실은 영장류 신진대사의 진화적 변화의 정도가 생애사의 변화와 정확하게 들어맞는다는 것이다. 영장류의 느린 성장, 생식, 노화 속도는 영장류의 낮은 일일 에너지 소비량을 감안할 때 정확히 우리가 예상한 대로였다. 이러한 대사적 유산의 계승자인 오늘날의 인간과 다른 영장류는 다른 포유류보다 더 길고 느린 삶을 산다.

이상하게도 앞선 연구자들처럼 우리 역시 영장류의 BMR이 다른 포유류의 BMR와 비슷하다는 사실을 발견했다. 하지만 일일 에너지 소비량은 대단히 큰 차이가 났다. 우리는 BMR과 전체 일일 소비량이 이토록 큰 차이를 보이는 이유는 영장류의 큰 뇌(뇌는 많은 에너지를 사용한다) 때문이라고 생각한다. 분명히 말해두지만, 에너지학과 생애사 간 관계는 이제 활발하게 연구가 진행되고 있는 주제이며 따라서 여러 논란이 서로 경합하기도 한다. 우리는 3장을 비롯한 다른 장에서 이 주제를 포함한 여러 주제를 살펴볼 예정이다. 지금은 영장류 에너지학 진화의 마지막 퍼즐로 관심을 돌려보자. 이 책 전체에서 다뤄질 주제, 바로 우리 인간 종의 진화한 대사 전략이다.

이게 우리 인간

심지어 영장류 에너지학 프로젝트의 결과를 분석할 때도 우리는 더 방대하고 파악하기 힘든 결과를 얻으리라 생각했다. 오랑우탄과 다른 영장류 데이터는 진화 역사에서 대사율이 얼마나 가변적이었으며 생태계와 생애사와 얼마나 복잡하게 얽혀 있는지 보여줬다. 그때 당연한 질문은 "에너지 소비량은 우리 인간의 진화에 대해 어떤 사실을 알려줄 수 있을까?"였다. 위에서 언급했듯이 학계에서는 일반적으로 유인원과 인간의 일일 에너지 소비량이 유사하며, 인간 계통에서는 많이 바뀌지 않았다고 봤다.

이 생각을 분명히 보여주는 주요한 연구는 1995년 레슬리 아이엘로Leslie Aiello와 피터 휠러Peter Wheeler가 공동 저자로 참여한 논문이다. 두 사람은 초기 연구에서 인간과 다른 유인원의 장기 크기 정보를 수집해 인간은 다른 유인원보다 뇌는 더 크고 간과 소화관(위장)은 더 작다고 말했다. 모든 장기가 같은 방식으로 에너지를 소비하지는 않는다. 뇌, 소화관, 간은 모두 굉장히 에너지 소모가 큰 장기다. 각 세포는 약 30그램당 1톤의 칼로리를 소모하는데, 이들 장기의 세포가 대단히 활발하게 활동하기 때문이다. 여기에 대해서는 3장에서 더 살펴볼 예정이다. 아이엘로와 휠러의 계산에 따르면, 그 결과 인간의 더 작은 소화관과 간 덕분에 절약된 에너지가 뇌의 에너지 소비량을 완벽하게 상쇄한다. 그 중대한 발견과 인간과 유인원의 BMR이 다른 포유류와 대체로 비슷하다는 사실을 바탕으로 두 사람은 진화상 대단히 중요한 대사 변화는 에너지 할당 방식의 변화이며, 뇌로 가는 칼로리를 늘리고 소화관으로 가는 에너지는 줄였다고 주장했다. 이 시나리오에서 일일 소비량은 동일하다. 인간은 유인원보다 더 많은 에너지를 소비하지 않았으며, 그저 에너지를 다르게 소비했을 뿐이었다.

아이엘로와 휠러와 밝혀낸 소화관 대비 뇌의 전략과 같이 진화적 트레이드오프는 현대 생물학의 중요한 개념이다. 찰스 다윈Charles Darwin이 영국의 경제학자 토머스 맬서스Thomas Malthus의 글을 바탕으로 말했듯이 자연계의 생물은 늘 자원을 두고 경쟁한다. 자원은 모두에게 돌아갈 만큼 충분치 않다. 그 결과 모든 종은 자원이 부족한 환경에서 진화한다. 하나를 선택하면 하나는 포기해야 한다. 만약 진화 과정에서 어떤 특징의 확장, 가령 강한 뒷다리나 이빨이 험악한 큰 머리가 유리하다면 앞다리 같은 다른 특징은 포기해야 한다. 짜잔, **티라노사우루스 렉스**가 되는 것이다. 혹은 다윈이 《종의 기원》에서 (괴테의 말을 인용해) 말한 것처럼 “자연은 한쪽에서 지출을 하기 위해 다른 쪽에서는 절약을 하도록 강요한다.”

뇌와 소화관이 서로 균형을 유지한다는 생각은 1890년대로 거슬러 올라간다. 아서 키스Arthur Keith가 동남아시아의 영장류 연구를 통해 처음 제시한 이론이다. 키스는 심지어 이러한 추론을 인간과 오랑우탄의 사이 뇌 크기의 차이를 설명하는 데도 이용하려고 했다. 하지만 너무 시대를 앞서간 주장이었고, 이를 뒷받침할 수학적 능력이 부족했다. 그는 포유류 전반에 걸쳐 장기의 크기와 각 기관의 크기가 어떻게 관련되어 있는지 대략적으로 이해했을 뿐 뇌와 위장관이 트레이드오프된다는 사실은 입증하지 못했다. 이러한 생각은 20세기 내내 지속해서 반복적으로 제기되었다. 가령 캐서린 밀턴Katherine Milton을 예로 들어보자. 그녀는 영양 분야에 해박한 지식을 갖춘 인류학자로 중남미에서 수십 년 동안 인간과 다른 영장류를 상대로 연구를 진행했다(그리고 1978년 야생 영장류, 짖는원숭이에게 최초로 이중표지수 연구를 했다). 밀턴은 나뭇잎을 먹는 식엽성 영장류가 같은 숲에서 과일을 먹고 사는 영장류보다 섬유질 식단을 소화할 수 있는 더 큰 소화관을 가지고 있으며 뇌가 작다는 사실을 발견했다. 취리히대학교의 카렐 판샤이크Carel van Schaik와 캐런 이슬러Karen Isler는 2000~2010년대에 더 커진 뇌에 들어가는 비용이 영장류 간 생애사가 달라진 이유를 설명해줄 수 있다고 주장하는 탁월한 연구를 발표한 바 있다.

그런데 트레이드오프가 중요하긴 하지만, 이러한 연구는 다른 종과 구분해주는 인간 특유의 에너지 소모가 큰 특징들을 충분히 설명해주지는 못했다. 4장에서 살펴보겠지만, 인간은 다른 어떤 유인원 종보다 더 천천히 자라고 더 오래 살지만, 반면에 번식에 필요한 에너지 자원을 그 어느 유인원보다도 재빨리 찾아낼 수 있는 능력이 있다. 또한 우리 인간은 에너지 소비가 많은 커다란 뇌와 신체 활동이 많은 생활 방식을 갖고 있다(최소한 현대 기술의 도움을 받지 않는 인구 집단에서는). 인간은 신체 유지에 많은 비용을 쓸 뿐 아니라, 수명도 길다. 트레이드오프라는 자연계의 원칙을 어겨가면서 이 모든 일을 달성하도록 진화했다.

우리는 에너지 소비가 많은 인간의 변화된 몸이 가속된 신진대사 기관에서 연료를 얻어 매일 더 많은 칼로리를 소비하도록 진화할 수 있었다고 생각했다. 우리에게 인간에 관한 데이터는 충분했지만, 비교 연구를 위해서 더 많은 유인원의 측정 정보가 필요했다. 스티브 로스와 나는 미국 전역의 동물원을 연구에 포함시킬 계획을 짰다. 몇 달만에 미국 전체의 동물원과 일정을 조율해 데이터를 수집했다. 우리는 스티브만큼이나 유쾌하고 유능한, 링컨파크 동물원의 인턴 메리 브라운Mary Brown을 고용해 총 14개 동물원을 망라하는 대규모 연구를 조정해가며 유인원의 행동 데이터를 수집할 수 있었다. 이내 황금빛 소변이 쏟아져 들어왔다.

그 결과는 우리가 기대했던 것보다 더 흥미로웠다. 우리는 4개의 대형 유인원 속(침팬지, 보노보, 고릴라, 오랑우탄 그리고 인간)이 뚜렷하게 다른 일일 에너지 소비량을 진화시켰다는 사실을 발견했다. 인간의 에너지 소비량이 가장 높았는데, 크기 차이를 감안하면 침팬지와 보노보보다는 20퍼센트, 고릴라보다는 40퍼센트, 오랑우탄보다는 60퍼센트 더 많은 에너지를 소비했다. 같은 정도로 BMR도 같은 비율로 차이가 났다. 체지방 차이가 가장 두드러졌다. 우리의 표본에 포함된 인간(23~41퍼센트의 체지방)은 다른 유인원(9~23퍼센트)보다 체지방이 두 배나 많았다. 오랑우탄이 가장 체지방이 많았고, 침팬지와 보노보는 특히 체지방이 적었다. 4장에서 살펴보겠지만, 체지방 증가는 더 빨라진 대사율과 함께 진화하며 더 많은 연료를 비축해 굶주림에 대비했을 것이다.

신진대사와 체지방의 이 같은 차이는 생활 방식 때문이 아니었다. 우리는 연구에서 주로 앉아서 생활하는 인간을 신중히 골라 동물원에서 생활하는 유인원과 비교했다. 여러 종의 핵심적 형질에서 차이가 더 두드러졌다. 각 유인원은 진화를 통해 대사율이 높아지거나 낮아졌을 것이다. 식량의 양과 포식의 변화 등이 그 원인이었다. 오랑우탄의 낮은 대사율과 지방을 저장하는 능력은 식량 부족에 대비하는 진화한 반응이며, 오랑우탄은 일일 에너지 필요량을 낮게 유지하고 지방의 형태로 상당한 연료량을 유지했다고 확신한다. 침팬지, 보노보, 고릴라 등 아프리카 유인원간 신진대사 차이는 우리가 여전히 풀려고 노력하는 부분이다.

인류 몸속 세포는 더 열심히 더 많은 일을 하고, 더 많은 에너지를 소비하도록 진화했다. 이러한 신진대사의 변화는 우리 몸이 작동하는 방식과 우리가 행동하는 방식의 여러 중요한 변화를 불러왔다. 이 주제에 관해서는 다음 장에서 다시 이야기할 예정이다. 에너지 소비는 식단 그리고 우리가 음식을 얻고 준비하고 나누는 방식의 엄청난 변화와 함께 진화했다. 오늘날 우리의 진화한 신진대사는 스포츠부터 탐색, 임신, 성장까지 모든 것의 한계를 정한다. 물론 우리 몸이 에너지를 태우는 방식의 이 같은 근본적 변화는 우리의 큰 뇌와 독특한 생애사의 진화에 핵심적인 역할을 했다. 맞다, 트레이드오프는 중요했다. 하지만 우리를 인간으로 만든 것은 우리의 진화한 신진대사였다.

다윈과 영양학자

이러한 사실을 발견해 들뜨고 또 새로운 과학적 모험을 할 기대에 부푼 나는 탄자니아 북부의 외딴 틀리카 힐에 자리 잡고 있는 하드자족 야영지로 거침없이 향했다. 멀리서 들리는 사자 울음소리를 들으며, 에너지 소비량을 측정했다. 유인원과 다른 영장류를 대상으로 한 우리 연구는 수십 년간 이어져온 과학적 합의를 뒤집고, 진화가 인간과 다른 유인원의 대사 전략을 얼마나 극적으로 바꿔놨는지 밝혀냈다. 우리 종으로 관심을 돌려 아주 다양한 생활 방식을 가진 다양한 문화권의 사람들이 어떻게 에너지를 소모하는지 조사하면 무엇을 발견할 수 있을까? 우리의 조상 수렵채집인과 비슷하게 살아가는 하드자족을 연구하면 무엇을 배울 수 있을까? 하드자족을 연구하면서 에너지 소비와 생활 방식의 관계를 바라보는 관점이 크게 달라졌다.

앞으로 이어질 장에서는 진화론적 관점에서 에너지 소비와 운동, 식단을 살펴보고, 건강 잡지와 라이프스타일 책 표지에서 주로 보는 것과는 다른 관점으로 건강과 대사 질병에 대한 최근의 우려를 바라보고자 한다. 우리의 대사 기관은 수백만 년의 진화를 거쳐 늘씬한 비키니용 탄탄한 몸매를 만들어주고 변함없이 우리의 건강을 지키고자 만들어진 것이 아니다. 그보다 우리의 신진대사는 생존과 번식이라는 다윈주의적 목적에 알맞게 진화했다. 우리의 더 빠른 신진대사는 우리 몸을 늘씬하게 만들어주기보다는 다른 유인원보다 비교적 체지방이 더 많아지도록 하는 결과를 낳았다. 하지만 우리 몸 깊은 곳에서 작용하는 반직관적이고 비생산적인 진화적 유산은 그뿐만이 아니다. 앞으로 이야기하겠지만, 우리의 신진대사는 운동과 식단의 변화에도 반응한다. 살을 빼려는 노력을 좌절시키는 방식으로 말이다. 또한 하드자족에게서 볼 수 있듯이 음식을 향한 우리의 욕망은 뜨겁다. 우리의 진화한 식욕이 우리를 아침거리를 찾는 배고픈 사자 무리 속으로 뛰어들게 만들 정도라면, 어떻게 냉장고를 무시하고 지나갈 수 있겠는가?

비만과 대사 질환과 맞서 싸우고자 한다면, 진화적 관점은 절대적으로 중요하다. 선진국에서 살아가는 우리는 호화로운 음식의 천국, 과식 동산을 만들었다. 이곳에서는 유혹적인 음식이 넘쳐흐르고 손가락 하나 까딱하지 않고 그 음식을 먹을 수 있다. 하루 종일 움직이도록 진화한 몸은 이제 하루 종일 편안한 의자와 소파에 앉아서 시간을 보낸다. 마치 따뜻한 램프 아래서 맛있게 익혀지는 감자튀김처럼 밝은 화면을 통해 세상을 흡수하고 있는 것이다. 그러는 동안 피해자는 늘어난다. 비만, 당뇨, 심장병, 암, 인지 기능 저하 모두 증가하는 추세이며, 각 질환은 우리가 에너지를 소비하고 태우는 방식과 긴밀한 관련이 있다. 상황을 역전시켜 우리 스스로 이러한 질환에 걸리지 않으려면 우리 몸이 어떻게 작동하는지, 에너지 소비와 운동과 식단이 얼마나 밀접한 관계가 있는지 더 잘 이해할 필요가 있다. 우리가 신진대사에 관한 단순한 탁상공론식 관점을 버리고 다윈주의 관점을 더 빨리 받아들일수록 변화의 가능성은 더 높다.

그러니 우리의 진화한 대사 기관의 장치를 깊이 들여다보고 서로 맞물려 움직이는 부품이 어떻게 작동하는지 알아보도록 하자. 진화한 신진대사를 효율적으로 관리하고자 한다면 신진대사의 작동 방식을 이해할 필요가 있다.

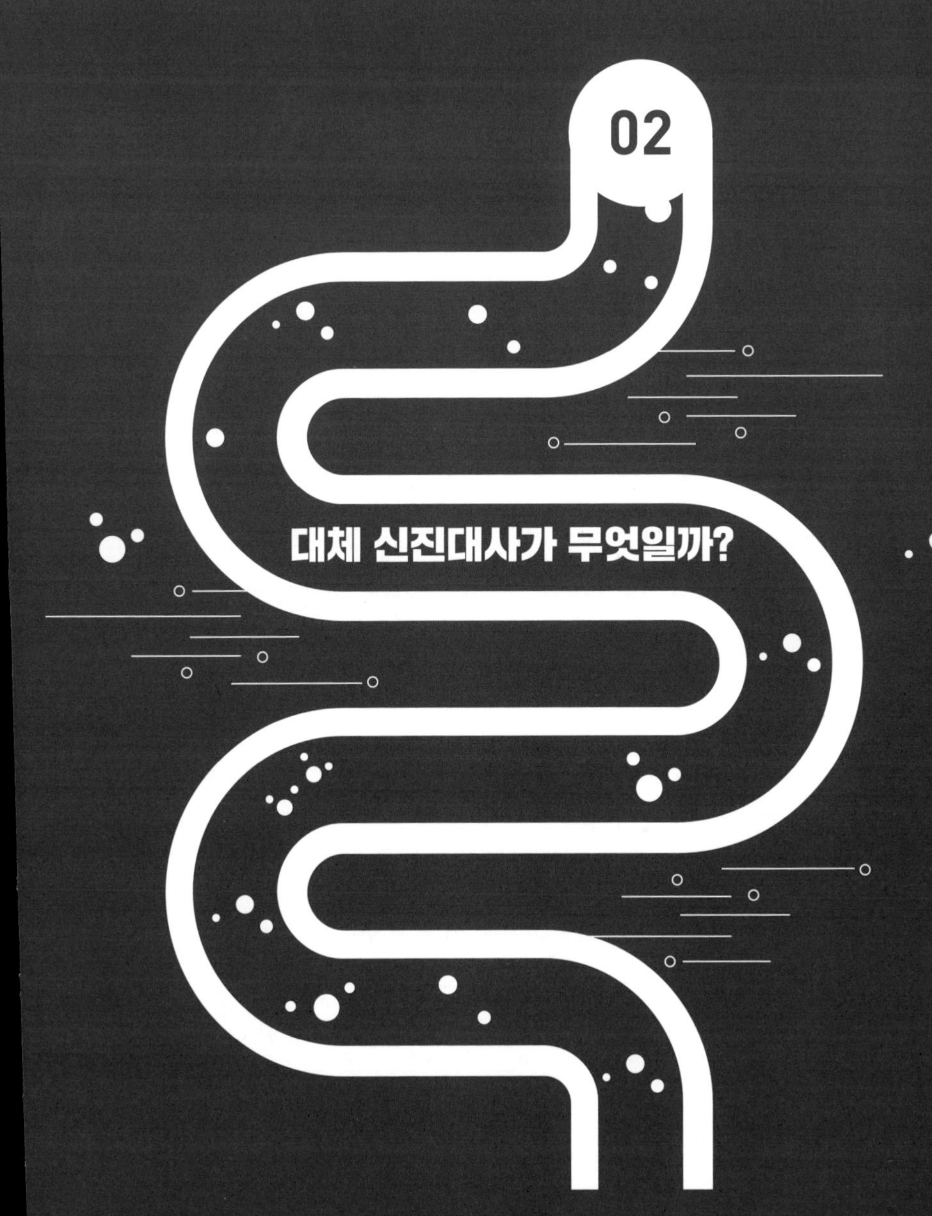

02 대체 신진대사가 무엇일까?

What Is Metabolism Anyway?

"음악이 어떻게 라디오 안으로 들어가요?"

예상치 못한 질문이었다. 브라이언 우드와 나는 브라이언의 아내 칼라, 현장 조수 헤리에스와 함께 하드자족 야영지 근처 키 작은 아까시나무 아래 텐트 설치를 막 끝낸 참이었다. 야영지는 에야시 호수와 험준한 틀리카 힐 사이 드넓게 펼쳐진 건조한 평지에 자리 잡고 있었다. 브라이언과 나는 먼지투성이 땅바닥에 놓인 캠핑 의자에 앉아 늦은 오후의 어스레한 빛 속에서 일 이야기를 하는 중이었다. 하드자족 두 남자 바가요와 기가가 근처 바닥에 앉아 하드자어로 열띤 대화를 나누고 있었다. 두 사람은 건전지로 작동하는 작은 라디오를 가지고 있었다. 오락거리가 드문 하드자 랜드에서는 귀한 물건이었다. 어느 순간 두 사람은 우리를 대화에 참여시키기로 했는지 스와힐리어로 바꿔 우리에게 질문을 던졌다. 브라이언과 내 얼굴에 당황한 기색이 비쳤을 것이다. 바가요가 다시 이렇게 물었기 때문이다.

"음악이 어떻게 라디오 안으로 들어가요?"

제길, 라디오의 원리를 알고 있었어야 했는데…

새로운 생각과 지식을 얻을 수 있는 건 여행의 가장 좋은 점 중 하나이며, 하드자족에게 이 일은 늘 쌍방 통행이다. 자연 세계에 대한 하드자족의 해박한 지식은 놀라울 정도다. 하드자족 아이들은 누구나 수십 종에 이르는 동물 종의 신체 특징과 행동 특징을 줄줄 이야기하며, 주변에 보이는 관목과 풀, 음식, 땔감, 건축, 도구 등이 어떤 용도로 쓰이는지도 줄줄 읊는다. 하드자족 남자가 눈에 띄는 흔적 하나 없이 다친 임팔라를 몇 킬로미터나 뒤쫓거나 하드자족 여자가 돌로 땅바닥을 두드려보고 지면에서 약 1미터 아래 있는 야생 덩이줄기의 크기와 익은 정도를 알아내는 모습을 보면 마법이 따로 없어 보인다.

한편 우리는 바깥 세계에 대해 아는 지식을 나눈다. 책과 기계 장치 이야기를 해주고, 종종 영화의 밤 행사를 열어 노트북으로 자연 다큐멘터리나 액션 영화를 보여주기도 한다(〈쥬라기 공원〉 시리즈는 늘 인기가 많다). 모든 과학자의 생명선이기도 한 우리 인간의 선천적인 호기심이 하드자 문화에서 만개하는 것처럼 보인다. 그들은 뭐든 알고 싶어 한다.

대화는 보통 천진난만하게 시작하지만 지리, 우주론, 생물학 등 폭넓은 대화로 발전하기도 한다. "너희 집까지 걸어가는 데 얼마나 걸릴까?"는 단순한 질문이다. 하지만 진짜 답을 찾기 위해서는 지구는 둥글고 상상할 수 없을 정도로 크며 거대한 바다로 나누어진 거대한 대륙으로 이루어져 있다는 대화가 필요하다(하드자족은 이런 개념에는 익숙하지만 여전히 언급은 피한다). "바다코끼리가 정말 있을까?" "그렇다면 대체 바다코끼리가 뭔데?" 역시 타당한 질문이다. 특히나 방금 북극의 야생 동물에 대한 다큐멘터리를 봤고 얼음과 바다, 해양 포유류의 존재를 잘 모른다면 말이다. 나는 바다코끼리가 코끼리의 엄니와 물고기 같은 발을 가진 실제로 존재하는 (황당하다는 건 인정하지만) 생물이라고 열심히 설명했다. 내 말을 믿는 사람이 있기나 했는지 모르겠다.

흔히 아인슈타인이 말했다고 전해지는 출처가 분명치 않은 문장이 하나 있다. "어떤 것에 대해 쉽게 설명할 수 없다면 제대로 이해하지 못한 것이다." 하드자족 사람들과 이야기를 하다 보니 이 문장이 생생하게 와닿았다. 나의 부족한 스와힐리어와 정규 교육을 받지 못한 하드자족의 한계 사이에서 다양한 연구 장비가 이떻게 작동하는지, 〈쥬라기 공원〉의 공룡을 컴퓨터로 어떻게 만들었는지, 혈압 측정 띠가 무엇을 측정하는지 설명하는 것은 늘 재미있는 도전이었다. 이 과정에서 그동안 깨닫지 못했던 내 지식의 구멍이 자주 드러났다. 이런 구멍은 얼핏 똑똑해 보이지만 실제로는 내게 아무 의미도 갖지 못하는 공허한 용어와 함께 머릿속에 숨어 있었다.

그나저나 음악은 어떻게 라디오 속으로 들어갔을까?

머뭇거리며 설명을 시작했다. (그렇게 멀리까지 가본 사람은 별로 없지만, 하드자족 사람들 누구나 알고 있던) 가장 가까운 대도시 아루샤에 건물이 하나 있었다. 건물 안에서 누군가 카세트 플레이어나 레코드판으로 음악을 재생한다고 했다. (여기까지는 정말 좋았다. 하드자족 사람들은 카세트 플레이어를 본 적이 있었다.) 이제 그 건물에는 음악을 듣고 긴 쇠막대, 즉 안테나를 통해 공기 중으로 내보내는 기계가 있다고 했다. 자체 안테나가 있는 라디오는 공기 중의 음악을 포착해 스피커를 통해 음악을 재생한다고 설명했다.

"네. 그런데 아루샤의 건물에서 공기 중으로 뭐가 나와서 여기까지 오는 거죠?"

"음, 전파요." 나는 곤란에 빠졌다는 걸 즉시 알아차리고 이렇게 대답했다.

"아하… 전파가 뭐죠?"

좋은 질문이다. "글쎄요. 전파는 보이지도 들리지도 않게 공기 중으로 이동합니다. 하지만 음악을 실어 나르죠." 자신이 없어졌다. 전파를 어떻게 설명해야 할지 막막했다. 나도 제대로 이해하지 못하고 있었으니까. 내 머릿속에서 전파는 만화 속 안테나에서 나오는 작은 호arc 모양에 불과했다. 이 전파가 일종의 '전자기 에너지'라는 건 알았지만, 이건 또 다른 무의미한 용어일 뿐이었다. 빛 같은 거겠지? 하지만 쇠막대에서 나와 음악을 실어 나르는 보이지 않는 빛을 무슨 수로 설명한담? 제대로 된 설명이기는 했을까?

"아! 이런 거군요." 바가요가 사냥용 활을 집어 들더니 활시위를 퉁겼다. 그 소리는 보이지 않게 공기 중으로 움직여 활시위에서 우리 귀까지 온다. 훌륭한 비유다! 맞아요, 바로 그거예요! 나는 전파와 음파가 다르다는 건 알았지만, 바가요보다 더 훌륭하게 설명할 능력은 없었다.

기가와 바가요는 흡족해했다. 브라이언과 나는 풀려났다.

그 후 물건을 사러 시내로 나갔을 때, 구글에서 '전파'를 검색해 봤다.

신진대사 쉽게 설명하기

인간 신진대사 분야의 최신 과학에 대해 이야기하려면 신진대사가 무엇인지, 또 어떻게 작동하는지 제대로 이해해야 한다. 당연히 보통의 생물학자가 전파를 이해하는 것보다는 잘 알고 있어야 한다. 가주어도, 전문용어 남발도, 헛소리도 안 된다. 처음부터 시작해보자.

신진대사는 우리 세포가 하는 모든 일을 포함하는 광범위한 용어다. 신진대사 작용의 대부분은 세포막(과 세포벽) 안팎으로 분자를 보내고, 또 한 종류의 분자를 다른 종류의 분자로 바꾸는 일이다. 우리의 몸은 상호 작용하는 효소, 호르몬, 신경전달물질, DNA를 포함한 수천 개의 분자가 찰랑거리는 살아 있는 양동이이며, 그 어느 것도 우리가 먹는 음식에서 바로 사용 가능한 형태로 들어오지 않는다. 대신 세포는 계속해서 영양분과 혈액 속에 순환하는 다른 유용한 분자를 세포벽을 통해 가지고 들어와 연료나 기본 구성 물질로 사용하며, 이들 분자를 다른 물질로 바꾸고, 만든 물질을 세포벽 밖으로 내보내 몸의 다른 곳에서 사용될 수 있도록 한다. 난소 속 세포는 내부의 콜레스테롤 분자를 빼내 그 분자로 에스트로겐을 만들고, 그런 뒤 몸 전체에 유용한 호르몬인 에스트로겐을 혈액 속으로 내보낸다. 신경과 신경세포는 계속해서 이온(양전하 또는 음전하를 띤 분자)을 내보내 내부 음전하를 유지한다. DNA에 의해 결정되는 췌장 세포는 아미노산에서 인슐린과 수많은 소화 효소를 만들어낸다. 이렇게 만들어지는 효소는 수없이 많다. 우리 몸에서 **지금 이 순간** 일어나고 있는 신진대사 활동은 놀랍도록 많다.

이 모든 활동에는 에너지가 든다. 실제로 활동은 **곧** 에너지다. 우리는 같은 단위를 사용해 활동과 에너지를 측정하고, 이 두 가지를 혼용해 이야기할 수 있다. 야구공을 던지면 공이 손을 떠날 때의 운동 에너지는 당연히 공의 속도를 높이기 위해 한 활동의 양과 정확히 같다. 열은 에너지의 또 한 가지 흔한 형태다. 우유 한 잔을 전자레인지에 데워 아이에게 줄 때 상승한 온도는 우유에 담긴 전자기 에너지의 양을 가리킨다. 연소하는 휘발유에서 나오는 에너지는 자동차를 도로 위에서 움직이는 데 들인 활동과 엔진이 만들어낸 열의 합과 같다. 소모한 에너지는 언제나 들인 활동과 얻은 열의 합과 같다. 이는 사람의 몸이든 자동차든 스마트폰이든 동일하다. 우리는 모두 동일한 물리학의 법칙으로 움직인다.

에너지는 또한 활동을 하고 열을 발생시킬 **잠재력**이 있는 것들 속에 저장될 수 있다. 연료 탱크 속 휘발유가 그 예다. 늘어난 고무줄이나 튀어오를 준비가 된 쥐덫의 용수철은 변형 에너지를 가지고 있다. 높은 선반 위에 위태롭게 놓여 바닥에 쾅 떨어질 수 있는 볼링공은 잠재적 에너지를 지니고 있다. 분자들을 한데 모으는 결합은 화학 에너지를 저장할 수 있으며, 그 결합은 분자들이 분해될 때 깨진다. 니트로글리세린 450그램 속 분자(화학식: $4C_3H_5N_3O_9$)가 폭발 과정에서 질소(N_2)와 물(H_2O), 일산화탄소(CO), 산소(O_2)로 분해될 때 체중 75킬로그램의 남자를 4킬로미터 공중으로 곧장 날려버리거나(활동) 기체로 만들거나(열) 또는 둘 모두로 만들 수 있는 충분한 에너지(730킬로칼로리)를 마구 방출한다. 이 점은 에너지의 마지막 특징을 말해준다. 에너지는 운동 에너지, 열, 활동, 화학 에너지 등 많은 형태로 바뀔 수 있지만, 결코 없어지지는 않는다.

칼로리와 줄[•]은 에너지 측정에 사용되는 두 가지 표준 단위다. 즉 음식 속 화학 에너지, 불 속의 열, 기계가 하는 작업 등의 측정 단위다. 칼로리는 음식을 이야기할 때 미국에서 가장 흔히 사용되는 단위이지만, 우리 미국인이 칼로리의 표준 용법을 애써 망쳐놨다. 1칼로리는 물 1밀리리터(티스푼 5분의 1)의 온도를 섭씨 1도(화씨 1.8도) 높이는 데 필요한 에너지로 정의된다. 극소량의 에너지다. 음식의 유용한 측정 단위라고 하기에는(운전 거리를 인치로 알려주는 도로 표지판처럼) 너무 적은 양이다. 대신 우리가 음식 속 '칼로리'를 이야기할 때 실제로는 **킬로칼로리**, 즉 1000칼로리를 의미한다. 치리오스 시리얼 한 컵은 포장지의 영양 성분표에 따르면 100칼로리이지만, 실제로는 100킬로칼로리 또는 10만 칼로리를 뜻한다.

그렇다면 '칼로리'라는 용어를 남발하는 대신 그냥 '킬로칼로리'라고 말하면 되지 않나? 별나게도 1800년대 후반에 과학자들이 '칼로리calories'를 음식 에너지의 지정 측정 단위로 도입하기로 결정할 때 영향력 있고 선구적인 미국인 영양학자 윌버 애트워터Wilbur Atwater는 킬로칼로리를 가리킬 때는 초기의 난해한 전통을 유지하되 대문자 '칼로리Calories'라고 쓰기로 했다. 이 결정은 '야드Yard'를 대문자로 표기해 마일을 표시하는 것이나 마찬가지다. 그 이후로 식품 성분표에는 소문자

• joule, 일과 에너지의 국제단위로, 1줄은 힘의 방향으로 1미터 움직일 때 한 일이다.

칼로리(또는 대문자 칼로리)가 혼란스럽게 사용되고 있다. 물론 칼로리는 미국의 길고 당혹스러운 측정 역사의 한 가지 사례일 뿐이다. 티스푼, 인치, 화씨를 계속 쓰겠다고 고집하는 나라는 단위를 이야기하는 논의에서 분명 심각한 정신적인 문제가 있다. (아무튼 문명화된 세계를 여행하면서 식품 성분표의 줄을 칼로리로 변환하고 싶으면 줄을 4로 나누면 된다.)

활동과 에너지는 동전의 양면이다. 따라서 우리 세포가 하는 모든 활동과 세포가 소비하는 모든 에너지는 같은 것을 측정하는 두 가지 방법이라고 생각하면 된다. 우리는 '신진대사'와 '에너지 소비량'을 혼용해 사용할 수 있다. 그래서 나 같은 진화생물학자뿐 아니라 의사와 공중 보건 분야에 종사하는 사람들은 에너지 소비량에 굉장히 집착한다. 에너지 소비량으로 신진대사를 측정하기 때문이다. 즉 에너지 소비량은 신체 활동의 기본 척도다. 세포가 활동하는 속도가 대사율, 즉 분당 사용되는 에너지를 결정한다. 몸속 모든 세포의 활동을 합산하면 분당 소비하는 에너지, 몸의 대사율이 나온다. 우리의 대사율은 세포 합창단의 총력이다. 37조 개에 달하는 작은 뮤지션들이 복잡한 교향곡 안에서 하나가 된다.

우리를 살아가게 하며, 또 우리 모두가 당연시하는 정교한 신진대사 체계는 진화의 경이로운 결과다. 이를 이루어내는 데 거의 10억 년이 걸렸다. 실로 어마어마한 1조 세대가 1000조 번의 실패한 시작과 막다른 길을 통과했다. 오늘날의 가장 단순한 단세포 신진대사 체계의 기본 틀이 끝없는 시행과 (대개) 착오를 거쳐 이 지구상에서 진화한 것이다. 통합된 신진대사 기관과 분업 체계를 갖춘 가장 단순한 다세포 생명체가 진화하는 데 또 20억 년이 걸렸다. 그 과정에서 생명체는 기본적 화학 반응에 있어 몇 가지 큰 어려움에 맞서야 했다. 기름은 물과 섞여야 했다. 불을 내고 생명을 죽이는 화학 물질인 산소는 생명을 살리는 데 쓰여야 했다. 니트로글리세린보다 그램당 에너지가 많은 지방과 당류는 생명체를 폭파시키거나 산 채로 끓게 만들지 않고 신중하게 연소되어 연료로 사용되어야 했다.

아직 제일 이상한 부분이 남았다. 우리 몸이 하는 모든 활동은 체세포 안에 사는 미토콘드리아라는 이질적인 작은 생물 형태에서 동력을 얻는다. 미토콘드리아는 자체적인 DNA와 20억 년이라는 고유한 진화사를 가지고 있으며, 확실한 파멸의 위기에서 지구상의 모든 생명체를 구한 적도 있다. 음식을 사용 가능한 크기로 소화시키는 데 필요한 활동의 대부분은 우리 소화관 속에 진치고 있는 거대한 생태계에 의해 이루어진다. 이 마이크로바이옴(몸 안에 사는 미생물microbe과 생태계biome를 합친 말)은 입부터 항문까지 이어지는 길고 구불구불한 통로인 소화관을 따라 사는 수조 개의 박테리아로 구성된다.

우리는 모두 살아 있는 키메라다. 즉 반은 인간이고 반은 다른 생물로, 매일 죽은 음식을 살아 있는 사람으로 곧바로 바꾸는 일상적인 기적을 행한다. 언젠가 들어본 적이 있는 이야기일 테지만, 동화책에서 봤던 따뜻한 마법 이야기가 아니라 교과서에나 나올 법한 딱딱한 이야기다. 그럼에도 또다시 들어볼 가치가 충분하다. 음식이 건강에 어떤 영향을 미치고 몸이 에너지를 어떻게 태우는지, 즉 생명이 실제로 어떻게 작동하는지 이해하기 위해 꼭 필요한 기본 지식이다.

사실 소일렌트 그린은 사람이다
(혹은 그럴 수도 있다)

일찍이 고대 그리스 시절부터 최근 1600년대까지 인간과 파리, 쥐 등의 모든 생명체는 먼지와 썩은 고기 등의 무생물에서 자연적으로 나타날 수 있었다. 심지어 아리스토텔레스 같은 현인도 자연 발생성을 믿었다. 있을 만한 일이었다. 어느 하루 헛간 구석에 낡은 누더기 옷과 건초 더미가 놓여 있으면 그다음 날엔 쥐가 같이 있었으니까. 그 누구도, 그 무엇도 거기 두지 않았는데 구더기는 오래된 사체에서 쏟아져 나오는 것 같았다. 현미경 세계와 엄격한 실험을 제대로 이해하지 않고도 사람들은 그것이 부정하기 힘든 생각임을 알게 됐다. 프랑스의 화학자 루이스 파스퇴르Louis Pasteur가 1859년에 실시한 획기적인 실험에서 수프를 끓인 뒤 먼지와 벌레만 들어가지 않게 하면(그 이후로 우리는 음식을 저온 살균해 먹고 있다) 아무것도 자라지 않는다는 걸 증명할 때까지 여전히 그 생각을 믿는 사람들이 있었다. 오늘날 '자연 발생설'이라는 개념은 과거에 사람들이 얼마나 무지몽매했는지, 과학이 얼마나 발전했는지 보여주는 전형적인 사례로 학생들에게 소개된다.

물론 파리가 사체에서 자연스럽게 생겨날 수 있다는 이야기는 황당하다. 지난 세기의 신진대사에 대한 과학 연구를 이해하게 된 지금 그 사실은 더 이상하다. 동식물을 포함해 모든 살아 있는 존재는 기본적으로 '자연 발생 기관'이다. 이 존재들은 음식과 물, 공기에서 자신의 몸과 후손의 몸을 만들어낸다. 새끼 파리가 썩은 고기에서 생겨나는 것이 아니라면 파리는 도대체 무엇이란 말인가?

미래의 암흑 속 뉴욕을 배경으로 한 연극적이고 고전적인 1973년 작 SF 영화 〈소일렌트 그린〉에서 찰턴 헤스턴Charlton Heston이 연기하는 인물은 모든 사람이 먹는 녹색 옥수수죽이 실제로는 인육으로 만들어졌다는 사실을 알고 경악한다. 그는 마지막 극적인 장면에서 쓰러지며 주변에 있는 사람들에게 이렇게 소리친다. "소일렌트 그린은 **사람이다!**" 2018년에 이르러서는 예술을 활용한 삶의 한 예로, 워커홀릭이나 점심을 같이 먹을 친구가 없는 사람들을 위해 나온 가루와 질척한 음료 형태로 된 소일렌트 식사 대체용품을 살 수 있게 되었다. 어떤 맛인지 모르겠지만, 소일렌트 그린 같은 제품이 있다. 요즘 온라인에서 구매할 수 있는 소일렌트 그린은 사람으로 만든 것이 아니라고 매우 확신한다. 하지만 **그럴 수도 있다**. 그래도 먹는 수밖에는 없다.

우리 몸의 모든 세포, 뼈와 근육, 뇌와 신장, 손톱과 눈썹, 혈관을 따라 분출되는 6리터의 혈액, 이 **모든** 것은 우리가 먹은 재조합된 음식 조각으로 이루어져 있다. 우리를 계속 움직이고 살아 있게 하는 에너지는 또한 음식에서 나온다. **'우리가 먹는 음식이 우리다'**라는 말은 닳고 닳은 비유가 아니다. 생명체가 실제로 작동하는 방식이다. 누군가는 말 그대로 걷고 말하는 새로운 형태의 빅맥, 즉 상당수의 미국인을 생각하며 몸서리를 친다. 나의 아이들은 거의 전부 치킨너깃, 파스타, 요구르트, 당근으로 만들어졌고 또 거기서 열량을 얻는다. 나는 프레첼과 맥주에서 대부분의 연료를 얻는다. 이 모든 것은 어떻게 작동할까?

피자를 따라가보자

점심부터 시작해보자. 우리는 자리에 앉아 뜨겁고 번들거리는 페퍼로니 피자 한 조각을 먹는다(비건이라면 대체육과 대체 치즈로 바꿔 이 사고 실험에 참여할 수 있다). 피자를 한입 베어 씹기 시작하자 빵과 소스, 고기, 치즈가 고급스럽게 섞이며 혀 안에서 춤을 추고, 피자 크러스트가 이에 부딪히고, 냄새가 혀 뒤로 퍼지며 콧속을 가득 채운다. 훌륭한 맛이다.

연금술이 시작됐다. 음식을 침과 함께 씹고 섞는 것이 음식과 음식의 주요 구성 성분인 다량 영양소를 소화하는 첫 단계다. 다량 영양소의 세 가지 카테고리가 있다. 탄수화물, 지방, 단백질이다. 탄수화물은 녹말, 당류, 섬유소다. 이 물질은 주로 음식의 식물성 재료에서 온다. 지금 먹고 있는 피자의 크러스트와 토마토소스가 그 예다. 지방(기름을 포함해)은 식물성 재료와 동물성 재료 모두에서 온다. 피자의 치즈와 페퍼로니가 그 예다. 단백질은 대부분 동물 조직과 식물의 잎, 줄기, 씨앗(콩, 견과류, 곡물)에서 온다. 페퍼로니와 치즈 속에는 단백질이 가득 들어 있다. 피자 위에 뿌린 바질 잎이 그 예다. 크러스트에도 단백질이 들어 있다. 많은 비난을 받고 있지만 쫄깃한 맛을 더해주는 글루텐도 여기에 포함된다.

피자 조각에는 수분 그리고 몸이 필요로 하는 미네랄, 비타민 등의 다른 요소들도 소량 포함되어 있다. 하지만 탄수화물, 지방, 단백질 등 다량 영양소가 주된 성분이다. 이런 영양소가 우리 몸을 키우고 연료를 공급한다. 이런 성분은 신진대사의 원료다.

도표 2.1의 순서도를 보면 음식 속의 탄수화물, 지방, 단백질이 몸 안에 들어가서 어떤 작용을 하는지 알 수 있다. 이것을 다량 영양소의 노선도라고 생각해보라. 처음 읽으면 어렵지만 출발지부터 도착지까지 각각의 선을 따라가면 별로 어렵지 않다. 다량 영양소는 저마다의 노선이 있고, 각 노선은 소화, 생성, 연소에서 세 번 정차한다. 모든 좋은 교통 시스템처럼 하나의 노선에서 다른 노선까지 이어주는 지선이 있다. 이제 출발!

탄수화물

전형적인 미국식 식사를 한다면 탄수화물은 매일 소비하는 칼로리의 절반가량을 차지한다. 실제로 최근 저탄수화물 다이어트가 유행하고 있음에도 하드자족 같은 수렵채집인을 비롯한 많은 사회와 전 세계인은 대체로 지방과 단백질보다 탄수화물에서 더 많은 열량을 얻는다(6장 참고). 우리는 결국 영장류이며, 영장류는 식물, 특히 잘 익은 달콤한 과일을 좋아한다. 탄수화물은 우리의 주된 연료원이고 우리는 6500만 년 동안 탄수화물에 의존해왔다.

탄수화물은 당류, 녹말, 섬유소 세 가지 기본 형태로 들어온다. 당류와 녹말은 **소화되어** 글리코겐을 **만드는 데** 쓰이거나 **연소되어** 에너지로 쓰인다(도표 2.1 참고). 또한 당류와 녹말은 지방으로 바뀔 수 있으며, 이에 대해서는 아래에서 살펴볼 예정이다. 섬유질은 다른 존재다. 섬

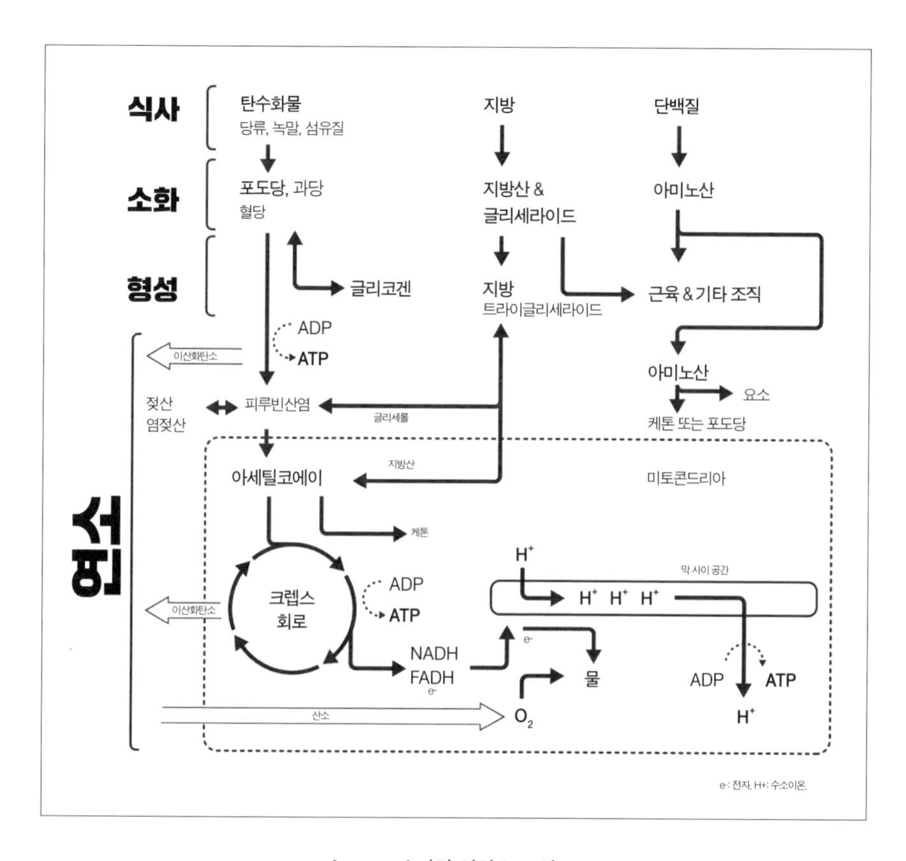

[도표 2.1] **다량 영양소 노선도**

각 다량 영양소(탄수화물, 지방, 단백질)는 몸 안에 자체적인 경로가 있으며 각각 소화, 생성, 연소 역에서 세 번 정차한다. 일방향 화살표는 일방통행로를 가리킨다. 양방향 화살표가 붙은 길은 양방향으로 간다. 몇몇 경로는 명확성을 위해 삭제했다. 마이크로바이옴에 의해 소화되는 섬유질은 지방의 경로로 들어갈 지방산을 만들어낸다. 당류는 DNA 등 몸 안의 일부 구성물을 만드는 데 사용된다. 아미노산이 포도당이나 케톤으로 바뀌는 많은 경로는 노선도에 나오지 않는다. 탄수화물 소화의 가장 드문 부산물인 갈락토스 역시 빠져 있다.

유질은 소화관에서 중요한 역할을 하는데, 당류와 녹말의 소화와 흡수를 조절하며 장내 마이크로바이옴에 사는 수조 개의 박테리아와 다른 생물의 먹이가 된다. 실제로 마이크로바이옴은 섬유질을 소화하는 데 핵심적인 역할을 하며, 섬유질이 없으면 큰일 난다. 하지만 일단은 녹말과 당류가 가는 길을 따라가보자.

당류는 작은 탄수화물일 뿐이다. 탄소, 수소, 산소 원자로 이루어진 작은 사슬이다. 가장 작은 것은 한 개의 당 분자만 하다(따라서 단당류의 기술적 용어인 monosaccharides에 mono〔하나라는 의미〕가 들어가는 것이며, saccharide는 그냥 당류라는 의미다). 단당류는 포도당, 과당, 갈락토스다. 자당, 락토스, 엿당maltose 등 다른 당류는 결합된 두 개의 단당류로 이루어져 있으며, 이당류('두 개의 당')라고 한다. 자당(테이블 설탕)은 그냥 포도당과 과당이 결합한 것이다. 락토스(젖당)는 포도당과 갈락토스다. 엿당은 두 개의 포도당이다.

녹말은 그저 긴 사슬에 함께 매달린 한 뭉치의 당 분자다. 정말 많은 당 분자가 결합되어 있기 때문에 녹말은 다당류(polysaccharides, 'poly'는 다수를 뜻한다) 또는 복합 탄수화물이라 불린다. 지금까지 식물의 녹말 속 가장 흔한 당 분자는 포도당이며, 식물 녹말 분자는 포도당 분자 수백 개를 합친 것만큼 길 수 있다. 녹말은 식물이 에너지를 저장하는 방식이며, 그래서 감자와 마 같은 식물의 에너지 저장 기관에는 녹말이 대단히 많다. 거의 모든 식물 녹말(우리가 먹는 음식 속 녹말)에는 아밀로스와 아밀로펙틴이라는 두 다당류가 섞여 있다.

어떤 음식에 들어 있든 녹말과 당류는 소화되어 모두 세 개의 단

당류 중 하나로 전환된다. 녹말의 소화는 아밀라아제라는 침 속의 효소에 의해 시작된다. 아밀라아제는 긴 아밀로스와 아밀로펙틴 분자를 더 작은 조각으로 분해하는 과정을 시작한다. 효소는 분자를 분해하거나 화학 반응을 일으키는 단백질이다[효소의 이름은 대개 -아제(-ase)로 끝난다]. 아밀라아제 같은 소화 효소는 음식 분자를 더 작은 조각으로 쪼갠다. 녹말은 인간의 진화에서 하도 중요해서 우리 인간은 다른 어떤 유인원보다 더 많은 아밀라아제를 만들도록 진화했다. 이에 대해서는 6장에서 살펴볼 예정이다.

음식을 삼키고 나면 물컹물컹해진 음식물 덩어리는 위 속으로 들어간다. 위 속 위산은 음식에 무임승차한 박테리아와 다른 해로운 물질을 죽인다. 그런 뒤 음식은 위에서 나가 소장으로 들어가는데, 이곳에서 대부분의 소화 작업이 이루어진다. 소장에서 녹말과 당류는 장과 췌장에서 만들어낸 효소와 만나 또 한 번 분해된다. 췌장은 길이 약 13센티미터의 길쭉한 고추 모양으로 생긴 장기로, 위 바로 아래쪽에 위치하며 짧은 관을 통해 소장과 연결된다. 췌장은 인슐린을 분비하는 기관으로 제일 잘 알려져 있지만, 소화에 쓰이는 수십 개의 효소(위산이 장으로 들어갈 때 위산을 중화하는 중탄산염과 함께) 대부분을 분비하는 기관이기도 하다. 이러한 효소의 집합(구체적인 모양과 구성)과 분비량의 정도(특정 효소를 많이 또는 적게 분비할지)는 유전자가 결정한다. 예를 들어, 유당 불내증이 있어 우유를 소화하지 못하는 사람은 유전자가 락타아제 효소의 형성과 분비를 멈춘 것이다. 락타아제 효소는 이당류 젖당을 포도당과 갈락토스로 분해하는 데 필요하다. 다른 어떤 효소도 그 일을 할 수 없기 때문에 젖당은 그 상태 그대로 대장으로 가서 다량의 가스를 포함해 유당 불내증의 온갖 징글징글한 부작용을 만들어내는 장내 세균 속으로 들어간다.

녹말과 당류 소화는 모든 다당류와 이당류가 단당류로 분해될 때까지 계속된다. 우리가 먹는 음식 속 탄수화물은 대부분 녹말에서 오고, 녹말은 전부 포도당으로 만들어지기 때문에 우리가 먹는 녹말과 당류의 약 80퍼센트는 포도당이 된다. 나머지는 과당(약 15퍼센트)과 갈락토스(약 5퍼센트)로 분해된다. 물론 설탕(가령 포도당과 과당이 합쳐진 자당)이나 과당이 듬뿍 들어 있는 고과당 옥수수 시럽(포도당 약 50퍼센트와 과당 50퍼센트가 물과 섞인 것〔흔히 '액상과당'이라고 한다〕)이 가득 든 가공 식품의 비율이 높은 식사를 하면, 과당의 함량은 약간 높겠지만 포도당의 함량은 약간 낮을 것이다.

이런 당류는 장벽을 통해 흡수되어 혈액 속으로 흘러들어간다. 우리의 장벽에는 혈관이 가득하며, 식사 후에는 소화관으로 흘러가는 혈류량이 2배 이상 늘어나며 영양소를 실어간다. 그 결과 식사, 특히 탄수화물이 많은 식사 후에는 알다시피 혈당(거의 모두 포도당)이 올라간다. 섭취하는 음식이 섬유질이 적고 쉽게 소화되는 가공 식품이라면 탄수화물은 빠른 속도로 소화되고 당류는 혈액 속으로 빠르게 흘러들어가 혈당이 급격히 치솟는다. 그런 음식을 혈당 지수가 높은 음식이라고 하며, 특정 음식을 먹고 2시간 후에 측정한 혈당 증가량은 순수 포도당을 먹고 난 후 일어나는 혈당 증가량과 맞먹는다. 소화하기 힘든 음식(더 복합 탄수화물이며 당류가 적고 섬유질이 많은 음식)은 소화하고 흡수하는 데 시간이 더 걸리므로 혈당 증가량이 낮고 증가 속도도 늦다. 이런 음식은 혈당 지수가 낮은 음식에 속한다. 식단에 대해서는 6장에서 언급하겠지만, 혈당 지수가 낮은 음식이 건강에 더 좋다는 몇 가지 증거가 있다.

이 모든 소화 작용에서 숨은 영웅은 식이섬유와 마이크로바이옴이다. 섬유질은 우리 몸이 소화할 수 없는, 적어도 혼자서는 소화할 수 없는 종류(수많은 종류의 섬유질이 존재한다)의 탄수화물이다. 이 질기고 거친 분자 덕분에 식물이 튼튼하게 자라는 것이다. 우리가 먹는 음식 속 섬유질은 젖은 니트 담요처럼 장벽을 감싸며 격자 같은 필터를 만들어 당류와 다른 영양소가 혈액 속으로 흡수되는 것을 늦춘다. 그 때문에 당류가 혈액 속으로 빠르게 흘러들어가는 혈당 지수는 그냥 오렌지 조각보다 오렌지주스가 약 25퍼센트 더 높다. 오렌지주스에는 오렌지 한 조각보다 더 적은 섬유질이 들어 있다.

섬유질은 또한 우리 몸속 미생물들의 먹이가 된다. 이 미생물군은 우리 소화관에 살며 음식의 소화를 돕는 마이크로바이옴이다. 이 미생물은 대부분 대장에 사는데, 대장은 소장에서 소화할 수 없는 섬유질 및 다른 영양소를 처리하는 데 중요한 역할을 한다. 우리는 이제야 마이크로바이옴의 중요성을 깨닫기 시작했지만, 미생물군의 규모는 놀랍다. 각자 수천 개의 자체적인 유전자를 지닌 수조 개의 박테리아로 이루어진 미생물군은 우리 몸속에 사는 1.8킬로그램의 초개체와 같다. 이 박테리아들은 우리가 먹는 섬유질 대부분을 소화하고 세포가 만들지 못하는 효소를 이용해, 세포가 흡수한 뒤 에너지원으로 쓰는 단사

슬 지방산을 만들어낸다. 또한 미생물군은 소장에서 빠져나오는 다른 물질들까지 소화하고, 면역 체계의 활동을 돕고, 비타민을 비롯한 다른 필수 영양소의 생성을 돕는다. 비만부터 자기 면역 질환까지, 미생물군이 우리 건강에 미치는 영향은 폭넓고 매일 또 다른 영향이 날마다 새롭게 발견되고 있다. 이제 확실히 아는 사실은 몸속 미생물들이 행복하지 않으면 우리도 행복하지 않다는 것이다.

우리가 탄수화물을 중독된 듯 계속 먹고 또 갈망하는 주된 이유는 세포에 관한 한 탄수화물의 존재 이유인 우리 몸의 작동을 위해서다. 탄수화물은 에너지다. 일단 당류가 혈액 속에 흡수되면 당류가 향할 곳은 오직 두 곳이다. 지금 소모되거나 나중을 위해 저장되는 것(도표 2.1). 이때 췌장에서 분비되는 인슐린 호르몬이 등장한다. 일부 세포는 인슐린을 이용해 세포막을 통해 세포 속에 포도당 분자를 가지고 들어온다.

탄수화물을 에너지원으로 태우는 과정은 두 단계로 이루어지며, 아래에서 자세히 이야기해볼 예정이다. 즉시 연소되지 않는 혈당은 근육과 간 속에 글리코겐으로 저장된다. 글리코겐은 식물의 녹말과 유사한 복합 탄수화물이다. 에너지가 필요할 때 쉽게 이용할 수 있지만, 같은 비율의 탄소와 물을 함유하고 있기 때문에 (그래서 '탄수화물carbohydrate'이라는 용어를 쓴다) 비교적 무겁다. 캔 수프와 같다. 준비하기는 쉽지만 물과 같이 들어 있어 무겁고 부피가 크다. 다른 동물들처럼 인간 역시 몸이 저장할 수 있는 글리코겐의 양이 엄격하게 정해져 있다. 일단 그 양동이가 차면 혈당은 다른 곳으로 가야 한다. 갈 수 있는 유일한 곳은 지방이다.

몸이 필요로 하는 에너지가 충족되고 글리코겐 저장고가 가득 차면 혈액 속 잉여 당류는 지방으로 바뀐다. 이것은 더 이야기해보자. 저장된 지방은 연료로 쓰기가 약간 더 어렵다. 몇 가지 중간 단계를 거쳐 이 지방을 태울 수 있는 형태로 바뀌기 때문이다. 하지만 지방은 글리코겐보다 훨씬 더 효과적으로 에너지를 저장하는 방법이다. 에너지 밀도가 높고 물을 함유하고 있지 않기 때문이다. 다들 잘 알듯이 인간의 몸이 저장할 수 있는 지방의 양은 사실상 무한대다.

지방

지방의 여정은 상당히 단순하다. **소화되어** 지방산과 글리세라이드로 분해된 뒤 체내에서 다시 지방으로 **쌓이고** 마지막에는 에너지로 **연소된다**. 하지만 여기서 문제는 지방을 소화하기가 힘들다는 것이다. 많이 들어본 기본 화학 상식에 따르면 기름과 물은 섞이지 않는다. 지방(기름을 포함한)은 모두 소수성 분자, 즉 물에 녹지 않는 분자다. 하지만 지구상의 모든 생명체가 그렇듯 우리 몸의 기관은 물로 이루어져 있다. 커다란 지방 덩어리를 미세한 크기로 분해하려면 물만으로는 불가능하다. 비누 없이 기름기 있는 냄비를 닦으려는 것과 비슷하다. 진화적 해결책? 바로 담즙이다.

담즙은 오래전부터 우리의 기분과 기질에 중요한 영향을 미치는 네 가지 체액 중 하나로 꼽혀 왔다. 똑똑한 사람들이 엉터리 같은 말을 믿는 재미있는 사례다. 히포크라테스부터 1700년대 의사와 생리학자에 이르기까지 아주 영리한 사람들은 황담즙이 너무 많으면 사람이 공격적으로 변한다고 믿었다. 의사들은 체액의 균형이 맞지 않다고 의심되는 환자가 있으면 거머리로 피를 냈다. 100년쯤 전 현대 의학이 발달하기 전에 의사들이 살린 사람들보다 죽인 사람이 더 많은 한 가지 이유이기도 하다. 오늘날 우리는 체액이 지방을 소화시키는 물질이라는 사실을 안다.

담즙은 간에서 분비되는 초록색 즙으로 담낭(쓸개의 다른 말이기도 하다)에 저장된다. 담낭은 간과 소장 사이에 자리 잡은 엄지손가락 크기의 작은 주머니로 작은 관을 통해 간과 소장과 연결된다.

지방이 위에서 소장 안으로 들어가면 담낭은 질퍽해진 음식 속으로 약간의 담즙을 찍 뿌린다. 이 담즙산(쓸개즙염이라고도 부른다)은 세제 같은 역할을 하며 지방과 기름덩어리를 작은 유화액으로 분해한다. 지방이 유화되면 '리파아제'라는 효소가 췌장에서 분비되어 유화액에 섞이고 이 유화액을 더 작은 크기로 분해해 미셀이라는 미세한 방울로 만든다. 미셀은 인간의 머리카락 직경의 100분의 1 크기밖에 되지 않는다. 이 미셀은 탄산음료 속 거품처럼 생성되고 분해되고 또다시 생겨난다. 미셀은 분해될 때마다 각각의 지방산과 지방산이 함유하고 있는 글리세라이드(글리세롤 분자에 붙어 있는 지방산)를 생성한다. 두 성분은 지방과 기름의 기본 구성 요소다.

지방산과 글리세라이드는 장벽에 흡수되어 트라이글리세라이드(띠처럼 글리세롤 분자에 결합된 세 개의 지방산)라는 형태로 다시 만들어지는데, 트라이글리세라이드는 체내 지방의 표준적 형태다. 이제 몸은 지방 소화라는 다음 과제에 직면한다. 지방은 물과 잘 섞이지 않기 때문에 혈액 같은 수성 용액 안에서 한 덩어리로 뭉치는 경향이 있다. 덩어리가 많은 혈액은 우리를 죽음으로 몰고 갈 수 있다. 뇌와 폐, 다른 장기 속 작은 혈관을 막을 수 있기 때문이다. 좋은 해결책은 트라이글리세라이드를 킬로미크론chylomicron이라는 구형 수송 컨테이너에 넣는 것이다. 이렇게 하면 지방이 덩어리지는 것을 막을 수 있지만, 덩치가 너무 커져서 모세혈관 벽을 통해 혈액 속으로 흡수되기가 힘들어진다. 몸 전체로 혈액을 공급하는 모세혈관을 이용하지 못하는 것이다.

대신 킬로미크론 안에 든 지방 분자는 림프관 속으로 투입된다. 감시망이자 쓰레기 수거반 역할을 하는 림프관은 몸 전체에 자체 네트워크를 가지고 있어 쓰레기, 세균, 기타 폐기물을 주워 림프절, 비장, 그리고 면역을 담당하는 장기에 가져가 처리하게 한다. 림프관은 지방으로 가득 찬 킬로미크론 같은 큰 입자를 치우기에 최적화되어 있다. 또한 혈관에서 새어 나오는 모든 혈장(하루 약 340그램)을 수거해 순환계에 돌려보내는 혈류의 통관항 역할도 한다. 장벽 속에 있는 유미관lacteals이라는 특화된 림프관은 킬로미크론을 림프계로 끌어와 곧 심장으로 들어가는 순환계에 투입한다.

지방으로 가득 찬 하얀색 킬로미크론은 아주 크며, 지방이 많은 식사를 하고 난 뒤에는 상당히 두둑해져서 혈액에 크림 색깔이 돌 수 있다. 하지만 결국 킬로미크론은 찢어져 속의 내용물이 대기 중인 세포 속으로 빨려 들어가 저장되거나 사용된다. 혈관 벽 속 지단백질

lipoprotein 리파아제 효소가 맨 처음 트라이글리세라이드를 지방산과 글리세롤로 분해하면, 두 성분은 이름 그대로 지방산 수송 분자에 의해 대기 세포 속으로 들어간 뒤 다시 트라이글리세라이드의 형태로 변한다. 대부분의 지방은 지방 세포adipocyte와 근육 속에 저장되어 예비 연료 탱크가 된다. 이 저장된 트라이글리세라이드는 배와 허벅지에서 만져지는 지방 또는 좋은 스테이크 덩어리 속 마블링으로 박혀 있는 지방이다. 우리 몸이 간이나 다른 장기에 상당한 양의 지방을 저장하기 시작할 때 문제가 일어난다. 간부전을 비롯한 다양한 건강 문제로 이어질 수 있기 때문이다. 지방간의 원인은 늘 분명치는 않지만, 비만이 주된 위험 요인이다.

우리가 섭취하는 지방의 극히 일부는 세포막, 즉 우리 신경과 뇌의 일부를 감싸고 있는 미엘린초myelin sheath 같은 조직을 형성하는 데 쓰인다. 이러한 조직을 만드는 데 필요한 지방산 일부는 다른 지방산을 새롭게 만들어내는 방법으로는 만들 수 없기 때문에 필수 지방산으로 꼽힌다. 이런 지방산은 우리가 섭취하는 음식에서 얻어야 한다. 그래서 식품업체들이 자기네가 생산하는 생선, 우유, 달걀 속에 함유된 오메가3 지방산(필수 지방산)을 자주 광고하는 것이다.

탄수화물처럼 지방의 궁극적인 목표, 즉 우리가 그토록 지방을 먹고 싶어 하고 우리 몸이 고생을 무릅쓰고 지방을 소화하고 저장하는 이유는 연료로 연소되는 것이다. 모든 동물은 지방으로 에너지를 저장하도록 진화했다. 지방에는 30밀리리터당 255칼로리, 즉 적은 양 속에 엄청나게 많은 에너지를 포함하기 때문이다. 이는 제트 연료와 맞먹는 수준인데, 에너지 밀도가 니트로글리세린의 5배가 넘고, 일반적인 알칼리 전지보다 거의 100배쯤 좋다. 다행히 지방을 분해해 에너지로 쓰는 과정은 다이너마이트를 폭파시키는 것보다 더 천천히 이루어진다. 일부 지방은 소화 즉시, 즉 위에서 나오자마자 소모된다. 하지만 대부분의 경우 매 끼니 사이 우리의 몸은 저장된 지방을 연료로 이용한다. 우리의 저장된 지방을 이루는 트라이글리세라이드는 지방산과 글리세롤로 분해되어 에너지를 만드는 데 쓰인다(도표 2.1). 아래에서 더 자세히 살펴보자.

단백질

단백질의 여정은 흥미롭다. 지방, 탄수화물과 달리 단백질은(육식동물이 아닌 한) 주된 에너지원이 아니다. 단백질의 주요 역할은 매일 분해되어 근육과 다른 조직을 만들고 재구성하는 것이다. 우리 몸은 단백질을 태워 에너지로 쓰지만, 단백질이 일일 에너지 예산에서 차지하는 비율은 적다.

단백질 소화는 펩신이라는 효소와 함께 위에서 시작되며, 펩신은 단백질을 분해하기 시작한다. 우리의 위벽 속 세포는 펩시노겐이라는 효소 전구체를 만드는데, 펩시노겐은 위산에 의해 펩신 효소로 바뀐다. 그리고 펩신은 가위손 에드워드를 불러내 접촉하는 모든 단백질을 싹둑싹둑 잘게 자른다. 이 과정은 음식물이 위에서 나간 뒤 소장에 들어가서도 췌장에서 분해되는 효소와 함께 계속된다.

모든 단백질은 단백질의 기본 구성 요소인 아미노산으로 분해된다. 아미노산은 머리가 꼬리에 붙은, 약간 연 모양으로 생긴 분자의 종류다. 모두 같은 머리를 가지고 있다. 카복실산에 연결된 질소를 함유한 아미노기다. 아미노산은 꼬리가 특징인데, 언제나 탄소, 수소, 산소 원자로 이루어지는 형태다. 지구상에는 수백 개의 아미노산이 있지만, 그중 21개만 살아 있는 동식물의 단백질을 형성하는 데 쓰인다. 이 가운데 9개는 인간에게 필수적인 단백질이라 간주된다. 우리 몸은 혼자서 필수 아미노산을 만들 수 없으므로 음식에서 얻어야 한다(걱정 마라. 아직 죽지 않았다면 얻고 있는 거니까). 필요할 때 우리 몸이 만들 수 없는 나머지 단백질은 주로 다른 아미노산을 분해하거나 재구성해 만든다. 너무 이야기가 너무 앞서 나갔다.

아미노산의 다음 정차 역은 인간의 몸을 이루는 조직 및 다른 물질을 형성하는 과정이다(도표 2.1). 우리가 먹는 조각 피자에 든 단백질이 소화되어 아미노산이 되면 소장 벽을 통해 흡수되어 혈류로 흘러든다. 혈액에서 나온 아미노산은 세포 속으로 들어가 길게 이어진 아미노산 사슬의 형태인 단백질을 만든다. 아미노산에서 단백질을 만드는 것은 DNA의 주요 역할 중 하나다. 유전자는 단백질을 만드는 아미노산이 일정한 순서로 배열된 DNA일 뿐이다(일부 유전자는 관리자 역할을 한다. 즉 스스로 단백질을 구성하지 못하고 단백질을 구성하는 유전자를 작동시키거나 억제한다). DNA 서열의 변이(As, Ts, Cs, Gs 서열)는 다른 아미노산 구성을 만들며, 이에 따라 약간 달라진 단백질은 개인 간 생물학적 차이를 만들어낸다. 아미노산은 또한 투쟁 도피 호르몬인 에피네프린과 우리의 뇌세포가 소통할 때 쓰는 신경 전달 물질 중 하나인 세로토닌 같은 다양한 분자를 만드는 데 쓰인다.

이들 조직과 분자는 시간이 지나면서 분해되고, 결국에는 다시 아미노산으로 변해 혈류를 따라 간까지 간다. 여기서 약간 까다로워진다. 아미노산 속 아미노기는 암모니아(NH_3)와 대단히 비슷한 분자 구조(NH_2)를 가진다(아민amine, 암모니아ammonia의 이름부터 이미 유사하다는 점을 눈여겨보라). 암모니아가 함유된 가정용 세탁 세제를 마시면 당연히 사망에 이르는 것처럼 아미노산을 분해해 암모니아를 축적하면 죽음을 초래할 수 있다. 다행히 우리는 암모니아를 요소로 바꾸는 메커니즘을 발달시켰다. 요소는 혈류를 타고 신장으로 가서 소변으로 배출된다. 소변 속에 요소가 들어 있어 소변 냄새가 그토록 지독한 것이다. 암모니아로 만들어졌으니 그럴 만도 하다.

우리는 매일 50그램(약 60밀리리터)에 달하는 단백질을 소변으로 배출한다. 운동은 근육 세포 파괴를 늘려 소변의 양을 늘린다. 단백질을 충분히 섭취해야 우리가 매일 잃어버리는 단백질을 대신하고, 단백질 부족을 막을 수 있다. 필요량보다 단백질을 많이 섭취하면 남는 아미노산은 요소로 전환되어 소변으로 배출된다. 단백질 보충제로 단백질을 과도하게 섭취하면 대단히 비싼 오줌을 누게 될 수 있다.

단백질 노선의 마지막 역은 아미노산을 태워 연료로 쓰는 것이다(도표 2.1). 질소를 함유한 머리가 잘리고 요소로 바뀌어 내보내진 뒤에 꼬리는 포도당(포도당 신합성, 말 그대로 '새로운 당을 만드는' 과정)이나 케톤을 만드는 데 쓰인다. 아래에서 살펴보겠지만, 두 성분 다 에너지원으로 활용될 수 있다. 대체로 단백질은 일일 에너지 예산의 크지 않은 부분을 차지하며 매일 우리에게 필요한 칼로리의 약 15퍼센트를 제공한다. 하지만 우리가 굶주리고 있을 때는 대단히 중요한 비상 에너지 공급원이다. 가구를 태워 집을 따뜻하게 데우는 것과 약간 비슷하다. 강제 수용소 수감자들의 해골 같은 모습은 이 과정의 극단적인 사례다. 그들의 몸은 살아 있으려는 절실함으로 자기 몸을 혹사한다.

불사르라, 이봐, 불사르라고

Burn, Baby, Burn•

우리의 신진대사 노선도에 있는 모든 길은 결국 한곳으로 향한다. 바로 연료다. 탄수화물, 지방, 단백질은 모두 각자의 분자를 한데 모으는 결합 속에 저장된 화학 에너지를 가지고 있다. 이 결합을 깨뜨리면 에너지가 방출되고, 우리는 그 에너지를 우리 몸의 동력원으로 삼는다.

우리 몸을 포함한 모든 생물학적 체계에서 에너지는 기본이 되는 하나의 흔한 형태를 지닌다. 바로 아데노신3인산adenosine triphosphate (ATP)

• 1965년, 백인의 압제에 대한 흑인의 저항을 시인 마빈 엑스(Marvin X)는 이러한 제목의 시로 표현했다. 이후 여러 가요 등에서 쓰이고 있다.

•• 아데노신에 인산기가 3개 달린 유기화합물로 아데노신3인산이라고도 한다. 이는 모든 생물의 세포 내 존재하여 에너지 대사에 매우 중요한 역할을 한다. 즉, ATP 한 분자가 가수

••이다. ATP 분자는 작은 충전용 건전지 같다. 인산염 분자를 아데노신2인산adenosine diphosphate(ADP) 분자에 추가해 '충전한다'는 면에서 그렇다(참고: 아데노신3인산과 아데노신이인산의 이름 속 'tri'와 'di'는 ATP에는 세 개의 인산염, ADP에는 두 개의 인산염이 들어 있다는 의미다). 1그램의 ATP 속에는 약 50칼로리의 에너지(여기서는 킬로칼로리가 아니라 칼로리다)가 들어 있으며, 인간의 몸은 언제든 약 50그램의 ATP만 가지고 있다. 다시 말해 모든 분자는 하루 3000번에 걸쳐 ADP에서 ATP로, 또 그 반대로 순환하며 우리 몸을 작동시킨다. 그러니까 탄수화물, 지방, 단백질을 태우는 것은 당류, 지방, 아미노산 분자 속 화학 에너지를, 세 번째 인산염을 ATP 분자에 연결시키는 화학 결합으로 보내는 과정이다. 음식을 이용해 에너지를 생성할 때 우리가 만드는 것은 ATP다.

우선 우리 몸이 에너지원으로 이용하는 당류의 주된 형태인 포도당 분자 하나로 시작해보자(과당과 갈락토스도 근본적으로 같다). 이 포도당 분자는 우리가 방금 먹은 탄수화물에서 곧장 올 수도 있고, 다시 포도당이 되어 저장된 글리코겐에서 올 수도 있다. 탄수화물 부분 마지막에서 이야기하기 시작했듯이 당류를 에너지로 태우는 과정은 두 단계로 이루어진다. 우선 포도당($C_6H_{12}O_6$)은 10단계 과정을 거쳐 피루빈산염이라는 분자로 바뀐다. 이 과정은 2개의 ATP 분자로 작동하지만, 4개의 ATP 분자를 만들어내 2개의 ATP 분자를 얻는 결과를 낸다. 비교적 빠른 과정이며, 이는 우리가 100미터 달리기나 피트니스 센터에서 하는

분해를 통해 다량의 에너지를 방출하며 이는 생물활동에 사용된다.

파워리프팅처럼 힘을 폭발적으로 내는 활동을 할 때 사용한다.

이 신진대사의 첫 단계는 무산소 운동이라 불리는데, 산소를 필요로 하지 않기 때문이다. 텔레비전으로 올림픽 경기를 시청할 때 알 수 있다. 우수한 단거리 달리기 선수들은 전혀 숨을 쉬지 않는 것처럼 보이고, 역도 선수들은 숨을 참는 것처럼 보인다. 우리가 효과적으로 숨을 쉬지 않거나 (더 가능성이 높은데) 우리 근육이 너무 강도 높고 빠르게 작동해 피루빈산염이 만들어지는 속도에 맞춰 산소를 공급할 수 없어서 산소가 부족한 경우 피루빈산염은 젖산으로 바뀐다. 젖산은 다시 피루빈산염으로 바뀌어 연료로 사용될 수도 있지만, 젖산이 축적되면 무서운 젖산염이 될 수도 있다. 이 젖산염은 우리가 운동을 열심히 하고 한계를 뛰어넘으면 우리 근육을 태운다.

두 번째 단계인 유산소 대사를 할 때 우리에게는 산소가 필요하다. 세포 내 충분한 산소가 있으면 첫 단계 마지막에 만들어진 피루빈산염은 미토콘드리아라는 세포 속 방으로 들어간다. 일반적인 세포 속에는 수십 개의 미토콘드리아가 있으며, 이 미토콘드리아는 '세포 발전소'라 알려져 있다. 대부분의 ATP 생성이 미토콘드리아 안에서 이루어지기 때문이다. 이곳에서 마법, 즉 우리를 살아 있게 하는 화학적 연출이 이루어진다.

미토콘드리아 안에서 피루빈산염은 아세틸조효소에이(A), 또는 아세틸코에이로 바뀌며, 이는 우리가 한 번도 들어본 적이 없거나 까맣게 잊어버린 가장 중요한 화학 물질이라는 자리를 놓고 ATP와 겨룰 것이다. 아세틸코에이는 끌고 갈 엔진도 없이 탄소, 수소, 산소 원자라는 승객으로 가득 찬 열차와 같다. 이때 옥살로아세트산이 아세틸코에이에 붙어 크렙스 회로라는 원형 트랙을 따라 열차를 끌고 가기 시작한다. 그 열차는 아홉 번 정차하는데, 정차할 때마다 탄소, 수소, 산소 승객이 타거나 내린다. 이렇게 드나들면서 이 원자들은 2개의 ATP를 생성한다. 마지막 역에서는 단 하나의 옥살로아세트산 엔진만 남는다. 이 엔진은 또 다른 아세틸코에이에 붙어 이 순환은 되풀이된다.

중요한 것은 일부 승객은 크렙스 회로 열차를 탈 때 도둑질을 당한다는 사실이다. 자신들이 가지고 있던 전자를 NADH와 FADH 분자에게 빼앗긴다. 이 두 분자는 미토콘드리아의 뒷골목으로 허둥지둥 도망쳐 훔친 전자를 세포벽 속의 문에 해당하는 세포막 내 특수 수용 복합체 속에 내려놓는다. 미토콘드리아는 보온병처럼 이중벽으로 되어 있다. 내막과 외막 사이 막간 공간이라는 작은 공간이 있다. 훔친 전자를 내막 복합체 안에 넣어두면 양전하를 띤 (풍부한) 수소 이온이 음전하 전자를 뒤쫓아 막간 공간에 갇힌다. 수소 이온은 둑에 걸린 물고기와 같다. 전자에 이끌려 내막을 따라 흘러가다 막간 공간에 갇혀 몰려 있게 된다.

양전하를 띤 모든 수소 이온이 빽빽하게 들어차면 전기화학적 힘이 수소 이온을 밀어내며 내막 양쪽에 있는 전하의 균형을 맞춘다. 하지만 수소 이온이 막간 공간을 벗어날 수 있는 유일한 길이 있다. 바로 회전식 문처럼 만들어진 내막 안 특별한 문이다. 수소 이온은 전하에 이끌려 그 회전식 문을 통해 흐른다. 그 문은 회전하면서 ADP와 인산염 분자를 함께 밀고 나간다. 정말 남는 장사다. 32개의 ATP를 만들어내니까.

전자와 수소 이온이 내막을 따라 춤추는, 산화성 인산화 반응이라 불리는 이 복잡한 안무는 우리 몸을 작동시키는 주된 에너지 발전기다.

그렇다면 처음에 언급한 포도당 분자 자체와 탄소, 산소, 수소 원자는 어떻게 될까? 우리가 이런 ATP를 충전할 때 이용하는 건 원자 자체가 아니라 이런 원자들을 뭉치게 하는 결합 속 에너지임을 기억하라. 대신 포도당 분자 질량의 93퍼센트를 차지하는 탄소와 산소 원자는 포도당이 피루빈산염으로 변하는 과정과 크렙스 회로에서 이산화탄소(CO_2)로 바뀐다. 수소는 산화성 인산화 반응 마지막에 산소와 결합해 물(H_2O)을 만들어낸다. 우리는 탄수화물을 섭취한 뒤 호흡으로 내보내 우리 주변의 공기를 죽은 감자의 해골로 가득 채운다. 남은 일부는 우리 몸이라는 바다 속에서 물방울이 된다.

지방 연소, 체중 증가, 저탄고지 다이어트

우리는 산소 호흡과 정확히 똑같은 단계를 거쳐 지방을 태운다. 포도당 분자로 시작하는 대신 트라이글리세라이드 분자로 시작한다. 이 분자는 우리가 방금 먹은 피자에서 나왔을 수도 있고, 킬로미크론 속에 들어 있을 수도 있고, 아니면 몸속에 저장된 엄청난 양의 체지방에서 새롭게 나왔을 수도 있다. 어디서 왔든 트라이글리세라이드는 지방산과 글리세롤과 분해되어 아세틸코에이로 바뀐다(글리세롤은 먼저 피루빈산염으로 전환된다. 도표 2.1). 포도당처럼 이 지방산과 글리세롤을 구성하는 탄소, 산소, 수소 원자 역시 이산화탄소로 배출되거나 물이 된다. 물로 전환되는 소량을 제외하고 우리가 태우는 지방은 몸에서 나가 폐에서 공기 중으로 배출된다. 음식물을 내쉬는 것이다.

극단적인 저탄수식을 하든 굶든, 지방을 많이 태우면 생성된 아세틸코에이의 일부는 케톤이라 불리는 분자로 바뀔 것이다. 대부분의 케톤 생성은 간에서 일어난다. 케톤은 이동하는 형태의 아세틸코에이이며, 혈류 속에서 다른 세포로 이동해 아세틸코에이로 다시 바뀌고 ATP를 만드는 데 쓰일 수 있다. 수많은 대사 전환처럼 대부분의 케톤 역시 간에서 생성되지만, 몸 전체에서 두루 사용된다. 이것은 요즘 유행하는 키토제닉 다이어트의 방식으로, 지방과 단백질은 모두 섭취하고 탄수화물은 거의 먹지 않는 몸을 만든다. 탄수화물 열차 노선이 운행을 멈추면 모든 교통편은 지방과 단백질 노선으로 바뀐다.

케톤은 혈액 속에서 이동하기 때문에 소변에 섞여 나온다. 호기심 많고 심심한 사람이라면 대부분의 약국에서 판매하는 혈중 포도당 검사지를 구입하면 된다. 소변에 케톤이 나오면 몸이 '케토시스 상태'•이며 지방을 에너지원으로 과도하게 섭취하고 있다는 신호다.

도표 2.1에서 볼 수 있듯이 지방과 포도당 경로에 익숙해지면 왜 극단적인 저탄고지식이 앳킨스•• 다이어트나 최근 유행하는 팔레오 다이어트(6장에서 보겠지만, 이건 전혀 구석기 식단이 아니다)처럼 지나친 지방

• 케톤체가 혈액 중에 증가하여 오줌 중에 생성, 축적된 상태.
•• 탄수화물 섭취를 금하고 단백질 섭취량을 늘리는 일명 '황제식'.

부족으로 이어질 수 있다. 탄수화물을 전혀 먹지 않으면 아세틸코에이를 생성하는 유일한 방법은 지방을 연소하는 것이다. 물론 아미노산을 케톤이나 포도당으로 바꿔(일부 아미노산은 어린아이가 쌍줄넘기의 줄 속으로 뛰어드는 것처럼 크렙스 회로 한가운데로 뛰어드는 분자를 생성한다) 단백질을 연소할 수도 있다. 하지만 단백질은 대개 하루 칼로리에서 적은 비중을 차지한다. 지방은 저탄수식의 주된 연료이며, 소모하는 칼로리보다 적은 칼로리를 섭취하면 저장된 지방을 에너지원으로 사용해 부족한 칼로리를 보충하게 된다. 이런 지방은 연소하기 전에 케톤으로 변할 것이다. 가령 뇌는 특히 입맛이 까다로워 주로 포도당만을 이용해 신진대사를 한다. 하지만 이용할 수 있는 포도당이 없으면 케톤을 태울 것이다.

지방을 에너지로 전환할 때 부작용은 선로가 양방향으로 운행된다는 점이다. 앞에서의 도표 2.1에서 볼 수 있듯이 당류 분자(포도당 또는 과당)는 아세틸코에이로 전환되어 크렙스 회로로 들어가는 대신 지방산 선로로 들어갈 수 있다. 짜잔! 당류를 지방으로 바꿨다. 이 과정은 지방을 아세틸코에이로 바꿀 때도 똑같다. 그저 반대로 움직인다.

사실 모든 훌륭하고 유연한 교통 시스템처럼 우리의 대사 경로는 교통 상황에 대응해 가장 합리적인 목적지(제대로 된 대중교통 체계가 부족한 미국 같은 나라의 독자들로서는 이 비유가 이해가 안 될 수도 있겠다는 생각이 든다. 하지만 내 말을 믿으라. 대사 경로는 원래 그렇게 작동한다)로 분자를 보내도록 진화했다. 필요량보다 당류를 많이 섭취했다고? 남는 포도당과 과당을 글리코겐으로 보내라. 글리코겐 저장고가 꽉 찼다고? 남는 당류를 아세틸코에이로 보내라. 크렙스 회로 열차가 에너지 수요가 낮아서 붐빈다면 아세틸코에이를 지방으로 보내기 시작해라. 그리고 지방 속에는 늘 남는 공간이 많다. 글리코겐 저장고가 가득 차면 필요량 이상의 단백질을 저장할 수 없지만, 쌓을 수 있는 지방의 양에는 한계가 없다.

한 가지 특정 영양소를 체중 감량의 영웅이나 악당으로 삼는 다이어트는 모두 의심해야 하는 이유다. 과하게 먹으면 뭐든 문제가 된다. 녹말이든 당류든 지방이든 단백질이든 연소되지 않는 칼로리는 몸속에서 불필요한 조직이 될 것이다. 임신 중이거나 피트니스 센터에서 몸을 키우는 중이라면 잉여 조직은 장기나 근육처럼 유용할지도 모른다. 하지만 그렇지 않다면 먹은 음식이 무엇이든 과도한 열량은 결국 지방이 된다. 이건 우리가 식단과 신진대사 건강의 실제 복잡한 특징을 이야기하기 위해 이해해야 할 기본 상식이다. 5장과 6장에서 식단 그리고 무엇이 효과가 있고 또 없는지 그 증거에 대해 좀 더 자세히 이야기할 것이다.

식물에 중독되다

더없이 행복하고 낭만적인 무지 속에 사는 것이 나을까? 물론 그걸 원하는 이유를 안다. 대자연이 나를 따뜻하게 안아주는 느낌이 들 때, 자연계, 그리고 심지어 다른 인간들도 근본적으로 선할 때 하루를 시작하기가 더 쉽다. 고통과 죽음은 피할 수 없다. 그건 단지 우리가 서툴고 오류를 범하기 쉬운 존재이며 우주가 인도하는 조화와 불화하기 때문이다. 우리가 그냥 흘러가는 대로 운명의 흐름을 느끼고 인정과 관용을 베풀면 세상은 분명 보답할 것이다. 우리가 수렵채집 선조들처럼 자연의 상태로 돌아갈 수만 있다면.

그렇지 않은가?

대초원에서 여는 영화의 밤. 하드자 야영지 전체가 어둠 속 브라이언의 노트북 주변에 모여들었다. 자연 다큐멘터리가 재생됐고, 모두 좋아했다. 새로운 동물이 화면에 등장할 때마다 여기저기서 왁자지껄 야단스럽다. **오오오오오오! 저 영양 좀 봐! 와, 진짜 큰 기린이다!** 이어서 밤의 물웅덩이 주변 장면이다. 코끼리들이 물을 마시러 왔다. 건기가 한창일 때는 물이 절실하다. 하지만 사자들이 근처에 잠복해 있다. 사자 떼는 아기 코끼리에게 달려들어 뒷목을 물어뜯고 코끼리는 공포에 질려 달아난다. 작은 코끼리는 자그마한 코를 들어 올리며 고통스러운 울음소리를 낸다. 나를 포함한 사람들은 모두 열중해 있다. 어른 코끼리들이 사자 떼를 쫓아내려 애쓰지만 소용이 없다. 사자의 수가 너무 많고 사자들은 닌자처럼 공격을 해댄다. 깊은 상처에서 차례차례 피를 빼낸다. 곧 끝난다. **아기 코끼리!** 너무 공포스럽다. 분명 자연이 실수를 범한 것이다. 이렇게 불쾌한 일은 일어나지 않았어야 했다.

하드자족은 기쁨에 불타올랐다. **와! 사자들이 해냈다!**

깜짝 놀랐다. 대체 **어떤 사이코패스가 사자를 응원하지?**(디트로이트 풋볼 팬에게도 같은 질문을 할 수 있다.)

그러자 이해되기 시작했다. 코끼리를 불쌍히 여기는 것은 산업화된 세계에서 벌어지는 삶의 사치다. 텔레비전 화면을 통해 자연을 경험하는 것이다. 매일 자연 안에서 자라고 자연 안에서 사는 사람들은 대자연의 어머니 품처럼 낭만적인 자연의 세계는 없다는 사실을 깨닫는다. 우리의 영적 성장을 위해 펼쳐지는 대단한 드라마는 없다. 대신 우리는 이런저런 종의 일부이며, 그중 일부는 악랄하고 일부는 무관심하다. 누구도 우리의 친구가 아니다. 하드자족은 코끼리를 싫어하는데, 코끼리가 덩치가 크고 성미가 고약하며 때로 하드자족을 죽이기도 하기 때문이다. 그들은 마치 뱀을 보듯이 코끼리를 바라본다. 하드자족 사람들은 뱀을 **극도로 싫어한다**.

하드자족은 그들이 사냥하고 죽이는 동물을 위해 울지 않는다. 우리가 요구르트를 앞에 두고 울지 않는 것과 마찬가지다. 냉소적이거나 싫증 난 게 아니라 섭리를 아는 것이다. 생태계의 일부가 된다는 건 식물이든 동물이든 다른 존재를 먹는다는 의미다. 바람에 실려오는 우리 냄새를 맡고 쫓아가는 야생 사냥개는 우리 내장을 잡아 뜯으며 후회하지 않을 것이다. 개인적인 감정 때문이 아니라 그저 생존을 위한 일이니까. 실제 생태계에서의 삶을 이해하려면 안전한 교외 주택에서 자라면서 보고 들은 디즈니 같은 낭만적인 신화는 버려야 한다.

진화의 렌즈로 세계를 이해하는 것은 잘못 걸려온 모닝콜이나 다름없다. 다윈이 처음으로 확실히 알게 된 사실은 종은 모두 제한된 자원을 두고 경쟁하며, 누군가의 저녁밥이 되지 않으면서 필사적으로 음식을 찾는다는 것이다. 자연에는 '좋음'과 '나쁨'이 없다. 우리는 도덕관념이 없고 무심한 성격에 대해 좋거나 나쁘다는 문화적 평가를 한다. 확실히 우리에게 유리하게 작용한 일조차 진화적으로 이기적인 속셈에서 비롯된다. 나무의 선물이며 달콤한 과육이 묵직하게 들어찬 과일은 씨앗을 퍼뜨리는 영리한 방법이다. 개들은 우리 인간의 감정을 얻고 우리가 자기들을 사랑하게 만들도록 진화했다. 인간은 개가 먹는 음식의 중요한 공급자이기 때문이다. 그렇다면 지구에 생명력을 불어넣는 무성한 초록색 식물은? 식물은 25억 년 동안 조용히 우리를 중독시켜 왔다.

살기 위해서는 에너지가 필요한데, 지구상에서 진화한 최초의 연료 장치는 광합성이다. 태양의 에너지를 이용한 최초의 박테리아는 물 대신 수소와 유황을 이용해 광합성을 했다. 그리고 약 23억 년 전 바위투성이 어린 지구의 얕은 웅덩이 어딘가에서 광합성의 새로운 레시피가 나와 물(H_2O)과 이산화탄소(CO_2)를 포도당($C_6H_{12}O_6$)과 산소(O_2)로 바꿨다. 햇빛은 이 전환에 필요한 에너지, 즉 포도당의 분자 결합에 저장된 에너지를 제공했다.

산소를 폐기물로 만들어내는 까닭에 **산소성** 광합성이라고 하는 이 새로운 종류의 광합성은 획기적 전환점이 되었다. 산소성 광합성을 하는 생물이 지구를 점령해 이산화탄소와 물을 빨아들이고 산소를 내뿜었다. 우리는 산소를 유익하고 생명을 지속하게 해주는 물질이라 생각하는 경향이 있지만, 산소의 화학적 본성은 파괴적이다. 산소는 전자를 훔치고 다른 분자에 결합해 이들 분자를 완전히 바꿔놓고 종종 갈기갈기 찢어놓기도 한다. 산소는 파괴의 신 시바(힌두교 3대 신 중 하나로 파괴의 신)다. 만지는 모든 것을 천천히 (녹슬게 하거나) 또는 맹렬히 (불태워) 없애버린다.

처음에 식물이 만든 새로운 산소는 흙과 돌 속의 철에 흡수되어 지구 표면에 산화된 거대한 '적색층'을 만들어냈다. 이어서 바다가 가능한 많은 산소를 빨아들였다. 그런 뒤 대기는 0에서 20퍼센트 이상까지 산소를 채우기 시작했다. 전 세계의 광합성 식물이 그 유해한 물질을 계속해서 미친 듯이 뿜어냈기 때문이다. 산소의 양이 치솟자 생명체들이 죽어 나가기 시작했다. 바로 '산소 대재앙Great Oxygen Catastrophe'이라 불리는 사건이다. 지구는 죽은 행성이 되기 직전이었다.

내부의 이방인: 미토콘드리아와 산소

헤아릴 수 없을 정도로 다양한 일들이 벌어지는 진화의 역사에서는 일어날 가능성이 낮은 일들이 오히려 일상이 된다. 번개에 맞을 확률을 생각해보라. 미국에서는 연간 70만 명 중 한 명이 번개에 맞는다. 일흔까지 산다고 가정해도 평생에 번개를 맞을 확률은 여전히 안심해도 될 정도로 낮다. 하지만 30억 년을 살아 지구상의 삶의 역사를 전부 본다면? 그 시간 동안 번개에 맞을 확률은 4200번이 넘는다.

그 숫자는 와글거리는 미세한 박테리아 무리와 단세포 생물의 진화를 생각하면 더 가늠하기 힘들다. '깨끗한' 식수 30리터 안에는 수백만 마리가 넘는 박테리아가 들어 있으며, 지구상의 물은 약 3억 3000만 세제곱미터에 달한다. 따라서 지구상에 존재하는 수인성 박테리아의 전체 수는 40×1027, 즉 40 뒤에 0이 27개나 붙을 만큼 많다. 하루에 한 번만 복제한다고 해도 1년이면 14×1030번의 복제가 이루어진다. 대사 경로를 바꾸어 이전에는 쓸모없던 화학 물질을 음식의 원료로 만드는 무작위 돌연변이가 일어날 확률은 얼마나 될까? 그 확률이 100조 분의 1이라 할지라도 매년 **1경 번** 이상의 돌연변이가 일어날 수 있다. 진화가 일어날 수백만 년의 시간 동안 그런 돌연변이는 거의 피할 수 없다.

어린 지구가 억겁의 시간 동안 유독한 산소로 천천히 들어차면서 기회가 생겼다. 수십억 년 동안 살면서 돌연변이를 하고 번식한 1000조 개의 어마어마한 박테리아 중 몇몇 박테리아가 언뜻 불가능해 보이는 해결책을 떠올렸다. 산소를 활용해 연료를 만드는 방법, 즉 산화성 인산화였다. 막간 공간 내외부에 있는 전자를 실어 나르면 이런 박테리아들이 인산화 과정의 순서를 뒤바꿔, 산소를 이용해 포도당 결합을 깨고 그 안에 갇힌 저장된 태양 에너지를 방출할 수 있게 된다. 그 폐기물이 바로 광합성의 재료인 이산화탄소와 물이었다.

이것은 생명의 진화에서 획기적인 사건이었다. 산소성 대사는 새롭고 무한한 지평을 열었다. 즉 생명체가 작동할 수 있는 새로운 방식이었다. 산소를 이용하는 박테리아는 지구를 휩쓸었고, 새로운 종과 가족으로 다양하게 늘어났다. 이제 박테리아는 모든 곳에 존재한다.

그리고 또 한 번 예상 밖의 사건이 일어난다. 세포가 세포를 먹는 초기의 단순한 생명체가 살던 잔인한 세계에서 급증하는 호기성 박테리아는 맛있는 새로운 메뉴였다. 세포가 다른 세포를 먹을 때(짚신벌레를 게걸스럽게 먹어 치우던 뒤뜰 개울 속 아메바든 침략한 박테리아를 죽이는 혈액 속 면역 세포들), 세포는 먹잇감을 에워싼 뒤 세포막 속으로 가져가 먹잇감을 해체하고 태워 연료로 쓴다. 하지만 헤아릴 수 없이 많은 호기성 박테리아는 몇억 년 동안 먹잇감이 되어 왔기에 소수의 박테리아만이 (불과 하나 혹은 둘) 파괴를 면했다. 역경을 이겨낸 박테리아는 멀쩡히 살아남아 새로운 숙주의 몸 안에서 살아갔다. 고래 배 속에 갇힌 작은 요나였다.

그리고 그 결과는 성공적이었다.

이 기상천외할 세포는 지구 중기의 바다에서 다른 세포보다 유리한 고지를 점령했다. 에너지를 만들어내는 박테리아를 품은 이 잡종 세포는 에너지를 자손으로 바꾸는 전쟁에서 다른 세포보다 경쟁에서 유리했다. 너도나도 세포 내부에 박테리아를 품기 시작했다. 벌레부터 문어, 코끼리까지 오늘날 지구상의 모든 동물은 이러한 대약진의 후손이다. 다른 모든 동물처럼 우리 인간은 세포 속에 지구를 구하는 이들 호기성 박테리아의 후손을 가지고 있다. 바로 우리의 미토콘드리아다.

미토콘드리아가 공생 박테리아에서 진화했다는 획기적인 생각은 선견지명이 뛰어난 진화생물학자 린 마굴리스Lynn Margulis가 주장했다. 1800년대 연구자들은 미토콘드리아와 박테리아가 현미경으로 봤을 때 생김새가 비슷하다는 사실을 깨닫고 미토콘드리아가 박테리아에서 기원했다는 가능성을 제시했지만, 그 생각을 세상에 꺼내 주목받게 만든 사람은 마굴리스였다. 마굴리스는 1960년대 후반에 그 이론에 대한 획기적인 논문을 썼다. 열 곳도 넘는 학술지에서 마굴리스의 이론이 너무 터무니없다며 거절했지만 마굴리스는 굴하지 않았다. 이후 수십 년이 흐르면서 마굴리스의 기발한 아이디어가 정확했다는 사실이 분명해졌다.

우리 세포 속 미토콘드리아는 자체적으로 독특한 DNA 고리를 유지한다. 박테리아였던 과거의 숨길 수 없는 증거다. 그리고 우리는 소중한 반려동물이라도 된 듯 미토콘드리아를 먹이고 돌본다. 심장과 폐가 미토콘드리아에 산소를 공급하고 이산화탄소 폐기물을 실어 나가는 일을 전담한다. 미토콘드리아와 산화성 인산화의 마술 없이는 우리가 당연시하는 일, 바로 에너지를 이토록 펑펑 쓸 수 없었을 것이다. 생명체는 지금의 웅장한 동물 쇼로 결코 진화하지 못했을 것이다.

산소는 산화성 인산화의 필수 재료다. 산소는 전자 도둑이기 때문이다. 그래서 산소가 그토록 파괴적인 특징을 갖는 것이다. 산소는 전자 전달계에서 마지막 전자 수용체다. 즉 전자를 미토콘드리아의 내막을 따라 전달하고 수소 이온을 막간 공간으로 끌어들이는 전하 전송 소자다. 산소가 없으면 전자 전달계는 작동을 멈추고, 크렙스 회로는 뒤로 움직이고, 미토콘드리아는 활동을 멈춘다. 전자가 전자 전달계 끝에서 산소로 뛰어들 때 수소 이온을 끌어들여 물(H_2O)을 생성한다. 우리의 미토콘드리아는 들이쉬는 공기에서 매일 한 컵 이상의 물(약 300밀리리터)을 만들어낸다.

경기 시작

대량 영양소와 미토콘드리아, 경로, ATP 생성의 기본 단계에서 (인간을 포함한) 모든 동물은 근본적으로 같다. 도표 2.1은 바퀴벌레, 암소, 캘리포니아 사람들에게 동일하게 적용된다. 하지만 호기성 신진대사와 미토콘드리아가 나타난 이후 거의 20억 년 만에 믿기 힘들 정도로 다양한 생명체가 진화했고, 모두 동일한 기본 신진대사 체계를 사용했다. 신진대사는 속도를 냈다 늦췄다 변화를 거듭하며 동물이 움직이고 자라고 생식하고 치유하는 수많은 방식의 연료가 되었다. 앞장에서 봤듯이 이러한 신진대사의 변화는 근본적인 방식으로 우리 종을 발전시켜왔다.

이제 모든 동물에게 적용되는 신진대사의 기본을 이해했으니 진화가 동물을 다르게 만든 과정을 알아보자. 산소를 먹는 엔진이 우리를 데려갈 수 있는 모든 장소와 그런 엔진이 실제 세계에서 매일 어떻게 작동하는지 살펴보도록 하자. 우리는 날마다 얼마나 많은 에너지를 소모하며, 그 모든 에너지는 어디에 쓰일까? 우리는 커피와 식사, 슈퍼 푸드로 우리의 신진대사를 '촉진'할 수 있을까? 우리 몸은 어떻게 하루에 필요한 정확한 양의 연료를 공급할까? 왜 신진대사 기관은 닳고 고장 날까? 죽음은 에너지를 소모하는 피할 수 없는 대가일까? 생명체들 사이에서 춤출 기회를 잡으려는 악마의 거래일까?

무엇보다 맛있는 도넛 하나를 먹는 죄책감에서 벗어나기 위해서는 얼마나 멀리까지 달려야 할까?

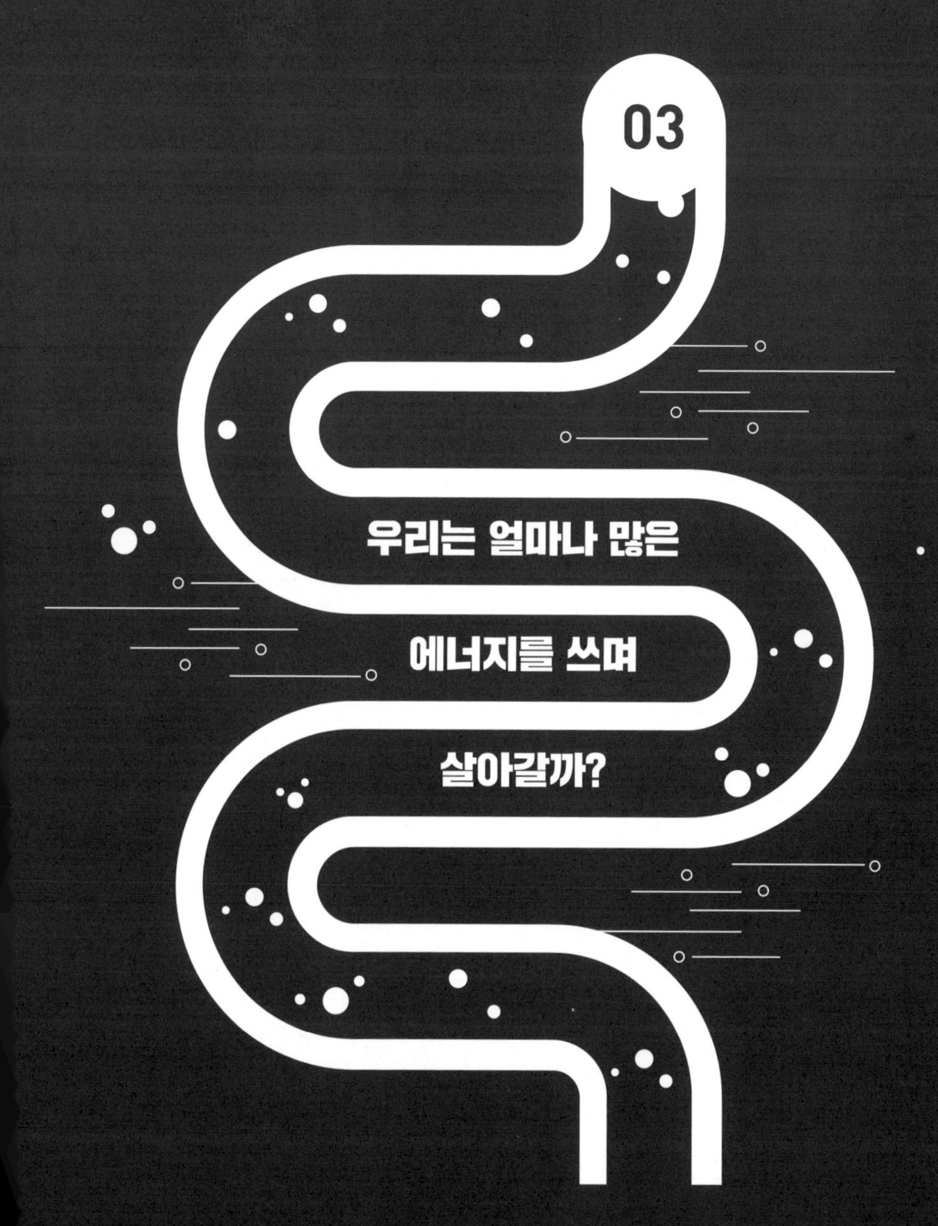

03

우리는 얼마나 많은 에너지를 쓰며 살아갈까?

What Is This Going to Cost Me?

보스턴 외곽에서 30분가량 떨어진 숲속, 퇴역한 냉전 시대의 미사일 발사대 부지에는 기이한 생명체와 생명의 신비를 열심히 파헤치는 성실한 괴짜들이 사는 숨은 동물원이 있다. 이곳은 하버드대학교 현장 연구소로, 오래된 뉴잉글랜드 농장과 괴짜 과학자 실험실이 합쳐진 곳이다. 가을 잎이 색색이 물들면 에뮤가 괴팍한 공룡처럼 초원 위에서 날개를 편 채 활보하고 왈라비가 근처 풀밭에서 깡충깡충 뛰어다닌다. 언덕 위 염소들과 양들은 흔히 키우는 목축 동물처럼 보이겠지만, 동물의 목덜미에 달린 작은 블랙박스를 눈여겨보라. 이 블랙박스는 보잉 747의 비행 기록 장치처럼 모든 움직임을 기록한다. 나지막한 시멘트 빌딩 안으로 들어가면 뿔닭이 소형 러닝머신 위를 달리거나 개구리가 가속도를 측정하는 계측 플랫폼에서 뛰어내리는 모습을 볼 수 있을 것이다. 박쥐들과 새들은 복도를 날아다니고, 그 사이 카페인에 취한 대학원생과 고속 적외선 카메라는 박쥐와 새 떼가 휙 날아가는 모습을 지켜본다.

2003년 늦여름, 나는 하버드에서 박사 과정을 밟는 중이었다. 논문을 쓰는 데 필요한 에너지 소비량을 측정하는 자세한 방법을 배우고 있었다. 지금도 현장 연구소에서 일했던 처음 몇 주가 기억난다. 제임스 본드 스타일의 비밀 연구소에 새로 들어온 아무것도 모르는 인턴이 된 기분이었다. 〈007 시리즈〉가 슈퍼 악당 대신 동물을 쫓고 있었다면 말이다. **염소는 북쪽 방목장에, 러닝머신은 저 문 너머에, 산소 분석기는 카트 위에 있어. 잘해봐. 뭘 고장 내지는 말고, 염소 똥 치우는 거 절대 잊지 말고.** 몰입식 학습인지 익사인지 구분이 어려운 날도 있었지만, 나는 그게 좋았다.

그날 아침 오스카라는 개를 러닝머신 위에 올려놓고 보통 걸음과 빠른 걸음으로 걸을 때 소모되는 에너지를 측정했다. 연구를 위해 개는 머리에 커다랗고 투명한 플라스틱 마스크를 써야 했다. 3리터짜리 탄산음료 병으로 우주 비행사 헬멧 모양의 마스크를 임시로 만들어 개가 내쉬는 숨을 산소 분석기로 보내기 위한 도구였다. 오스카는 보호소에서 구조된 핏불테리어 혼종으로, 동료 대학원생 모니카의 충직한 반려견이었다. 오스카는 러닝머신을 광적으로 좋아했다. 덕분에 러닝머신을 뛰느라 몸이 뜨거워진 개의 날숨이 마스크 안에 가득 찼다. 모니카의 사무실은 러닝머신 실험실에서 복도만 지나면 있었는데, 모니카는 다른 개가 러닝머신 위에 있을 때면 오스카를 방에 넣어두고 문을 닫았다. 안 그러면 오스카의 질투심이 폭발했기 때문이다.

인간과 개와 염소가 걷고 달릴 때 드는 에너지 비용을 측정하는 단순한 프로젝트로 시작한 이 연구는 에너지 소비량 측정에 대한 일종의 직업적 집착으로 발전했다. 얼마 안 있어 나는 캘리포니아로 가서 침팬지가 두 발 또는 네 발로 걸을 때 에너지 소비량을 측정하는 프로젝트를 시작했다. 그다음에는 인간이 팔짱을 끼고 뛸 때의 에너지 소비량을 측정해 양팔을 흔드는 동작의 에너지 효율(매우 낮았다)을 알아내는 연구를 했다. 데이브 라이클렌과 브라이언 우드와 나는 2010년과 2015년 여름을 하드자 야영지에서 보냈다. 이동식 신진대사 실험실에서 걷고, 나무를 타고, 벌집을 쪼개고, 덩이줄기를 캐내는 등 우리가 생각할 수 있는 하드자족의 모든 활동 비용을 측정했다. 그리고 작년에 나는 일본에서 마사히로 호리우지Masahiro Horiguchi와 그의 공동 연구자들과 함께 숨을 쉬고 심장이 뛸 때마다 쓰는 에너지를 계산하는 연구를 진행했다.

이런 난해한 관심사가 나를 아웃사이더, 심하게는 외톨이로 만들었을 것이라고 생각할지도 모르겠다. 하지만 전 세계 많은 대학에는 에너지 소비량 측정 전용 연구실이 있다. 에너지 소비량 측정 연구는 다방면에 걸쳐 있지만 활발한 연구가 이루어지는 건 생물학과 의학 분야다. 매년 열리는 학회도 있다. 하지만 여기에 집착하는 게 나뿐이 아니라고 말하면 더 이상해 보이겠지. 왜 **누군가**는 이런 활동에 드는 에너지 소모량을 측정하는 데 매달릴까?

삶이라는 경제학에서 칼로리는 통화다. 자원은 늘 한정되어 있고, 한 가지 작업에 쓰는 에너지는 다른 작업에서는 쓸 수 없다. 진화는 인정머리 없는 회계사다. 삶의 끝에서 유일하게 중요한 것은 한 사람이 살아 있는 후손을 얼마나 많이 만들어냈는가이다. 자연선택의 관점에서 열량을 현명하지 못하게 쓰는 생명체는 자손을 더 적게 낳을 것이다. 다음 세대는 신중하고 전략적인 에너지 소비자, 즉 에너지를 가장 잘 얻으며 이렇게 얻은 열량을 가장 효율적으로 할당한 사람들에게서 태어난 후손으로 가득할 것이다. 생리 기능과 행동 경향은 유전되기 때문에 이 후손들은 열량을 자신의 부모들이 쓴 대로 쓸 경향이 높다. 이 새로운 세대는 다시 그 게임을 하지만 이번 판은 경쟁이 더 심하다. 제일 비효율적으로 열량을 할당한 참가자는 도태되었다. 영겁의 시간 동안 살아남은 생명체들은 정교하게 조율한 전략으로 열량을 얻고 소비한 존재들이다. 각 종은 각자의 환경에 맞추어 조정한 특정 대사 전략을 상징한다. 삶이라는 영원히 끝나지 않는 게임에서 가장 마지막에 옮긴 체스판의 말이라고 할 수 있다.

한 종의 생리 기능이 어떤 식으로 진화의 영향을 받고 있는지 알고 싶은가? 힘든 시기에 다양한 작업들이 어떻게 우선순위가 정해지고 분류되는지 궁금한가? 칼로리를 따라가보라.

앞선 연구들

먹고 숨 쉬는 욕구보다 더 분명한 것은 없다. 하지만 신진대사학은 긴 시간에 걸쳐 발전했다. 우리가 2장에서 살펴본 모든 내용, 도표 2.1에 있던 모든 단어와 화살표를 알아내기 위해 어떤 사람, 대개 여러 사람이 수년에 걸쳐 연구했다. 이것은 두 세기도 더 전부터 시작된 역사다.

신진대사학이 시작된 초기의 획기적 발전은 1700년대 중후반에 유럽과 미국의 과학자들이 산소와 음식의 역할을 발견하면서 일어났다. 그 시대의 과학자들은 먼 옛날부터 다른 모든 사람이 그랬듯이 인간을 비롯한 많은 동물이 생존을 위해 먹고 숨을 쉬어야 한다는 사실을 알았다. 심지어 사람들은 신진대사의 연관성을 찾아냈고 인간과 다른 포유류가 체열을 발생시킨다는 것을 깨달았다. 하지만 이 두 발견의 자세한 원리는 알듯 말듯 애매했다. 누구도 우리가 공기 중에서 무엇을 필요로 하는지, 우리 몸이 음식을 **어떻게** 이용하는지 정확히 알지 못했다. 2장에 나온 과학의 어떤 것도 밝혀지지 않았다.

그 때문에 초기 신진대사 연구는 완전히 퇴보한 세계관에서 시작했다. 1600년대에 계몽주의가 시작되고 현대 서양 과학이 탄생하면서 사람들은 대부분 우리가 공기 중에서 중요한 어떤 것도 얻지 않았다고 믿었다. 대신 과학자들은 체열(뿐만 아니라 불에서 얻는 화열)이 몸에서 빠져나가는 '플로지스톤phlogiston'이라는 물질에 해당한다고 믿었다. 플로지스톤은 가연성 재료가 탈 때 그 재료가 불에 잘 타고 연기가 방출될 수 있게 해주는 가연성 재료 속 필수 물질이라고 알려져 있었다. 공기는 플로지스톤을 흡수했지만, 그 양은 제한적이었다. 그래서 양초 위에 유리병을 덮으면 불이 꺼지는 것이다. 일단 유리병 안의 공기가 플로지스톤으로 포화된 상태가 되면 플로지스톤이 더 이상 공기 중으로 빠져나가지 못하고 촛불은 꺼진다.

산소는 1774년에 이르러서야 화학자 조지프 프리스틀리Joseop Priestley에 의해 발견됐다. 프리스틀리는 산소를 '플로지스톤이 빠진 공기'라 불렀고, 산소가 플로지스톤이 없는 정제된 형태의 공기라고 생각했다. 프리스틀리는 파리에 가 있는 동안 산소를 동료 화학자 앙투안 라부아지에Antoine Lavoisier에게 소개했다. 두 사람은 연소의 원리에 매료되었다. 많은 사람이 현대 화학의 아버지라고 생각하는 라부아지에는 공기에는 '플로지스톤이 없다'는 프리스틀리의 생각을 받아들이지 않았다. 대신 라부아지에는 그 기체가 독특한 물질이라고 주장하며 '산소' 또는 '산을 만드는 기체'라 이름 붙였다. 산소가 전자를 훔쳐 산(전자 전달계에서 산소를 그토록 중요하게 만드는 바로 그 물질)을 만드는 걸 좋아한다는 이유에서였다. 라부아지에는 처음으로 불이 산소를 빨아들인다는 사실을 깨달았다. 그리고 생명체도 그렇다는 걸 직감했다.

1782년 라부아지에와 친구 피에르시몽 라플라스Pierre-Simon Laplace는 기발한 실험을 시작해 신진대사학의 근본적 발전을 이끌어냈다. 두 사람은 기니피그 한 마리를 작은 금속 통에 넣은 뒤 얼음이 어느 정도 찬 더 큰 양동이 안에 담았다(뚜껑은 닫되 숨구멍은 남겨두었다). 그런 다음 기니피그가 담긴 통의 둘레와 위쪽에 얼음을 채우고 양동이 아래쪽의 배수구 뚜껑을 열었다. 양동이에서 빠져나가는 물의 양을 측정해 두 사람은 기니피그가 뿜어내는 열을 측정할 수 있었다. 라부아지에와 라플라스는 소모된 열량 대 기니피그가 만들어내는 이산화탄소 양의 비율을 계산했고, 소모된 열량이 불에 타는 나무나 촛농과 같은 비율이라는 사실을 발견했다. 라부아지에는 이렇게 결론 내렸다. **근본적으로 신진대사는 연소다.** 라부아지에가 불과 몇 년 뒤 프랑스 혁명이 한창일 때 단두대에서 처형당하지 않았더라면 또 뭘 발견했을지 상상해보라.

수십 년간의 힘든 실험 끝에야 음식이 불에 탈 때 발생하는 열이 음식이 몸에서 연소될 때 나는 열과 정확히 같으며, 소모되는 산소와 발생하는 이산화탄소의 양 역시 같다는 것을 증명할 수 있었다. 이러한 기본 규칙을 정립한 뒤에 과학자들은 두 가지 일반적인 접근법으로 에너지 소비량을 측정했다. 발생하는 열을 측정하는 방법(직접 열량 측정법)과 산소 소비량과 이산화탄소 발생량을 측정하는 방법(간접 열량 측정법)이었다.

현실적으로 열보다는 기체를 측정하기가 훨씬 쉽다. 그래서 1800년대 후반에 이르러서 막 생겨난 영양학과 에너지학의 선구자들은 산소 소비량과 이산화탄소 발생량을 인간과 동물이 소모하는 열량의 주요 척도로 삼았다.

또 몇백 년을 빠르게 넘어가면 그 방식은 오스카가 러닝머신 위에서 천천히 그리고 빠르게 걷는 동안 내가 오스카의 에너지 소비량을 측정하는 데 사용했던 방법이다. 2장의 도표 2.1에서 볼 수 있듯이 탄수화물, 지방, 단백질이 연소할 때 산소를 소모하고 이산화탄소를 발생시킨다. 산소 소비량과 이산화탄소를 측정하는 것은 열량을 측정하는 표준적인 방법이다. 산소와 이산화탄소는 그 자체로는 에너지가 아니지만, ATP 생산량과 에너지 소비량과 하도 밀접하게 연관되어 있어 믿을 만하고 정확한 신진대사의 척도다.

이제 주의 사항을 살펴보자. 산소와 이산화탄소는 에너지 소비량의 간접적인 척도이기 때문에 신진대사를 측정하는 수단으로 쓸 때 고려해야 되는 몇 가지 중요한 내용이 있다. 첫째, 몸이 안정적으로 산소를 소비하고 이산화탄소를 발생시키는 상태가 되려면 몇 분간 활동이 필요하다. 규칙적으로 운동을 하는 사람이라면 이미 아는 사실이다. 호흡과 심박수가 운동 중의 리듬에 도달하려면 한참 운동을 해야 한다. 전력 질주나 파워리프팅 같은 잠깐의 폭발적인 활동은 몸이 안정 상태가 될 때까지 오래 지속되지 않으며, 산소를 소모하지 않는 혐기성 대사를 하므로 측정하기가 힘들다. 또한 일정량의 산소를 소모하고 일정량의 이산화탄소를 발생시키기 위해 태우는 에너지의 양은 탄수화물, 단백질, 지방 중 무엇을 더 소모하느냐에 따라 약간 달라진다. 편리하게도, 산소 소모량 대 이산화탄소 발생량의 비율(호흡 교환 비율 또는 호흡률)로 어떤 연료를 얼마나 소모했는지 계산해 정확한 에너지 소비량을 측정할 수 있다.

이런 어려움에도, 연구자들은 엄청나게 다양한 인간 활동의 에너지 비용을 조사했다. 이 측정값은 모든 운동 기구와 소모한 열량의 양을 알려주는 온라인 칼로리 계산기에 사용되는 자료다. 사이클을 열심히 타거나, 스마트워치를 흔들거나, 스피닝 클래스에서 미친 듯이 다리를 움직여라. 이렇게 해서 배출되는 칼로리는 실험실에서 일부 실험 집단이 열심히 뛰고 운동해서 얻어낸 산소 소비량과 이산화탄소 발생량 수치 데이터를 바탕으로 계산된다. 적어도 그 데이터 수치들을 바탕으로 하도록 되어 있다. 업계에서 소모 열량을 거짓으로 지어내는 것은 아닌지 확인하는 신진대사 경찰은 없다.

대개 에너지 소비량은 대사당량(MET)으로 기록된다. 1MET는 시간당 체질량 1킬로그램당 1킬로칼로리로 정의된다. 거의 휴식의 에너지 비용이다. 〈신체 활동 개요The Compendium of Physical Activity〉는 바버라 에인스워스Barbara Ainsworth와 그의 팀이 1993년부터 몇 년에 한 번씩 엮어내는 책자다. 특정 활동의 열량 비용을 알고 싶은 사람들에게는 최고의 자료다. 이 책자에는 일상적인 활동(자동 혹은 수동 타이핑 또는 컴퓨터, 1.3 MET)부터 비일상적인 일(작살 낚시, 2.3 MET)까지 몹시 애매한 활동(적당한 전신 운동, 성행위, 1.8 MET)부터 당황스러울 정도로 구체적인 활동(뒤로 걷기, 시속 3.5마일, 오르막길, 5퍼센트 경사, 6.0 MET)까지 800가지가 넘는 활동의 MET 값을 소개한다. 그중 몇 가지 일반적인 활동과 그 에너지 비용을 아래의 표3에 정리해봤나.

[표 3] 다양한 활동의 에너지 비용

1MET=시간당 체중 1킬로그램당 1킬로칼로리

활동	대사당량(MET)	참고사항
휴식	1.0	수면은 0.95MET로 대사당량이 다소 낮다.
앉기	1.3	독서, TV 시청, 컴퓨터 작업도 같다
서기	1.8	두 발로 서기
요가	2.5	하타 요가
걷기	3.0	단단하고 평평한 표면에서 2.5mph(시속 4km)
스포츠	6.0-8.0	축구, 농구, 테니스, 기타 유산소 운동
집안일	2.3-4.0	청소, 빨래, 걸레질 등
고강도	10-13	해군 특수부대 훈련, 복싱, 격렬한 노 젓기 등

왕복 운동:
걷기, 달리기, 수영, 자전거 타기의 에너지 비용

"7시 45분, 걷는 중."

아직 아침 8시도 되지 않았는데 이미 햇볕은 뜨겁다. 하드자 랜드에서 또 한 번의 시원한 아침으로 시작한 날이 또다시 지독히 더운 날로 바뀌고 있었다. 나는 한 무리의 하드자족 여성들과 그날 먹을 식량을 구하러 외출에 나섰다. 그날은 콘골로비 열매였다. 완두콩 크기의 둥글고 단단한 콘골로비 열매는 거의 모두 씨앗이었고, 가는 껍질 부분에만 달콤새콤한 과육이 붙어 있었다.

우리는 7시가 거의 다 돼서 야영지를 나섰다. 여자들과 나는 느슨한 대열을 이룬 채 가끔씩 다니는 랜드로버나 트럭이 도로에 만들어낸 희미한 바퀴자국을 따라 30분 정도를 빠르게 걸어갔다. 에야시 호수 동쪽 가장자리를 따라 있는 저지대에서 출발해 바위투성이 틀리카 힐을 넘어가는 이 길은 마을에 볼일이 있고 좋은 서스펜션 장비를 갖춘 얼마 안 되는 여행객이 도망가Domangga 마을로 가는 지름길이었다. 몇 주에 겨우 한 번 트럭이 이 길을 지났을 것이다. 통행량이 이토록 적은 덕분에 황금빛 풀과 강인한 관목이 길을 완전히 지워버리지 않을 수 있었다. 길이 틀리카 힐 꼭대기를 따라 구불구불 나아갈 때 도로의 굽이가 센겔리 야영지 옆으로 지나갔다. 센겔리 야영지에 사는 하드자족이 집으로 오갈 때 주로 사용하는 길이 바로 지금 이 도로다.

"아침 7시 50분, 걷는 중."

우리는 끝없이 펼쳐진 황금빛 건초의 바다를 지나 아까시나무와 하늘 높이 솟은 바오바브나무, 빽빽한 마른 관목 숲을 통과해 걸었다. 마침내 콘골로비 관목 숲에 도착했고, 여자들은 랜드로버의 바퀴자국에서 사방으로 흩어졌다. 여자들은 가느다란 줄기에서 재빨리 열매를 한 줌 한 줌 훑어내 자신들의 콩가conga 안에 가득 채웠다. 콩가는 비치타월 정도 되는 크기의 알록달록한 타원형의 가느다란 천으로, 여자들은 천을 어깨에 책가방처럼 묶어 속 깊은 주머니처럼 만들어 엉덩이에 매달고 있었다. 그날 내 역할은 아침 열매 채집에 나선 65세의 여성 밀레를 따라다니는 일이었다. 밀레는 내가 따라다니며 메모하는 데 동의했다. 단 일을 방해하지 않고 너무 귀찮게 하지 않는다는 암묵적 합의가 있었다.

소위 이 집중 추적 연구는 인류학의 주 소득원으로, 시간이 지날수록 데이터가 쌓이는 일일 관찰 조사 방법이다. 이러한 조사 방법은 특정 집단의 삶을 자세히 보여주며, 조사 대상자의 일상을 방해하지 않도록 눈에 띄지 않게 조용히 진행된다. 노트를 만지작대거나 더위에 탈진해 쓰러지는 것은 부끄러운 일로 간주된다. 나는 건강한 편이었고, 배낭에 물 한 병과 그래놀라 바도 챙겼다. 그래서 탈진할 걱정은 그다지 하지 않았다. 나는 브라이언 우드가 지시한 대로 메모를 했다. 브라이언 우드는 이런 관찰을 수십 번은 한 베테랑 인류학자다. 오른쪽 손에 녹음기를 들고 정확하게 5분에 한 번씩 밀레가 그 순간 하고 있는 행동을 녹음기에 대고 작은 목소리로 기록했다.

"7시 55분, 걷는 중."

유일한 문제는 갈수록 커지는 부끄러움이었다. 나는 말없이 숨어서 가톨릭 학교 졸업 파티의 보호자처럼 모든 사람을 지켜보고 있었을 뿐 아니라 몇 분에 한 번씩 세계 최악의 스파이라도 된 듯 녹음기에 대고 말을 하고 있었다. 드넓은 아프리카 대초원에서 작은 블랙박스에 대고 더 작은 목소리로 말하려고 애쓸수록 더 우스꽝스럽게 느껴졌다. 거기다 거의 늘 같은 기록이었다. **걷는 중**.

하드자족으로 산다는 말은 곧 걷는다는 의미다. 걷고 또 걷는다. 매일매일. 하드자족 여성은 하루 평균 약 8킬로미터를 걷는다. 하드자족 남성은 거의 14킬로미터를 걷는다. 밀레 나이대의 여성은 평생 수십만 킬로미터를 걸었을 것이다. 지구를 네 번은 돌고도 남을 거리다. 하드자 남성은 70대가 되면 달까지 갈 만한 거리인 거의 38만 4000킬로미터를 걷게 되는 셈이다.

"8시, 걷는 중."

몇 시간 뒤 마침내 야영지로 돌아왔을 때 브라이언이 관찰 연구는 어땠는지 물었다. **좋았다**고 대답했다. 모두 괜찮았다.

아무 문제도 없었다. 나는 너무 창피해서 걷는 중이라고 끝없이 기록하는 일이 짜증 났다고 차마 말할 수가 없었다. 그건 어른으로서 또 인류학자로서 내 명성에 타격을 입힐 게 분명했다. 브라이언과 나는 하버드대학원 시절부터 친구였고, 함께 인류학과에 다니는 동안 우리는 아주 다른 교육을 받았다. 우리가 현장 연구소에 나가 개와 염소를 러닝머신 위에 올려놓고 신진대사 생리 기능을 공부하는 동안 브라이언은 하드자족과 함께 살며 실제 인류학 현장 연구법, 즉 집중 관찰,

인터뷰, 수렵채집 생태를 익히고 있었다. 몇 년이 지나 하드자족과 현장 연구를 하면서 민폐가 되는 일만은 어떻게든 피하고 싶었다. 녹음기를 사용하면서 바보 같은 기분이 들었다는 걸 인정하고 싶지 않았다. 진지하고 헌신적인 인류학자라면 허영심에 가까운 감정이 연구에 나쁜 영향을 미치도록 두지 않을 것이다.

하지만 잠시 뒤 저녁을 먹으면서 브라이언과 데이브 라이클렌과 그날 있었던 일을 이야기하고 다음 날 연구 계획을 세우면서 나는 실토하고 말았다. 뉴욕 펜실베이니아역을 돌아다니면서 꺼진 아이폰에 대고 정신 나간 놈처럼 5분에 한 번씩 녹음기에 대고 계속 '걷는 중'이라고 읊조리려니 약간… 기분이 **이상했다**고 말했다.

"아… 그건 꼭 안 해도 돼." 브라이언이 말했다.

뭐?! 정확하게 5분에 한 번씩 일어나는 일을 녹음하지 않는다니 인류학자의 관찰강령을 심각하게 위반하는 것처럼 느껴졌다. 그런 게 있다면 말이다. 규칙1: 5분에 한 번씩 기록하라. 규칙2: 죽지 마라(기록에 차질이 생기니까). 규칙3: 규칙1을 어기지 마라.

브라이언은 자기가 어떻게 했는지 알려줬다. 5분 기록을 건너뛸 때마다 걷고 있다고 생각하면 된다고 했다. 걷는 건 숨 쉬는 것처럼 기본적인 활동이다. 누군가 걷고 있으면 기록하는 데 지장은 없었지만, 그 사람이 멈췄을 때 기록하는 편이 훨씬 더 중요하고 유용했다. 브라이언처럼 숙련된 현장 연구자에게 그 논리는 명백했다.

"하드자족 사람들과 나갔을 때는 항상 걷게 되지."

걷는 건 하드자족의 삶에 그만큼 중요한 부분이었기에 데이브, 브

[사진 3.1] **걷기**

하드자족과 함께 살며 그들을 연구하려면 끝도 없이 걸어야 한다.
사진에서 우리는 두 시간 전에 총에 맞은 임팔라를 쫓는 하드자족 남자 두 명을 따라갔다.
희미한 발굽 자국과 마른 핏자국을 열심히 따라갔음에도
두 사람은 끝내 임팔라를 찾지 못했다.

라이언과 함께 2009년 하드자족 에너지학 프로젝트를 시작할 때, 걸음은 우리가 처음 측정한 활동이었다. 이중표지수로 하드자족의 총 일일 에너지 소비량을 측정하기 시작한 첫 시즌에 우리는 이동용 호흡 측정기도 함께 가져왔다. 호흡 측정기는 무거웠고 나의 혼다 시빅 자동차보다 두 배는 비쌌지만, 서류 가방에 쏙 들어갔고 산소 섭취량과 이산화탄소 배출량을 측정하는 일을 멋지게 해냈다. 피험자들은 병원에서 쉽게 볼 수 있는 산소마스크와 비슷한 가벼운 플라스틱 마스크를 코와 입 위에 착용했다. 마스크에는 가슴 벨트에 고정된 두툼한 문고판 소설책 크기의 센서 장치와 연결된 가느다란 튜브가 달려 있었다. 일종의 작은 신진대사 연구실이었다.

우리는 야영지 주변 평평한 통행로를 말끔히 정리하고 실험을 진행했다. 하드자족 남녀 모두 일정한 속도로 5~7분 정도 걷도록 했고, 그동안 마스크와 센서 장치가 산소 섭취량과 이산화탄소 배출량을 측정해 그들의 에너지 소비량(분당 킬로칼로리)을 계산했다. 실험 결과, 우리는 하드자족이 걸을 때 다른 사람들과 비슷한 에너지를 소모한다는 사실을 발견했다.

걷기의 비용(마일당 킬로칼로리) = 0.36 × 체중(파운드)

이 공식은 조나스 루벤슨Jonas Rubenson과 동료들이 20가지 연구의 데이터를 모아 진행한 대규모 메타 분석에서 나온 결과다. 우리의 하드자족 데이터는 이 훨씬 큰 표본과 딱 맞아떨어졌다. 평생 걷는다고 해서 더 잘 걷게 되지는 않는다.

이 걷기 비용의 공식을 이용해 체중 150파운드(68킬로그램)의 평범한 사람이 1.6킬로미터를 걷는 데 54킬로칼로리(0.36×150=54)를 소모한다는 걸 알아낼 수 있다. 체중 100파운드(45킬로그램)의 체형이 더 작은 사람은 36킬로칼로리를 소모할 것이다. (이것은 우리가 뒤에 이야기할 휴식에 드는 에너지 비용을 넘어서는 비용이다.) 만약 배낭이나 아기를 드는 경우를 고려하고 싶으면 배낭이나 아기의 체중을 '무게' 항목에 추가한 뒤 0.36을 곱하면 된다. 그래서 체중 180파운드(82킬로그램)인 사람이 20파운드(9킬로그램)의 배낭을 들고 있으면 총 무게는 200파운드(91킬로그램)이고 1.6킬로미터를 걷는 데 72킬로칼로리를 소모할 것이다.

달리기는 걷기보다 에너지 비용이 더 많이 든다. 루벤슨과 동료들이 진행한 같은 연구에서는 에너지 소비량을 측정한 23개 연구의 데이터를 검토한 뒤 1.6킬로미터를 뛰는 데 드는 비용은 체중 증가량에 따라 늘어난다는 사실을 발견했다.

달리기의 비용(마일당 킬로칼로리)=0.69×체중(파운드)

그래서 1.6킬로미터를 뛰는 체중 150파운드인 사람은 102킬로칼로리(0.69×150=102)를 소모할 것이라 예상할 수 있다. 150파운드는 전형적인 성인의 체중이기 때문에 어림잡아 말하면 걷는 데는 마일당 50킬로칼로리가, 달리는 데는 100킬로칼로리가 든다. 달리는 건 걷는 것보다 두 배 더 많은 에너지가 들지만, 수영에는 훨씬 못 미친다. 파올라 잠파로Paolo Zamparo, 카를로 카펠리Carlo Capelli와 그의 동료들은 뛰어난 수영 선수들을 대상으로 연구를 했고 그 결과 수영의 에너지 비용은 다음과 같았다.

수영의 비용(마일당 킬로칼로리)=1.98×체중(파운드)

이것은 달리는 데 드는 에너지 비용의 거의 세 배다. 그에 비해 자전거 타기는 에너지 비용이 훨씬 적게 든다.

자전거 타기의 비용(마일당 킬로칼로리)=0.11×체중(파운드)

걷는 비용의 불과 3분의 1밖에 되지 않는다. 하지만 시속 15마일(24킬로미터)일 때다. 자전거를 타는 데 드는 에너지 비용은 속도에 따라 기하급수적으로 증가하며, 바람, 도로면, 타이어 디자인과 압력(바퀴가 구를 때 저항에 영향을 주는 두 요인) 같은 요인에도 영향을 받는다. 자전거의 에너지 비용과는 관계없이 자전거가 지닌 경제성은 휘발유 자동차 중 가장 환경 친화적인 차량과 비교해도 뒤지지 않는다.

무게가 약 3000파운드(1360킬로그램)에 달하는 토요타 프리우스는 55마일(89킬로미터)을 달리는 데 약 3.8리터의 휘발유를 쓴다. 즉 파운드당 비용(마일당 0.175킬로칼로리)이 자전거로 이동하는 것보다 약 60퍼센트 높다는 말이다.

사람의 힘으로 가는 이동 코스의 마지막 단계로 등반의 비용을 살펴보자. 나무그늘 아래 벌집에서 꿀을 채취하려고 바오바브나무를 오르는 하드자족 남자든, 고산의 바위를 오르는 암벽 등반가든, 회사의 계단을 오르는 회계사든 등반의 비용은 다음과 같이 체중에 따라 증가한다.

등반(걸음당 킬로칼로리)=0.0025×체중(파운드)

언뜻 보기에는 등반의 에너지 비용이 낮아보일지도 모른다. 하지만 걷기, 달리기, 수영, 자전거 타기의 비용과는 달리 등반의 공식은 **걸음**당 비용이다. 한편 나머지 활동들은 **마일**당 비용으로 표시된다. 등반은 실제로 걷기보다 거리당 비용이 36배가량 더 들며, 사람의 힘으로 하는 이동 중 가장 에너지 비용이 많이 드는 종류의 활동이다. 물론 내리막길을 걷거나 달릴 때는 평지를 여행할 때보다 에너지 비용이 **적게** 든다. 내리막길의 경사가 그리 급하지 않아 내려가는 게 힘들지 않다면 말이다. 편리하게도 우리가 산길이나 인도(10퍼센트 이하의 경사)에서 주로 만나는 경사로의 경우, 오르막길을 오를 때 드는 추가적 에너지 비용이 내리막길을 내려갈 때 절약되는 에너지와 거의 같다. 총 고도가 무시해도 될 정도로 낮은 이동 비용을 추산하는 경우, 언덕을 올라가고 내려가는 비용은 대개 무시할 수 있다.

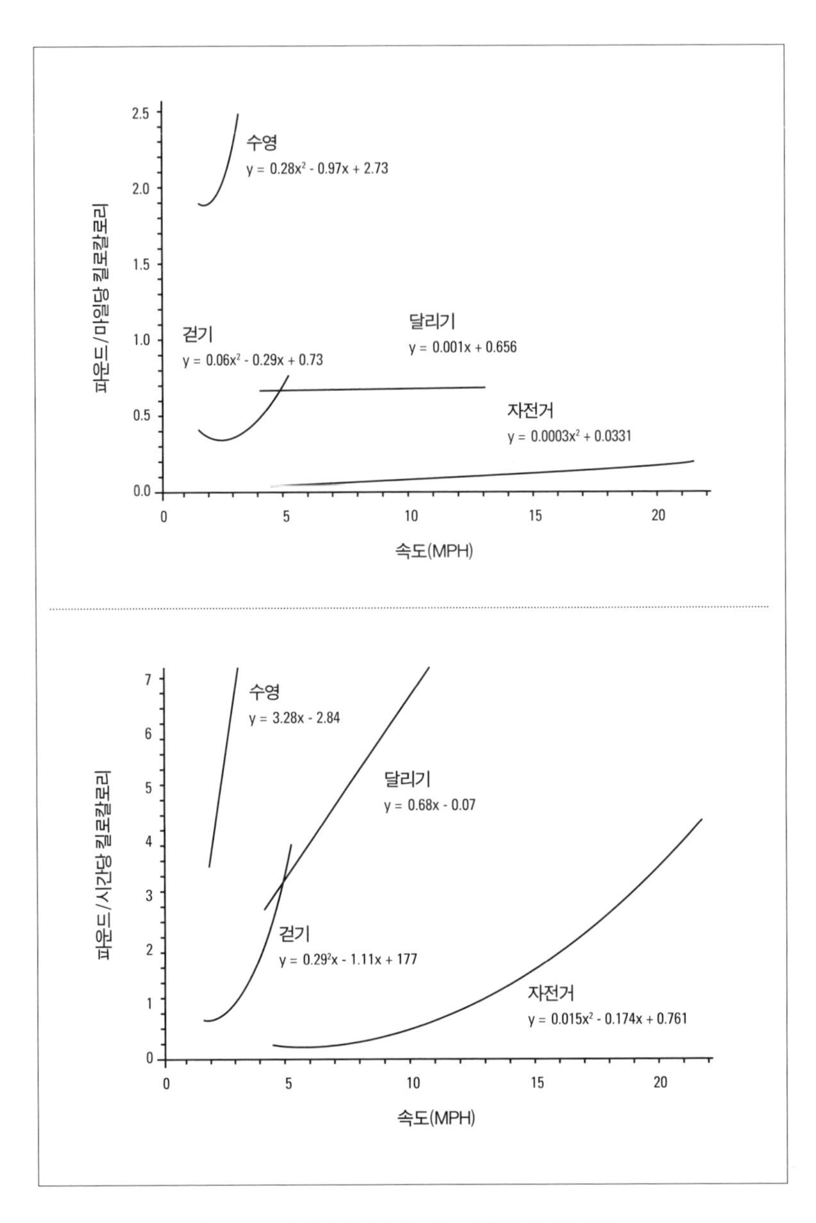

[그래프 3.2] 사람의 힘으로 가는 이동의 에너지 비용
(체중 1파운드당 킬로칼로리)

위 그래프는 이동한 마일당 소모한 에너지를 알려주고,
아래 그래프는 시간당 소모한 에너지를 알려준다.

속도, 훈련, 기술의 효과

우리는 더 빨리 걷거나 달리거나 자전거를 타거나 등반을 하거나 수영을 할수록 숨을 더 가쁘게 쉬고 더 많은 에너지를 소모한다는 걸 경험으로 안다. 우수한 수영 선수들은 별로 힘들이지 않고 물 위에 떠 있는 것 같지만, 우리 같은 보통 사람들은 숨을 헉헉거린다. 실제로 속도는 두 가지 다른 방식으로 에너지 비용에 영향을 미친다. 하지만 그 영향은 우리 생각과 늘 맞아떨어지지는 않는다. 그리고 훈련과 기술은 우리가 생각하는 것보다 훨씬 덜 중요하다.

속도가 에너지 비용에 영향을 미치는 주된 방법은 단순하다. 우리가 더 빨리 움직일수록 우리 근육은 몸을 움직이는 일을 더 빠르게 해야 하며, 우리는 칼로리를 더 빠르게 소모한다. 1.6킬로미터를 뛰는 데 100킬로칼로리가 소모된다면, 우리는 시속 6마일(10분당 1마일을 달리는 속도)을 달리는 데 시간당 600킬로칼로리, 또는 시속 10마일(6분당 1마일을 달리는 속도)을 달리는 데 시간당 1000킬로칼로리를 태울 것이다. 즉 우리가 에너지를 소모하는 속도(분당 킬로칼로리 또는 시간당 킬로칼로리)는 달리는 속도가 빨라질수록 증가할 것이다. 걷기, 달리기, 수영, 자전거 타기의 분당 에너지 소비량 증가는 옆의 그래프 3.2에서 볼 수 있다.

그건 아마 우리의 직감과 일치할 테지만(더 빠른 속도는 더 빠른 에너지 소비를 뜻한다), 놀라운 의미가 숨어 있다. 얼마나 빨리 달리느냐와 상관없이 우리는 마일당 같은 칼로리를 소모한다는 사실이다. 다시 말해

3마일을 가장 빠른 속도로 달릴 때 매일 조깅할 때와 같은 칼로리를 소모한다는 말이다. 더 빠르게 달리면 그저 칼로리를 더 빨리 소모할(또 달리기를 더 금방 끝낸다) 뿐이다. 빠르게 달리는 게 더 힘들게 느껴지는 이유는 피로감이 달리는 속도와 관련이 있기 때문이지(가령 분당 칼로리), 소모하는 총 칼로리 때문이 아니다. 지구력과 피로감에 대해서는 8장에서 이야기할 예정이다. 지금은 달리는 데 드는 우리의 '연비'가 속도에 따라 변하지 않는 사실만 알아도 충분하다.

수영, 걷기, 자전거 타기의 경우에는 다르다. 이런 활동에서도 속도가 우리의 연비, 즉 마일당 소모되는 에너지에 영향을 미친다. 이 영향은 그래프 3.2의 속도와 마일당 에너지 간 곡선 관계에서 분명히 드러난다. 걷기를 예로 들어보자. 가장 경제적인 속도, 약 시속 2.5마일(4킬로미터)로 걸으면 체중 68킬로그램인 사람은 마일당 약 50킬로칼로리를 소모한다. 우리는 이를 에너지상 최적의 속도라고 생각할 수 있다. 마일당 가장 적은 양의 에너지가 들기 때문이다. 시속 4마일의 속도로 더 빨리 걸으면 대략 40퍼센트 더 많은 에너지인 마일당 70킬로칼로리를 소모한다. 대략 시속 5마일(6.4킬로미터)의 속도로 걷는 에너지 비용은 달리는 비용을 뛰어넘는다. 실제로 그 속도로 달리는 것은 걷는 것보다 에너지가 적게 든다.

우리는 걷는 비용의 이러한 변화에 대단히 민감하게 반응하도록 진화했다. 누군가를 러닝머신에 올라가게 한 다음 속도를 천천히 높이면, 달리는 데 더 적은 에너지 비용이 드는 대사 전환 속도에 근접할 때 자연스레 달리기 시작할 것이다(걷기에서 달리기로 전환하게 만드는 기계적 또는 생리적 유인에 대해 열띤 논쟁이 벌어지고 있지만, 우리가 에너지상 최적의 속도에 가깝게 전환하는 경향이 있다는 데는 누구도 이견이 없다). 피험자들에게 본인의 보통 걸음으로 트랙 주변을 걷게 해보라. 또는 인도를 걷는 사람들을 관찰해보면 에너지상 최적의 속도에 대단히 가깝게 계속 걷고 있다는 사실을 발견할 것이다. 각자의 걷는 속도는 목표와 환경에 따라서도 달라진다. 속도가 빠른 대도시에 사는 사람들과 먹을거리를 찾으러 나선 하드자족 사람들은 대개 각자의 에너지가 최적으로 쓰이는 속도보다 약간 더 빠르게 걷는다. 적절한 상황에서 우리는 마일당 약간 더 많은 에너지를 사용해 시간을 절약하고 더 많이 이동하려 할 것이다. 다른 동물들처럼 우리 인간 역시 대단히 전략적으로 에너지를 쓰도록 진화했다.

걷는 비용(킬로칼로리/마일)은 속도에 따라 증가하는데, 걸음걸이의 고유한 역학 때문이다. 우리는 걸음을 내디딜 때마다 몸을 오르락내리락한다. 걸을 때 무게 중심은 롤러코스터의 궤도를 따라간다. 그 오르내리는 동작은 더 빨리 움직일수록 더 힘들어진다. 걷다가 뛸 때 우리의 다리는 단단한 버팀대에서 용수철이 달린 포고•로 바뀌고, 우리는 통통 튀어 오르며 걸음을 옮긴다. 우리는 여전히 걸음을 내디딜 때마다 오르락내리락하지만, 용수철처럼 달리는 방식은 비용 대 속도가 고르게 증가하는 결과를 낳는다. 자전거 타기와 수영의 마일당 에너지

• 기다란 막대기 아랫부분에 용수철이 달린 발판이 있어 콩콩거리며 타고 다닐 수 있는 놀이기구. 한국에서는 주로 '스카이콩콩' 혹은 '포고스틱'이라고 함.

비용은 속도에 따라 증가하지만, 걷기보다 그 이유가 다양하다. 수영을 하거나 자전거를 탈 때 유체(물이나 공기) 사이로 몸을 움직이고, 유체 저항력과 싸우느라 에너지를 잃는다. 더 빨리 움직일수록 유체 저항력도 커져 속도가 느려진다. 그 효과는 수영할 때 극도로 강하다. 시속 2마일에서 3마일로만 속도를 높여도 마일당 소모되는 에너지가 40퍼센트가량 늘어날 것이다. 자전거의 경우 대기 저항력과 싸우는 비용이 시속 10마일(16킬로미터) 아래에서는 그리 크지 않다(대기 저항력이 달리기에서는 고려 사항이 아닌 이유다). 하지만 시속 10마일을 넘어서면 유체 서항력의 영향은 실제로 높아진다. 체중 68킬로그램의 자전거 선수는 마일당 15킬로칼로리 더 많은 에너지를 써야 속도를 시속 10마일에서 20마일(32킬로미터)로 높일 수 있다. 시속 20마일에서 30마일로 높이려면 마일당 25킬로칼로리가 더 소모된다. 모두 바람이 불지 않는다는 가정하에서다. 바람은 자전거 운전자를 향하는 공기의 흐름을 증가시키거나 감소시켜 공기 저항력에 영향을 미치기 때문이다. 시속 20마일에서 자전거를 타다가 시속 10마일의 역풍을 만나면 바람이 잔잔할 때 시속 30마일(48킬로미터)로 달릴 때와 같은 저항력과 싸우게 된다.

놀랍게도 훈련과 기술은 달리는 비용에 그다지 큰 영향을 미치지 않는다. 일류 달리기 선수들은 그 두 가지가 혼합된 결과가 나온다. 어떤 연구에서는 잘 훈련된 선수들이 마일당 에너지를 덜 소모한다는 결과를 발견했고, 또 어떤 연구에서는 아무런 차이가 없었다. 다른 연구에서는 좀 더 통제된 방식을 취했는데, 연구 참가자들을 몇 주 내지 몇 달에 걸쳐 훈련시키며 계속해서 에너지 소비량을 측정했다. 이런 연구에서 마일당 비용에 미치는 눈에 띄는 영향을 늘 발견하지는 못한다. 심지어 차이를 발견한 연구조차도 그렇다. 그 영향은 1~4퍼센트가량으로 대개 작다. 그 정도 영향은 1초의 몇 분의 1초로 승패가 나뉘는 프로 대회에서는 중요할지 모르지만, 평범한 사람들에게는 눈에 띄지 않을 가능성이 높다.

기술과 장비 역시 마찬가지로 미미한 영향을 미친다. 카펠리와 동료들은 수영 에너지학 연구를 진행한 뒤 자유형, 배영, 접영(평영은 눈에 띄게 에너지가 많이 들었다)을 하는 선수들의 마일당 에너지 비용이 같다는 결과를 발견했다. 분명 우리는 거의 모든 영법으로 수영할 수 있으며, 영법은 한 번 트랙을 돌 때 드는 에너지 비용에 거의 영향을 미치지 않는다. 달리기도 마찬가지다. 인터넷에는 달릴 때 팔을 어떻게 뻗어야 하는지 온갖 진지한 충고가 차고 넘치지만, 대부분은 헛소리다. 적어도 에너지학에 관해서는 그렇다. 가슴 위나 등 뒤, 또는 머리 위로 팔짱을 끼고 달릴 수도 있으며, 그렇게 하면 소모되는 에너지가 불과 3에서 13까지 증가한다. 달리기 기술 분야에서 최근 유행하는 상품은 나이키 베이퍼플라이Vaporfly 운동화다. 250달러(한화 약 32만 원)에 판매되고 있는 이 운동화는 달리기 에너지 비용을 약 4퍼센트까지 낮춰준다고 약속한다. 인상적인 공학 기술이지만, 체중 68킬로그램의 선수에게 4퍼센트 감소는 마일당 겨우 4킬로칼로리다. 엠앤엠즈(M&M) 초콜릿 하나의 열량과 비슷한 수준이다. 프로급 대회가 아니라면 그 정도 감소는 별로 큰 의미가 없다. 마일당 비용은 체중에 따라 곧장 증가하기 때문에 과체중인 평범한 미국인은 몇 킬로그램을 감량하면 달리기(그 밖의 모든 것도) 비용을 훨씬 크게 개선할 수 있을 것이다. 체중이 몇 퍼센트 줄어들면 마일당 연소하는 에너지도 비슷하게 감소한다.

도넛 하나를 먹으면 얼마나 달려야 할까

우리는 걷기, 달리기, 등반 비용의 공식을 활용해 다양한 활동에 들어가는 에너지를 넓은 시각에서 바라볼 수 있다. 내재 신체 활동의 비용은 굉장히 적다. 체중 68킬로그램의 평범한 어른을 생각해보라. 그들이 하루 권장 걷기인 1만보(약 8킬로미터)를 걷는다고 해도 불과 250킬로칼로리밖에 되지 않는다. 600리터짜리 탄산음료 한 병(240킬로칼로리) 또는 빅맥 반 개(270킬로칼로리)와 거의 칼로리가 같다. 층계 하나를 전부 오르면(약 3미터 높이) 3.5킬로칼로리 가량 소모된다. 엠앤엠즈 초콜릿 한 개에서 얻는 칼로리보다 적다. 초콜릿 입힌 도넛(340킬로칼로리) 하나의 열량을 태우려면 약 7킬로미터를 달려야 하고, 13킬로미터 가량을 달려야 맥도날드 밀크셰이크 큰 사이즈(840킬로칼로리)를 태울 수 있다.

물론 그 비용은 더 힘든 운동을 하면 더욱 커진다. 체중 68킬로그램 성인이 마라톤을 뛰면 2690킬로칼로리 정도를 소모할 수 있다. 철인 3종 경기(수영 3.9킬로미터, 자전거 113킬로미터, 달리기 42킬로미터)를 하면 8000킬로칼로리 가량 소모된다. 시속 25마일(약 40킬로미터) 사이클과 빠른 수영에서 평균속도로 간다는 가정하에서다. 100마일(약 160킬로미터)을 달리면 1만 6500칼로리가량 소모되며, 이는 고도 상승률의 에너지 비용을 무시한 것이다. 14킬로그램짜리 배낭을 메고 애팔래치아 트레일을 오르면 약 14만 킬로칼로리를 소모하게 된다.

먹을거리를 찾느라고 매일같이 걷는 밀레를 비롯한 하드자족 여성들은 어떨까? 하드자족 사람들은 산업화된 국가의 성인들보다 키가 작은 편이다. 하드자족 여성들은 평균 체중이 43킬로그램 가량이다. 여전히 그들은 매일 8킬로미터를 걷고, 걷는 것만으로 1년에 6만 3000킬로칼로리 가량을 태운다. 엄청난 에너지다.

그래도 아이 하나를 키우는 데 드는 비용보다는 적다.

휴식 상태의 몸

우리 몸이 살아서 작동하도록 하기 위해 세포들이 하는 모든 기본 기능은 우리가 움직이기 시작해도 당연히 멈추지 않는다. 세포의 기본 기능들은 보이지 않는 곳에서 끊임없이 돌아가며 에너지를 태운다. 그냥 살아 있으려면 어쩔 수 없이 드는 에너지 비용이다. 걷기, 자전거 타기, 수영, 등반에 해당하는 위의 공식으로 나온 추정 에너지 소비량은 이런 백그라운드 비용을 뛰어넘는 비용이다. 우리는 운동과 에너지 소비량 이야기를 할 때 보이지 않는 비용을 자주 무시하지만, 사실 이런 비용은 피트니스 센터에서 할 만한 그 어떤 활동의 비용보다 훨씬 더 크다.

백그라운드 에너지background energy 소비량은 여러 이름으로 불린다. 그중 기초 대사율basal metabolic rate(BMR)•, 휴식 에너지 소비량resting energy expenditure, 휴식 대사량resting metabolic rate, 표준 대사율standard metabolic rate이 대표적이다. 이런 차이는 이들 대사율이 측정되는 방식의 미묘한 차이를 반영한다. 연구자들은 용어 선택에 크게 신경을 쓰지 않기에 더 혼란을 더욱 가중한다.

BMR이 가장 명확한 측정법이다. 이른 아침에 편안한 온도에서 실험 대상자가 깨어 있으면서 차분하고 공복 상태(6시간 전부터 금식)일 때 누워서 측정한 에너지 소비율이다. 이런 기준이 하나 이상 부합하지 않으면 그 수치는 대개 휴식 에너지 소비량이나 그 비슷한 이름으로 불린다. 즉, 측정이 이루어진 조건을 설명하는 이름이다.

BMR(그리고 많은 비슷한 이름)은 몸이 어떤 활동도, 음식물의 소화도, 몸을 따뜻하게 하려는 노력도 하지 않을 때 소비하는 에너지다. 그때 기초 대사율을 생각하는 최선의 방법은 몸의 장기가 각자의 일을 바삐 하고 있을 때 모든 장기의 에너지 소비량을 합친 것이라고 보면 된다. 몸집이 더 클수록 장기도 더 크고 매일 더 많은 일을 한다. 당연

• 성, 연령, 신장, 체중에 의해 달라지는 기초 대사량의 표준과 실제 측정한 기초 대사량의 차를 표준 기초 대사량으로 나눈 값이다. 기초 대사량은 생명을 유지하기 위하여 필요한 최소한의 에너지 대사량인데, 성과 연령이 동일한 건강인의 기초 대사량은 체표면적(동물 체표면의 총면적, 즉 동물의 겉넓이를 말한다)에 비례한다. 그러므로 성·연령·신장·체중을 알면 그 사람의 표준 기초 대사량이 산출되고, 실제의 기초 대사량은 산소 소비량과 이산화탄소 발생량에서 산출된다. 여기서 표준 기초 대사량과 실제 기초 대사량의 차를 표준 기초 대사량으로 나눈 값(%)을 기초 대사율, 즉 BMR이라고 한다.

히 BMR은 다음처럼 체중(파운드)에 따라 증가한다.

유아(0~3세): BMR=27×체중 − 30

어린이(3세~사춘기): BMR=10×체중 + 511

여성: BMR=5×체중 + 607

남성: BMR=7×체중 + 551

이 공식은 두 가지 이유로 유아, 어린이, 남성, 여성별로 달라야 한다. 첫째, 몸 크기는 대사율에 이상한 비선형적 영향을 미친다. 파운드당 소모되는 에너지는 큰 생명체보다 작은 생명체(몸집이 작은 인간을 포함해)가 훨씬 더 많이 든다. 그것이 바로 위의 공식 중에서 유아의 경우에 적용되는 기울기(27)가 남자(7)와 여자(5)보다 4~5배가량 큰 이유다. 둘째, 신진대사는 성장하면서 우리 몸이 생리 기능을 성장에서 생식으로 바꾸면서 달라진다. 체성분 역시 사춘기에 여자가 남자보다 지방이 더 붙으면서 변한다. 지방은 다른 조직만큼 많은 에너지를 쓰지 않기 때문에 평균적으로 파운드당 소모하는 칼로리는 남자(7)보다 여자(5)가 더 낮다.

위의 BMR 공식은 우리 몸이 필요로 하는 하루 백그라운드 에너지를 알려주지만, 근사치일 뿐이다. 우리의 BMR은 위의 공식으로 예측한 값을 하루 200킬로칼로리까지 밑돌거나 웃돌 수 있다. 그 차이는 대부분 체성분과 관련이 있다. 체중의 대부분이 지방이라면 BMR은 예상치를 밑돌 것이다. 한편 체중의 대부분이 지방이 없는 조직이라면 예상치를 웃돌 가능성이 높다. 사람들이 나이가 들수록 대사 속도가 '느려진다'고 느끼는 한 가지 큰 이유다. 중년을 넘어가면 근육을 지방으로 바꾸는 경향이 있다.

지방이 없는 조직 내에서도 하루 소모하는 칼로리는 차이가 많이 난다. 우리 장기 중 어떤 장기는 대사 활동을 거의 하지 않는 반면, 매일 약 5킬로미터를 달리는 데 드는 에너지를 소모하는 장기도 있다. 여러 장기의 크기 변화, 특히 근육량 대 장기량의 비율 변화는 BMR에 뚜렷한 영향을 미칠 수 있다. 이제 우리 장기의 비밀스러운 대사 생활의 뒷이야기를 살펴보자.

근육, 피부, 지방, 뼈

크기가 가장 큰 장기가 대사 활동을 가장 적게 한다. 전형적인 미국 성인의 경우 근육이 체중의 42퍼센트를 차지하지만, 근육이 소비하는 칼로리는 하루 약 280킬로칼로리로 BMR의 16퍼센트밖에 차지하지 않는다(파운드당 하루 약 6킬로칼로리). 피부의 무게는 5킬로그램이지만 하루 30킬로칼로리를 소모하고, 뼈는 그보다 약간 더 무게가 나가지만 심지어 더 적은 칼로리를 소모한다. 지방 세포는 우리의 생각보다 더 많은 활동을 한다. 호르몬을 만들고 포도당과 유동물을 실어 날라 몸에 필요한 에너지를 계속해서 공급한다. 그럼에도 지방은 0.5킬로그램당 하루 겨우 2킬로칼로리를 연소한다. 체지방이 30퍼센트인 체중 68킬로그램의 전형적인 성인은 하루 총 85킬로칼로리를 소모하는 셈이다.

심장과 폐

심장은 근육으로 만든 펌프다. 심장은 자체 전력 시스템을 갖추고 있다. 고대 마야 지도자들이 제물로 바친 희생자의 가슴에서 심장을 꺼냈을 때 심장이 계속해서 뛰었던 이유가 그 때문이다. 한 번 뛸 때마다 심장은 대동맥을 통해 70밀리리터 가량의 피를 몸속으로 쏟아낸다. 이는 분당 약 5리터로, 몸속에 있는 거의 모든 혈액에 해당한다. 그리고 이건 움직이지 않을 때의 수치다! 운동을 하는 동안 심장의 생산량은 세 배까지 쉽게 증가한다. 놀랍게도 이 모든 활동은 심장이 한 번 뛸 때마다 2칼로리라는 낮은 에너지 비용으로 이루어진다. **킬로칼로리**가 아니라 2칼로리다(0.002킬로칼로리). 안정 시 심박수가 분당 60회일 때 심장은 시간당 약 8킬로칼로리를 소모한다. 엠앤엠즈 초콜릿 두 개를 먹는 것과 같은 에너지다. 심장은 BMR의 약 12퍼센트를 차지한다. 비교하자면 폐는 심장보다 2배 이상 크지만 하루 불과 80킬로칼로리 가량을 소모하며, BMR의 약 5퍼센트를 차지한다.

신장

신장은 우리 몸의 청소부다. 성실하고 꼭 필요한 기관이지만 과소평가를 받고 있다. 몸속에 딱 필요한 양의 물을 유지할 뿐 아니라, 폐기물과 독소를 청소하고 하루 180리터의 혈액을 거르는 엄청난 작업을 한다. 수백만 개의 미세한 체(네프론nephrons)가 하루 서른 번 모든 혈액을 청소하고, 소금과 다른 분자를 안팎으로 들여보내고 내보내며 나쁜 물질은 제거하고 좋은 물질은 그대로 둔다. 하지만 사람들은 여전히 막대한 돈과 시간을 써서(대부분 화장실에서) 몸의 독소를 제거해준다는 '디톡스'의 유행을 좇는다. 이런 제품 대부분은 신장이 청소할 쓰레기만 더 늘릴 뿐이다(제발 그만둬라.) 또한 신장은 포도당 신생 합성이라는 중요한 대사 업무를 수행하며 젖산과 (지방 속) 글리세롤, (단백질 속) 아미노산을 포도당으로 전환한다(도표 2.1). 이 모든 대사 활동에는 엄청난 에너지가 든다. 다 합치면 신장은 약 450그램밖에 안 되지만, 하루 140킬로칼로리를 연소한다. 이는 BMR의 9퍼센트에 해당한다.

간

간은 우리 몸의 숨은 영웅이다. 1.5킬로그램의 이 대사 공장은 도표 2.1에 나오는 모든 경로를 포함해 거의 모든 생명 유지 과정에 관여한다. 간은 글리코겐의 주요 저장고이며, 포도당을 글리코겐으로 바꾸고 글리코겐을 다시 포도당으로 바꾸는 활동의 대부분을 담당한다. 간은 사용하지 않은 킬로마이크론•을 분해하고 지방을 저장하거나 다른 지질단백질 저장고에 다시 담는다[우리의 콜레스테롤 기록지에 적힌 저밀도 지질 단백질(LDL), 고밀도 지질 단백질(HDL)을 포함해]. 간은 포도당 신생 합성을 하는 주요 부위로, 필요할 때 지방과 아미노산을 포도당으로 전환하며, 질소를 포함한 아미노산의 머리를 요소로 바꿔 소변으로 배출한다. 또한 간은 케톤체를 생성하는 주요 부위다. 아, 그리고 간은 알코올부터 비소까지 다양한 독소를 분해한다(그럼에도 우리는 여전히 자몽과 메이플시럽 디톡스를 한다). 이 모든 끝없는 대사 활동으로 간은 BMR의 20퍼센트인 하루 300킬로칼로리 가량을 태운다.

위장관

뚜렷이 다른 고유한 입과 엉덩이를 가진 다른 모든 동물처럼 우리 인간은 실로 정교한 관에 불과하다. 이 관은 바로 우리의 위장관이다. 관은 입에서 배, 소장과 대장을 거쳐 항문까지 이어진다. 지난 2장에서 이야기한 것처럼 음식을 소화해 영양소로 바꾸는 처리 공장이다. 인간의 위장관은 무게가 약 1킬로그램이며 시간당 12킬로칼로리를 소모한

• 식후에 작은창자 림프관과 혈액에서 보이는 것으로, 흡수된 지질과 콜레스테롤이 장에서 흡수되는 과정에 나타난다.

다. 쉬고 있는 공복 상태의 위장도 그렇다. 소화에는 훨씬 많은 에너지가 드는데, 하루 소모하는 칼로리의 10퍼센트 정도다. 즉, 전형적인 성인의 경우 하루 250~300킬로칼로리다. 소화관이 소모하는 에너지 중 얼마만큼이 우리 몸속 미생물군 안에서 열심히 일하는 수조 개의 박테리아가 소모하는 것인지는 알려지지 않았다. 세라 바르Sarah Bahr와 존 커비John Kirby 그리고 그 동료들이 최근 쥐를 대상으로 한 연구 끝에 미생물군이 소모하는 칼로리는 인간의 BMR의 16퍼센트 정도 된다는 결과를 내놨다. 즉 소화관의 휴식 대사량(시간당 약 12킬로칼로리)은 거의 모두 장내 박테리아에서 기인한다. 그 추산지가 맞는지 밝혀내려면 더 많은 연구가 필요하지만, 우리의 박테리아 친구들이 소모하는 일일 에너지를 대략 알려준다.

뇌

뇌와 간은 '에너지를 가장 많이 쓰는 장기'라는 타이틀을 보유하고 있다. 우리 뇌의 무게는 1.3킬로그램이 채 안 되지만 하루 300킬로칼로리를 소모한다. BMR의 20퍼센트에 해당하는 수치다. 뇌 조직의 높은 에너지 비용은 동물들 중 뇌가 큰 종을 찾기 힘든 주된 이유다. 진화가 수천 톤의 에너지를 생존과 생식에 바로 쓰는 대신 큰 뇌로 보내는 걸 선호하는 경우는 드물다. 또한 뇌는 유지 관리비가 많이 드는 프리마돈나다. 뇌는 거의 포도당만을 연료로 쓴다(유사시에는 케톤을 태우기도 한다). 뉴런, 즉 인지와 통제, 신호를 보내고 받는 역할을 하는 이 회백질 세포는 자기 집안 돌보는 일에는 거의 관여하지 않는다. 대신 뉴런의 거의 10배 수준으로 수가 많은 교질 세포(백질)가 지원 업무의 상당 부분을 하고, 영양소를 제공하고 폐기물을 청소한다.

뇌가 하는 거의 모든 활동은 의식적 활동이 아닌 무의식적 활동이다. 뇌는 끝없이 신호를 보내고 받으며 체온부터 생식까지 삶의 모든 부분을 조절하고 조정한다. 사고는 이 작업의 아주 작은 부분을 차지하며, 결과적으로 인지 활동에 드는 에너지 비용은 적다. 지적 활동 전후 에너지 소비량을 측정한 연구에서 그 영향은 미미하다는 결과가 나왔다. 뛰어난 상대(컴퓨터 프로그램)와 대결하는 숙련된 체스 선수와 어려운 기억 과제에 참가한 실험 대상자는 시간당 약 4킬로칼로리까지 대사율이 높아졌다. 엠앤엠즈 초콜릿 한 알에 불과한 에너지다.

하지만 **사고**가 에너지를 별로 사용하지 않는 데 반해 **학습**은 에너지를 많이 사용한다. 학습은 뇌 속에서 일어나는 물리적 과정이다. 구불구불한 가지 돌기와 축삭 돌기가 나뭇가지처럼 뻗어 있는 뉴런은 다른 뉴런(**시냅스**)과 새롭게 연결되어 새로운 신경 회로를 만든다. 다른 시냅스와 회로는 연결이 끊기거나 '잘려 나간다.' 우리 뇌는 평생에 걸쳐 시냅스를 형성하고 강화하고 잘라내지만 (이 책을 읽으며 새로운 기억을 형성하고 있는 지금도 우리 뇌에서 일어나고 있는 일이다), 단연코 이 과정이 가장 활발하게 일어나는 시기는 주변 세상을 그대로 흡수하는 어린 시절이다. 크리스토퍼 쿠자와Chrisopher Kuzawa와 동료들은 3~7세 사이 어린이의 뇌는 전체 대사량의 60퍼센트 이상을 사용한다는 연구 결과를 내놓았다. 성인의 3배가 넘는 수치다. 이 중요한 유년기에 뇌로 그토록 많은 에너지가 가는 까닭에 몸의 다른 부분은 성장 속도가 느려진다.

BMR을 넘어서

우리 몸의 모든 장기는 온종일 열심히 일하기 때문에 BMR이 우리가 매일 소모하는 열량의 대부분인 약 60퍼센트를 차지하는 것도 어쩌면 당연하다. 그래도 여전히 최소 비용에 불과하다. 편하게 쉬는 동안 소모하는 에너지이기 때문이다. 물론 그렇게 쉬면서 편히 살 수 있는 사람은 별로 없다. 우리는 종일 침대에 누워 있도록 진화하지 않았다. 우리 몸은 세상으로 나가 감염병과 맞서 싸우고 더위와 추위를 물리치고 성장하고 아이를 낳도록 만들어졌다.

체온 조절

포유류와 조류는 온혈 동물로 진화했다. 우리는 파충류, 어류를 포함한 다른 냉온 동물보다 매일 훨씬 더 많은 에너지를 소모하며, 이 높아진 대사율은 우리를 더 빨리 자라고 번식하게 만든다(이어지는 내용 참고). 한 가지 놓치지 말아야 할 사실이 있다. 생존을 위한 화학반응이 뒤얽힌 복잡한 신진대사를 수행하기 위해서는 거의 일정한 온도를 유지해야만 한다. 체온이 정상 온도(37도)에서 몇 도만 높아지거나 낮아져도 우리는 죽을 수 있다.

모든 조류와 포유류는 열중립 범위thermoneutral zone를 가지고 있다. 체온이 아무런 노력 없이도 유지되는 외부 온도의 범위다. 인간에게 열중립 범위는 대략 화씨 75~93도(섭씨 24~34도)다. 이 체온 범위가 너무 높다는 생각이 든다면, 아마 우리가 밖에 나갈 때는 거의 대부분 옷을 입고 있기 때문일 것이다. 비즈니스 정장 차림(버튼다운 셔츠, 바지, 스포츠 코트)일 때 열중립 범위는 화씨 64~75도(섭씨 18~24도)로 더 낮아진다. 가정집의 실내 온도쯤 될 것이다. 인간은 옷과 실내 환경을 이용해 우리 피부 옆에 열중립 미세 환경을 만드는 데 선수다. 우리 몸 속 천연 단열재인 지방은 우리의 열중립 범위도 역시 바꿀 수 있다. 비만인 성인은 그렇지 않은 성인보다 열중립 범위가 몇 도 더 낮다.

추워지면 우리 몸은 두 가지 방식으로 더 많은 열을 발생시킨다. 첫째, 우리는 우리 체지방의 아주 적은 부분을 차지하는 갈색 지방 조직 또는 갈색 지방이라 불리는 특별한 종류의 지방을 태울 수 있다. 갈색 지방은 미토콘드리아 속 전자 전달계를 변경해 열을 만들어낸다. 막간 공간에 갇혀 있는 양자는 ATP를 전혀 만들지 않고도 막을 통해 빠져나올 수 있다. ATP 안에 담겨 있을 에너지는 열로 소모된다. 북극에 사는 사람들은 기후가 더 따뜻한 지역에 사는 사람들보다 BMR이 10퍼센트가량 더 높은 경향이 있다. 어느 정도는 갈색 지방의 활동 때문이다. 열을 발생시키는 두 번째 방법은 몸의 떨림을 통해서다. 떨림은 그저 의도치 않은 근육 수축이다. 온도 18도인 실내에서 반바지에 티셔츠를 입고 있는 것처럼 약간의 추위에 노출되면 대사율이 BMR보다 25퍼센트까지 높아질 수 있다(대부분의 사람은 시간당 16킬로칼로리를 추가로 소모한다). 극심한 추위에서 몸을 떨면 휴식 대사율이 우리의 BMR보다 3배 이상 높아질 수 있다. 이는 갈색 지방을 태우는 것보다 훨씬 더 큰 효과를 발휘한다.

너무 더운 날씨도 치명적일 수 있다. 인간은 지구상에서 가장 땀을 많이 흘리는 동물이 되어 열에 맞서도록 진화했다. 하지만 열과 싸우는 데 드는 에너지 비용은 면밀히 측정한 적이 없다. 이 에너지 비용은 대단히 작을 것이다. 열에 맞설 때의 주된 비용은 수분을 꾸준히 공급하고 열사병을 피하는 데 쓰이는 듯하다.

면역 기능

코로나19 전염병 사태로 다들 잘 알게 됐듯이 세상은 위험한 병원균으로 가득하다. 하지만 현대화의 한 가지 업적 중 하나인 효과적인 의료 서비스를 쉽게 이용할 수 있게 된 까닭에 우리 사회는 일종의 기억상실증에 걸렸다. 전염병이 얼마나 무서운지 우리는 쉽게 잊곤 한다. 하드자족의 경우, 급성 감염증으로 어린이 10명 중 4명이 15세 생일을 맞기 전에 사망한다. 영유아 사망률은 다른 수렵채집 사회와 자급 농업 사회에서도 역시 암울하다. 선진국의 일부 부모는 아이에게 투약이나 백신 접종을 꺼리는데, 하드자족 엄마의 이야기를 듣는다면 생각이 바뀔 것이다.

우리는 우리 몸을 번식 장소로 사용할 뿐인 박테리아, 바이러스, 기생충의 끝없는 공격을 받고 있다. 수세식 화장실과 소독제가 준비된 건물 밖의 세상, 유기물이 가득한 외부 세계에서 질병은 불가피한 결과다. 나의 친구 중 인도네시아의 우림 깊숙한 곳에서 일하며 오랑우탄과 긴팔원숭이를 연구하는 이가 있다. 수년 동안 관찰한 모든 종을 기록하는 조류 관찰자들에게 영감을 받은 친구는 본인이 걸린 열대성 질환의 '관찰 기록'을 남기고 있다. 질환의 목록은 짧지 않다. 어쩔 수 없이 현장 연구가 끝나고 집에 돌아오면 항생 물질인 메트로니다졸(항생 물질이나 항원충제)을 처방해 마치 대학 동아리방 마냥 소화관에 온갖 박테리아를 불러 모은 괴물을 죽여야 했다. 메트로니다졸을 복용하고 있을 때는 술을 먹으면 안 되는데, 친구는 그 점을 제일 못마땅했던 것 같다.

감염에 대응하기 위해 면역계 세포는 증식해 다양한 분자를 만들어내는데, 그 모든 대사 활동에는 칼로리가 소모된다. 학교 보건소에 보고된 미국의 남자 대학생 25명을 대상으로 한 연구 결과에 따르면 감염병에 걸린 학생의 BMR은 정상 수치보다 평균 8퍼센트 높았다. 발열 환자를 제외했음에도 불구하고 그런 결과가 나왔다. 체온을 높여 감염원을 죽였던 고대 포유류의 방어 기전까지 더한다면 BMR은 더 높아질 것이다.

볼리비아 시골 지역에 사는 치마네 부족을 연구하는 마이클 거번 Michael Gurven과 연구진은 현대화의 산물인 소독약 없이 살아가는 일일 면역 방어 비용을 측정해왔다. 치마네 부족은 아마존 열대 우림의 작고 외딴 마을에 산다. 수렵채집을 할 뿐 아니라, 플랜테인(열대 아시아 원산의 요리용 바나나), 쌀, 카사바, 옥수수를 손으로 경작하는 혼합 경제 방식으로 살아간다. 도시에 더 가까운 마을에서 살아가는 소수의 사람들은 돈을 받고 육체노동을 한다. 모든 부족민에게 일상이란 숲과 강에 나가서 자연, 그리고 숙주를 찾으려 혈안인 박테리아, 바이러스, 기생충과 어울려 살아간다는 의미다. 당연히 감염률은 높다. 인구의 약 70퍼센트가 항상 기생충에 감염되어 있으며(주로 벌레), 백혈구 수(몸이 감염에 맞서느라 동원한 면역계 세포의 수)는 미국 성인의 백혈구 수보다 10배 많다. 이 모든 면역계 활동은 에너지를 소모한다. 치마네족 성인의 BMR은 산업화된 나라의 국민들보다 하루 250~350킬로칼로리 가량 높다.

아이들의 경우, 감염에 맞서는 비용은 성장에 심각한 영향을 미친다. 듀크대학교에 있는 내 실험실의 박사 후 연구원인 샘 울라커 Sam(Samuel S.) Urlacher는 수년 동안 에콰도르의 슈아르족 어린이를 연구하고 있다. 슈아르족의 일상은 아마존 열대 우림에서 사냥, 채집, 간단한 농업을 하고 살아가는 치마네족의 일상과 아주 유사하다. 치마네족과 마찬가지로 감염률이 높다. 샘은 5~12세 슈아르족 아이들의 BMR이 미국과 유럽의 아이들보다 하루 200킬로칼로리 더 높다는 사실을 발견했다. 20퍼센트 차이이다. 감염에 대응하는 데 필요한 에너지는 성장에 필요한 칼로리를 빼앗는다. 우리의 면역계는 감염에 대응할 때 혈액 속에 순환하는 다수의 분자(면역 글로불린, 항체, 기타 단백질)를 만들어낸다. 박테리아, 바이러스, 기생충과 싸운 전투의 분명한 흔적이다. 샘은 혈액 속에 이런 흔적이 더 많은 슈아르족 아이들이 이러한 흔적이 더 적은 아이들보다 성장 속도가 느리다는 사실을 발견했다. 칼로리와 성장이라는 두 가지 측면에서 면역 반응에 이토록 많은 에너지가 드는 것은 슈아르, 치마네, 하드자 같은 토착민들이 키가 작은 한 가지 큰 이유일 것이다.

성장과 번식

질량과 에너지는 절대 생성되거나 훼손될 수 없으며, 오직 한 형태에서 다른 형태로 이동 및 변형만 가능하다는 것이 자연의 기본 법칙이다. 한 인간을 낳아 키우는 과정도 다르지 않다. 태아를 임신한 엄마나 출생 후 스스로 성장하는 아이나 성장하는 데는 음식과 에너지가 필요하다. 더 정확하게는, 추가되는 조직의 에너지양은 조직을 만드느라 사용된 영양소의 에너지양과 같아야 한다. 그렇다면 살 1파운드(약 450그램)의 비용은 얼마일까?

우리 몸은 우리가 먹는 동일한 대량 영양소인 단백질, 지방, 탄수화물의 복합체로 만들어진다. 이 구성 요소들의 에너지양은 음식에 든 것과 같다. 즉 (글리코겐 같은) 탄수화물이나 (근육 같은) 단백질 1그램당 4킬로칼로리 또는 지방 1그램당 9킬로칼로리다(2장 참고). 또한 살아 있는 조직은 다량의 물(체중의 약 65퍼센트)을 포함하고 있는데, 물은 칼로리가 없다. 아이들이 자라면서 만드는 지방이 적은 약 75퍼센트의 조직과 25퍼센트의 지방이 섞인 새로운 조직의 에너지양은 파운드당 약 1500킬로칼로리가 된다. 여기에 우리가 먹는 음식 속 영양소를 분해해 다시 조직으로 만들어내는 작업을 할 때 소모하는 에너지를 추가해야 한다. 이때 성장 비용은 파운드당 약 2200킬로칼로리다.

조직의 종류에 따라 비용이 다르다. 더 많은 비율의 지방을 더하면 에너지가 더 들고, (근육처럼) 지방이 적은 조직의 비율을 더 높이면 에너지가 덜 든다. 지방의 에너지양은 단백질의 에너지양보다 두 배 이상 많다. 그 차이를 확인할 수 있는 한 가지 방법은 성장의 거울상인 체중 감량 시 소모하는 에너지를 보면 된다. 살을 뺄 때 우리가 소모하는 에너지는 사라진 조직의 에너지양과 동일해야 한다. 체중을 감량하는 동안 사라지는 조직은 거의 지방이기 때문에 일반적으로 살 1파운드를 태워 없애는 데 3500킬로칼로리가 필요하다.

어머니에게 있어 성장 비용은 임신 및 양육 비용에 비하면 아주 작은 편이다. 신생아의 평균 체중은 3.1~3.6킬로그램이다. 그 정도 무게의 아이가 자라는 데 드는 에너지 비용은 거의 1만 7000킬로칼로리 정도다. 하지만 임신부는 본인의 조직을 추가하고(임신 중 증가하는 체중은 거의 약 11~14킬로그램이다), 태아와 임신부 본인의 새로운 조직을 살아 있게 하는 데 드는 하루 대사 비용을 지불해야 한다. 9개월간의 건강한 임신에 드는 총 에너지 비용은 8만 킬로칼로리 정도다. 평범한 하드자족 여성이 1년 동안 걷는 데 쓰는 에너지보다 27퍼센트 더 많다.

심지어 육아에는 더 많은 에너지가 든다. (다른 음식은 제외하고) 아이에게 오직 모유만 먹이는 산모가 모유를 만들어내는 데는 하루 500 킬로칼로리, 한 해에는 약 18만 킬로칼로리가 든다. 애팔래치아산을 오르는 것보다 더 많은 에너지다. 그 에너지의 일부는 임신 중 비축해 놓은 지방에서 온다(빠진 파운드당 약 3500킬로칼로리). 임신 중과 마찬가지로 그 에너지의 대부분은 아기의 BMR을 비롯한 다른 용도에 들어간다. 아주 일부분만이 새로운 조직의 성장에 쓰인다.

삶이라는 게임

하지만 성장과 생식을 순전히 비용이라고만 생각하면 중요한 핵심을 놓치는 것이다. 이들 칼로리는 단순히 쓰는 것이 아니라 투자하는 것이기 때문이다. 진화에 관한 한 삶은 에너지를 후손으로 바꾸는 게임이다. 생식에 더 많은 에너지를 쓰면 더 많은 후손을 둘 수 있고 게임에서 이길 수 있다. 다른 누구보다 우리 유전자의 더 많은 복제본으로 새로운 세대를 채우는 것이다. 또한 성장과 생식에 더 많은 에너지를 쏟으면 더 많은 후손을 둘 수 있다. 이렇게 되면 그 후손이 생존해 뒤이어 후손을 둘 확률이 더 높아진다. 면역 방어, 뇌, 소화 등에 들어가는 다른 비용은 장기간에 걸쳐 에너지를 번식에 할당하는 능력을 향상시키는 범위 내에서만 그 가치가 인정된다.

그때 성장, 번식, 노화의 속도, 즉 생애사는 대사율과 밀접하게 얽힌다. 냉혈의 파충류에서 온혈의 조류, 또 (따로) 온혈의 포유류까지 대사 진화에서 두 번의 큰 약진은 이 동물들이 성장하고 번식하는 방식의 변화와 직접적으로 관련이 있었다. 진화한 포유류와 조류는 신진대사의 속도를 엄청나게 높였고, 그 결과 파충류 조상보다 하루 10배 이상 더 많은 칼로리를 소모한다. 각각의 경우 이 급진적인 대사 속도의 증가는 자연선택에서 유리하게 작용했는데, 성장과 번식에 드는 에너지를 늘렸기 때문이다. 포유류는 파충류보다 5배 빨리 성장하며, 4배 더 많은 에너지를 번식에 할당한다. 조류 역시 성장률과 생식률이 비슷하게 높다.

자연은 체커•가 아니라 체스를 둔다. 삶이라는 게임에는 지구상에 존재하는 종의 수만큼이나 많은 승리의 선략이 있다. 최고의 게임은 주변 환경과 주변 사람들의 전략에 달려 있다. 고에너지 전략은 분명한 이점이 있지만, 저에너지 위험 회피형 전략 역시 승리할 수 있다. 파충류, 어류, 곤충, 다른 냉혈 동물의 느린 대사 집단은 포유류와 조류의 진화에도 불구하고 여전히 아주 성공적이다. 우리 집단의 초기 멤버인 영장류는 약 6500만 년 전 훨씬 더 느린 대사율과 생애사를 발전시켰다(1장 참고). 결국 그건 명민한 선택이었다. 단기간의 성장과 생식은 줄었지만, 더 느린 대사율은 수명을 연장했고, 전 생애에 걸친 번식 성공도도 높아졌다. 영장류는 단거리 경기에서는 패배했지만, 마라톤에서는 승리하며 가장 성공적이고 다산하는 포유류 집단 중 하나가 되었다.

또한 대사율은 집단 내 생애사를 결정짓는다. 척추동물, 즉 태반성

• 체스판에 말을 놓고 움직여 상대방의 말을 모두 따먹으면 이기는 게임으로 체스보다 덜 복잡하다.

포유동물(영장류와 비영장류), 유대목 동물, 파충류, 조류, 어류, 양서류의 각 주요 집단은 대사율이 몸 크기에 따라 뚜렷한 곡선을 그리며 증가한다(그래프 3.3). 인간의 BMR(위)에서 살펴봤듯이 하루 칼로리는 몸집이 작은 동물의 경우 가파르게 상승하지만, 더 큰 동물 종에서는 더 완만하게 상승한다. 이를 선구적인 스위스 영양학자 막스 클라이버Max Kleiber의 이름을 따서 클라이버의 대사 법칙이라고 한다. 1930년대에 클라이버는 다른 사람들과 함께 대사율과 몸 크기의 관계를 도형으로 설명했다. 다양한 종에서 측정한 BMR 수치를 활용해 클라이버는 대사율이 체질량에 따라 4분의 3제곱 또는 질량 0.75까지 증가했다고 주장했다. 거의 한 세기가 지난 지금 우리는 BMR에 들어간 에너지뿐 아니라 총 일일 에너지 소비량에도 똑같이 적용된다는 것을 알고 있다. 집단마다 곡선의 높이가 다르지만(가령 파충류는 포유류보다 곡선이 더 낮다), 그래프 3.3에서 볼 수 있는 것처럼 모두 지수(곡선의 모양)는 0.75 정도다.

뒷장의 그래프 3.3에서 볼 수 있듯이 일일 에너지 소비량은 몸 크기가 중요하게 작용한다. 몸집이 더 큰 동물은 하루 더 많은 칼로리를 태운다. 하지만 1 이하의 지수는 작은 동물이 큰 동물보다 조직 1파운드당 더 많은 에너지를 태운다는 의미다. 여전히 정확히 이해되지 않는 이유로 작은 동물의 세포는 큰 동물의 세포보다 더 열심히 일하며 에너지를 더 빨리 소모한다. 쥐의 각 세포는 순록의 세포보다 하루 10배 더 많은 에너지를 소모한다.

성장률과 생식률 역시 이와 같은 독특한 곡선을 그린다. 조류, 포유류(영장류 및 기타 종), 파충류 내의 성장률과 생식률은 체질량에 따라

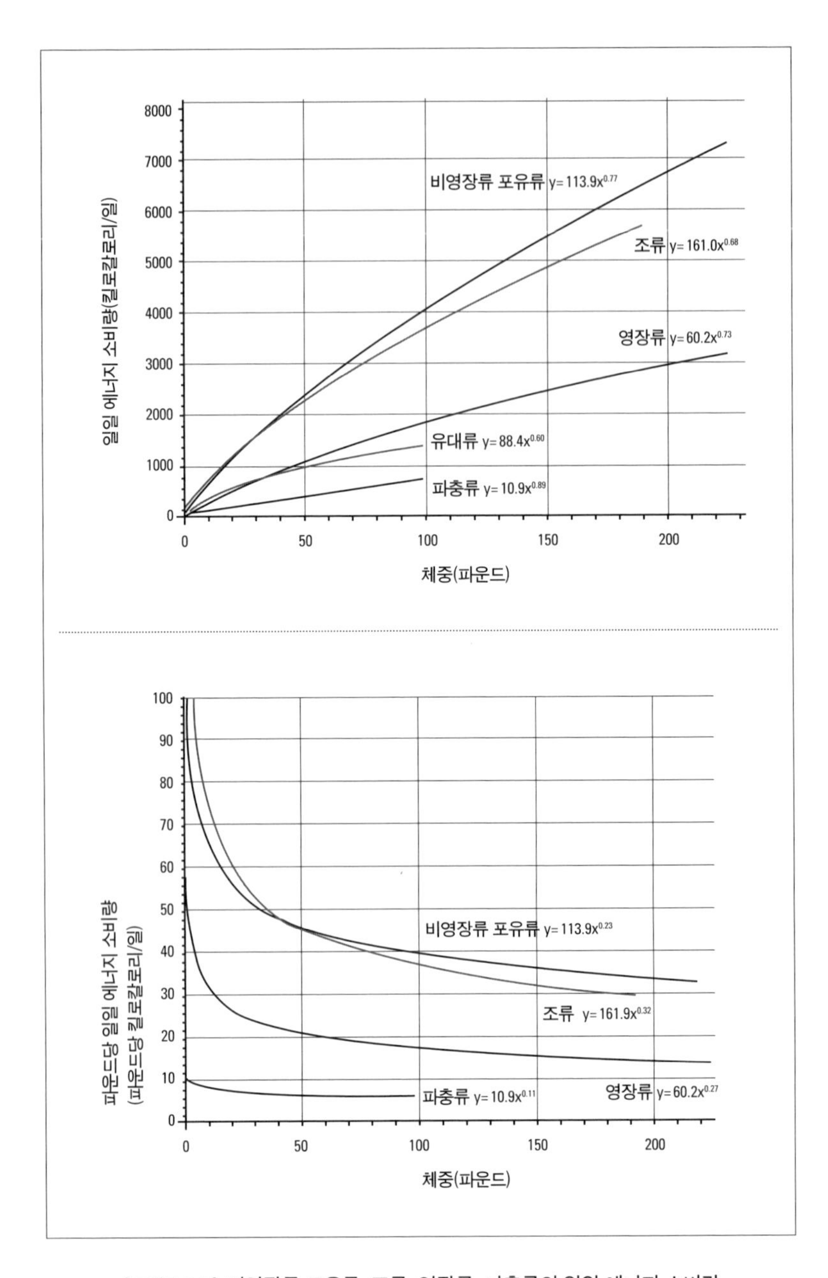

[그래프 3.3] **비영장류 포유류, 조류, 영장류, 파충류의 일일 에너지 소비량**

조류와 비영장류 포유류는 영장류, 유대류, 파충류보다 매일 더 많은 에너지를 태운다. 몸집이 더 큰 동물은 매일 더 많은 에너지를 소모한다(위 그래프). 하지만 클라이버의 법칙에 따르면 몸집이 더 작은 동물은 큰 동물보다 파운드당 더 많은 에너지를 소모한다(아래 그래프). 파운드당 에너지 소비량이 더 큰 종은 파운드당 에너지 소비량이 더 낮은 동물보다 더 빨리 자라고, 더 많이 생식하고, 더 일찍 죽는 경향이 있다. (인간을 포함한) 영장류는 다른 포유류보다 매일 더 적은 에너지를 소모한다. 이는 영장류의 느린 생애사, 긴 수명과 부합한다.

클라이버가 주장한 0.75 근처인 0.45~0.82 사이의 지수로 증가한다. 즉, 신체 크기가 작은 동물은 큰 동물보다 더 빨리 자라고 더 많이 번식한다. 체중 100킬로그램의 암컷 순록은 매년 자기 체중의 6퍼센트에 해당하는 체중 약 6킬로그램의 새끼를 낳는다. 같은 시간 안에 체중 0.45킬로그램의 암컷 쥐는 약 5회에 걸쳐 각 일곱 마리의 새끼를 낳는다. 자기 체중의 500퍼센트에 해당하는 수다. 그 차이는 순록보다 10배 더 높은 쥐의 세포 대사율과 상당히 일치한다. 성장률도 동일한 방식으로 비교된다. 쥐는 불과 42일 만에 출생 때 체중보다 30배가 늘어난다. 순록은 출생 시보다 15배 크기로 성장하며, 이렇게 크는 데 거의 2년이 걸린다. 대사율이 성장률과 생식률을 결정하는 유일한 요소는 아니지만, 분명 큰 틀을 잡는 역할을 하는 것처럼 보인다.

10억 번의 심장 박동

또한 대사율은 우리가 이 지구라는 비행기에 얼마나 오랫동안 타고 있을지 결정하는 것처럼 보인다. 우리는 삶에 함께하는 개, 고양이, 햄스터, 그리고 다른 동물들을 둘러보면서 종간 기대 수명의 큰 차이를 알아차린다. 햄스터는 운이 좋으면 3년까지 살고, 고양이는 10~19년까지 산다. 우리 인간은 당연하게도 80세 이상까지 살기를 희망한다. 우리 중 누구도 북극고래의 일반적인 수명인 200세까지 살 가망은 없다. 대신 사고와 질병을 피한다고 해도 어쩔 수 없이 '자연히' 죽음을 맞는다. 하지만 왜 죽는 게 **자연스러우며**, 왜 어떤 종은 수백 년을 사는 게 **자연스러운데** 왜 어떤 종은 몇 달밖에 살지 못할까?

죽음의 생물학은 최근 활발하게 집중적 연구가 이루어지는 분야이지만, 연구자들은 죽음이 신진대사와 분명한 연관성이 있다는 사실을 예전부터 알고 있었다. 에너지를 더 천천히 소모하는 종일수록 수명이 더 긴 경향이 있다. 이는 오래전부터 알려져 있던 사실이다. 아리스토텔레스는 기원전 350년에 쓴 책 《장수와 단명에 관하여On Longevity and the Shortness of Life》에서 삶을 타오르는 초에 비유하며 다음과 같이 말했다. "양분은 타면서 연기를 내는데, (작은 불꽃)에는 긴 시간 연기를 내며 타지만 큰 불꽃에는 순식간에 연소된다." 더 작은 종의 세포는 에너지를 더 빨리 소모하기 때문에 대사율과의 관계는 그들의 기대 수명이 더 짧은 이유를 설명하는 데 도움이 된다. 아리스토텔레스는 그 사실 역시 알아차리고 다음과 같이 썼다. "일반적으로 몸집이 더 큰 종이 작은 종보다 수명이 더 길다." 아리스토텔레스는 메커니즘에 대해서는 잘못 알고 있었고(그는 동물들이 나이 드는 이유는 수분이 고갈되기 때문이라고 생각했다), 당연히 클라이버의 법칙은 몰랐지만 죽음이 대사와 근본적으로 관련이 있다는 사실은 일찌감치 알아차렸다.

1800년대 후반부터 1900년대 초반 대사 과학의 거인이었던 막스 루브너Max Rubner는 처음으로 여러 연구 결과를 조합해 일관성 있는 신진대사와 노화 이론을 내놨다. 기니피그와 고양이, 개, 소, 말의 대사율과 수명을 비교한 루브너는 동물의 전 생애에 걸쳐 조직 1그램당 쓰는 총 에너지가 신체 크기와 대사율의 엄청난 차이에도 불구하고 거의 일정하다고 말했다. 루브너는 세포가 평생의 에너지 소비량에 있어 본질적 한계를 가진다는 가능성을 제시했다. 평생의 에너지 할당량을 다 썼을 때 세포는 밀랍이 다 녹은 양초처럼 죽음을 맞았다. 이 '대사 속도rate of living'설은 1920년대 미국의 생물학자이자 노화 연구 분야의 선구자인 레이먼드 펄Raymond Pearl이 더 발전시키고 옹호했다.

루브너의 대사 속도설은 통찰력 있었고 초기 데이터에도 부합했지만, 결국 관심이 시들해졌다. 대사와 생애사 데이터가 더 많아진 지금은 대사 속도가 비슷한 종의 수명이 아주 상이한 경우가 많다는 것을 알게 되었다. 대사 속도가 더 빠르다고 해서 반드시 수명이 짧아지지 않는다는 사실도 알고 있다. 가령 몸집이 작은 새는 같은 몸집의 포유류보다 대체로 대사 속도가 더 빠르지만 대개 수명은 더 길다.

긴 수명과 대사의 분명한 상관관계에 대해 더 가능성 있는 설명은 1950년대에 나왔다. 바로 노화의 활성 산소설free radical theory이다. 의학과 화학을 전공한 미국의 연구자 데넘 하먼Denham Harman이 처음 제시한 활성 산소설은 노화가 산화 인산화의 유독성 부산물로 인한 손상이 쌓여 생기는 결과라는 것이다. 전자 전달계에서 미토콘드리아 속 ATP 생성의 마지막 과정(2장)인 산소 분자는 종종 전자가 손실된 산소 분자인 유리기(활성 산소종이라고도 불린다)로 바뀐다. 이 돌연변이 산소 종은 왕성한 식욕을 자랑하며 주변 분자에서 전자를 빼내 DNA와 지질, 단백질을 손상시킨다. 하먼은 노화가 이러한 활성 산소(때로 산화성 스트레스 또는 산화 손상이라 불린다)에서 비롯된 손상의 축적이라고 주장했다. 활성 산소는 ATP 생성의 불가피한 부산물이기 때문에 결과적으로 우리 세포의 대사율(또한 세포의 ATP 생성률)은 우리의 노화 속도와 수명을 결정짓는다.

활성 산소설은 대사율과 장수가 갈리는 많은 경우를 설명할 수 있다. 활성 산소를 중화하고 활성 산소가 일으키는 손상을 치유하는 여러 메커니즘이 있다. 하지만 모든 생리 작업처럼 이 대응 전략도 에너지를 필요로 한다. 뭐든 공짜는 없다. 생태적 지위에 따라 각 종은 산화 손상을 치료하는 데 더 많은 에너지 또는 더 적은 에너지를 투자하도록 진화했을 것이다. 무수한 포식자에게 먹잇감이 될 끝없는 위협에 시달리는 쥐는 너 많은 에너지를 쏟아 당장 번식을 하고, 산화 손상을 치유해 결코 오지 않을지도 모르는 미래를 준비하는 데 적은 양의 에너지를 사용한다. 한편 참새는 쥐와 대사율은 비슷할지 몰라도 포식을 피할 대비를 더 잘하는 까닭에 더 많은 자원을 산화 손상 치유에 쏟아 더 긴 수명의 이점을 취할 수 있다.

노화의 활성 산소설은 나름의 문제가 있다. 우선 인간과 다른 동물의 항산화 물질 처방에 대한 연구가 늘 수명에 기대한 영향을 보여주지는 않는다. 신진대사와 긴 수명의 분명하고 강한 연관성을 찾기 힘들었던 까닭에 일부 연구자들은 그런 연관성이 과연 존재하기는 하는지 푸념하고 있다. 이러한 형편없는 확실성 때문에 죽음은 생물학에서 놀랍도록 다루기 힘든 주제임이 입증되었다. 확실한 답은 여전히 오리무중이다.

하지만 대사 속도와 장수의 유사성은 무시하기 힘들다. 원숭이와 쥐, 그리고 다른 종의 실험실 연구에서는 음식 섭취량을 줄여 대사 속도를 늦추자면 수명이 길어졌고, 인간을 대상으로 한 비슷한 칼로리 제한 연구에서도 비슷한 결과가 나왔다. 포유류, 조류, 파충류의 기대 수명 차이는 우리가 신체 크기와 관련한 대사 속도 차이에서 예상한 사실과 부합한다. 쥐의 세포는 순록의 세포보다 에너지를 10배 더 빨리 소모하고, 쥐의 수명은 약 10배 더 짧다(심지어 '자연사'하는 경우에도). 1장에서 살펴봤듯이 영장류는 다른 태반성 포유류가 하루 소모하는 칼로리의 불과 절반만 소모한다(그래프 3.3). 이는 인간과 다른 영장류의 수명이 긴 이유를 잘 설명해 준다. 에너지를 적게 쓰는 다른 종 역시 수명이 길다. 냉혈성 그린란드상어는 최대 수명이 400년이다. 성장률, 생식률과 마찬가지로 신진대사는 동물의 수명에 영향을 미치는 유일한 요인은 아니지만, 많은 패턴을 결정짓는 듯하다.

신진대사와 죽음 사이 관계가 그저 우연이든 (내 생각에는) 깊은 연관이 있든 수명과 대사 속도가 신체 크기와 동물 집단에 따라 변하는 방식에서 이상하지만 멋진 현상이 생긴다. 심장이 체내의 모든 조직에 충분한 피를 내보내야 영양소와 산소 필요량을 채울 수 있기 때문에 심박수(분당 박동수)는 세포 대사 속도와 일치한다. 심박수는 몸집이 작은 동물 종이 더 빠르고 몸집이 큰 동물 종이 더 느리다. 하지만 몸집이 작은 동물은 큰 동물보다 수명이 짧기 때문에 일생의 총 심박수는 가장 몸집이 작은 땃쥐부터 가장 몸집이 큰 고래까지 모든 동물 종이 같다. 우리는 모두 심장이 약 10억 번 뛴다.(몇 백만 회 정도 차이는 있다. 그리고 심박수를 제한한다고 해도 죽음을 피할 수는 없다. 실제로 운동으로 심박수를 높이는 것이 수명을 늘릴 수 있는 가장 확실한 방법 중 하나다. 7장 참고)

일일 에너지 소비량의 악마적 계산법

걷기, 달리기, 소화, 호흡, 생식, 기타 모든 것의 비용에 대한 연구가 그토록 많이 이루어진 까닭에 총 일일 에너지 소비량 계산이 단순한 산수 문제였다고 생각할지도 모르겠다. BMR을 계산한 다음, 일일 활동비용을 더하면 끝이라고 생각할 수도 있다. 믿을 만한 계산 방식인 것은 맞지만, 여전히 틀릴 가능성이 존재한다. 실제로 일일 에너지 소비량은 정확히 알기가 대단히 힘들며, 50년 넘는 노력에도 여전히 틀린 납을 내놓게 된다. 앞서 1장에서도 이야기했듯 문제는 우리 몸이 단순한 기계가 아니라는 점이다. 우리의 대사 기관은 역동적이고 적응력이 강한 진화의 산물이다. 일일 소비량은 단순히 대사 기관의 부분의 합이 아니다.

대사를 바라보는 탁상공론식 견해는 미국과 유럽의 전후 시대로 거슬러 올라간다. 만연한 기아와 제2차 세계 대전의 잔혹 행위가 머릿속에 생생하게 남아 있던 연구자들은 인간이 하루 필요로 하는 영양 요구량을 알아내는 데 관심이 많았다. 그들은 인간 에너지 소비량에 대한 수많은 데이터를 가지고 있었다. 프랭크 베니딕트Frank Benedict와 그의 동료 J. 아서 해리스J. Arthur Harris 등은 1900년대 초반부터 대규모 데이터를 축적하고 있었다. 하지만 결정적으로 누구도 그들이 실제로 구하고 있던 데이터인 총 일일 에너지 소비량 데이터는 가지고 있지 않았다. 누구도 에너지 소비량을 측정하는 방법을 알아내지 못했기 때문이다. 대신 BMR 수치 데이터는 가지고 있었다. 모든 사람이 BMR

이 총 일일 에너지 소비량의 한 부분이라는 건 알았지만 나머지는 전혀 알지 못했다. 그래서 과학자들은 그 상황에서 누구나 할 법한 일을 했다. 즉 제대로 추산해 내려 애썼다.

실험실에서 측정한 다양한 활동의 에너지 비용을 활용해 세계보건기구(WHO)의 영양학자들은 일일 소비량을 추산하는 틀을 마련했다. 첫째, 체중, 키, 나이를 바탕으로 위에 나오는 것과 비슷한 공식을 이용해 BMR을 추산한다. 그 다음에는 그 사람이 하루 종일 어떤 활동을 하는지 알아낸다. 즉 잠을 몇 시간 자고 몇 시간 동안 걷고 앉고 일하고 다른 작업을 하는지 파악한다. 각 작업에는 BMR의 몇 배라고 표시되는 에너지 비용이 매겨진다. 이를 PAR(Physical Activity Rate, 신체 활동 수준)이라고 한다. PAR은 기본적으로 표 3에 나오는 MET 값과 같다. 일일 활동 일정과 각 활동의 에너지 비용을 합치면 BMR의 몇 배로 표시되는 일일 평균 소비량 수치가 나온다. 가령 누군가 12시간을 자고(1.0 PAR), 12시간 동안 빨래와 다른 가벼운 집안일을 했다면(2.0 PAR) 그들의 24시간 평균 소비량은 1.5 PAR 또는 본인 BMR의 1.5배일 것이다. 1.5에 예상 BMR을 곱하면 그 사람의 예상 일일 에너지 소비량이 나온다.

요인 가산법factorial method이라 불리는 이 방식은 허술하지만 타당한 결과를 내는 듯했다. 그리고 지금도 잘 살아남아 있는 듯싶다. 여전히 WHO가 자신들이 연구하는 인구의 일일 칼로리 필요량을 알아내는 데 사용하고 있으며, 키, 체중, 나이(BMR을 추산하는 데 필요한 모든 요소)를 합산해 각자의 일일 칼로리 필요량과 (일일 평균 PAR 값을 정하는 데 사용되는) 신체 활동 수준을 알아내는 모든 온라인 계산기가 바탕으로 삼는 수학이다.

요인 가산법은 개발된 뒤 수십 년이 지난 지금도 원래 만들어진 의도인 타당한 추측을 하는 데 사용된다. 일일 소비량의 요인 가산 추정치는 대충 맞아떨어진다. BMR은 신체 크기와 나이로 예상 가능하기 때문이다. BMR은 하루 소모하는 에너지의 대부분을 차지한다. 그래서 BMR을 잘 계산하면 결국에는 합리적인 총 일일 소비량 추측도 가능하다.

하지만 요인 가산법으로 얻은 합리적 추정치는 근본적 결함을 숨기고 있다. 이 추정치는 일일 에너지 소비량이 그저 BMR에 신체 활동과 소화 비용을 더한 합이라고 가정한다. 이 관점을 많은 사람이 받아들였고 널리 퍼져 있기 때문에 다른 견해는 상상하기조차 힘들다. 영양과 신진대사를 전공하는 모든 학생이 배우는 내용이며, 모든 의사 지망생이 의과 대학에서 배우는 내용이다. 또한 모든 운동 체중 감량 프로그램을 이끄는 신념이기도 하다. 5장에서 이야기하겠지만 그렇게 간단한 일이 아니다. 절대로. 결론부터 말하자면, 우리의 일일 활동 수준은 우리가 매일 소모하는 칼로리와 거의 아무런 관련이 없다.

굳이 묻지 마라

에너지 소비량을 결정하는 문제에서 그다음으로 큰 혁신은 여타 다른 혁신들과 마찬가지로 완전한 실패이자 엄청난 퇴보였다. 그 혁신은 요인 가산법보다 더 단순한 전제에서 시작했다. 즉, 사람들이 하루 먹는 음식의 양을 알고 싶으면 그냥 그 사람들에게 물어보라! 그건 충분히 합리적으로 보이며(어제 뭘 먹었는지 기억하지 않는가?) 그 데이터는 별다른 힘을 들이지 않고도 수백만 명의 사람들에게서 모을 수 있다. 키, 체중, 나이를 알 필요 없이 일일 활동을 관찰하거나 PAR 값이나 그 비슷한 것을 계산하거나 하면 된다. 그냥 사람들에게 설문에 답하게 하라.

이런 접근 방식이 완전히 터무니없지는 않다. 사람들은 대부분 에너지 균형 상태이기 때문에(매일 섭취하는 칼로리와 소모하는 칼로리가 일치한다), 음식 섭취량에 대한 확실한 자료를 얻으면 대체로 제대로 된 일일 소비량이 나온다. 하지만 인간의 정직함과 자각에 대한 기대는 많은 계획이 그렇듯 시작부터 잘못이었다.

사람들은 자신이 뭘 먹었는지 기억하는 데 끔찍할 정도로 소질이 없는 것으로 밝혀졌다. 누군가에게 먹은 음식을 기억하는 설문 조사를 진행해 뭘 먹었는지 물으면 그 답은 신뢰할 수 없다. 그건 사람들에게 브래드 피트를 두고 몇 번이나 야한 생각을 했는지 묻는 것이나 다름없다. 모든 사람이 실제보다 더 적은 수치를 말하기 때문이다. 5개국의 524명의 남녀를 대상으로 한 최근 연구에서 성인들은 실제로 먹은 음식을 평균 29퍼센트까지 적게 이야기했다. 종일 먹는 끼니 중 한 끼를 통째로 잊어버리는 것과 다름없다. 에너지 섭취량은 조사되었지만 소비량은 전혀 추적되지 않았다. 식생활 설문 조사는 그저 난수 발생기• 이며, 사람들이 일일 칼로리 섭취량에 관해 제공하는 정보는 무용지물

• 수학적 또는 물리학적 방법으로 난수, 즉 연속적인 임의의 수를 만들어내는 장치.

이다. 그 정보를 무용지물보다 **더 나쁘게** 만드는 유일한 방법은 그 정보를 실제 데이터처럼 취급하고 이 데이터를 바탕으로 영양 프로그램을 만드는 것이다.

결국 1990년에 미국 식품 의약국(FDA)은 식생활 설문을 바탕으로 전국의 공공 영양 프로그램을 만든다. 식품 포장지에 영양 성분표를 부착하는 새로운 규정이 시행되었고, FDA는 성분표에 넣을 일일 에너지 섭취량의 기준이 필요했다. FDA는 미국 국립 건강 영양 조사의 대규모 설문 조사를 통해 여성들은 본인의 음식 섭취량을 하루 1600~2200킬로칼로리 정도로 이야기하며, 남성들은 2000~3000킬로칼로리 정도로 이야기한다는 사실을 발견했다. 그 설문 결과를 바탕으로 하루 섭취 열량이 2000~2500킬로칼로리인 모든 성인의 대략적 평균을 냈다. 과다 섭취를 막고 적절한 어림수를 찾기 위해 끝수를 자르고 2000킬로칼로리로 정했다. 그렇게 그 숫자를 고정해 적용하게 됐다. 전형적인 미국인이 하루 2000킬로칼로리의 음식을 먹는다고 생각하고 있었다면, 그게 누구 탓인지 이제는 알게 됐으리라.

네이선 리프슨의 결실

연구자들이 요인 가산법을 개발하고 있던 1950년대에 미네소타대학교의 물리학과 교수였던 네이선 리프슨Nathan Lifson은 아주 다른 방식으로 일일 에너지 소비량을 계산하는 연구를 하고 있었다. 리프슨은 미네소타 태생으로 1911년 고퍼주〔Gopher State, 미네소타의 별칭〕에서 태어났다. 미네소타대학교에서 거의 모든 성인기를 보내며 1931년에 학사 학위를 받고 1943년에 박사 학위를 받았으며, 샌디에이고(아마 이곳에 살면서 햇살과 따뜻한 날씨를 싫어하게 된 듯하다)에서 2년간 잠시 근무한 것을 제외하고는 미네소타대학교에서 50년 이상을 머물렀다. 리프슨이 대학원을 다니던 시기에 클라이버와 동시대 과학자들이 대사학의 큰 진전을 이루어냈다. 그 때문에 리프슨이 일일 에너지 소비량을 측정하는 연구를 시작하게 됐는지도 모른다.

리프슨의 중대한 발견을 이해하기 위해서는 몸이 근본적으로 커다란 물웅덩이(우리 몸의 약 65퍼센트가 물이다)라는 생각부터 알아봐야 한다. 실제로 우리의 체수분은 호수처럼 물이 들어오고 나간다. 몸속 물웅덩이의 수소와 산소 원자는 끊임없이 흐르며 음식과 음료의 형태로 우리 몸속으로 들어와 소변과 대변, 땀 그리고 호흡 속 수증기의 형태로 몸 밖으로 나간다.

리프슨은 초기 연구에서 체내 물웅덩이 속 산소 원자가 몸 밖으로 나가는 다른 방법이 있다는 사실을 알아냈다. 일부 탄소계 분자가 대사를 하는 동안 이산화탄소가 만들어질 때(2장 참고) 새로운 이산화탄소 분자 속 산소 원자 중 하나가 체수분에서 떨어져 나온다. 그 산소 원자는 우리가 호흡으로 내쉬는 이산화탄소에 섞여 배출된다. 결론은 다음과 같다. 수소는 물의 형태로만 몸에서 나가지만, 산소는 물과 이산화탄소 두 가지 형태로 몸에서 빠져나간다.

리프슨은 자신이 수소와 산소 원자가 몸에서 나가는 비율을 추적할 수 있다면 이산화탄소 발생률을 계산할 수 있으리라는 사실을 깨달았다. 또한 이산화탄소를 만들어 배출하지 않고는 에너지를 소모할 수 없기 때문에 이산화탄소 발생률을 측정할 수 있으면 에너지 소비량을 측정할 수 있다는 사실도 알게 됐다. 무엇보다 실험 참가자들을 신진대사 측정 장치 속에 가둬둘 필요가 없었다. 간헐적으로 채취한 소변 샘플을 통해 리프슨이 수소와 산소의 배출률을 추적할 수만 있다면 실험 참가자들은 뭐든 원하는 활동을 할 수 있었다.

까다로운 부분은 체수분 속 수소와 산소 원자를 추적하는 일이었다. 리프슨은 동위원소를 사용하는 방법을 떠올렸다. 동위원소는 양성자 수는 정상이나 중성자 수가 비정상적인 원자를 가리킨다. 가령 정상적인 산소는 8개의 양성자와 8개의 중성자를 가지고 있는 반면, 산소-18은 8개의 양성자와 10개의 중성자를 가지고 있다. 중수소deuterium는 중성자가 하나인(정상적인 수소는 중성자를 가지고 있지 않다) 수소의 동위원소다. 우리가 매일 마시는 물속에 이러한 동위원소가 소량 들어 있다. 해롭지는 않다. (일부 동위원소만이 방사성이라 쉬어서 다른 종류의 원자로 변할 때 유해한 방사선을 방출한다.)

리프슨은 쥐를 대상으로 이런 동위원소를 사용해 산소와 수소 원자가 몸에서 나갈 때 이 두 원소의 흐름을 추적했다. 동위원소는 몸속에서 정상적인 산소와 수소 원자처럼 굴었다. 월요일에 실험 참가자의 체수분 속 수소의 10퍼센트가 중수소였는데 화요일에는 그중 5퍼센트만이 중수소라면 리프슨은 월요일부터 체수분 절반이 흘러나가고 정상적인 물로 채워졌음을 알아챘을 것이다. 덕분에 리프슨은 이러한 수치를 이용해 수소 원자가 줄어든 비율을 계산할 수 있었다. 같은 방식으로 리프슨은 산소 원자의 감소율을 알아낼 수 있었다. 이 두 감소율의 차이는 이산화탄소 발생률을 반영했다. 쥐를 대상으로 한 리프슨의 연구 결과, 동위원소의 양은 신진대사 측정 장치에서 측정한 이산화탄소 발생량과 완벽하게 일치했다.

이산화탄소를 만들지 않고는 칼로리를 소모할 수 없기 때문에 리프슨의 방식은 일일 에너지 소비량을 정확하게 계산해냈다. 가장 좋은 점은 실험 참가자가 신진대사 측정 장치 속에 앉아 있을 필요가 없다는 점이었다. 며칠에 한 번씩 동위원소의 양 측정에 필요한 소변 또는 혈액 샘플을 보내면 자유로운 일상을 보낼 수 있었다. 리프슨은 불가능한 것을 개발했다. 정상적인 생활을 하며 일일 에너지 소비량을 측정하는 신뢰할 수 있는 도구를 만들어낸 것이다.

단지 가격에 관한 작은 문제가 있었다. 이 측정에 필요한 동위원소의 양은 신체 크기에 비례한다. 따라서 쥐를 포함한 다른 소형 동물 연구는 비교적 저렴하지만, 인간을 대상으로 한 연구는 문제가 됐다. 1995년 체중 68킬로그램의 사람에게 필요한 동위원소는 지금 돈으로 25만 달러(한화 약 3억 2400만 원) 이상 했다. 1970년대에 켄 너지Ken Nagy, 클라스 베스테르터르프Klaas Westerterp 같은 일부 창의적인 동물 생리학 분야 연구자들이 야생 조류와 도마뱀을 대상으로 리프슨의 방식을 이용한 연구를 했다. 심지어 너지는 영장류 동물학자 캐서린 밀턴과 협력해 야생 고함원숭이의 일일 에너지 소비량을 측정했다. 하지만 작은 동물 종을 대상으로 한 몇몇 연구 말고는 리프슨의 방식은 인기를 끌지 못했다.

동위원소의 생성과 측정은 10년간 더 발전을 거친 끝에 인간을 대상으로 한 연구비용을 더 감당 가능한 수준으로 낮출 수 있었다. 1980년대 들어서 중수소와 18산소 동위원소는 저렴해져 1950년대~1960년대에 들던 비용의 불과 1퍼센트에 해당하는 돈으로 인간 성인의 에너지 소비량을 측정할 수 있게 됐다. 또한 1980년대는 세계적으로 비만이 유행하기 시작한 초기였고, 연구자들은 실험실 밖에서 에너지 소비량을 측정하는 방법을 개발하고자 노력 중이었다. 당시 시카고의 아르곤 국립 연구소에서 일하던 데일 셸러Dale Schoeller는 산소-18을 이용해 체수분량을 측정하다가 우연히 리프슨의 연구를 알게 됐나. 셸러는 기술과 비용의 개선을 통해 리프슨의 방식이 충분히 비용 효율이 높아졌다는 사실을 깨닫고, 리프슨의 방식을 인간에게 적용하기 시작했다. 셸러는 1982년 최초로 인간을 대상으로 한 이중표지수 연구 결과를 발표했다. 인간 신진대사의 새로운 분야가 탄생한 것이다.

곧 에너지 소비량에 대해 알려진 많은 사실이 잘못됐음이 분명해졌다. 리프슨의 방식은 인간 신진대사 과학을 새로운 시대로 이끌었다. 동위원소를 사용한 일일 에너지 소비량 측정 방식에 대한 최초의 논문을 발표한 이후 거의 30년이 지난 그때 리프슨은 (거의 은퇴한) 명예 교수였기에 발견의 시대에 합류하기는 너무 늦어버렸다. 하지만 충분히 오래 살아 자신의 연구가 신진대사 연구에 혁명을 일으키는 모습을 지켜보고 마땅히 받아야 할 인정을 받았다. 셸러는 최초의 인간 대상 연구를 시작한 초기에 리프슨에게 전화를 걸었고, 리프슨은 뜨거운 응원을 보내며 자신의 아이디어가 실현되는 과정을 기쁜 마음으로 들어주었다. 1986년에 케임브리지대학교의 앤드류 프렌티스Andrew Prentice는 이중표지수 방식에 관한 영국 영양 학회의 심포지엄을 열었고, 리프슨은 주빈으로 참석했다. 다음 해 리프슨은 발견의 공로를 인정받아 영양학 분야에서 권위 있는 랭크상•을 받았다. 그리고 2년 뒤 사망했다.

이중표지수 혁명

흔히 이중표지수 방식이라 불리는 리프슨의 방식으로 우리는 마침내 사람들이 평소의 일상생활을 이어가는 동안 정확하고 믿을 수 있는 일일 에너지 소비량을 측정할 수 있다. 오늘날 나의 연구실과 같은 많은 연구실에서는 600달러(한화 약 77만 7000원)로 정도면 이중표지수를 이용해 누군가의 일일 에너지 소비량을 측정할 수 있다. 셸러가 이 방식을 인간에 적용한 이후 30년 동안 이 분야에서는 전 세계의 수천 명을 대상으로 평생의 일일 에너지 소비량을 측정해왔다. 그래서 결론은 뭘까? 우리는 매일 몇 칼로리를 소모할까? 물론 여러 가지 요인에 달려 있지만, 우리가 생각할 법한 요인들은 아니다.

일일 에너지 소비량의 가장 큰 예측 변수는 신체 크기와 체성분이다. 몸집이 더 큰 사람은 더 많은 세포로 이루어져 있고, 더 많은 대사

• Rank Prize, 영국의 랭크 재단이 1976년부터 격년으로 전 세계 연구자 중 광전자공학 부문과 영양학 부문 과학자를 선정하여 수여하는 상.

활동을 하는 더 많은 세포는 매일 더 많은 열량을 소모한다. 그리고 위에서 봤듯이 우리 장기와 조직 일부는 다른 장기와 조직보다 더 많은 열량을 소모한다. 무엇보다 지방 세포는 우리 근육과 다른 장기를 구성하는 세포인 제지방 조직보다 하루 훨씬 더 적은 에너지를 소모한다. 지방 세포가 체중의 더 많은 비율을 차지하면, 체중은 같지만 체지방이 적은 사람보다 매일 더 적은 열량을 소모할 것이다. 여자들은 남자들보다 대체로 체지방이 더 많기 때문에 체중이 같은 남자들에 비해 대개 하루 열량을 더 적게 소모한다.

나는 수백 개에 달하는 남녀 그리고 어린이의 이중표지수 측정 데이터를 모아 남녀의 체중 대비 일일 에너지 소비량 그래프를 만들었다(그래프 3.4). 이 그래프에서 볼 수 있듯이 일일 에너지 소비량(일별 킬로칼로리)은 체중(파운드)에 따라 곡선 형태로 증가한다. 이는 동물 종의 에너지 소비량과 신체 크기가 비례한다는 클라이버의 법칙과 유사하다(그래프 3.3).

그래프 3.4의 그래프 곡선을 만들어낸 수식들은 젖먹이 아기부터 노인, 마른 몸부터 건장한 몸 할 것 없이 신뢰할 수 있는 일일 에너지 소비량 추산치를 내준다. 체중을 해당 식에 넣고 예상 일일 에너지 소비량을 계산할 수 있다. 하지만 각 공식의 ln(체중) 함수에 주목할 필요가 있다. 이는 체중에 자연로그(흔히 e로 표시되는 특정한 수를 밑으로 하는 로그)를 취한 다음 결과 값을 786(여성) 또는 1105(남성)으로 곱하고 해당 절편• 값을 빼라는 의미다. 수학 실력이 약간 녹슬었다면 그래프 3.4에서 본인이 어느

• 좌표 평면상의 직선이 x축과 만나는 점의 x좌표 및 y축과 만나는 점의 y좌표를 통틀어 이르는 말.

쪽 표일지 찾아 예상 일일 에너지 소비량을 알아낼 수 있다. 체중 64킬로그램의 여자는 일일 에너지 소비량이 하루 약 2300킬로칼로리다. 체중 68킬로그램의 남자는 예상 일일 에너지 소비량이 하루 3000킬로칼로리다.

신체 크기가 에너지 소비량에 미치는 영향은 현저하다. 신체 크기와 소비량의 관계를 그래프로 나타내면 여러 종 사이에서 볼 수 있는 클라이버의 법칙 곡선과 유사하다(그래프 3.3). 어린이의 일일 에너지 소비량은 몸 크기에 따라 가파르게 증가한다. 어린이의 세포는 몸집이 더 크고 나이가 더 많은 사람에 비해 매일 훨씬 더 많은 에너지를 소모한다. 아기를 꼭 안았을 때 작은 가슴에서 심장이 콩콩 뛰는 걸 느낀 적이 있다면 아이의 몸이 얼마나 열심히 일하는지 알 것이다. 전형적인 세 살짜리 아이는 체중 1파운드당 하루 35킬로칼로리를 소모한다. 그 수는 어린이, 청소년기를 지나면서 꾸준히 줄어들어 20대 초반에는 파운드당 하루 15킬로칼로리 정도로 안정된다.

체중과 일일 에너지 소비량의 곡선 관계는 우리가 개인 간 에너지 소비량을 비교할 때 신중해야 함을 뜻한다. 종종 (더 자세히 알아야 하는 연구자, 의사를 포함한) 사람들은 신체 크기가 다른 사람들의 대사율을 비교하기 위해 그냥 에너지 소비량을 체중으로 나눈다. 이 방식의 전제는 모든 사람의 파운드당 에너지 소비량이 같아야 한다는 것이다. 하지만 그렇지 않다. 신체 크기와 소비량의 관계는 정비례에 가까운 곡선을 이루기 때문에(그래프 3.4), 체구가 작은 사람들은 체구가 큰 사람들보다 **선천적으로** 파운드당(또는 킬로그램당) 더 많은 에너지를 소모한다. 생명

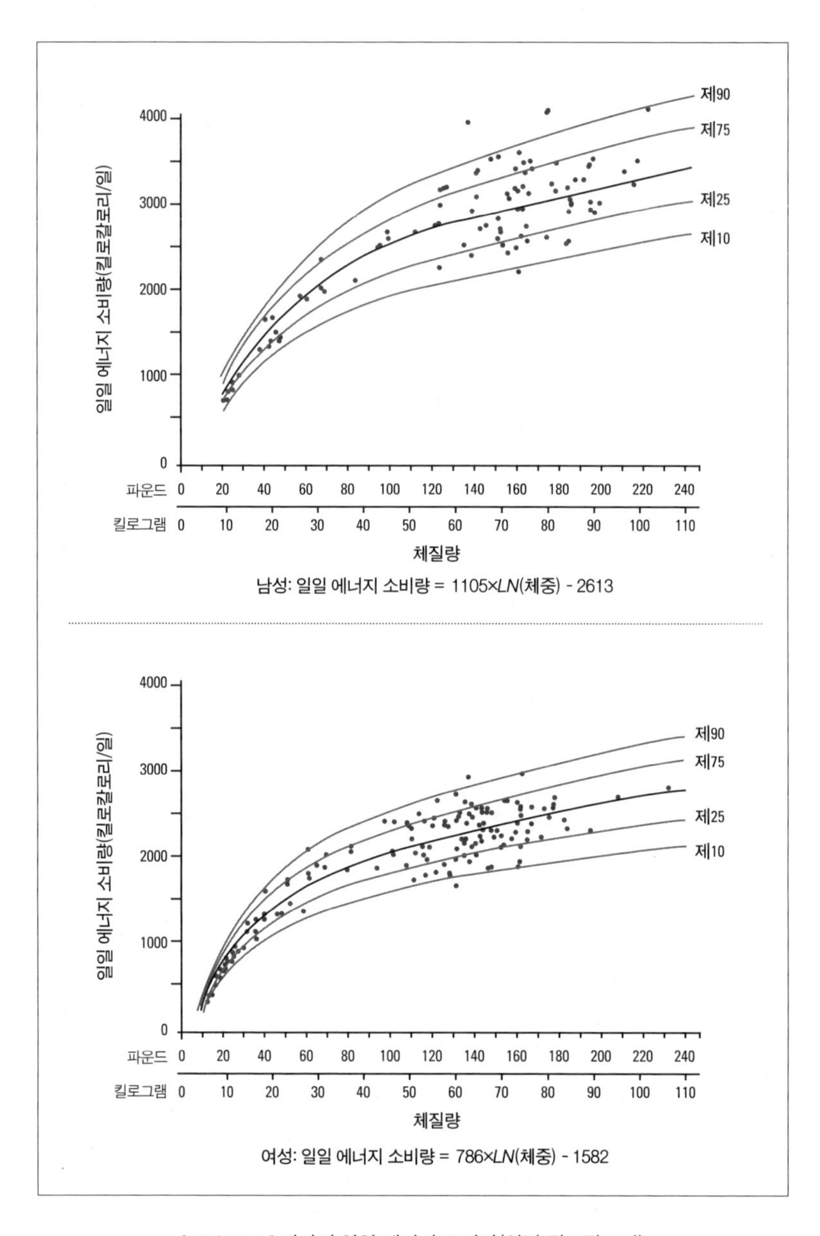

[그래프 3.4] 인간의 일일 에너지 소비량(일별 킬로칼로리)

굵은 곡선 추세선과 공식은 특정 체중의 예상 일일 에너지 소비량을 알려준다. 예상 일일 소비량을 알고 싶다면 수평축, 즉 x축에서 본인의 체중을 찾아 수직으로 추세선까지 쭉 따라가라. 그런 다음 수평으로 왼쪽의 세로축인 y축을 따라 예상 소비량을 찾아보라. 공식을 이용할 수도 있다. 체중 9킬로그램 이하의 어린이는 여성용 그래프를 이용하라. 각각의 회색 점은 이 수치를 모으기 위해 사용한 284명의 이중표지수 연구 집단 중 한 명의 평균 체중과 소비량을 나타낸다. 가변성의 정도는 상당하다. 개인의 일일 소비량이 예상 수치를 하루 ±300킬로칼로리까지 벗어나는 건 드문 일이 아니다. 더 가는 선은 소비량의 제10, 제25, 제75, 제90 백분위수를 보여준다.

활동과 산수의 원리가 원래 그렇다. 우리가 단순히 대사율을 신체 크기로 나눠 일일 에너지 소비량(또는 이 문제에 있어서는 BMR)을 비교하면 몸이 작은 사람과 큰 사람이 상당히 다르다는 잘못된 생각을 갖게 될 것이다. 실제로는 모두 똑같은 기본 관계를 고수하는데 말이다.

어느 개인이나 집단의 대사율이 특별히 높거나 낮은지 묻는 더 나은 방법은 그래프 3.4 같은 그래프에 표시해 추세선과 어떤 차이가 있는지 보는 것이다. 이 방법은 소아과 의사들이 성장 그래프에 아이의 키나 체중을 표시할 때 사용하는 방법이기도 하다. 이 그래프(우리의 경우 그래프 3.4)를 이용해 의사들은 아이가 예상치 이상인지 이하인지 알 수 있다.

그래프 3.4의 작은 회색 점은 284명의 남성과 여성 연구 대상의 집단 평균값이다. 굵은 검은색 곡선은 에너지 소비량의 추세선, 즉 특정 체형의 평균 일일 에너지 소비량이다. 모든 평균이 그러하듯 집단의 절반은 추세선을 웃돌고 나머지 절반은 밑돈다. 추세선을 상회하는 집단은 예상 일일 에너지 소비량보다 더 높으며, 추세선을 하회하는 집단은 예상 일일 에너지 소비량보다 낮다고 보면 된다.

그래프 3.4에서 눈여겨봐야 할 한 가지는 일일 에너지 소비량의 변화량이다. 신체 크기를 고려한 이후에도 말이다. 많은 집단이 자신들의 예상 일일 소비량인 추세선에서 하루 300킬로칼로리 이상 웃돌거나 밑돈다. 이것이 온라인 BMR과 일일 소비량 계산기가 숨기고 싶어 하는 작은 비밀이다. 몸 크기와 성별을 고려한 후에도 대사율은 엄청난 차이가 난다. 본인의 정보를 입력한 뒤 일일 소비량이나 BMR이 나오면, 또는 그래프 3.4를 이용해 예상 일일 소비량을 찾으면, 크게 에누리해서 볼 필요가 있다. 몇 백 킬로칼로리까지 쉽게 차이가 날 수 있기 때문이다. 어떤 사람들은 신진대사 속도가 '빠른' 반면 어떤 사람들은 '느리다'는 생각은 다이어트 잡지의 허튼소리가 아니다. 정말로 그렇다.

지금까지 우리는 사람들의 일일 에너지 소비량이 다른 이유를 안다고 생각했다. 당연히 신체 활동, 장기 기능, 성장, 체온 조절, 소화 및 기타 활동에 드는 킬로칼로리를 그저 더해서 한 사람의 일일 에너지 소비량을 계산할 수 있다고 생각했다. 물론 일일 소비량은 이 모든 비용을 포함해야 한다. 하지만 이중표시수 혁명은 사람들의 눈을 뜨게 했다. 현실은 훨씬 복잡했다. 계산대의 식료품 영수증처럼 단순히 더해지는 대신 활동, 면역 기능, 성장 및 기타 활동 등 일일 소비량의 모든 부분은 역동적이고 복잡한 방식으로 서로 상호 작용하며 영향을 미친다. 일일 에너지 소비량은 단순히 각 부분에 해당하는 값들을 더해서 산출되지 않는다.

인간 신진대사라는 새로운 과학

대사학의 긴 역사 덕분에 인간 신진대사 분야는 친근하고 확실한 느낌이 든다. 그 역사는 200년보다 훨씬 오래된, 프랑스의 화학자 라부아지에와 계몽주의 시대 당대 과학자들의 선견지명 있는 연구로 거슬러 올라간다. 두 명의 막스(루브너와 클라이버)를 비롯한 여러 선구자들이 이끈 발견의 황금시대에서 거의 100년이 지났다. 에너지 소비량을 측정하는 데 사용했던 가장 흔한 방법, 즉 요인 가산법과 식생활 조사법은 수십 년쯤 됐다. 우리 몸이 에너지를 소모하는 방법에 대해 알아야 할 모든 것을 우리가 안다고 생각하기 쉽다.

하지만 개인, 전체 인구, 생물종간 어마어마한 대사량의 차이는 에너지 소비량에 대한 기존의 생각으로는 설명할 수 없다. 우리 인간을 포함해 생물종간 대사량의 차이에는 클라이버의 법칙보다 훨씬 중요한 것이 있다. 개개인 그리고 각 인구 집단 간 소모하는 일일 에너지양은 다른 반면, 요인 가산법이라는 단순한 수학은 우리 몸이 하는 일을 담아내지 못한다.

왜 인간은 하루 2500~3000킬로칼로리 가량을 소모할까? 왜 우리 중 일부는 몸에 비해 하루 더 많은 에너지를 소모하고 다른 이들은 더 적은 에너지를 소모할까? 우리의 신진대사는 어떻게 우리 건강과 장수에 영향을 줄까? 그리고 생활 방식, 매일의 신체 활동과 식생활은 우리의 에너지 소비량과 대사 건강에 어떤 영향을 미칠까?

이 책의 나머지 부분은 이러한 중요한 질문들을 다룬다. 1, 2장에서 우리 몸의 대사 기관이 어떻게 작동하는지 확실히 알게 됐으므로 이제는 인간 신진대사학이 새롭게 발견된 시대로 들어가보자. 그 시작은 예상치 못한 장소다. 바로 고대 실크로드를 따라 캅카스산맥의 자락에 자리 잡은 조지아의 작은 마을이다.

04

인간은 어떻게 가장 다정하고 건강하고 뚱뚱한 유인원으로 진화했을까?

How Humans Evolved to Be the Nicest, Fittest, and Fattest Apes

이슬이 내린 시원한 6월의 이른 아침, 작은 텐트에서 잠을 깬 뒤 침낭에서 조심스럽게 몸을 빼 축축하게 젖은 지퍼를 열고 나왔다. 반구형의 좁다란 노란색 나일론 텐트에서 나오니 짙은 색 나무로 덮인 언덕과 연녹색 목초지가 사방으로 펼쳐졌다. 내가 머물던 텐트와 다른 몇 개의 텐트는 지저분한 잔디밭 위에 흩어져 있었는데, 그 옆으로는 숙사, 즉 고고학자, 지리학자, 고생물학자로 북적거리는 우리 팀이 머물던 2층짜리 기숙사와 부엌이 자리했다. 우리는 매년 진행하는 현장 연구를 나와 **호모 에렉투스**의 석기와 화석을 발굴하던 중이었다.

너무 멀어서 소리는 들리지 않았지만 야영지 아래 어디선가 피나사오우리강이 흘렀는데, 강 주변에는 한때 고대 실크로드 여행자와 상인들을 맞던 오래된 목욕탕 유적이 있었다. 계곡 건너편에는 몽골 침략자들의 무너진 돌무덤이 저 멀리 비탈의 들판 위에 흩어져 있고, 그 위쪽 산등성이에는 위풍당당한 중세 도시의 흔적이 남아 있었다. 도시의 잔해 아래 흙 속에는 1800만 년 전 살았던 인간에 가까운 고대인의 화석이 된 뼈가 묻혀 있었다. 이 모든 것이 우리의 덧없는 생에 바치는 여러 단으로 된 케이크 기념비였다. 멈추지 않는 야망과 어리석음의 파도 위로 또다시 물결이 몰려오는 격이다.

내 안에서 무언가 일어나기 시작했다. 컴컴한 파도가 밀려들었다.

나는 작은 빈터의 가장자리 쪽으로 비틀거리며 가서 덤불 위에 잔뜩 속을 게워냈다. 복수심에 이글대는 어느 신의 손이 몸을 움켜잡고 마구 비틀며 내 안의 악령을 몰아내려 했다. 손을 무릎에 얹고 눈물이 가득 고인 채 뜨겁고 거품이 이는 찌꺼기를 토해냈다. 토하고 나자 몸이 약하게 떨려왔다. 헛구역질을 하느라 몸이 들썩거려 고통스러웠다. 눈알이 튀어나와 시신경 옆에 무력하게 달랑거리는 느낌이었다. 그러더니 다행히 괜찮아졌다. 오래된 치약 통처럼 이리저리 비틀리고 구겨진 채 손등으로 입을 닦고 천천히 몸을 일으켰다.

그토록 불쾌한 고통 뒤에는 깊고 완벽한 고요가 찾아왔다. 두통도 메스꺼움도 끔찍한 숙취로 곧 죽을 것 같은 느낌도 잠시 사라졌다. 이 명료한 순간에 내 위치를 생각해봤다. 이 신비한 장소를 만들어낸 믿기 힘든 상황과 역사의 우연들. 억세게 운이 좋아 이곳에서 내 자신을 찾은 것 같았다. 하지만 나는 고마운 줄 몰랐다. 엉망진창이었다. 여기 있는 것만으로는 성에 차지 않았다. 과음을 했다. 와인 한 잔으로 시작한 지난밤 저녁 식사는 별밤의 술잔치가 되어버렸다. 나만이 아니었다. 나는 몸을 돌려 숙사 현관의 긴 공용 테이블을 향해 걸어갔다. 게슴츠레한 눈을 한 나의 동료 술꾼 몇 명이 용감하게 차와 빵을 먹기 시작하는 모습이 보였다.

천천히 걸어 동료들 옆에 앉아 상황이 나아지길, 이 순간을 통해 성장하고 성숙해져 이토록 자기 파괴적인 어리석음은 영원히 버리리라 어렴풋이 생각했다. 커피 냄새와 함께 주변의 바보들을 위해 소리 없는 기도를 했다. **다음엔 다를 거예요**. 처음 있는 일은 아니었다. 실제로 바뀌지 않으리라는 건 알았지만, 허리케인의 고요한 눈 한가운데 가만히 선 나는 희망에 차 있었다. 우리는 어쨌든 똑똑한 사람들이었다. 전 세계의 명문 대학에서 박사 과정을 밟고 있는 예비 과학자들이었다. 우리는 뛰어난 지성과 재능으로 일류 대학원 과정에서 경쟁력 있는 자리를 차지하고, 또 지구상에서 가장 흥미로운 화석 유적지 중 한 곳인 이곳까지 와 있었다. 분명 우리는 신중하고 절제할 줄 알고 스스로를 지킬 만한 분별을 갖춘 사람들이었다. 물론 누구도 자제력을 보이진 못했지만, 다들 지성인이 아니었던가. 우리는 호기심과 쾌락주의에 무너지지 않고 진화한 인간의 지성과 집단의 노력의 결실을 맛볼 수도 있었지만…

그 생각은 결론을 내지 못한 채 구름처럼 흩어졌다. 아침을 조금이라도 먹어둬야 했다. 화석을 파내야 했다. 화석이 알아서 기어 나오지는 못할 테니까. 나는 테이블의 다른 동료들 옆자리에 털썩 앉아 자신 없는 손으로 빵 한 조각을 집고는 버터와 꿀을 듬뿍 발랐다. 차를 한 모금 마셨다. 이미 숙취가 돌아오고 있는 게 느껴졌다. 몽골족의 희미한 말발굽 소리처럼.

조지아의 드마니시 후기 구석기 시대 유적지로 매년 오는 여행을

와 있던 참이었다. 대학원에 다니는 동안 매년 여름이면 나는 러닝머신과 신진대사에서 벗어나 캅카스산맥 자락에 있는 작은 농촌 마을인 파타라 드마니시로 떠나왔다. 논문 작업을 한 달간 쉬는 건 대학원 졸업장을 무사히 따는 데 바람직한 선택이 아니었지만, 너무 재미있고 흥미진진해서 포기할 수 없었다. 당시 내가 이해할 수 없었던 점은 그 유적지가 인간 에너지학에 관한 내 연구와 어떻게 연결되는지, 또한 그 유적지가 신진대사 진화의 결정적인 순간을 어떻게 확고히 했느냐는 것이다. 우리 인간이 유인원의 세계에서 떠나온 것, 즉 훨씬 더 인간다운 무언가를 향한 진화의 첫 걸음이 이곳에 담겨 있다. 그리고 이 모든 것을 가능케 한 비결은 우리가 먹을거리를 얻고 열량을 소모한 방식의 변화였고, 우리는 지금도 그 변화와 씨름하고 있다.

뜻밖의 장소

드마니시는 인류 진화사 연구의 가장 중요한 장소 중 하나라고 하기에는 별로 눈에 띄지 않는 곳이다. 약 200만 년 전인 구석기 시대의 다른 모든 호미닌(hominin, 분류학상 인간의 조상으로 분류되는 종족) 화석 유적지는 동아프리카와 남아프리카의 건조한 바위투성이 황무지에서 찾을 수 있다. 《내셔널 지오그래픽》을 넘겨본 적이 있는 사람에게는 친숙한 장소다. 올두바이 협곡, 그레이트 리프트 밸리, 남아프리카 공화국의 동굴 유적지가 대표적이다. 극명한 대조를 이루는 드마니시는 푸른 녹음이 우거져 있으며, 풍부한 역사를 지닌 화려하고 위세당당한 나라인 조지아는 이 지역 밖에 사는 대부분의 사람들에게는 멀고 외진 곳이다. 하지만 드마니시가 중요한 이유는 바로 이러한 지리 때문이다.

인간 계통이 침팬지와 보노보로부터 분리된 것은 약 700만 년 전이다(도표 4.1). 하지만 처음 500만 년 동안 우리 조상은 아프리카에 남아 있었다. 그들은 유인원의 삶의 방식이 잘 통하는 특정 서식지에만 머물렀다. 이후 약 200만 년 전 우리는 생태계의 울타리를 뛰어넘었다. 호미닌(유인원 계통수에서 인간 가지에 있던 종족)은 똑똑하고 적응력이 강해져 어디서든 잘 살아가게 되었다. 그 수가 늘어나 아프리카 전역으로 퍼져 나가더니 유라시아로 뻗어 나가 남아프리카에서 모로코, 인도네시아까지 자리를 잡았다. 유인원처럼 살아가던 과거에서 벗어나 훨씬 더 인간답게 변했다. 드마니시는 이 중요한 시기를 간직한 가장 초기의 흐릿한 흔적이다. 180만 년 된 드마니시 유적지는 아프리카 밖에 있는 가장 초기의 호미닌 화석 유적지다. 이곳 땅 밑에 묻힌 돌과 뼈는 우리가 인간이 되도록 해준 첫 번째 진화의 흔적을 담고 있다. 그리고 이 호미닌들이 전 세계로 뻗어 나갈 수 있게 한 주요한 진화상의 이점은 그들이 에너지를 얻고 소모한 방식의 변화였다.

내가 처음 드마니시로 가게 된 이유는 중동 지역의 네안데르탈인 매장지 발굴로 가장 잘 알려진 하버드대학교 구석기 고고학과 교수 오퍼 바르요세프Ofer Baryosef와 나눈 대화 때문이었는데, 그는 백발에 신비로운 분위기를 풍기는 사람이었다. 풋풋한 얼굴의 열정적인 대학원 1학년생이었던 나는 다가오는 여름에 고고학 현장 연구를 하고 싶으면 그 교수를 찾아야 한다는 이야기를 들었다. 어느 날 오후 피바디 고고학 민속학 박물관에 있는 연구실을 나가는 오퍼 교수를 발견했다. 교수는 자기와 함께 하버드 광장까지 걸어서 사진을 찾으러 가자고 했다(아직 영사 필름이 나오던 시대였다). "걸으면서 얘기해요. 둘 다 시간도 아낄 겸.(Vee'll valk and talk. No one vastes any time.)" 교수는 이스라엘 억양으로 이렇게 제안했다. 물론 나도 동의했다.

걸으면서 교수는 현장 연구를 허가받은 두 군데 유적지에 아는 사람이 있다고 했다. 프랑스 남부의 네안데르탈인 동굴 유적지와 드마니시였다. 프랑스의 유적지가 더 크고, 더 체계가 잡혀 있고, 훨씬 더 가기도 쉽다. "음식도 프랑스가 더 나아요." 교수는 이 말도 보탰다. 하지만 조지아 현장이 더 흥미롭게 들렸다. 두 개의 화석 해골이 불과 1년 전에 그곳에서 발견되었고, 그 유적지는 인간 진화 분야에서 큰 개혁을 일궈내고 있었다. 잠깐의 상의 끝에 오퍼 교수는 필요한 준비를 해놓기로 했다. 나는 여름 현장 연구를 갈 때 조지아에서만 특별히 챙겨야 하는 물건이 있는지 물었다. 오퍼 교수는 걸음을 멈춰 나를 돌아보며 두꺼운 안경 너머로 나를 한참 살피더니 이렇게 말했다. "간이 하나 더 있으면 좋죠."

낯선 땅의 이방인들

정확하게 185만 년 전 거대한 화산이 폭발하는 천재지변이 일어나며 멀리 떨어진 낮은 산의 지축을 흔들고 하늘을 시커멓게 만들었다. 언젠가 파타라 드마니시 마을이 들어설 곳이었다. 용암이 멀리까지 흘러 근처 마샤베라 계곡을 가득 채우고 마샤베라강의 흔적을 없애버렸다. 용암은 작은 지류인 피나사오우리강을 지나 근처 계곡으로 역류해 이 강마저 막아버렸다. 용암은 굳어 수십 미터 두께의 검은 현무암이 되었다. 피나사오우리강이 새로운 현무암 댐 뒤에 갇히면서 호수가 만들어졌다.

1000년 넘게 시간이 흘러 최소 2개의 화산이 폭발하며 화산재가 하늘을 가득 메웠다. 주변을 돌아다니던 동물 중에는 지금은 멸종한 타조, 기린, 말, 가젤, 검치호랑이, 늑대, 곰, 코뿔소 종을 포함한 야생동물이 있었고 그 동물들은 재가 목에 걸린 채 대체 무슨 일이 일어나고 있는지 궁금했을 것이다. 화산재는 주변을 뒤덮었다. 현무암으로 가득한 마샤베라강의 계곡과 피나사오우리 호수 사이 곶처럼 좁은 지역도 예외가 아니었다. 그리고 이 재가 토양을 형성했다.

그 모든 일을 겪으면서도 초기 인류인 용감한 **호모 에렉투스** 무리는 피나사오우리 호수 근처 완만한 구릉의 삼림 지대에서 삶을 이어갔다. 그들은 침략적인 종으로, 아프리카에서 흘러나와 수천 년 동안 구세계의 나머지 지역(유럽과 아시아 지역을 가리킴)으로 흘러들어 확장하던 인구의 선두에 있었다. 하지만 그들 중 누구도 자신들이 아프리카 혈통이라는 사실, 또는 자신들이 있던 바로 그곳이 아닌 다른 지역 혈통이라는 사실은 전혀 알지 못했다. 우리 뇌의 겨우 절반 크기인 그들은 그런 학문적인 문제는 전혀 생각하지 않았을 것이다.

키 150센티미터에 체중 50킬로그램의 드마니시 호미닌들은 숲을 돌아다니던 하이에나, 늑대, 검치호랑이의 손쉬운 표적이었을 것이다. 하지만 호미닌들도 기지와 단순한 석기를 이용한 자신들만의 표적이 있었다. 그리고 대개 먹잇감보다는 포식자 쪽이었다. 이곳의 다른 동물들 뼈에는 석기에 찔리고 할퀸 자국이 분명하게 남아 있다. 드마니시 호미닌과 그들의 동족은 아프리카 삼림 지대에만 머물던 이전의 유인원 같은 채식주의자가 아니었다. 그들은 수렵채집인이었다.

호미닌들은 운이 좋으면 30대 또는 40대까지 살아 남았을 것이다. 대부분은 분명 훨씬 어릴 때 죽었다. 때로 비가 그들의 시체를 근처 협곡으로 휩쓸고 내려갔다. 다른 죽은 동물의 씹히고 흩어진 잔해도 함께 쓸려갔다. 결국 그 협곡은 퇴적물로 가득 차서 강바닥 아래에 사체의 잔해가 가라앉아 묻히게 되었다.

영겁의 시간이 흘러 피나사오우리강과 마샤베라강은 두꺼운 현무암을 뚫고 흘러 계곡을 되찾고, 다시 한 번 두 강 사이에 능선이 형성되었다. 이때쯤 드마시니 호미닌들은 사라진 지 오래였고, 이후의 호미닌들이 살고 있었다. 나중에 들어온 몸집이 더 큰 **호모 에렉투스**가 이 지역에 살았을 가능성이 있지만, 아직 그들의 뼈를 찾지는 못했다. 석기는 **네안데르탈인**이 약 4만 년 전 계곡 몇 킬로미터 아래에 진을 쳤다는 사실을 알려준다. 그 이후 어느 때에 현생 인류가 몰려들어왔다. 서기 초반에 곶 꼭대기에 석조 교회가 지어졌다. 돌 성곽이 둘러진 중세 도시가 그 주변에 생겨났고 사람들은 번창했다. 그때 침략자 무리가 생겨났다. 서기 1800년쯤 시작해 200~300년에 한 번씩 잔인한 몽골 침략자들 같은 침략자 무리가 도시를 침탈했다. 15세기가 되자 한때 위풍당당했던 도시는 버려졌고, 이 곳은 아래 계곡에 살던 소작 농부들이 차지했다.

드마니시 화석 유적지를 처음 발견한 일은 행운이었다. 1983년, 이 중세 도시를 발굴하던 고고학자들이 주변 땅을 파 화석이 된 코뿔소의 어금니를 찾아냈다. 우연히 잃어버린 고대의 유적지를 찾았다는 사실을 깨달은 고고학자들은 트빌리시의 국립 박물관에 있는 동료들에게 이 사실을 알렸다. 조지아의 고생물학자 팀은 화석에 집중해 그 지역을 발굴하기 시작했다. 석기가 1년 뒤에 발견되었고, 첫 호미닌 화석인 턱뼈가 1991년에 나왔다. 전 세계의 고인류학자들은 궁금해했지만 회의적이었다. 그리고 2000년에 조지아 고인류학자들은 마샤베라 현무암의 확실한 연대와 함께 두 개의 새로운 해골을 더 찾았다는 사실을 발표했다. 그들은 아프리카 밖에서 가장 오래된 호미닌 유적지를 찾았고, 그 유적지에서는 아름답고 완전한 화석이 나왔다. 인류가 세계로 첫 진출을 시작한 흔적이 이곳에 남아 있었다. 캅카스산맥 아래 이 작은 유적지에 말이다. 갑자기 드마니시는 인간 진화 분야 연구자들의 관심을 한 몸에 받았다.

내가 2001년 여름 중반에 드마니시에 도착했을 때 조지아의 연구자와 봉사자, 유럽과 미국의 대학원생, 인간 진화, 고고학, 지리 분야의 세계적인 석학들로 이루어진 작은 팀이 그곳을 파서 드마니시 호미닌들의 삶을 복원하고 있었다. 주요 발굴지는 고르지 않은 직사각형으로, 노출된 땅이 46제곱미터정도 됐다. 모종삽과 빗자루로 힘들게 파내고 고른 곳이었다. 지구상의 모든 발굴지처럼 이곳 역시 가로세로 1미터의 정사각형 격자판이 씌워져 있었다. 나는 며칠 동안 배정받은 정사각형 구역에서 모종삽과 빗자루로 진흙 같은 퇴적층의 흙을 긁어내면서 매의 눈을 하고 첫 번째 하얀 화석을 찾았다.

처음에 왔을 때 나는 전문 고고학자 축에도 끼지 못했지만, 며칠간 아무것도 찾지 못할 것을 예상할 만큼의 지식은 있었다. 흥미로운 발굴지에서도 거의 모든 흙은 그냥 흙이다. 하지만 드마니시는 달랐다. 풍부한 화석과 석기의 광맥이었다. 대부분의 발굴지에서 귀한 대접을 받는 조각 뼈가 아니라 코뿔소와 사자, 가젤, 말, 그리고 완전한 두개골과 다른 뼈들이 가득하다. 바로 옆 격자 안에서 땅을 파던 사람이 아주 조용해졌다는 사실을 깨닫고 돌아보면 땅에서 거대한 유골을 잡아떼는 까다로운 작업에 몰두한 모습이 보인다. 굽고 뒤얽힌 두개골이 엑스칼리버(전설 속 아서왕의 검)처럼 지면에서 모습을 드러낸다. 그 화석은 대개 주변 흙보다 더 부드러웠고, 화석을 훼손시키지 않고 퇴적층에서 파내는 일은 정교한 작업이었다.

나의 첫 번째 현장 실습이 끝날 때쯤 우리는 또 다른 두개골을 발견했다. 드마니시에서는 세 번째 두개골이자 전 세계에서 발견된 가장 온전한 **호모 에렉투스**의 두개골이었다. 퇴적층에서 발견된 두개골은 정수리가 아래를 향하도록 놓인 상태였다. 중요한 호미닌 유적을 하나라도 발굴해내는 유적 발굴 팀은 흔하지 않다. 따로따로 흩어진 어금니와 두개골 조각이 나오면 마치 성배를 발견한 것처럼 환호했다. 영국의 고생물학자 부부 루이스 리키Louis Leaky와 메리 리키Mary Leaky는 거의 30년 동안 탄자니아 올두바이 협곡을 샅샅이 뒤져 호미닌 두개골을 발견했다. 드마니시 팀은 3년 만에 3개의 두개골을 발굴했다. 10대 후반 남성으로 추정되는 이 최근 발견된 두개골은 너무나 온전해서 구개골 상부와 안와 하부의 얇고 우둘투둘한 뼈는 여전히 원래 그대로의 상태였다. 팀원 전부가 며칠 동안 사라지지 않을 웃음을 머금은 채 춤을 췄다. 기다란 숙사 테이블 위에 전통적인 조지아식 진수성찬이 차려지고 늦은 밤까지 축하연이 이어졌다. 남자들은 한번 들으면 잊히지 않는 조지아의 폴리포니 민요(여러 명이 성부를 나누어 합창하는 다성 음악)를 부르기 시작했다.

나는 매료됐다. 가능하다면 모든 현장 실습 기간마다 드마니시로 돌아올 것을 확신했다. 실제로 대학원 재학 기간 중 다섯 해의 여름을 드마니시에서 보냈다. 매년 우리는 호미닌 유적을 발굴하고 축하했다(늘 그 순서는 아니었지만). 와인, 보드카, 차차(알코올 도수가 높은 조지아의 전통 증류주), 포도로 만든 조지아산 문샤인이 엄청나게 많았다. 매년마다 나는 덤불 뒤에서 마치 올드 페이스풀(미국 옐로스톤 국립공원에 있는 간헐천)이 솟구쳐 오르는 것처럼 토하고, 속이 아파 스톤헨지• 유적처럼 몸을 잔뜩 구부린 채 데굴데굴 구르는 연례행사를 치렀다. 그러고는 아침의 신선한 공기를 들이마시며 지키지도 못할 금주 선언을 하곤 했다. 오퍼 교수의 말이 맞았다. 여분의 간이 하나 더 있었으면 좋았을

• 영국 잉글랜드 지방 솔즈베리 평원에 있는 석기 시대의 원형 유적.

텐데 말이다.

드마니시에서 보낸 두 번째 여름, 팀은 **또 하나의** 두개골을 발굴했다. 그 지역에서 나온 네 번째 두개골이었다. 이 두개골의 가장 두드러진 특징은 뭔가 빠져 있다는 것이다. 이가 있어야 할 입천장 주변 U자형 아치는 부드럽고 둥글었다. 이가 모두 사라지고 없었다. 이는 30대 후반 또는 40대 남성으로 추정되는 두개골 주인이 훨씬 생기 넘칠 때 빠졌다. 치조[이가 박혀 있는 위턱 아래턱의 구멍이 뚫린 뼈] 상처가 나아 뼈로 채워져 있었다. 병으로 죽었든 고령으로 죽었든 이 불쌍한 남자는 모든 이가 빠진 채 힘들게 살아남아 연하고 아픈 잇몸으로 음식을 힘겹게 삼키며 몸을 회복했다. 치조의 뼈 흡수가 아주 빠르게 이루어져 남자는 치아 없이 몇 년을 더 살았음에 틀림없었다.

이 두개골은 당연한 질문을 하게 했다. **그는 어떻게 살아남았을까?** 야생 식물과 동물은 거의 전부 씹기 힘들다. 이가 있어야 한다. 수확하기 쉬운 야생 식품은 거의 없다. 특히 몸이 허약한 경우라면 더 그렇다. 그 남자는 어떻게 그토록 오래 견뎠을까?

내 생각에 그가 살 수 있었던 비결은 전형적인 인간의 적응력, 즉 우리 인간을 우리 유인원 친척과 구별 지어주는 특징 때문이었다. 너무 깊이 몸에 배어 있어 좀처럼 다시 생각하지 않는 행동이다. 하지만 그 적응력은 인간 계통을 근본적으로 바꿔놨고, 우리가 음식을 얻는 방식을 바꾸고, 우리 몸이 에너지를 소모하는 방식을 바꿔놓았다. 드마니시 호미닌들도 그랬다.

이기적이고 게으른 채식주의자들

인간은 유인원과에 속한다. 포유류 영장류 목의 일부다. 포유류 계통수의 영장류 가지는 약 6500만 년 전 푸릇푸릇한 잔가지로 처음 등장했다. 공룡을 전멸시킨 소행성 충돌과 대멸종의 결과였다. 소위 K–T(백악기–팔레오기) 대멸종 사건으로 비어 있던 자리에 영장류와 다른 포유류 집단이 번영했다.

초기의 영장류는 나무에서 사는 다람쥐 크기의 호전적인 동물이었다. 인간을 포함한 오늘날의 영장류처럼 그들은 발톱 대신 손톱이 달린, 무언가를 꽉 잡을 수 있는 재주 좋은 손을 가지고 있었다. 영장류 기원에 대한 한 가지 설득력 있는 이론은 초기 영장류가 꽃식물과 함께 진화했다는 것이다. 꽃식물 역시 공룡이 멸종한 이후 진화를 시작했다. 이 시나리오에서 영장류는 이 식물들의 열매를 먹고 똥을 싸 숲 전체에 씨앗을 퍼뜨릴 수단을 식물들에게 무심코 제공하도록 적응했다. 진화적 동맹이 맺어졌다. 식물은 통통하고 달콤한 과실을 내주기로 하고, 영장류는 그 과실을 찾아내 먹도록 적응했다.

하지만 우리는 우리의 손과 달콤한 과실에 대한 사랑보다 이 먼 조상에게 더 많은 것을 빚지고 있다. 1장에서 이야기했듯이 동료들과 나는 영장류가 다른 포유류가 소모하는 열량의 절반밖에 소모하지 않는다는 사실을 발견했다. 이는 오늘날 영장류 전반에 걸쳐 굉장히 흔하게 발견되는 사실로, 이와 같은 대사 전환이 영장류 진화의 매우 초기부터 일어났음에 틀림없다. 당시 초기의 영장류는 긴 게임을 했다.

일일 에너지 소비량이 줄었다는 건 성장과 생식이 더 느려졌다는 의미인 동시에 수명이 더 길어졌다는 뜻이었다. 영장류는 몇 년이라는 짧은 기간 동안 모든 번식 노력을 집중하기보다(식량이 부족한 해에는 허약한 새끼들이 대부분 죽을 수도 있었다) 장기간 동안 번식해 1~2년간의 식량 부족으로 생기는 피해를 낮췄다. 또한 성장이 느려졌다는 건 자라는 동안 배울 시간이 더 많고 혁신과 창의성을 발휘할 기회가 더 많다는 뜻이었다. 이 글을 쓰는 동안 나는 네 살배기 딸과 주방 식탁에 마주 앉아 있다. 딸은 시리얼과 사과 조각을 능숙하게 먹으며 유치원과 앞으로 하게 될 학교생활에 대해 재잘재잘 수다를 떤다. 우리 현대 인간의 삶은 대단히 오랜 과거에 뿌리를 두고 있다.

영장류의 신진대사 전략은 대단히 성공적이었다. 수백만 년 동안 영장류는 두 개의 큰 가지에서 다양한 집단으로 뻗어나갔다. 한 가지는 여우원숭이lemur와 로리스원숭이loris였고, 나머지 가지는 원숭이monkey였다. 약 2100만 년 전 원숭이 가지에서 새로운 싹이 돋아났다. 전문 용어로 유인원 또는 호미노이드(hominoid, 인류와 비슷한 동물)는 성공적으로 번영했다. 1500만 년 동안 유인원은 급증해 아프리카, 유럽, 아시아 전역으로 뻗어 나갔다. 유인원은 수십 종에 달했다.

그 후 지금도 밝혀지지 않은 이유로 그들의 운명은 바뀌었다. 무성하던 유인원 가지는 단 몇 개의 가지로 줄었다. 약 600만 년 전까지 화석 기록에서 유인원의 거의 모든 흔적을 찾을 수 없다. 몇몇 유인원 종은 아직까지 남아 있다. 적도 아프리카의 침팬지, 보노보, 고릴라와 동남아시아 열대우림의 여러 긴팔원숭이(영장류 분류학에서 흔히 부르는 말로는 '소형 유인원') 종이 대표적이다.

유일하게 살아남은 다른 유인원 계통은 우리 인간 계통인 호미닌이다. 약 700만 년 전, 아프리카의 유인원은 점차 2개의 가지로 갈라졌다. 그 결과로 나온 종 가운데 하나는 침팬지와 보노보 계통의 시조가 되었다(이들 종은 훨씬 나중에 가서야 갈라졌다. 도표 4.1). 나머지는 우리 인간 계통의 시조인 호미닌이었다. 이러한 분리가 왜 일어났는지 그 이유를 설명하는 이론은 술 취한 고인류학자만큼이나 많았지만, 합의가 이루어지지는 않았다. 화석 기록을 바탕으로 우리는 가장 초기의 호미닌이 두 발 걷기를 했으며 뭉툭하고 덜 치명적인 송곳니를 가졌다는 사실을 안다. 그것 말고는 상당히 유인원 같았다. 몸과 뇌의 크기가 침팬지만 했으며, 팔과 손가락이 길고 발로 움켜쥐는 능력이 있어 나무 위까지 빠르게 올라갈 수 있었다.

호미닌 진화의 이 첫 번째 장은 700만 년에서 400만 년 전까지 지속됐다. 최소한 3개의 다른 화석 종이 이 시기의 것으로 알려져 있으며, 모두 아프리카에서 발견됐다. 단 하나, 에티오피아에서 발견된 **아르디피테쿠스 라미두스**(Ardipithecus ramidus, 팬들 사이에서는 아르디Ardi라고 불린다)•는 특징이 뚜렷하다. 수십 개의 화석부터 유인원 크기의 머리, 그리고 잡는 힘이 있는 긴 발가락까지 거의 온전한 상태로 복원된 유골 하나가 같이 발견되었다. 다른 화석은 덜 온전하다. 중앙아프리카 차드에서 발견된 가장 오래된 화석 **사헬란트로푸스 차덴시스**Sahelanthropus

• 지금까지 발견된 화석 중 가장 오래된 인류의 조상이라는 평가를 받는 화석.

tchadensis는 두개골 하나와 몸의 여러 조각 뼈만 발견되었다고 알려져 있다. 케냐에서 발견된 화석 **오로린 투게넨시스**Orrorin tugenensis는 정반대의 문제를 가지고 있다. 이곳에서는 팔다리 뼈 조각과 몇 개의 흔들리는 치아만 발견되었다.

이제 이런 질문이 떠오를 수 있다. "과학자들은 이 화석 파편들이 다른 종이라는 사실을 어떻게 알까? 다른 계통의 구성원이 아니라 호미닌이라는 사실은?" 축하한다. 방금 고인류학이라는 분야를 새로 만들어낸 것이다. 고인류학 연구 중 해부학적인 내용이 포함된 부분은 지금 이 책보다 더 두꺼운 책에서 다룰 주제인지라 다양한 분류군의 형태학적 특징에 대한 예리한 시각과 백과사전적 지식을 필요로 하는 어려운 작업이라고만 해두자. 불확실성은 피할 수 없다. 고인류학자들은 화석 종끼리 차이를 말해주는 해부학적 세부 사항을 땀 흘리며 연구하거나 고상한 학술 대회에서 격렬한 토론을 벌이며 자신들이 발견한 화석 종이 현생 인류의 직계 조상이며 다른 사람이 발견한 동물 종은 곁가지의 끝부분에 불과하다(아니면 휴! 심지어 호미닌도 아니야)고 주장하려 애쓴다. 고인류학자의 하루를 망치고 싶다면 상대가 발견하고 이름 붙이고 평생의 연구를 바친 화석 호미닌 종이 실제로는 그저 앞서 나온 다른 종의 지역 변종일 뿐이라고 말해보라.

400만 년에서 200만 년 전 호미닌 혈통의 두 번째 장은 훨씬 더 온전한 화석 종을 통해 알 수 있다. 이 시기는 유명한 루시•와 그녀의 친

• 약 300만 년 전의 원시 인류로, 1974년 에티오피아에서 발견된 젊은 여성의 화석.

척인 **오스트랄로피테쿠스 아파렌시스**Australopithecus afarensis를 포함한 **오스트랄로피테쿠스** 속의 시대다. 이 시기에는 여러 종이 화석 기록에서 나타났다 사라지며, 각 화석은 고유한 해부학적 차이를 보인다. 하지만 여전히 공통된 경향이 있다. 아르디 같은 더 초기 호미닌의 움켜쥘 수 있는 힘을 가진 발은 사라지고, 커다란 발가락 여러 개가 나란히 붙은 지금 우리의 발과 훨씬 비슷한 발로 변했다. 골반의 변화와 함께 바뀐 발은 바닥에서 훨씬 능숙하게 움직이며 더 적은 열량을 써서 걷고 현생 유인원이나 가장 초기의 호미닌보다 매일 더 멀리 나아갔다. 치아는 더 커졌고 법랑질은 더 두꺼워졌다. **파란트로푸스**Paranthropus 속에 속하는 종의 별나고 특화된 하위 집단 하나는 치아의 크기가 지나치게 컸다. 어금니가 우리 인간의 어금니보다 5배 더 컸으며, 거대한 광대뼈가 똑같이 거대한 씹는 근육을 받치고 있었다.

심지어 더 정교화된 인지 능력을 보여주는 몇 가지 증거도 있다. 뇌 크기는 **오스트랄로피테쿠스**에 와서 약간 더 커진다. 479밀리리터가 약간 안 되는 크기에서 약간 넘는 크기로 커졌다(그래도 여전히 우리 인간의 3분의 1에 불과하다). 우리는 이 시기의 호미닌이 석기를 만들 수 없다고 생각했지만, 2015년 연구자들은 케냐 북부의 330만 년 된 화석 유적지에서 커다란 기본 도구를 발견했다고 보고했다. 우리는 이런 크고 무거운 도구가 어떤 용도로 사용되었는지, 그런 도구가 널리 사용되었는지 아니면 그저 잠깐 있었던 초기의 실험이었는지 알지 못한다. 그와 상관없이 이 도구들은 적어도 일부 **오스트랄로피테쿠스** 종이 현생 유인원보다 더 영리하고 요령이 있었음을 말해준다. 현생 유인원은 기

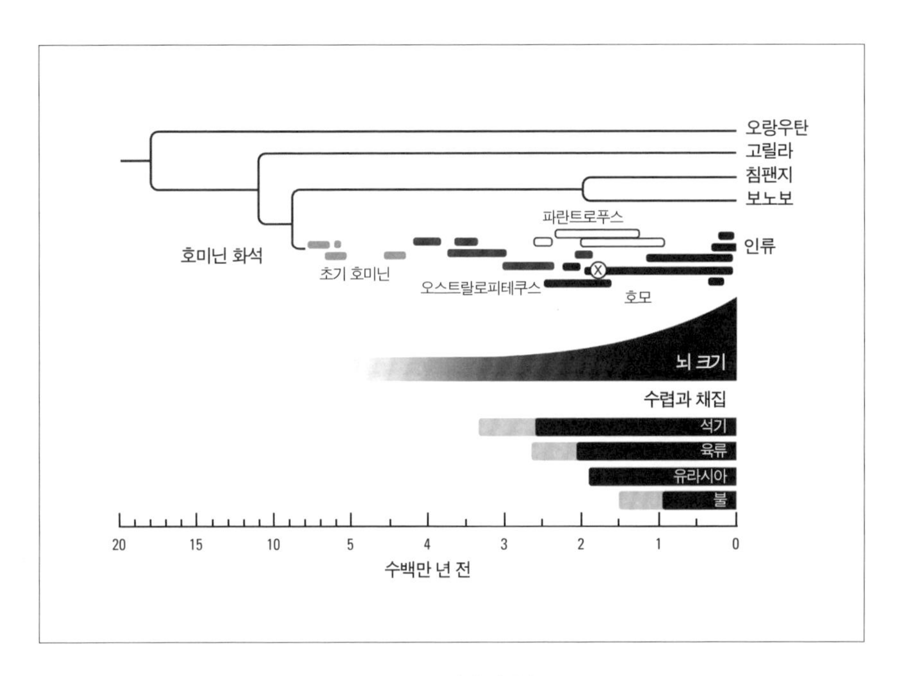

[도표 4.1] **인간 계통수**

우리의 혈통인 호미닌은 유인원 계통의 한 가지이며, 알려진 수십 종의 화석 종을 포함한다. 이 중 몇몇 종은 그림에 나온다. 원에서 X는 드마니시 호미닌의 위치를 나타낸다.

수렵채집은 호모 속에서 시작되며, 수렵채집이 시작되면서 뇌 크기가 커지고 식단과 행동이 변한다(회색: 앞서 이야기한 증거, 검은색: 지속적인 강력한 증거). 500만 년에 시간축의 변화를 눈여겨보라.
[H. 폰처 (2017) "인간 진화의 질서와 지속성" 《커런트 바이올로지》. 27: R613–21 내용 재구성]

본 도구를 사용해 흰개미를 잡거나 견과류를 깨지만 석기를 만들지는 못한다고 알려져 있다.

하지만 해부학적 다양성과 창의성의 흔적을 헤아리더라도 이 시기의 호미닌들은 신진대사에 관해서는 유인원과 비슷했을 가능성이 높다. 우리가 그렇다고 자신 있게 말하는 이유는 오늘날의 현생 유인원처럼 호미닌 진화의 처음 두 장에서 나온 종들은 근본적으로 채식주의자들이었기 때문이다. 물론 그들은 때로 작은 동물을 사냥하거나 흰개미 집을 침략해 맛있는 단백질을 꺼내 먹었을 수도 있다. 침팬지와 보노보들이 그러듯이 말이다. 하지만 그들의 치아와 나무를 오르는 적응력을 보면 아르디와 루시를 비롯한 다른 호미닌들이 식물에서 대부분의 열량을 얻었음을 알 수 있다. 결국 유인원과 같은 식물 위주의 식단은 이러한 종들이 음식을 찾기 위해 그리 오래 걷지 않아도 괜찮았음을 이야기해준다. 초식 동물이 매일 아주 멀리 이동하지 않는다는 건 생태계의 일반 규칙이다. 식물은 많고 달아나지 않기 때문이다. 현생 유인원은 하루에 1.6~3킬로미터 이상은 이동하지 않는다.

하지만 약 250만 년 전, 호미닌은 유인원과 다른 독특한 방식으로 행동하기 시작했다. 간간이 원숭이나 작은 영양을 사냥하기보다는 얼룩말이나 다른 대형 동물처럼 훨씬 더 큰 사냥감을 노리기 시작했다. 석기는 동아프리카 전역에서 대량으로 나타나기 시작했고, 케냐와 에티오피아 화석지에서 나온 동물 화석은 도살의 흔적을 보여준다. 고기는 더 이상 희귀한 음식이 아니라 규칙적으로 올라오는 식단의 일부가 됐다. 수렵채집의 시작이었으며, 호미닌 진화의 세 번째이자 마지막

장이 시작됐다. 그건 인류, 즉 **호모** 속의 이른 출현을 알린다. 하지만 중대한 인지 능력의 개선은 사냥도 도구도 아니었다. 침팬지와 보노보는 사냥을 하고 도구를 만들지만, 그렇다고 유인원스러운 방식에서 크게 달라지지는 않았다. 우리의 신진대사와 진화적 운명을 바꿀 커다란 식생활의 변화는 이러한 호미닌들이 먹은 음식이 아니었다. 그들이 거저 나눠준 음식이었다.

공유자 인간Human the Sharer

내가 처음 배운 하드자족의 단어는 **아마예가**amayega와 **음타나**mtana다. 하드자족이 주고받는 기본 인사말이다. 세 번째로 배운 단어는 **자**za였다.

내가 언제 처음으로 그걸 알아차렸는지는 잘 모르겠다. 처음 하드자족 야영지에 간 건 기억에서 흐려졌다. 언어를 모르는 나라의 카페나 공원에서 있어본 적이 있다면 주변의 목소리가 감정은 풍부하지만 의미는 빠진 추상적인 소리의 태피스트리를 만드는 과정을 알 것이다. 하지만 어느 순간 반복적으로 들리는 짧은 명령어 '**자**'가 들리기 시작했다. 사방에서 그 단어가 들렸다. 아이 둘이 과자를 먹으며 놀면서 "**자**"라고 했고, 손자에게 열매를 먹이던 할머니가 "자"라고 말했다. 친구에게 꿀을 얻는 남자가 "**자**"라고 말했다.

무슨 뜻인지 분명하기는 했지만 브라이언에게 '**자**'의 뜻을 물었다. '주다'라는 의미라고 했다.

내가 이해할 수 없었던 사실은 돌아오는 말이 없다는 거였다. 상대는 어떤 말도 하지 않았고, 해당 물건은 그저 건네졌다. 나는 **마법의 단어** "부탁해요" "고마워요" "별말씀을요"를 말하며 자랐다. 믿을 수 없게도 하드자어에는 그런 말이 실제로 없다는 사실을 알게 됐다. 물론 그런 개념이야 있다. 도움을 요청하고 감사를 표현하는 하드자어 단어는 있다. 하지만 서양에서 아이들에게 주입되는 "부탁해요" "감사해요"라는 말은 그날 이루어진 작은 교환에서는 들을 수 없었다. 이 **마법의 단어들**이 없는 언어는 뭐가 있을까?

더 많이 볼수록 점점 이해가 됐다. 주는 행위, 즉 공유는 특별한 일이 아니다. 당연한 일이다. 우리가 우리 얼굴에 침을 뱉지 않는 모든 사람에게 "제 얼굴에 침을 뱉지 않아 줘서 감사합니다"라고 말하지 않는 것처럼 하드자족은 나누면서 굳이 "부탁합니다" "감사합니다"라는 말을 쓰지 않는다. 그건 그 사람이 그저 사회적 계약에 따라 사는 것 이상의 일을 했다는 의미가 된다. 마법의 단어가 필요한 건 상대방이 합당한 이유로 거절할 때뿐이지만, 하드자족에게는 그렇지 않다.

하드자족으로 살아간다는 건 베푼다는 의미다. 모든 사람이 모든 사람과 나눈다. 매 순간. 그게 당연하다. 그때 할 말은 **"자"**다.

1950년대와 1960년대에 인간 진화 연구자들(거의 남자들임을 언급할 필요가 있겠다)은 호미닌 화석 기록에서 활용 가능한 데이터와 현생 영장류 현장 연구 그리고 현생 수렵채집인에 대한 민족지학적 연구를 종합하기 시작했다. **무엇이 우리를 인간으로 만드는가?** 라는 질문을 던지기 좋을 때였다. 이들 분야는 여전히 생긴 지 얼마 안 되었을 때였지만,

이미 충분한 연구가 이루어지고 충분한 화석이 발견되어 이전 세대의 단순한 추측을 넘어 인류 진화적 과거를 보여주는 증거를 바탕으로 한 복원 유적을 통합할 수 있었다.

그런 움직임은 1966년 있었던 기념비적인 '사냥꾼 남성Man the Hunter' 학회에서 성문화되었다. 그 학회 이후 동명의 책도 나왔다. 당대 일상적이었던 남성 우월주의가 그 이름에서부터 분명히 드러난다. 의도적인 명명은 아니라고 생각하지만, 중요한 건 그게 아니다. 연구자들(다시 한 번, 거의 다 남자들)은 자신들이 본 인류와 다른 유인원 사이 큰 차이에 놀랐다. 즉 인류는 사냥과 도구 사용에 능숙했고 사용 빈도도 높았다. 연구자들은 인간을 다르게 만드는 모든 중요한 특징을 이러한 주요한 혁신의 진화적 결과라고 보았다. 완전히 새롭지는 않다고 해도 굉장히 큰 영향을 미친 시각이었다. 다윈은 인류가 "생계 전선에서 탁월한 성공을 거둘 수 있었던" 이유는 사냥 때문이라고 추측하며, 사냥은 "인류의 조상이 돌이나 막대기로 스스로를 지키거나 사냥감을 공격하거나 음식을 얻는 데 유리하게 활용되었을 것"이라고 주장했다.

1960년대에서 1970년대의 여권 신장 운동과 '사냥꾼 남성' 패러다임에서 여성의 확연한 배제는 당연하면서 절실히 필요했던 정정을 이끌어내는 계기가 됐다. 1981년 인류학자 프랜시스 달버그Frances Dahlberg는 〈채집꾼 여성〉이라는 제목의 총론을 편집하며 수렵채집 사회에서 여성의 본질적 기여를 강조했다. 어머니와 할머니로서 대체할 수 없는 역할에 더해 수렵채집 문화권의 여성들은 공동체가 삶을 이어가는 데 필요한 음식과 물자를 늘 구한다. 많은 문화권에서 여성은 수렵

[사진 4.2] **수렵채집은 공유를 뜻한다**

하드자족 할머니가 하루의 수확을 끝내고 야영지로 돌아와
손자와 열매를 나눠 먹고 있다.

채집으로 절반이 훨씬 넘는 열량을 마련한다. 게다가 1960년대 후반에는 침팬지가 때로 사냥을 하고 도구를 사용했다는 게 확실해졌다. 사냥과 도구 사용이 인간만의 행동이 아니었다면 사냥과 도구 사용이 인류의 독특한 진화적 궤적을 만들어냈다고 주장하기 쉽지 않았다.

솔직히 나는 여성 또는 남성의 기여에만 집중하면 핵심을 놓친다고 생각한다. 남성과 여성 **모두** 수렵채집 사회에서 중요한 기여를 하지만, 둘 다 **한쪽만** 있어서는 충분치 않다. 수렵과 채집을 그토록 성공적으로 만드는 것은 수렵 또는 **채집**이 아니라 수렵 그리고 채집이다. 단순히 **사냥꾼 남성** 또는 **채집꾼 여성을 넘어** 우리는 **공유자 인간**이다.

그와 반대로 현생 유인원은 거의 나누지 않는다. 물론 모든 유인원 종의 어미는 때로 자신의 어린 자식과 음식을 나눌 것이다. 야생의 오랑우탄 어미는 열 끼 중 한 끼 정도는 새끼에게 음식을 나눠 준다. 주로 구하기 힘든 음식들로, 인간의 기준에서 말하는 '이달의 어머니' 같은 행동은 아니다. 성체 유인원 사이 공유는 심지어 더 보기 드물다. 고릴라는 야생에서 성체들끼리 음식을 나눠 먹는 모습이 **단 한 번**도 관찰된 적이 없다. 우간다 부동고 숲의 손소 침팬지 무리의 성체 침팬지는 두 달에 한 번씩 음식을 나눠 먹으며, '공유'로 통하는 이 행위의 상당 부분은 용인된 절도에 더 가깝다. 보노보는 대부분의 음식을 나눠 먹지만, 인간의 기준에는 훨씬 못 미친다. 콩고의 왐바 지역에서 일본 연구자 신야 야마모토Shinya Yamamoto는 성체 보노보(대개 암컷)가 크고 통통한 정글솝이라는 특정 열매를 열에 한 번 이상은 나눠 먹는다는 사실을 발견했다.

일생을 복잡한 사회적 관계를 맺고 사는데도 유인원은 '혼밥'을 한다. 음식에 관한 한 유인원은 각자의 것을 먹는다. 그 결과 유인원은 확실한 것을 선호할 수밖에 없다. 매일 굶어 죽지 않을 만큼 충분한 음식을 확보하려고 한다. 그리고 큰 사냥감을 쫓거나 필요한 양보다 더 많은 음식을 모아 오는 건 이점이 거의 없다. **지금 바로** 입에 넣을 수 없는 음식은 버려지거나 돌려받을 가능성이 없는 거지들에게 도둑맞을 것이다. 침팬지와 보노보들이 가장 흔히 나눠 먹던 음식은 그들이 사냥하는 원숭이와 다이커 영양(몸집이 작은 영양)이나 왐바의 커다란 정글솝 열매라는 말이다. 이런 음식은 크지는 않지만 한 입 이상은 된다. 운 좋은 사냥꾼은 대개 자신이 먹을 수 있는 만큼 가져가고, 남은 음식은 주변에 '공유'해 구걸하고 성가시게 구는 무리를 진정시킨다. 보노보조차 친구가 구걸할 때만 정글솝을 나눠 먹는다.

인간은 사회적 수렵채집인이다. 우리는 평소 필요한 양 이상의 음식을 집에 가져온다. 공동체 사람들에게 나눠줄 요량으로. 즉 우리는 서로를 안전망으로 둔다. 누군가 빈손으로 집에 와도 밥을 굶지는 않을 것이다. 이 때문에 우리는 다양한 음식을 구하고 위험을 감수해 큰 소득을 얻는 한편 실패의 결과를 줄일 상호 보완적인 수렵채집 전략을 개발한다. 일부 구성원은 사냥을 하고, 때로 지방과 단백질이 풍부한 큰 동물을 잡아 집에 가져올 것이다. 다른 구성원들은 채집을 해 사냥꾼들이 사냥을 못하는 시기를 견딜 수 있는 안정적이고 넉넉한 음식을 제공한다. 이런 방식은 굉장히 유연하고 융통성 있고 성공적인 전략이다. 이 모든 것의 기반은 우리 사이에 이루어질 침범하고 변경할 수 없는 무언의 합의다.

공유는 수렵채집 공동체를 결속시키고 그들을 움직이게 하는 연료를 제공하는 접착제 역할을 한다. 공유는 호미닌의 대사 전략을 근본적으로 바꿔놓았다. 공유는 무엇보다… 성장, 번식, 뇌에 필요한 더 많은 음식과 열량, 에너지를 뜻했다(도표 4.3). 동료들과 내가 유인원과 인간의 이중표지수 측정에서 알게 된 것처럼(1장) 우리는 침팬지와 보노보보다 매일 20퍼센트가량 더 많은 열량을 소모한다. 심지어 고릴라와 오랑우탄보다 활동적 이점이 더 크다. 이런 여분의 열량은 우리의 큰 뇌와 활동적인 생활 방식 그리고 대가족의 연료가 되며, 이것이 우리 인간과 다른 유인원의 차이를 만들고 우리 삶을 규정하는 특징이다. 그리고 그 시작은 수렵채집이었다. 우리 **호모** 속의 초기 조상은 필요한 양보다 더 많은 음식을 구하고 남은 음식은 주변에 나누었다. 여분의 에너지는 원시적인 석기와 유인원 크기의 뇌를 갖춘 호미닌을 남아프리카공화국 더반부터 조지아의 드마니시 등 전 세계로 퍼지게 만들었다.

대사 혁명

우리는 종종 신체적 특징, 새로운 해부적 특징의 출현이나 모양과 크기의 변화라는 측면에서 진화를 이야기한다. 화석 기록에 주로 보존되는 건 신체적 특징이다. 하지만 대개 행동 변화가 진짜 배후다. 새로운 행동이 생겨나고 몸은 적응한다. 물고기는 물가의 탁하고 얕은 물에서 먹이를 먹기 시작했고, 이런 물웅덩이를 헤치고 나갈 강한 지느러미와 무척 원시적인 폐를 가진 물고기의 번식 성공도가 가장 높았다. 육지로의 진화적 이행이 이루어지고 다리가 생겨났다. 평범한 이빨을 가진 말의 조상은 부드러운 잎을 먹다가 더 거친 풀을 먹기 시작했다. 더 긴 이빨을 가진 말이 더 오래 살아남았다. 이가 마모되는 데 더 긴 시간이 걸렸기 때문이다. 수백만 년 뒤 긴 이빨은 말의 일반적인 특징이 되었다. (그래서 말의 입 안을 들여다보고 이빨이 얼마나 닳았는지 보면 말의 나이를 알 수 있다.) 북극곰은 수영과 다이빙을 하며 사냥을 시작했고, 곧 물갈퀴가 생겨났다. 행동이 먼저고, 외형이 그다음이다.

매우 특수한 환경이었기에 호미닌 계통에서 공유가 그토록 흔했을 것이다. 먹을 수 있는 양보다 더 많은 음식을 구하는 비용이 주변에 음식을 나눠주는 이점보다 낮아야 했다. 필요량 이상의 음식을 구해온다는 것은 자기 자신을 위해 사용하는 열량보다 타인을 위해 사용하는 열량이 더 많다는 의미다. 다윈의 도덕관념 없는 회계사인 자연선택이 선호하는 행동은 아니다. 음식을 나눠받는 사람이 나눠주는 사람과 친척 관계이고 같은 유전자를 가지고 있는 경우, 그들의 번식 성공도는 어느 정도는 나눠준 사람 덕이다. 본인의 자식조차 유전자의 반만 같으니까. 여분의 음식을 구하는 비용은 낮고, 받는 사람에게 돌아가는 이득은 정말 높아야 나누는 보람이 있다. 왜 다른 유인원 중 사실상 거의 어떤 종도 공유를 성공적 전략이라고 보지 않았는지 이해하기란 어렵지 않다.

그런 일이 전혀 일어나지 않을 것 같음에도, 약 250만 년 전 동부

아프리카 어딘가에 살았던 유인원의 뇌를 가진 호미닌 인구에서 환경과 음식과 행동이 적절히 조합되었다. 공유는 당연해졌다. 안타깝게도 이런 유래의 자세한 내용은 너무 입자가 고와서 화석 기록의 굵은 체에 걸리지 않았다. (하지만 다음 인간 진화 학회에서 만난 사람들에게 술을 한 잔씩 사면 미묘하고 복잡한 시나리오를 얼마든지 들을 수 있을 것이다) 공유를 보여주는 가장 초기의 명백한 증거는 얼룩말 같은 대형 동물의 베인 자국이 있는 뼈에서 나온다. 얼마나 배가 고프든 어떤 호미닌도 혼자서 얼룩말을 먹을 수는 없었다. 그리고 살았든 죽었든 얼룩말을 사냥하려면 팀워크가 필요했을 것이다. 얼룩말을 사냥할 때든 다른 배고픈 육식동물을 얼룩말 사체 옆에서 몰아낼 때든 마찬가지였을 것이다. 팀워크는 전리품을 나누겠다는 합의가 있을 때만 득이 된다. 음식을 나누는 호미닌은 유인원 같은 사냥에서 생겨났을 것이다. 일부 호미닌이 얼마 안 되는 음식 찌꺼기를 마지못해 나누던 침팬지보다 더 많이 나누면서부터다.

아니면 음식을 나누는 호미닌은 앞에서 본 왐바 지역의 암컷 보노보들이 열매를 나누는 행동에서 발전했을 수도 있다. 오늘날 슈퍼마켓에서 파는 감자와 마의 먼 사촌인 야생 뿌리식물이 일찌감치 나눠 먹던 중요한 음식이었다는 강한 주장이 나올 수 있다. 뿌리식물은 하드자족을 비롯한 전 세계의 다른 수렵채집인들에게는 주식이다. 또한 어린아이들은 땅에서 파기 힘들지만 어른들은 필요량 이상을 수확하기 쉬운 고칼로리 녹말 폭탄이다. 오랑우탄 어미가 어린 새끼들이 구하기 힘든 음식을 새끼들과 나눠 먹는 경향이 있는 것처럼 호미닌 어머니(또는 아버지)는 자식들에게 뿌리식물을 나누는 습관을 들일 수 있었을 것이다. 가임기가 지난 나이 든 여성은 본인의 모성을 딸, 손주 들과 음식을 나눠 먹는 데 쓰기 시작했다.

고기든 식물이든 혹은 둘 다든, 다른 이들을 위한 이 이상한 수렵채집 행동은 호미닌의 진화에 엄청난 결과를 가져왔다. 공유를 하려면 삶의 필수적 작업을 하는 데 더 많은 에너지가 필요했다. 자연선택의 통화인 생존과 생식이 개선됐다. 나누는 호미닌과 그들의 친척은 덜 베푸는 이웃들보다 경쟁에서 앞섰다.

우리는 먹을 것을 나누는 이 초기 호미닌의 후손이다. 시간이 지날수록 호미닌의 생리는 이 새로운 행동에 대응하고 여분의 열량을 이용해 대사율을 높였다. 이것이 대사 혁명(도표 4.3)이었으며, 대사 혁명은 그 이래 줄곧 우리 **호모** 속의 진화에 영향을 미치고 있다.

양의 피드백과 선순환

신진대사가 우리 몸의 모든 기관이 함께 일하는 조직화된 활동을 반영하는 것처럼 대사 혁명은 우리 생리의 모든 부분을 바꿔놓았다. 열량은 화석화되지 않기 때문에 어떤 변화가 먼저 왔는지 분석하기 어렵다. 우리가 화석 기록에서 보는 대사 가속화의 첫 번째 징후는 뇌 크기의 증가다. 뇌는 지난 장에서 이야기했듯이 대사적으로 에너지가 많이 드는 기관이다. 칼자국이 남아 있는 최초의 뼈가 나타난 지 얼마 지나지 않은 시기인 약 200만 년 전까지, 호미닌 화석의 뇌 크기는 오스트랄

로피테쿠스 선조들보다 거의 20퍼센트 컸으며, 이는 뇌가 소모하는 열량도 20퍼센트 정도 많음을 의미한다.

진화가 이 여분의 열량을 열량 소모가 큰 뇌로 돌리는 걸 선호했다는 사실은 우리 인간의 대사 전략에 대해 많은 사실을 알려준다. 대개 우리는 진화가 그런 열량을 바로 생존과 생식에 쓰는 걸 선호하리라 예상한다. 결국 번식 성공도, 즉 살아남은 자식의 수는 자연선택이 관심을 갖는 유일한 척도다. 더 많은 자식을 낳지 않는 한 뇌나 다른 기능에 자원을 투자하는 건 진화적 이점이 없다. 뇌에 열량을 투자하는 것은 인지적 정교함이 이들 호미닌에게 하도 중요해서 지적 능력에 소중한 열량을 쓸 가치가 있었다는 사실을 알려준다.

신체 활동 역시 상당히 증가했을 것이다. 식사의 상당한 부분을 고기로 먹으려면 매일 음식을 구하기 위해 많은 노동을 해야 한다. 식물성 음식에 비해 사냥할 동물은 주변 자연에 뿔뿔이 흩어져 있고 사냥하기가 훨씬 더 힘들다. 아프리카 대초원에 사는 현대의 육식동물은 대개 그들이 쫓는 초식동물보다 매일 네 배 더 넓은 지역을 돌아다닌다. 일찌감치 사냥으로 전환하면서 우리 인간은 하루에 이동하는 거리가 비슷하게 늘어야 했을 것이다. 그리고 그 말은 단순히 많이 걷는 것 이상의 의미였다. 댄 리버먼Dan(Deniel E.) Lieberman(나의 대학원 지도 교수였던 하버드 대학 교수)과 데니스 브램블Dennis Bramble은 **호모** 속genus Homo의 초기 구성원들이 오래 달리기를 할 수 있도록 적응했으며, 뜨거운 아프리카 햇살 아래 먹잇감이 쓰러질 때까지 공격했다는 설득력 있는 주장을 했다. 사냥법과는 관계없이 호미닌들은 고에너지 전략을 통해 수렵

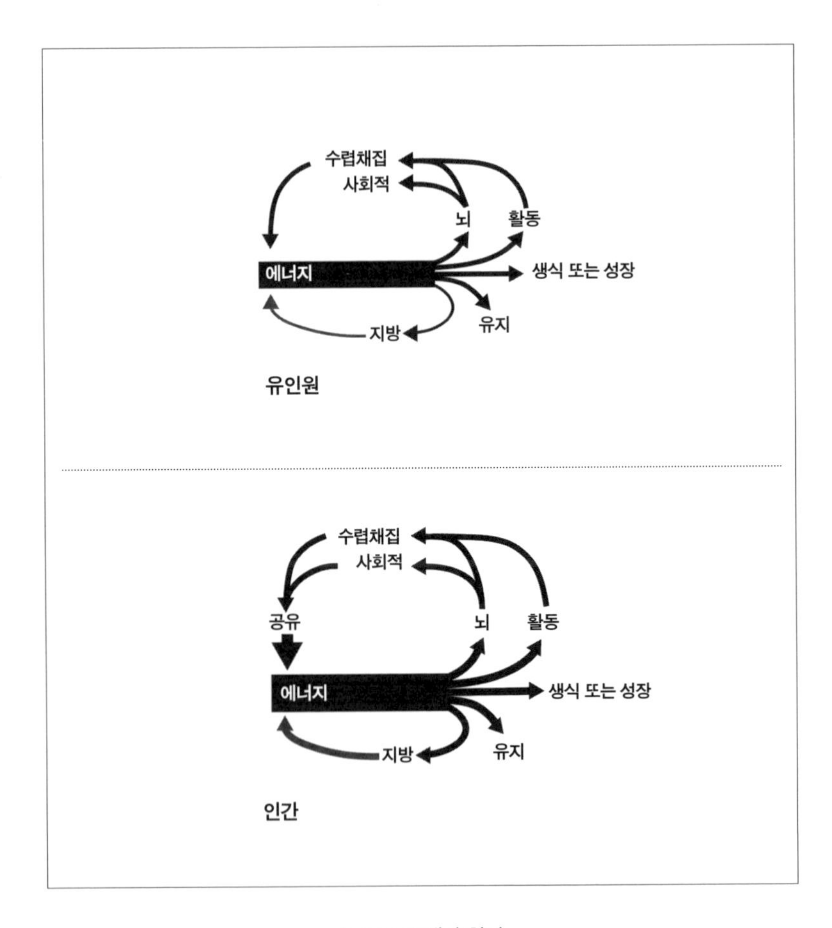

[도표 4.3.] 대사 혁명

모든 영장류처럼 유인원은 성장, 생식, 유지(면역 기능, 조직 재생 등), 신체 활동 등의 삶의 필수적 작업에 대사 에너지를 쓴다. 유인원은 복잡한 사회세계를 탐색하고 음식을 찾기 위해 뇌에 투자하는 영리하고 사회적인 동물이지만, 오직 자기 입에 들어갈 음식만 찾아 먹는다. 인간은 사회적 노력과 수렵채집 노력을 더해 여분의 음식 에너지를 집단의 다른 구성원과 나눈다. 공유는 생식과 유지 등 모든 작업에 필요한 에너지를 높여 수명을 늘리고 가족과 뇌의 크기, 활동량을 높인다. 인간은 다른 유인원보다 매일 더 많은 에너지를 소모해 이러한 특징에 불을 붙인다. 더 큰 에너지 소비량은 여분의 열량을 (다른 유인원에서 보다 훨씬 더 많은) 지방으로 보내 에너지가 부족한 시기에 살아남는다.

채집 생활을 하고 더 큰 소득을 얻어 나누길 기대하며 지적 능력과 노력에 많은 열량을 썼다.

전략은 성공적이었다. 인구가 늘어났고 활동 범위도 넓어졌다. 전 세계로 퍼져 나간 첫 호미닌 종인 **호모 에렉투스**는 거의 200만 년 전 동아프리카에서 나타나 구세계로 확산된다. 10만 년 안에 **호모 에렉투스**의 활동 범위는 남아프리카에서 중부 유라시아를 거쳐 동아시아까지 퍼져 나간다. 중국에서 석기가 발견되었고 화석은 인도네시아에서도 발견되었다. 수렵채집이 본격적으로 시작된 것이다. 믿기 힘들게도, 그때부터 무수한 시간이 흐른 후 이들의 후손은 드마니시의 흙 속에서 얼마 안 되는 이 강인한 개척자들의 유적을 파냈다.

호미닌의 협력적 수렵채집의 주재료인 공유, 지성, 힘은 강력한 조합이었다. 더 높은 지능은 최고의 열매, 뿌리식물, 사냥감을 찾고 구하는 우리 선조들의 능력을 향상시킨 동시에 계획하고 구상하는 능력까지 개선했다. 더 향상된 지구력 덕분에 그들은 더 넓은 그물을 던져 먹잇감을 사냥하고 훨씬 넓은 행동 범위의 수확물을 얻었다. 영화 〈위대한 레보스키〉•에 나오는 카펫처럼 공유는 그 모든 것을 하나로 묶었다. 필요한 양보다 더 많은 음식을 얻는 새로운 능력과 남는 음식을 나누는 사회 계약(공동의 이익을 위한 사회적 합의)과 함께 호미닌은 에너지가 흘러넘쳤다.

워낙 승리를 보장하는 전략이라 고에너지 신진대사 전략을 이기

• The Big Lebowski, 코엔 형제가 1998년 내놓은 범죄 코미디 영화.

는 유일한 방법은 더 잘하는 것뿐이었다. 각 세대는 인지 능력과 사회적 능력, 지구력에서 개인적 편차가 있을 것이다. 각 세대에서 가장 영리하고 건강하고 사교적인 개인들이 대부분 가장 잘 살아남고 가장 많은 자식을 낳았다. 호미닌 계통 안에서 무기 경쟁이 불붙었다. 막 시작된 초기의 변화가 모이고 모여 어느 때보다 더 기괴한 종으로 발전했다. 크고 둥글납작한 머리, 섬세한 얼굴, 털이 없는 땀투성이 몸을 지니도록 발전했는데, 이는 우리 인간과 훨씬 더 가까운 종이었다.

지능의 개선은 화석과 고고학 기록에서 가장 추적하기 쉽다. 드마니시에서 발견된 두개골 같은 화식화된 두개골을 통해 우리는 뇌 크기의 증가를 추적할 수 있는데, 이는 종 전체를 비교할 때 대략적이지만 합리적인 척도다. 200만 년도 안 되는 기간에 **호모** 속의 뇌 크기는 **세 배로** 커졌다. 마치 오븐 속 머핀처럼 부풀어 오른 셈이다(도표 4.1). 그들이 만드는 석기 역시 점점 더 정교해졌다. 드마니시 같은 곳에서 발견된 초기 석기는 그저 깨진 자갈이다. 미적 수준과 만듦새는 초등학교 1학년생이 엄마에게 만들어주는 꽃병 정도라고 볼 수 있다. 150만 년에 호미닌들은 대칭적인 눈물 모양의 '손도끼'를 만들었다. 만들기 쉽지 않은 석기였다(나는 못 만들지만 석기에 관심 있는 내 친구들은 만들 수 있다). 40만 년 전에 호미닌들은 여러 단계에 걸친 복잡한 '르발루아' 기법•으로 가늘고 긴 돌날과 다른 훌륭한 도구들을 만들었다. 하도 복잡

• 돌의 양면을 박리한 뒤 한 겹의 돌조각을 떼어내어 한쪽 면은 부풀고 한쪽 면은 우묵하게 만들던 구석기 시대 석기 제작 기법.

해서 수년간의 경험을 갖춘 최고 수준의 고고학 광이나 되어야 오늘날 그 도구를 만들 수 있다. 도구는 그때부터 점점 정교해져 구석기 시대의 흑요석 돌날부터 활과 화살, 우리의 주머니 속 스마트폰까지 일련의 혁신을 거치며 점차 고도화되었다.

물론 도구만이 아니다. 50만 년 전부터 호미닌들은 불을 다뤘다. (불이라는 중대한 발견에 대해서는 이미 많이 다뤄졌다. 불에 대한 논의는… 뜨겁다) 언어 능력 또한 이 시기 동안 발달했음에 틀림없다. 비록 그 진화 과정을 추적하기란 극히 어렵지만. 우리 인간 종인 **호모 사피엔스**가 약 30만 년 전 아프리카에서 출현할 때쯤 대단히 귀한 대접을 받던 원자재의 무역망은 먼 거리에 걸쳐 뻗어 나가고, 빨간색 천연 염료는 장식과 상징 미술에 사용되고 있다. 늦어도 13만 년 전 남아프리카 해안을 따라 살던 인간은 연중 일정으로 조개류를 수확하면서 많은 고기를 잡기 위해 계절과 조수에 관심을 기울였다. 우리 인간 종은 12만 년 전 아프리카에서 뻗어 나와 유라시아로 확산되며 이전의 **호모 에렉투스**가 그랬듯이 가는 곳마다 예술과 기술 혁신을 함께 가져갔다. 4만 년 전부터 우리는 프랑스 보르도부터 말레이 제도의 보르네오섬까지 동굴 벽에 무시무시한 벽화를 그렸다.

호미닌의 인지 능력 진화 과정을 재구성하는 일은 비교적 쉬운데, 뇌 크기, 도구, 미술 그리고 우리가 만드는 다른 물건들이 마치 《헨젤과 그레텔》에서 헨젤이 바닥에 빵 부스러기를 떨어뜨리듯 화석과 고고학 기록에 흔적을 남기기 때문이다. 건강과 친절의 진화적 변화의 속도를 추적하기란 더 어려운데, 둘 다 결정적이고 구체적인 증거를 많이 남기지 않기 때문이다. 확실히 말할 수 있는 점은 오늘날 인간은 모든 현생 유인원 중 단연 최고의 오래 달리기 선수들이라는 것이다. 최대 유산소성 운동 능력의 일반적인 척도인 우리의 최대 산소 섭취량(VO2max)(8장 참고)은 최소한 침팬지의 네 배다. 우리는 다른 유인원들보다 다리 근육이 더 많으며(팔은 적지만), 피로에 견디는 '지근' 근육을 훨씬 더 많이 가지고 있다. 우리의 혈액 속에는 산소를 활동 근육으로 보내는 헤모글로빈이 더 많다. 우리의 땀투성이 맨몸(지금까지는 지구상에서 가장 땀이 많다)은 우리 몸을 시원하게 유지해 더운 환경에서 운동할 때조차 과열되는 것을 막아준다.

이 모든 조건 덕에 우리는 다른 어떤 유인원보다 더 멀리, 더 빨리 갈 수 있다. 침팬지의 이동 거리는 하루 평균 3킬로미터가 되지 않는다. 다른 유인원은 심지어 이보다 덜 움직인다. 인간, 특히 하드자족 같은 수렵채집인은 매일 다섯 배 더 멀리 걷는다. 사람들은 **즐거움**을 위해 마라톤을 뛴다. 우리는 온종일 격렬한 활동을 할 수 있도록 만들어졌다. 긴 다리, 발바닥의 탄력 있는 오목한 부분, 짧은 발가락 등 우리 인간을 그토록 놀랍도록 걷고 뛰게 만들 수 있게 해주는 많은 해부학적 특징은 초기 **호모** 속에 있다. 이는 우리의 지구력이 우리 **호모** 속에 꽤 일찍이 존재했고, 지난 200만 년에 걸쳐 수렵채집 전략의 일부로 **진화의 과정에서 갈고 닦아 졌음을** 시사한다.

공유도 비슷하다. 드마니시와 같은 고고학 현장에서 도살당한 얼룩말과 다른 큰 사냥감이라는 확실한 증거는 공유가 우리 **호모** 속에서 일찍이 자리 잡았음을 말해 준다. 실제로 내가 위에서 주장한 것처럼 공유는 우리 인류, 즉 **호모** 속의 진화에 불을 붙인 주요한 행동 혁신일 것이다. 하지만 공유의 정도나 양을 추적하기는 힘들다. 그때부터 지금까지 차차 변화하기 때문이다. 여전히 시사하는 바가 많은 단서들이 있다. 적어도 40만 년 전부터 도구 기술과 사냥 기법은 꽤 수준이 높았다. 치명적인 석기에 더해 초기 인류는 창끝을 불로 단단하게 굳힌 균형 잡힌 창을 만들었고, 야생마와 다른 대형 동물을 주기적으로 잡았다. 도구를 만들고 사냥 전략을 개발하는 데 그토록 노력을 쏟았다는 말은 아마도 오늘날의 다른 수렵채집인들과 마찬가지로 일부 구성원은 사냥에 특화되었고 다른 구성원은 채집에 집중했을 가능성을 보여준다. 그 같은 분업이 이루어지려면 공유에 아주 충실해야 한다.

뇌 크기와 행동의 복잡성은 공유에 대한 다른 단서를 준다. 거대한 뇌와 학습에 의존하는 행동 전략은 우리가 무력하고 쓸모없고 축축한 땅꼬마로 세상에 태어났다는 의미다. 우리는 태어난 후 **수년간** 혼자서 걷지도, 말하지도, 먹지도, 위험을 피하지도 못한다. 대신 전적으로 다른 이들, 즉 공유에 의존해 우리가 절실히 필요로 하는 음식과 관심과 안전을 구한다. 우리는 우리 삶의 초반 10~20년 동안 인정 많은 집단 구성원이 나눠주는 자원을 받아들이고 (바라건대) 제대로 되고 생산적인 어른이 되는 법을 배운다. 우리 뇌는 정보가 쏟아져 들어올 때 학습하고 신경계를 만들고 잘라내는 데 너무 많은 에너지를 쓰는 까닭에 초등학교 저학년 때는 몸의 성장 속도가 느려진다. 하드자족 같은 수렵채집 사회의 사람들은 10대 후반이 될 때까지 자신이 먹을 음식을 구하는 자급 행동을 하지 않는다.

이 모든 기다림과 학습의 결과는 엄청나게 높은 성인의 생산력이다. 남녀를 막론하고 성인 수렵채집인들은 자기가 먹을 양보다 수천 킬로칼로리 많은 음식을 매일 집에 쉽게 가져올 수 있다(9장 참고). 이것은 우리의 더 빠른 신진대사 기관과 더 많은 일일 에너지 섭취량의 연료가 되는 여분의 에너지다. 여분의 에너지는 아이들은 물론 엄마, 다른 양육자와 나눈다. 실제로 엄마들이 많은 도움을 받아 생식에 대한 에너지 부담을 덜게 되면 수렵채집 사회의 어머니들은 대개 약 3년 간격으로 아이를 낳는다. 모든 일을 혼자서 하는 유인원 어미보다 훨씬 빠른 속도다. (침팬지, 고릴라, 오랑우탄의 출생 간격은 5년 이상이다) 이것이 인간 생명 역사의 역설이다. 아이들은 각자 자라는 데 더 긴 시간이 걸리지만, 우리는 여전히 유인원 친척보다 더 빠르게 번식할 것이다. 그리고 이런 일이 가능한 이유는 우리가 공유와 고유한 신진대사 전략에 매진하기 때문이다.

뇌 크기는 천천히 증가해 약 70만 년 전 아프리카와 유라시아에서 발견된 **호모 하이델베르겐시스**Homo heidelbergensis라는 종에 이르러서는 현대 인간의 범위에 속하는 뇌 크기의 최소 수준에 다다르게 된다. 그들의 큰 뇌와 기술적 정교함은 긴 아동기와 생산성이 대단히 높은 성인의 수렵채집이 인류의 특정 종인 **호모 사피엔스**가 아프리카에서 진화하기 훨씬 전에 자리 잡았다는 사실을 암시한다. 마찬가지로 그들의 열량을 많이 소모하는 큰 뇌와 수렵채집 생활 방식을 미루어볼 때, 오늘 우리 인간과 같이 대사율이 가속화되어 **오스트랄로피테쿠스** 선조들보다 더 많은 열량을 소모했을 가능성이 높다. 하지만 우리가 지금에 이르기 전에 기본적인 인간대사 전략이 자리 잡혔다 하더라도 우리 나름대로의 방식으로 한 공유 덕분에 멸종을 피할 수 있었다.

우리의 **호모 사피엔스** 선조는 아프리카 전역과 전 세계로 확대되면서 그들만 살고 있는 것이 아님을 깨달았다. 세계는 이미 인간을 닮은 독특하고 근사한 종과 그들의 진화적 사촌들로 가득했다. 유럽의 **네안데르탈인**, 중앙아시아의 **데니소반인**, 아시아의 **호로 에렉투스** 잔존 인구, **호모 날레디**라 불리는 남아프리카의 **에렉투스** 같은 종, 고인류학자들이 호빗이라는 별명이 붙은 소형 종 **호모 플로레시엔시스**가 대표적이다. 멀리 떨어진 세계에서 인간과 유사한 존재를 만나 소통하고 그들과 함께 살아가는 현대 SF 판타지는 구석기 시대의 야생에서도 존재했다. 여러 종들 중 **호모 에렉투스와 날레디** 같은 일부 종은 진화가 방향성을 가지고 있지 않다는. 사실을 일깨우는 데 도움이 된다. 그들은 **오스트랄로피테쿠스**보다 살짝 더 큰 뇌를 진화시켰고, 가장 초기의 수렵채집인에 속했다. 하지만 초기의 어느 순간에 자연선택은 그들이 더 큰 뇌를 진화시키고 더 복잡한 수렵채집을 하도록 하는 걸 멈췄다. 그들의 특정 서식지와 생태 환경의 예상치 못한 변화는 그걸 선호하지 않았다. 더 큰 뇌의 비용과 늘어난 아량의 위험이 이득보다 더 컸다. 그래서 변화에 대한 부담 없이 그들은 수십만 년 동안 적당한 뇌 크기와 초기 **호모**의 습관을 유지했다. 세계 다른 지역의 호미닌 인구는 계속 변했는데도 말이다. 진화는 정해진 목적이 없다. 단지 100만 년 동안 뇌 크기가 꾸준히 증가했다고 해서 계속 증가할 것이라고 장담하지는 못한다. 우리는 필연적인 존재가 아니었다.

데니소반인이나 네안데르탈인 같은 다른 종은 우리가 유난히 특별하지 않았다는 사실을 알려준다. 이들 종은 우리처럼 영리하고 적응력이 강하고 지략이 풍부했다. 실제로 이들 종은 우리 인간과 매우 유사해서, 다른 종과 관계를 맺어 가족을 꾸리고 아이를 낳았으며 사돈댁 식구들은 왜 약간 다르게 생겼는지에 대해 궁금해했을 것이 분명하다. 우리는 오늘날 우리의 염색체 속에서 그들의 DNA 몇 개를 발견한다. 잃어버린 문명의 흩어진 몇 개의 벽돌을 재활용해 현대식 건물로 탄생시킨 것이다.

왜 **그들은** 멸종하고 **우리는** 살아남았는지, 왜 우리가 오늘날 이 지구상에 남은 유일한 호미닌인지는 여전히 최고의 미스터리 중 하나다. 우리가 그저 더 영리하고 창의적이었다는 주장이 자주 나오지만, 실제로 그러했는지는 여전히 확실치 않다. **네안데르탈인**은 우리보다 뇌가 약간 더 컸고, 동굴 벽화를 그리고, 음악을 연주하고, 우리가 나타나기 오래전에 죽은 이들을 묻었다. 그저 뜻밖의 행운이었을 것이다. 우연히 우리에게 유리하게 나온 우주의 주사위 게임. 우리는 세계로 확장되어 나가면서 유라시아에 새로운 질병을 들고 들어와 유럽의 질병이 북미 원주민과 접촉해 그들을 초토화시킨 것처럼 네안데르탈인과 데니소반인을 전멸시켰을 것이다.

한 가지 설득력 있는 설명은 인간이 살아남은 이유는 우리가 더 우호적이었기 때문이었다는 것이다. 하버드대학교의 리처드 랭엄Richard Wrangham 교수뿐 아니라 나와 듀크대학교의 동료 교수인 브라이언 헤어와 버네사 우즈Vanessa Woods 역시 **호모 사피엔스**가 자기 가축화• 의 긴 과정을 거치는 동안 초사회적으로 변했다고 주장해왔다. 이 시나리오에서 자기 목적을 달성하기 위해 폭력과 협박을 동원한 개인(특히 남성)은 다른 구성원들에게 따돌림을 당했다(랭엄의 말로는 처형을 당했다). 차츰 이런 분위기를 만든 친절과 유전자 변이가 선호되었다. 이기적인 사람들은 많은 자녀를 갖지 않았다. 인간은 초기 **호모** 종의 공유 행위를 더 높은 차원으로 끌어올렸다. 우리 사회는 벌집이나 개미 집단처럼 초협력적인 초개체••로 기능하기 시작했다. 이 시나리오에서 더 커진 우리의 사회적 결속력은 유라시아로 뻗어 나가면서 네안데르탈인과 데니소반인에 비해 우리에게 커다란 이점이 되어줬다. 우리가 네안데르탈인을 비롯한 다른 호미닌과 같은 환경에 있을 때 우리의 초협력적 전략이 유리하게 작용했다.

인간이 호미닌 중 유일무이하게 협력하는 경향이 있었든 아니든, 우리가 지닌 극도의 사교성과 큰 뇌, 신체 활동 능력은 우리 종을 근본적으로 다른 유인원 종과 분리시켜 주는 주요한 특징임은 분명하다. 그리고 이러한 특징은 모두 드마니시에서 오늘날까지 200만 년 동안 뻗어온 수렵채집의 유산 덕택이다. 우리의 복잡한 사회 세계와 공감, 은하계를 탐구하고 원자를 분열시키는 능력, 인내하는 능력, 기꺼이 점심을 나눠 먹는 마음은 모두 말 그대로 우리 DNA 안에 있다.

• self-domestication, 인간이 동물적 본능을 억제하고 사회에 맞추어 가는 과정.
•• 집단생활을 하는 동물 중 하나의 집단의 마치 한 개체에 해당하는 능력을 가지는 경우.

그리고 이 모든 능력은 우리의 고에너지 신진 대사 전략에서 힘을 얻는다. 우리의 신진대사, 즉 에너지를 얻고 쓰는 능력은 우리의 근본적 진화에 필수적이었다.

한 가지 단점이 있다고 말했던가?

단점

나는 펜실베이니아 북서쪽에 있는 애팔리치아산맥의 완만하고 외딴 산등성이에 자리한 커지(Kersey)라는 작은 마을에서 자랐다. 모두가 그러하듯 어린 시절 나의 사회적 정체성을 날마다 배우고 깨달았다. 성은 폰처였고, 가톨릭 신자였으며, 공립학교 학생이었고, 커지 마을의 어린이였으며, (비록 경기는 거의 보지 않았지만) 피츠버그 스틸러스 미식축구 팀의 팬이었다. 이 모든 것은 각각 의미가 있었다. 누가 내 친구이고 누가 근본적으로 의심스러운지 정해줬다(사립학교 학생, 세인트메리 스쿨을 나온 아이들). 이런 정체성 중 무엇도 펜실베이니아 주립대의 팬이 되는 것보다 더 강하지는 않았다.

부모님, 누나들, 수많은 고모, 이모, 삼촌, 사촌 들은 모두 펜실베이니아 주립대를 다녔다. 우리는 우리 집에서 텔레비전에서 방송해 주는 몇 안 되는 스포츠 게임을 보고 자랐으며, 엄마아빠 둘 다 스포츠에 별 관심이 없었다. 하지만 가을날 어느 토요일 가족 모두가 집에 있을 때면 텔레비전에는 펜실베이니아 주립대 미식축구팀 경기가 방송되고 있었다. 고등학교 졸업반 때 내가 지원한 대학은 오직 한군데, 정겨운 펜실베이니아 주립대였다. 솔직히 다른 어느 대학에 갈 생각조차 못했다. 펜실베이니아 주립대는 나의 부족이었다.

부족의 마지막 통과의례는 1학년 때 펜실베이니아 주립대의 미식축구 경기를 참관하는 것이었다. 진정한 광신도에게 그것은 일종의 종교적 체험이었다. 형형색색으로 물들이고 부족의 갖가지 장식을 한 11만 5000명의 열광한 팬들과 함께 가파르게 경사진 알루미늄 옥외 관람석에 앉은 우리는 아래의 전사들에게 환호했다. 서로를 모른다는 사실은 우리에게 문제가 되지 않았다. 경기장에 있는 모든 사람(방문자 구역의 작고 용감한 얼굴의 대표단을 제외하고)이 잠깐 동안 친구였다. 우리는 있는 힘껏 펜실베이니아 주립대의 응원 합성을 소리쳐 외쳤다. 경기장 가득 귀가 멎을 듯 쩌렁쩌렁한 함성이 울려 퍼졌다. **우리는… 펜 스테이트!** 그건 나의 1학년 시절을 지배한 수면 부족, 자유, 술만큼이나 사람을 취하게 만들었다.

초사회적이 되는 데 필수 요소인 나누는 유인원은 집단에 속하고자 하는 우리의 채워지지 않는 욕구다. 어릴 때부터 우리는 우리 부족이 누구인지 분명히 안다. 언어와 외모, 우리 집단의 상징을 선택하고 그것들을 받아들인다. 우리는 소속되고 싶어 한다. 이 욕구는 우리가 공유의 진화적 중요성을 생각할 때 대단히 타당하다. 우리가 속한 집단이 없으면 우리는 죽은 몸이다. 또 우리는 누구에게 친절하게 대해야 하는지 알고 싶어 한다. 사회계약에 따라 사회에 속한 구성원들에게 인정을 베풀어야 한다.

마찬가지로 누가 우리 집단에 속하지 **않았는지** 아는 것도 중요하다. 외부인에게 무언가를 나누는 것은 엄청나게 위험한 일이다. 그들이 우리 부족의 일원이 아니라면 그 도움을 돌려주지 않을 수도 있다. 더 심하게는 적대적으로 변할 수도 있다. 생각해보니 그들은 엄청나게 많은 자원을 가지고 있는 것처럼 보인다. 우리 집단에서 실제로 사용할 수 있는 물건들 말이다. **저 사람들 좀 봐!** 그 모든 걸 틀어쥐고서 저기 앉아 있다. 모범생이 불쑥 말을 꺼낸다. 있잖아, 그걸 다 자기들끼리 가지는 건 범죄야. 저기 가서 **당연히** 우리 물건인 걸 달라고 **분명히 이야기하자**. 우리는 **펜실베이니아 주립대 학생이고… 저 사람들은 아니야**.

이런 일들이 어떻게 수습할 수 없을 정도로 커지는지 알겠는가.

공유는 우리를 동료 구성원들에게 대단히 관대해지도록 만들었지만, 동시에 집단 밖의 사람들에게 무섭도록 냉담하고 악랄해지는 능력을 줬다. 이건 브라이언 헤어와 버네사 우즈 교수가 그들의 책《다정한 것이 살아남는다Survival of the Friendliest》에서 이야기한 내용 중 일부다. 우리 부족 내에서 수십만 년에 걸친 공유와 다정함의 진화는 우리 대부분의 일상을 평화와 조화, 협력의 기적으로 만들었다. 우리는 봉사 활동을 하거나, 시간과 돈을 기부하거나, 어린이 축구팀의 코치를 하거나, 학교 빵 바자회를 열고 운영한다. 또 수백만 명의 낯선 이들로 붐비는 극장에서 긴장감 넘치는 영화를 보면서 누구도 눈 하나 깜박하지 않을 수 있다. 낯선 침팬지로 가득한 극장은 오프닝 크레디트가 올라가기 전에 피바다가 될 것이다. 하지만 그 이면은 다르다. 우리는 외부인으로 간주하는 모든 사람에게 대체로 무관심하고 심지어 적대적이다. 또 우리의 세계를 내집단과 외집단으로 구분한다. 펜실베이니아 주립대와 피츠버그 스틸러스, 패트리어츠, 공화당과 민주당, 시민과 이민자, 우리 인종과 너희들의 인종, 투치족과 후투족(르완다와 부룬디의 다수 부족과 소수 부족), 유대인과 기독교도인 등 끝도 없다. 그 집단의 특징이 의미 있는 어떤 것인지 아니면 완전히 근거 없는 것인지는 별로 중요치 않다. 우리 집단의 구성원은 평생 가족이다. 외부인은 인간으로 취급받지 못할 수도 있다.

따라서 우리 역사에 상흔을 남기고 오늘날 인간에 대한 신념을 흔들리게 하는 수많은 잔혹 행위, 즉 대량 학살, 노예 제도, 인신매매는 외부인을 인간 이하로 보는 우리의 진화한 능력에서 기인한다. 과거에 이 끔찍한 행동은 대개 종교나 정부의 인정을 받거나 심지어 종교나 정부의 요구로 자행됐다. 생물학과 진화학은 1800년대~1900년대에 이러한 활동에 동원되었다. 인종 차별 정책과 행동을 정당화하는 데 사용된 끔찍하고 삐뚤어진 '학문'과 함께. 이 질척거리는 덩굴손은 오늘날에도 인종 차별을 찬성하는 '지적인' 주장 속에 남아 있다(사실상 오늘날 인종 집단 중 사소한 유전적 차이가 우리가 동료 인간들에게서 중요하게 생각하는 행동, 지능, 또는 무언가에 영향을 미친다는 증거가 없다). 이런 주제가 점점 집단 중심화되어 가는 우리의 정치에서, 충분히 문명화되어 더 많은 지식을 갖추어야 하는 나라에서 다시 등장해 우리와 의견이 맞지 않고 누구나 '타인'이라고 보는 사람들의 인간성을 말살시키는 모습을 보는 건 소름끼친다.

우리 시대의 중대한 논쟁은 **누가 우리 집단의 구성원인가?** 누가 우리

중 한 명이며, 누가 그렇지 않은가? 이다. 물론 이 질문에 유일하게 도덕적으로 용인 가능한 답은 **모든 사람**이다. 모든 사람이 중요하다. 우리는 모두 사람이다. 우리는 모두 같은 인간 집단의 일부다.

반드시 이겨야만 하는 이 논쟁에서 이기기 위해서는 외부인에 대한 의심을 극복해야 한다. 그것은 기꺼이 나누고자 하는 마음을 위해 지불해야 하는 진화의 대가다.

우리의 진화한 대사 전략의 또 다른 단점은 대사 질환에 걸리는 경향이다. 비만, 2형 당뇨, 심장병은 집단 학살과 같은 도덕적 공포를 불러일으키지는 않지만, 매년 세계적으로 폭력보다 더 많은 사람을 죽인다. 이러한 대사 질환은 불가피한 것이 아니다. 하드자족은 대사 질환에 걸리지 않는다. 대사 질환은 공중위생 종사자들이 '문명의 병'이라 부르는 질병이다. 발전의 의도치 않은 결과인 셈이다. 그리고 이 질환은 어떤 이유로 세상의 주목을 받게 됐다. 인간 사회가 세계적으로 덜 폭력적이 됐음에도 말이다. 우리는 잔인하게 서로를 죽이던 종에서 스스로를 무분별하게 죽이는 종이 되었다.

문제는 단순히 우리의 인공 환경이 아니다. 더 심오하다. 호미닌 대사 혁명의 더 빠른 대사와 더 큰 일일 에너지 소비량은 우리의 수렵 채집 조상을 더 굶어 죽기 쉽게 만들었다. 음식의 공급량이 부족할 때 더 큰 일일 에너지 필요량은 더 모진 결과를 가져온다. 물론 공유는 이런 위험의 대부분을 줄이는 데 도움을 준다. 하지만 우리의 입맛을 앗아가는 장기 질환부터 지역의 식물과 동물을 말살시키는 예측하기 힘든 날씨까지 수많은 잠재적 요소가 우리의 에너지 공급을 위협한다.

빨라진 신진대사가 지속적인 열량 공급을 필요로 하는 상황에서 에너지 부족에 대한 보완책으로 우리가 택한 방법은 바로 지방을 늘리는 것이었다.

스티브 로스, 메리 브라운Mary Brown과 내가 미국 전역의 동물원에 사는 수십 마리의 유인원에 이중표지수 측정을 실시했을 때 우리는 에너지 소비량보다 더 많은 곳에서 차이를 발견했다. 또한 유인원이 대단히 군살이 적다는 사실을 알게 됐다. 동물원과 보호 구역에서 빈둥거리는 침팬지, 보노보, 고릴라, 오랑우탄은 적어도 인간의 기준으로는 살이 찌지 않는다. 침팬지와 보노보는 감금 상태에서 체지방이 10퍼센트 이하로 붙는다. 훈련 중인 뛰어난 인간 운동선수와 동등한 수준이다. 하드자족 같은 왕성한 수렵채집인조차 그보다는 체지방이 많다. 또한 현대 도시의 주로 앉아서 일하는 사람들(동물원에서 사는 유인원과 맞먹는 사람들)의 체지방은 천정부지로 치솟을 수 있다. 남자는 25~30퍼센트의 체지방을 쉽게 얻을 수 있고, 여자는 40퍼센트 이상 얻을 수 있다.

동물원에서 유인원을 키워보라. 음식은 많이 주고 운동은 거의 시키지 않으면 몸집이 커지기는 하지만 지방이 늘어나지는 않는다. 유인원의 몸은 여분의 열량을 이용해 더 군살 없는 조직과 더 큰 근육과 다른 장기들을 만든다. 그 결과 동물원의 유인원은 야생에서보다 훨씬 더 체중이 많이 나가지만, 여전히 지방은 적다. 반대로 우리 같은 호미닌은 이러한 많은 여분의 열량을 지방으로 저장하도록 진화했다. 미래의 식량 부족, 장기 질환, 다른 에너지 공급의 중단에서 살아남기 위한 일종의 비상 자금이다. 우리의 현대 인공 환경에서 이처럼 힘든 날은 결코 오지 않는다. 너무 많은 사람들이 우리 몸이 필요로 하는 것보다 훨씬 많은 지방을 얻고 그 결과 건강에 문제가 생긴다.

또한 우리의 호미닌 몸은 지난 200만 년간의 수렵채집 기간 동안 일반적이었던 높은 수준의 일일 신체 활동을 지원하고 사실상 여기에 **의존하도록** 진화했다. 우리는 매일 운동을 하도록 진화했다. 운동을 하지 않으면 병에 걸린다. 세계보건기구(WHO)는 매년 운동 부족으로 인한 전 세계의 사망자 수가 160만 명에 달한다고 본다. 사람들이 심장병, 당뇨, 앉아서 지내는 생활 방식의 다른 결과와 씨름하는 동안 잃어버리는 건강한 기간은 훨씬 더 길다. 이건 오로지 인간만이 가지는 문제다. 매일 적당한 운동을 하는 동물원의 유인원은 고혈압, 당뇨병, 인간과 같은 심장병, 선진국을 괴롭히는 다른 병에 걸리지 않는다.

현대화는 현대 의학부터 전 세계가 하나로 연결되는 기술, 따뜻한 집, 위생적인 실내 화장실까지 믿을 수 없을 정도의 좋은 것을 세상에 가져다줬다. 하지만 현대화의 의도치 않은 결과는 점점 더 무서워졌다(기후 변화, 서식지 감소, 핵 공멸의 위협은 언급조차 하지 않았다.).

우리 종의 역사는 불과 30만 년 밖에 되지 않았다. 우리가 다시 30만 년, 또 30만 년을 더 산다면 더 나은 인간 동물원을 짓기 시작해야 한다.

한 가지 희망은 우리의 거대하고 지적이고 창의적인 뇌다. 수렵채집인의 긴 진화 역사는 우리에게 우리 세계를 만들어갈 인지 능력을 주었다. 우리는 불을 다스리고, 뛰어난 기계를 만들고, 그 기계를 먼 행성으로 보내고, 우리의 진화사를 종합할 만큼 똑똑하다. 우리는 우리의 미래를 통제할 만큼 똑똑할까? 아니면 발을 헛디디고, 유혹에 빠지고, 넘어져 덤불에 토하고 또 토하고, 자초한 비극으로 마음고생을 할 운명인가? 우리의 먼 조상은 흙에서 우리 화석을 꺼내 우리의 천재성에 놀랄까? 아니면 재난을 피하지 못한 우리의 무능에 고개를 저을까?

일을 바로잡는 방법을 알기 위해서는 무엇이 잘못됐는지 알아내야 한다. 우리는 왜 그토록 경로에서 멀리 벗어났으며 어떻게 돌아갈 수 있을까? 이제 하드자 랜드로 돌아가 그들이 잘 살아가는 방법과 건강을 유지하는 방법에 대해 우리에게 무엇을 가르쳐줄 수 있을지 살펴보자.

05

대사 마술사:
에너지 보상과 한계

The Metabolic Magician:
Energy Compensation and Constraint

하드자족의 전형적인 세계관이 그들의 핵심적 본질을 요약하는 것이라면 **함나 시다**hamna shida라고 말할 수 있을 것이다. **문제없어**No problem. 하드자족 사람들과 이야기를 나누다 보면 이 다용도의 긍정적 문장으로 끝나지 않는 대화가 거의 없다. 몇 주 동안 야영지에 묵으며 지내고 싶다고? **함나 시다**. 우리가 먹는 음식을 측정하고 우리를 따라다니고 싶다고? **함나 시다**. 야영지 주변을 어슬렁거리는 하이에나가 궁금하다고? **함나 시다**. 하드자랜드에 온 지 하루인가 이틀 만에 브라이언 우드와 데이브 라이클렌과 나는 서로에게 이 표현을 사용하고 있었다. **함나 시다**는 융통성과 적응력의 줄임말이다. 일이 힘들어질 때 우리는 **함나 시다**하려고 노력한다.

나는 하드자족의 끝없는 회복력이 부럽고, 종종 하드자족이 어떻게 그런 힘을 갖게 됐을까 궁금했다. 아마도 코끼리부터 말라리아, 담요 속 초록색 맘바(아프리카산 독사)까지 어찌 할 수 없는 것이 가득한 세계에서 **함나 시다**라는 믿음직한 세계관은 웃으며 하루를 맞는 유일한 방법일 것이다. 배가 고프다고? 피곤하다고? 아직 집에서 16킬로미터나 더 걸어가야 한다고? **그렇다니까!** 저거 사자의 발자국 같아? **응!** 점점 커지는 허벅지의 종기가 절로 사라질지 터져서 염증이 생길지 궁금해? **우리도!** 하지만 걱정한다고 무슨 소용이 있겠는가? 괜찮아질 것이다. 걱정하고 속 태운다고 아무것도 해결되지 않는다. **함나 시다**.

하드자족 사회처럼 힘들고 예측 불가능한 세계에서 잘 살아가려면 적응력이 강하고 유연해져야 한다. **함나 시다**해야 한다.

그래서 나는 모든 일에 **함나 시다**하려고 아주 열심히 노력하면서 데이브와 거기 서서 불길에 휩싸이지 않는 법을 고민했다. 우리는 하늘이 눈부시게 파란 그날 아침, 틀리카 힐에 있는 야영지에서 걷는 데 드는 에너지 비용을 측정하고 있었다(3장). 건기였고, 대초원은 일종의 부싯깃이었다. 1미터 높이까지 자란 마른 황금빛 풀은 얼른 불이 붙기만을 기다리고 있었다. 우리는 풀 한 줌을 화로에 채우고 일회용 성냥을 던져 아침 식사용 불을 붙였다. 풀은 곧바로 불이 붙으며 순식간에 타올랐다. 우리는 며칠 전 현장 연구에 나가 있는 동안 야영지 주변 언덕에서 산불이 난 걸 봤지만, (별 타당한 이유도 없이) 불이 야영지로 번지지는 않을 것이라고 생각했다. 우리는 이 불에 대해 하드자족 친구들과 약간 이야기를 나눴지만, 예상 가능한 답변이 돌아왔다. **함나 시다**.

데이브나 내가 그 불을 처음 목격했는지는 잘 모르겠다. 비교적 조용한 광활한 대초원에서 치직거리는 불이 미풍을 타고 야영지 쪽으로 번졌다. 우리는 잽싸게 차려 자세를 취하고 믿기지 않는다는 표정으로 서로를 쳐다봤다. **들리는 소리와는 좀 다르지 않아?**

우리는 좀 더 알아보려고 타닥 소리가 나는 쪽으로 걸어갔다. 곧 연기 냄새가 났다. 그때 너무 멀지 않은 곳의 나지막한 아까시나무 사이로 볼 수 있었다. 최소 폭 90미터는 넘는 불길이 느릿느릿한 미풍을 타고 조금씩 야영지 쪽으로 향하고 있는 광경을. 주황빛 불길이 거의 2미터 높이까지 치솟으며 아까시나무의 아래쪽 가지를 날름날름 핥고 있었다. 우리는 물결치는 드넓은 황금빛 풀의 바다에서 방황했고, 바다는 불타고 있었다.

데이브는 남부 캘리포니아 출신으로 바비큐를 좋아하는 느긋한 지미 버핏* 같은 남자였다. 냉소와 잦은 웃음 아래 예리한 지성을 숨기고 있었다. 데이브는 대단히 **함나 시다**한 사람이다. 상황이 안 좋아 보일 때 데이브는 더욱 태연하게 굴며 지미 버핏의 히트 곡 〈마가리타빌 Margaritaville〉을 흥얼거리며 하던 일을 계속한다. 걸어서 야영지로 돌아가면서 데이브를 쳐다보며 내가 얼마나 걱정하고 있는지 생각해봤다. 내가 과민 반응하는 건가? 하지만 아니었다. 데이브는 이 순간에 아주 **함나 시다**하게 느끼고 있는 것 같지는 않았다. 나처럼 데이브 역시 우리가 보이는 것처럼 상황을 악화시켰는지 걱정하고 있는 듯했다.

문제는 이거였다. 우리는 2년간 전문 연구원으로 지내며 연구 자금을 받고 하드자족의 일일 에너지 소비량을 측정하도록 허가를 받았다. 최초로 이중표지수법을 이용해 수렵채집인의 일일 에너지 소비량

* 미국의 가수이자 기업인으로 웃음의 중요성을 자주 설파했다.

을 측정하는 일이었다. 어느 여름, 우리는 다르에르살람(동아프리카의 클리블랜드)에서 하드자족의 에너지 소비량을 힘겹게 측정하면서 며칠에 한 번씩 탄자니아 정부의 관료들을 만나 몇 시간에 걸친 회의를 했고, 그 연구를 공식 허가해달라고 사정했다. 우리는 이번 여름 소변 샘플을 보관할 액화 질소 탱크를 포함해 소형 장비 실험실을 들고 돌아왔고, 장비들을 토요타 랜드크루저 두 대에 쑤셔 넣고 하드자 랜드 한가운데로 요란한 소리를 내며 굴러갔다. 우리의 연구는 거의 끝이 났고, 돌아갈 날까지 불과 몇 주밖에 남지 않았다. 3년의 연구 기간 동안 쌓인 짐, 그러니까 컴퓨터, 노트, 모든 샘플과 함께 액화 질소 탱크, 온갖 캠핑용품과 텐트, 두 대의 랜드크루저가 이제 뜨거운 불길이 모든 것을 집어삼키는 길 위에 놓여 있었다. 불의 속도로 짐작건대 약 10분 안에는 해결책을 찾아야 했다.

야영지에 브라이언이 있었으면 참 좋았을 텐데. 브라이언 역시 캘리포니아 사람이지만, 데이비스(캘리포니아주 중부 도시) 북쪽 출신이다. 꾸미지 않아 갈기같이 텁수룩한 머리에 맑은 눈의 소유자였으며, 야영지에 놔둔 기타로 오래된 컨트리 음악을 연주하는 걸 좋아해 어린 윌리 넬슨(컨트리 뮤직으로 잘 알려진 미국의 가수) 같은 분위기를 풍겼다. 브라이언은 여러 해를 하드자 야영지에서 지내며 그 모든 것을 봤다. 브라이언은 뼛속까지 **함나 시다**하다. 브라이언이라면 분명 좋은 해결책이 있었을 것이다. 안타깝게도 브라이언은 하드자 남자들 몇 명을 따라 그들 중 하나가 며칠 전에 화살을 맞춘 기린을 찾으러 야영지를 떠나 있었다.

데이브와 나는 다음과 같은 방법을 썼다. 모든 텐트와 음식, 다른 캠핑 장비를 우리의 부엌이자 식사 장소 역할을 했던 맨바닥에 둥글게 쌓았다. 우리가 (아마도) 타지 않을 것이라고 생각한 맨바닥은 공간이 충분했다. 그러고는 액화 질소 탱크와 소변 샘플을 포함해 귀하고 대체 불가한 과학 장비를 모두 챙겨 부랴부랴 랜드크루저 두 대에 쑤셔 넣었다. 그런 뒤 차에 시동을 걸고 그 주변에서 유일하게 타지 않을 것 같은 장소로 향했다. 불길의 **반대편**, 즉 이미 모두 타버린 곳이었다. 우리가 해야 하는 일은 불길 사이를 **통과해** 반대편으로 가는 것이었고, 우리는 무사할 것이었나. 참, 랜드크루저 한 대의 뒤쪽이 예비 연료 탱크에서 새어 나온 경유에 흠뻑 젖었다고 말했던가?

우리는 랜드크루저를 타고 불쪽으로 천천히 나아갔고 방화선 사이 틈을 찾아 뚫고 나갔다. 성공. 살았다. 데이브와 나는 랜드크루저에서 내려 불길이 방금 지나가 달 표면처럼 검게 변한 황무지로 발을 내디디고는 비행기 추락 사고에서 아무 상처 없이 살아남은 생존자처럼 불안한 웃음을 주고받았다. 우리 계획은 멋지게 성공했다. **함나 시다.**

야영지에 있는 하드자 사람들은 어쩌지? 그 사람들은 바로 차를 잡아타고 초가집을 불길 밖으로 옮길 수 없었다. 도움을 요청할 소방서도 없었다. 대신 여자들과 아이들은 댄스파티를 하고 있었다. 바람이 불길을 번지게 하는 동안 그들은 야영지 주변 덤불의 큰 가지를 잘라 불을 두들겨서 야영지 주변으로 불을 밀어내며 온종일 노래하며 웃고 있었다. 데이브와 나는 진화 작업을 거들며 노래를 따라 부르면서 하드자식으로 파괴의 현장을 내려다보는 법을 배웠다. 고된 노동과 노래와 함께.

불은 야영지 옆으로 지나갔고, 잠시 뒤 진화됐다. 데이브와 나는 길 위에서 다시 일을 시작했다. 야영지의 여자와 아이들은 평소 일상으로 돌아갔다. 하지만 몇 시간 뒤 아무도 관심을 기울이지 않을 때 비극이 닥쳤다. 바람이 방향을 바꾸어 불길이 다시 살아났다. 불길은 다른 방향에서 야영지 쪽으로 살금살금 다가왔고 너무 강하고 빨라서 몰아낼 수 없었다. 하드자족의 집이 불길에 타들어가는 동안 데이브와 나는 몹시 당황해 그 자리에 서 있었다. 둥그런 모닥불 모양으로 풀이 불타고 있었다. 우리는 모두 무력하게 지켜봤다. 불에 타도록 내버려 두는 수밖에는 도리가 없었다.

불이 지나가고 데이브와 나는 여성들에게 걸어가 괜찮으냐고 물으며 위로를 건넸다. 그중 세 명은 집을 잃었다. 놀랍게도 그들은 이미 일상으로 돌아가 잡담을 나누고 농담을 하면서 야영지 주변에서 평소 하던 일을 하고 있었다.

“집이 타버려서 너무 안타깝네요.” 집을 잃은 여성 중 한 명인 할리마에게 말했다.

할리마는 혼란스러운 표정으로 말했다. “뭐가 안타까워요?”

“집이요. 불에 타서 안타까워요.” 내가 대답했다.

“아, 그거.” 할리마는 이렇게 말하고 어깨를 으쓱하고는 다시 친구와 대화를 나누었다.

그녀는 중요한 물건, 특히 그녀 가족의 얼마 안 되는 재산인 옷을 불길이 닿기 오래전에 집에서 챙겨 나왔다. 물론 화재로 집을 잃은 건화가 나지만 극성을 떨 이유는 없다. 집을 다시 지을 풀은 얼마든지 있으니까. **함나 시다**.

나는 하드자족 사람들이 얼마나 적응력과 회복력이 뛰어난지, 다시 말해 얼마나 완벽하게 **함나 시다**한지 지켜보고는 어안이 벙벙해져 돌아 나왔다. 야영지에서 몇 주를 지난 뒤에도 이해하기 힘들었다. 내가 짐작조차 할 수 없었던 점, 어떤 과학자도 이해할 수 없었고 믿기 힘들었으며 불가능하게 들렸던 하드자족의 생리 기능 역시 그만큼 적응력이 뛰어났다는 점이었다. 그들만 그런 게 아니었다. 하드자족은 우리 몸이 에너지를 태우는 과정에 대해 근본적인 어떤 사실을 우리에게 알려줬다.

고된 생활

우리가 하드자족의 활동 프로젝트를 시작하면서 확실히 알았던 한 가지는 수렵채집인의 삶이 고되다는 것이었다. 다른 수렵채집인들처럼, 또 1만 2000년 전보다 앞서 살았던 모든 이들처럼 하드자족은 농사지은 작물도(주변 마을과 가장 가까이 있는 일부 야영지의 하드자족 가정은 약간의 농사를 짓는다. 우리는 아무도 농사를 짓지 않는 외진 덤불 야영지에서 연구를 한다), 집에서 키우는 동물도 식물도, 기계도, 자동차도, 총도, 살아가는데 도움을 줄 현대적인 편의 시설도 없다. 아침이면 햇살에 눈을 뜨고 그날의 식량을 구하러 야생의 초원으로 나간다. 여자들은 대개 무리지어 가고, 주변 식물에 대한 백과사전적 지식과 제철 식물에 대한 최근 정보를 바탕으로 열매와 뿌리식물이 많은 밭을 찾는다. 여러 야생 뿌리식물 종이 하드자족이 하는 식사의 중심이 되며, 여성들은 식량을 구하러 나가는 날이면 끝이 날카로운 나무막대로 딱딱한 돌투성이 흙에서 2~3시간씩 뿌리식물의 덩이줄기를 파낸다. 8킬로미터 이상은 거뜬히 걸어 식량을 구하러 다닌다. 보통 등에 아이를 업고 돌아오는 길에는 힘들게 캐낸 덩이줄기를 9킬로그램가량 든 채로. 야영지에 돌아온 뒤에는 분주하게 아이를 돌보고 음식을 준비하고 땔감을 모은다.

남자들은 보통 혼자 야영지에서 나가 사냥하는 걸 선호한다. 얼룩말, 개코원숭이, 영양 또는 운 나쁘게 길을 건너던 동물에게 몰래 다가갈 확률을 높이기 위해서다. 뭐든 마다하지 않는다. 뱀과 파충류를 제외한 거의 모든 동물이 메뉴에 오른다. 하드자족 남자들은 기린의 힘줄로 튼튼한 활을 만들고 날카로운 화살촉 바로 아래에 독 한 방울을 바른다. 화살 하나로 얼룩말을 죽일 수 있을 만큼 강력한 독이다. 남자들은 주기적으로 사냥을 쉬고 야생 벌꿀을 찾아 9미터 높이의 오래되고 거대한 바오바브나무의 수관에 올라 속이 빈 커다란 나뭇가지 속으로 침입해 성난 벌집을 약탈한다(6장). 그들은 사냥한 동물이나 꿀을 들고 야영지로 돌아온다. 왕복 16~24킬로미터를 걸어 가져온 고기와 꿀을 부족 사람들과 나눠 먹는다.

그야말로 진을 빼놓는 일이다. 남자들은 수시로 야영지에서 하루를 지내며 화살을 만들고 쉬지만, 여자들은 거의 하루도 거르지 않고 식량을 구하러 다닌다. 우리는 하드자족 성인들이 매일 하는 신체 활동의 양을 계산했고, 그 결과는 충격적이었다. 남녀 모두 매일 평균 2시간 이상 고된 노동을 했다. 평범한 미국인의 거의 10배 이상이었다. 거기에 걷기까지 있다. 하드자족은 하루 안에 보통의 서양인들이 일주일간 하는 신체 활동보다 더 많은 활동을 한다. 아이들과 노인들도 활동적이긴 매한가지다. 아이들은 대개 물을 길어오는 일을 하는데, 야영지에서 800미터를 걸어야 하는 경우도 있다. 60~70대, 심지어 80대 노인도 거의 매일 나가서 젊은 시절처럼 식량을 구하러 다닌다.

이토록 엄청난 신체 활동을 하는 부족은 하드자족만이 아니다. 모든 수렵채집인은 서양인들이면 녹초가 됐을 만한 삶을 살아간다. 오늘날 우리가 누리는 편안하고 도시화된 생활에서는 알 수 없겠지만, 이처럼 극도로 많은 신체 활동은 몇천 년 전의 모든 인간에게는 일상이었다. 우리의 선조들은 불과 몇백 세대 전에만 해도 수렵채집을 했다. 눈 한번 깜박할 만큼 짧은 진화의 시간이었다. 우리는 수렵채집 혈통을 이어받은 수렵채집인이다(4장 참고).

우리는 미국과 유럽을 비롯한 선진국에 사는 우리 자신을 위해 만든 산업화된 인간 동물원에서 훨씬 더 많이 앉아서 생활하게 됐다. 현대화는 삶을 개선하고 연장하는 중요하고 획기적인 것들을 가지고 들어왔다. 실내 화장실, 백신, 항생제가 대표적이다. 하지만 어떤 측면에서 보면 우리는 훨씬 덜 건강해졌다. 비만, 2형 당뇨, 심장병 그리고 선진국의 다른 주요 사망 요인이 되는 질병은 수렵채집인과 자급자족 농민들 사이에서는 사실상 찾을 수 없다. 많은 공중 보건 종사자들은 이러한 문명의 질병은 앉아서 지내는 현대의 생활 방식으로 인한 일일 에너지 소비량 감소가 어느 정도 그 원인이 되었다고 믿는다. 이 시나리오에서 우리의 게으른 생활 방식은 매일 태우는 열량의 양을 감소시키고, 이처럼 쓰지 않은 열량은 지방으로 축적되어 비만과 심장 대사 질환을 일으킨다. 심장 대사 질환이란 당뇨와 심장병을 비롯한 현대 생활의 다른 흔한 병을 아우르는 용어다.

이런 배경 때문에 우리가 그 기간에 하드자 랜드에 가서 일일 에너지 소비량을 측정한 것이다. 우리는 하드자족이 대단히 활동적이라는 사실을 알았다. 그 때문에 우리는 다른 모든 사람처럼 하드자족이 매일 엄청난 양의 에너지를 소모한다고 믿었다. 그 전에 누구도 수렵채집인의 에너지 소비량을 실제로 측정한 적이 없었다. 우리는 처음으로 그들의 놀라운 대사량 그리고 그와 비교되는 산업화된 세계의 한심할 정도로 줄어든 에너지 소비량을 기록하고 싶었다. 우리는 수렵채집인인 인간의 몸이 어떻게 기능하는지 이해하고 싶었다.

기이한 결과

우리가 2009년 하드자족의 에너지학 프로젝트를 시작했을 때 나는 일일 에너지 소비량 측정에 대해 잘 몰랐다. 대학원 시절에 인간과 다른 여러 종의 걷기와 달리기 에너지 소비량을 측정한 적은 있지만, 이중 표지수를 이용한 연구는 경험이 많지 않았다. 운 좋게도 그 분야의 전문가인 훌륭한 동료들과 함께 일했다. 세인트루이스에 있는 워싱턴대학교(당시 나의 근무처)의 수전 라세트Susan Racette 교수와 베일러 의과대학의 빌 웡 교수였다. 빌은 이중표지수를 이용한 연구 분야에서 세계적인 인정을 받는 전문가였다. 그는 이중표지수 연구가 인간에게 최초로 적용된 1980년대 초반에 그 방식으로 연구를 시작한 최초의 과학자 중 하나였으며, 이후로 세계에서 제일 좋은 이중표지수 연구실을 운영하고 있다. 또 정말 좋은 사람이기도 하다.

빌과 수전은 우리가 하드자족 연구를 위해 개발한 이중표지수 연구 계획서를 감독해 적절한 용량과 신뢰성 있는 샘플 추출 방식을 정하고자 했다. 하드자 현장 연구 기간이 끝난 뒤 탄자니아에서 집에 돌아왔을 때 나는 모든 소변 샘플을 조심스럽게 포장해 빌의 실험실로 보냈다. 그리고 기다렸다. 빌의 실험실에서 샘플을 살펴보고 질량 분석법을 이용해 각 샘플의 동위원소 농축량을 측정하는 데는 몇 개월이 걸렸다.

그 후 하드자 랜드의 열기와 먼지에서 아주 멀어진 늦가을 어느 날, 빌에게서 이메일이 왔다. 하드자족의 분석 결과가 첨부되어 있었다. 나는 데이터를 볼 준비가 되었지만 그 데이터의 의미를 확인할 준비는 되지 않았다.

나는 산업화된 나라에 사는 성인들의 일일 에너지 소비량에 대한 방대한 비교 자료를 모아 하드자족 데이터를 확인할 준비를 했다. (3장을 건너뛰지 않은 한 우리 자신을 포함해) 에너지 소비량에 대해 조금이라도 아는 사람은 신체 크기를 고려해야 한다는 사실을 안다. 몸집이 더 큰 사람이 더 많은 열량을 소모하는 까닭은 열심히 일하는 세포를 더 많이 가지고 있기 때문이다. 그래서 나는 하드자족의 데이터를 미국, 유럽, 기타 선진국의 100명이 훨씬 넘는 남녀의 일일 에너지 소비량과 체형을 표시한 그래프를 이용해 분석하기 시작했다. 사실상 지방량은 대사율에 거의 영향을 미치기 않기 때문에 일일 에너지 소비량 대비 제지방 체중을 비교해 그래프로 표시했다. 그리고 하드자족 여성 17명, 남성 13명의 데이터를 동일한 그래프상에 그렸다. 나는 하드자족의 데이터가 미국과 유럽의 데이터를 한참 상회하는 구름 형태를 이룰 거라고 예상했다. 하드자족이 신체 활동을 굉장히 많이 하기 때문에 에너지 소비량이 독보적으로 높다는 사실을 모두 **알고 있었다**.

하지만 분석 결과, 모두가 알고 있던 것은 사실이 아니었다. 하드자족의 데이터는 미국과 유럽에서 가져온 데이터 수치와 동일선상에 위치했다(그래프 5.1). 하드자족 남녀는 미국, 영국, 네덜란드, 일본, 러시아 사람들과 매일 같은 양의 에너지를 소모하고 있었다. 왜 그런지 모르겠지만, 전형적인 미국인이 일주일에 하는 활동보다 하드자족은 하루에 더 많은 신체 활동을 하고 있는데도, 다른 모든 사람과 같은 열량을 소모했다.

믿을 수 없었다. **뭔가 놓쳤음에 틀림없어**. 나는 다시 작업에 들어갔다. 점점 더 복잡해지는 통계 자료를 사용해서 우리가 예상했던 결과값을 이해하기 힘들게 만든 기타 요인들을 밝혀내고, 그래프상 높은 지점 어딘가 있을 줄 알았던 하드자족의 높은 에너지 소비량에 대해 알아내려 애썼다. 나는 나이를 통제 변인으로 놓았다. 그다음엔 성별,

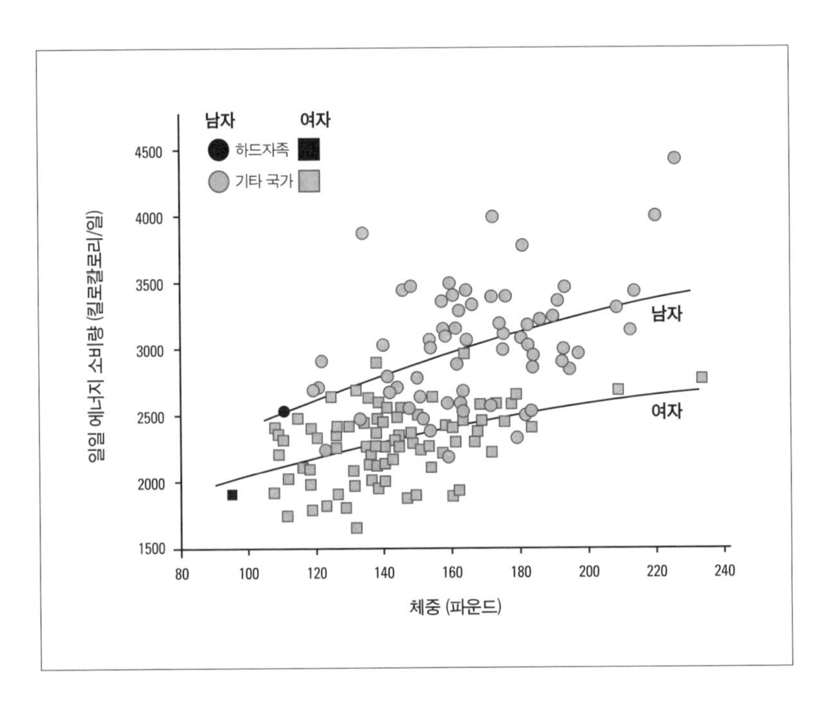

[그래프 5.1] 하드자족 남녀의 일일 에너지 소비량은 산업화된 국가에 사는 성인들의 일일 에너지 소비량과 같다

각 점은 성인 남성과 여성 집단의 평균 일일 소비량과 체중을 나타낸다(그래프 3.4 그래프에 사용된 것과 동일한 데이터). 검은 선은 산업화된 국가에 사는 남녀의 추세선이다. 하드자족 남녀는 이 선 위 또는 아래에 놓이는데, 체중을 고려할 때 다른 나라 사람들과 하루에 같은 열량을 소모한다는 의미다.

지방량, 키를 통제 변인으로 설정해보았다. 하지만 그 어떤 것도 중요한 변인으로 작용하지 않았다. 결과는 명백하고 확고했다. 하드자족 남녀는 우리를 비롯한 다른 모든 사람과 일일 에너지 소비량이 같았다. 하드자족이 매일 몸을 훨씬 더 많이 움직였지만, 더 많은 열량을 소비하지는 않았다. 도대체 뭐가 어떻게 된 걸까?

제한된 일일 에너지 소비량

하드자족 사람들의 결과는 일일 에너지 소비량을 측정하는 요인 접근법factorial approach(요인 가산법)과 완전히 모순되는 것처럼 보였다(3장). 요인 접근법은 일일 에너지 소비량이 하루 신체 활동에 따라 증가한다고 가정한다(그래프 5.2). 몸을 더 많이 움직일수록 하루 소모하는 열량도 많다는 전제는 몸의 대사 기관이 열량을 소모하는 방식에 관한 정설이자 이론적으로만 접근한 견해다. 요인 접근법은 하도 직관적이고 보편화되어 있어 반론의 여지가 없어 보인다. 하지만 그 방법으로는 우리가 하드자족에게서 확인한 결과를 설명할 수 없었다.

어쨌든 하드자족은 하루 소모하는 총 열량을 제한하는 방식으로 본인들의 고된 생활 방식에 적응하고 있었다. 그들의 대사 기관은 유연하고 회복력이 강했다. 대단히 **함나 시다**했다.

하드자족을 통해 발견한 사실은 하드자 랜드 훨씬 너머에까지 영향을 미쳤다. 인간은 모두 하나의 종이다. 전 세계적으로 우리의 엄청난 문화적 다양성과 겉으로 드러난 외형의 차이에도 불구하고 우리 몸은 모두 같은 방식으로 작동한다. 우리가 하드자족에서 본 대사적 유연성은 전 세계에 사는 모든 인류가 가진 능력이다. 하드자족은 우리 자신을 이해하는 새로운 방식을 보여줬다. 일일 에너지 소비량은 그저 하루 활동량 차이에 반응하는 것이 아니었다. 대신 몸은 생활 방식과는 상관없이 일일 에너지 소비량을 거의 일정하게 유지하고 있는 것처럼 보였다(그래프 5.2). 나는 신진대사에 관한 이러한 관점을 '제한된 일일 에너지 소비량(constrained daily energy expenditure)'이라 부른다.

물론 하드자족의 결과가 우연이었다면 무시할 수도 있었다. 요인 접근법처럼 중요하고 편하고 입증된 사고법을 뒤집으려면 하나 이상의 연구가 필요하다. 하지만 실제로 인간과 동물의 에너지학에 대한 연구는 방대하며 점차 늘어나는 추세이고, 모두 제한된 일일 에너지 소비량을 언급한다. 그중 일부는 우리가 하드자족 연구를 시작하기 훨씬 전에 발표되어 오히려 멀지 않은 곳에 있었다.

하드자족 프로젝트 이후 나의 동료들과 나는 다른 수렵채집인과 농업 인구의 일일 에너지 소비량을 측정해 비슷한 결과를 얻었다. 내 실험실의 박사 후 연구원인 샘 울라커는 에콰도르의 외딴 아마존 열대우림 지역에 사는 슈아르족과 몇 달을 함께 보냈다. 하드자족처럼 슈아르족 역시 엄청나게 활동적인 생활 방식을 가지고 있다. 야생에서 사냥과 낚시를 하고 식물성 음식을 채집한다. 그들은 수공구로 힘들게 일하며 약간의 농사를 짓고, 카사바와 플랜테인 같은 탄수화물이 많은

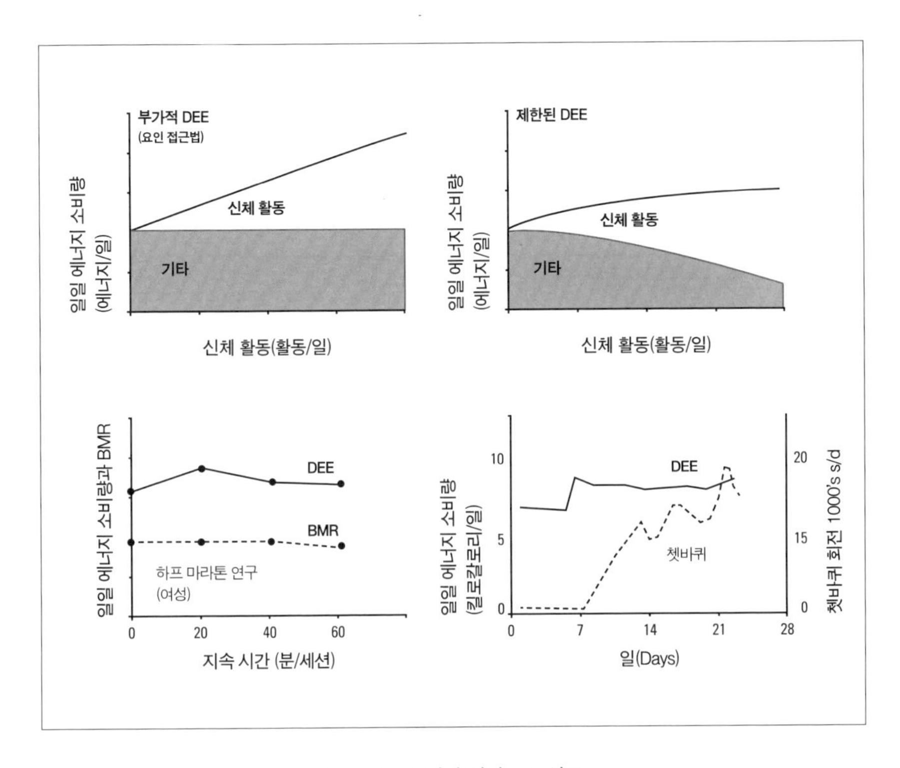

[그래프 5.2] **다량 영양소 노선도**

윗줄: 전통적인 '이론가형' 신진대사 모델은 가산적이며, 일일 에너지 소비량이 일일 신체 활동량에 따라 바로 증가한다고 가정한다. 제한된 일일 에너지 소비량 모델에서 몸은 다른 작업(음영 처리가 된 부분)에 쓰는 에너지를 줄인다. 신체 활동이 늘어나면서 좁은 범위 안에서 일일 에너지 소비량을 유지하기 때문이다.

아랫줄: 인간(왼쪽), 쥐(오른쪽) 그리고 다른 동물이 하루 신체 활동을 늘릴 때 일일 에너지 소비량은 활동에 따라 증가하지 않고 안정 상태를 유지한다. 왼쪽: 베스테르터르프의 하프 마라톤 연구에 참가한 여성들. 오른쪽: 쥐는 계속 앉아 있다가(1~7일) 쳇바퀴를 돌도록 했다(7~28일). 일일 에너지 소비량은 쳇바퀴에 타면서 처음에는 변했지만 하루 쳇바퀴 활동이 증가하면서 일정하게 유지됐다.

주요 산물을 키우고 수확한다. 샘은 5~12세 슈아르족 아이들의 일일 에너지 소비량을 측정해 미국과 영국의 아이들과 비교했다. 슈아르족 아이들은 신체 활동을 더 많이 했고, 기생충과 다른 감염도도 더 높아 기초 대사율BMR이 높았다(3장). 그럼에도 슈아르족 아이들의 일일 에너지 소비량은 미국과 영국에 사는 아이들의 일일 에너지 소비량과 동일했다.

에콰도르보다 더 남쪽에 위치한 볼리비아에서는 마이클 거번과 그의 팀이 치마네족 남녀의 일일 에너지 소비량을 측정했다. 치마네 부족은 슈아르족처럼 아마존 열대우림에서 사냥과 낚시를 하고 농사를 지으면서 먹고산다. 우리는 내 실험실에 있는 이중표지수 샘플을 분석했다. 치마네족은 매일 하드자족만큼 많은 신체 활동을 하며, 미국인의 활동량보다 거의 10배가 많다. 치마네족 남녀의 일일 에너지 소비량이 약간 상승했지만, 신체 활동 때문이 아니었다. 슈아르족 아이들처럼 치마네족 성인들은 기생충과 세균 감염율이 높아 BMR이 높아졌다. 그들의 면역계는 야근을 하는 중이다. 일단 그들의 엄청난 면역 활동을 고려하면 고된 생활 방식의 결과로 일일 에너지 소비량이 더 높아졌다는 증거는 없다. 표본 크기를 조정해 일일 에너지 소비량을 비교하는 연구에 주로 활용되며 [그리고 보통 신체 활동 수준(PAL) 또는 PAL 비율이라고 부른다], 실제로 치마네 부족은 BMR이 높아 치마네 부족 성인의 일일 에너지 소비량 대 BMR의 비율은 거의 모든 인구에 비해 낮았다.

치마네 부족의 연구 결과는 그 전에 에이미 루크Amy Luke가 나이지리아 시골 지역에서 연구한 결과와 동일하다. 에이미는 신진대사와 심장대사 질환 분야의 전문가이며, 점점 더 앉아서 생활하는 미국의 생활 방식이 건강에 미치는 영향을 20년 넘게 연구하고 있다. 2000년대 초반, 에이미는 연구 팀의 대표로 미국 메이우드와 일리노이주, 나이지리아 시골 지역에 거주하는 흑인 여성의 일일 에너지 소비량을 측정했다. 치마네족처럼 대부분 농부인 나이지리아 여성들은 미국 두 지역의 흑인 여성들에 비해 BMR이 높았다. (체형 차이를 반영한) 일일 에너지 소비량도 약간 상승하며 더 큰 BMR을 반영했다. 하지만 활동 에너지 소비량, 즉 BMR과 소화의 에너지 비용을 빼면 남는 일일 에너지 소비량은 차이가 없었다. 일일 에너지 소비량 대 BRM의 신체 활동 수준은 생활 방식의 확연한 차이가 있음에도 나이지리아와 미국 여성들 모두 같았다.

이러한 목록은 끝이 없다. 로욜라 의과대학에서 에이미 루크 교수와 함께 일하는 박사 후 과정 연구원 라라 두가스Lala Dugas는 전 세계 98개 인구 집단의 일일 에너지 소비량을 분석했다. 일일 에너지 소비량은 엄청나게 차이가 났다. 누구는 높고, 누구는 낮았다. 하지만 매일 먹고 살기 위해 열심히 일하는 시골 지역 농업 인구의 일일 에너지 소비량은 산업화된 사회에서 편하게 사는 도시인들의 소비량과 같았다. 심지어 산업화된 나라에서도 측정된 신체 활동과 일일 에너지 소비량, 활동 에너지 소비량, 또는 신체 활동 수준 사이 상관관계는 없었다. 더 열심히 일하는 사람들이 꼭 더 많은 열량을 소모하지는 않는다.

제한된 일일 에너지 소비량은 집단 **내에서도** 관찰된다. 나는 에이미 루크, 라라 두가스, 또 그들의 팀과 협력해 5개국 남녀 332명의 일일 에너지 소비량을 분석했다. 우리는 모든 사람을 모아 체중, 체지방율, 나이, 그 밖의 다른 특징의 영향을 고려해 그들의 일일 에너지 소비량을 조정하고, 조정된 일일 에너지 소비량을 일일 신체 활동과 비교해 그래프에 표시했다. 심지어 체형과 체지방을 고려한 뒤에도 사람들 간 엄청난 차이가 있었다(3장). 그래도 우리는 신체 활동에서 오는 아주 약한 신호를 감지할 수 있었는데, 그 신호는 마치 시끄러운 미식축구 경기장에서 속삭이는 소리처럼 미미했으며, 더 활동적인 사람의 일일 에너지 소비량이 아주 약간 높음을 보여줬다. 하지만 활동의 영향이 약했을 뿐 아니라 일일 에너지 소비량은 활동 수준이 높아지자 점차 작아졌다. 적당히 활동적인 사람들은 집에서 빈둥거리며 텔레비전이나 보는 사람들에 비해 평균적으로 약 200킬로칼로리를 더 많이 소모했지만, 적당히 활동적인 성인과 신체 활동이 가장 많은 사람들 사이 차이는 없었다. 제한된 일일 에너지 소비량 모델이 예측하듯이 일일 에너지 소비량은 안정 상태를 유지했다. 그리고 집에서 빈둥거리며 지내는 사람들 사이 일일 에너지 소비량 차이는 보통의 빈둥거리는 사람들과 활동량이 많은 성인들 간 차이보다 훨씬 더 컸다.

지금까지 이 모든 비교는 평소 신체 활동 수준이 다른 사람들끼리 이루어졌다. 우리가 그들을 운동 프로그램에 등록시켜 누군가의 생활방식을 바꾸면 어떤 일이 벌어질까? 이와 관련한 여러 종류의 연구가 많이 이루어졌으며 그 결과는 운동 프로그램의 기간과 강도에 따라 어느 정도 차이가 있지만, 대개 제한된 일일 에너지 소비량 모델을 반영한다. 내가 제일 좋아하는 연구가 있다. 네덜란드의 클라스 베르테르터르프Klaas Westerterp와 동료들은 단 한 번도 운동을 해본 적이 없는 남녀를 1년 운동 프로그램에 등록시켜 하프 마라톤을 뛰는 훈련을 하게 했다. 여자 중 세 명과 남자 중 네 명은 일일 에너지 소비량을 측정한 뒤 운동 프로그램을 시작하고, 훈련 계획서의 각 단계에 해당하는 8주차, 20주차, 40주차에도 소비량을 측정했다. 처음에 실험 참가자들은 하루 20분, 주 4일간 달리기를 했다. 뒤에 가서는 한 번에 60분, 한 주 약 40킬로미터를 달렸다.

당연하게도 이 운동을 모두 한 여성들은 근육이 1.8킬로그램가량 늘었다. 게다가 체중과 연비를 기준으로 그들의 일일 에너지 소비량은 최소 하루 360킬로칼로리 높아질 것이며, 늘어난 근육량으로 휴식기에도 소비되는 열량이 늘어난 것까지 감안하면 하루 약 390킬로칼로리 가까이 높아질 것이다(3장). 하지만 40주차에 측정한 그들의 일일 에너지 소비량은 불과 120킬로칼로리가량 높아졌을 뿐이었다. 이 여성들은 운동을 전혀 안 하다가 한 주에 약 40킬로미터를 달리며 하프 마라톤을 달릴 수 있을 정도로 훈련했지만, 그들의 일일 에너지 소비량은 운동을 시작할 때와 기본적으로 같았다(그래프 5.2). 연구에 참가한 남성들도 비슷한 결과가 나왔다.

베스테르터르프 연구의 기간은 언급할 필요가 있다. 연구자들 사이에서 그의 연구는 1년에 달하는 대규모 장기 연구로 이야기된다. 하지만 12개월은 그리 길지 않다. 이어지는 내용과 7장에서 볼 수 있듯이 새로운 생활 방식에 적응하는 일은 여러 해에 걸쳐 일어날 수 있다. 하드자족 같은 집단은 수년 동안, 말 그대로 전 생애에 걸쳐 높은 신체 활동 수준에 맞춰 생활 방식을 조정한다. 그들은 궁극적인 장기 연구 대상이다. 장기 연구의 어느 시점에 과거의 생활 방식을 유지하며 살아가는 집단에서 일일 에너지 소비량이 증가했다는 증거를 연구자들이 많이 찾지 못하는 것은 그리 놀랄 일이 아니다.

또 인간만 그렇지도 않다. 제한된 일일 에너지 소비량은 온혈동물 사이에서는 일반적인 일처럼 보인다. 설치류와 조류를 대상으로 한 여러 실험실 연구는 일일 신체 활동을 늘리면서 동물들의 일일 에너지 소비량 변화를 측정한다. 베스테르터르프의 하프 마라톤 연구와 그리 다르지 않은 방식이다. 하지만 아무리 반복해도 결과는 달라지지 않는다. 동물들이 더 많이 활동한다고 해도 일일 에너지 소비량은 변하지 않는다. 거의 일정한 범위 내에서 일일 에너지 소비량을 유지하기 위해 마치 외줄을 타듯 균형 잡기 하는 우리 몸은 고대로부터 전해온 일반적인 진화 전략을 채택한 것이 분명하다.

이제 다시 동물원으로 가보자. 1장에서 이야기했듯이 동료들과 나는 지난 몇 년간 실험 가능한 유인원, 원숭이, 다른 영장류의 일일 에너지 소비량을 측정했다. 제한된 모델의 예측처럼 우리는 동물원에 사는 영장류가 야생의 영장류와 일일 에너지 소비량이 같다는 사실을 발견했다. 캥거루와 판다도 마찬가지다. 각 종은 정글에서 생존을 위해 투쟁하든 동물원에서 느긋하게 쉬든 진화 과정에서 정해진 대사율을 유지한다. 생활 방식은 거의 영향을 미치지 않는다. 호랑꼬리여우원숭이는 마다가스카르의 숲에서 힘들게 먹고살든 듀크 여우 원숭이 센터의 편안한 방 안에서 느긋하게 빈둥거리든 일일 에너지 소비량이 같다. 당연히 인간 역시 수렵채집인으로 자급자족해 먹고살든 우리가 스스로를 위해 만든 산업화된 동물원에서 협력해 살아가든 같은 양의 에너지를 소모한다.

신진대사 기관은 움직이고 변화해 증가한 활동비용을 위한 여지를 만듦으로써 궁극적으로는 일일 에너지 소비량을 거의 일정한 범위 안에서 유지한다. 그 결과 과거에 살았던 수렵채집인이든 현재의 수렵채집인이든 또 산업화된 세계에서 규칙적으로 운동하며 살아가는 현대인이든 신체 활동이 많은 사람이 소모하는 에너지는 훨씬 더 오랜 시간 앉아서 생활하는 사람과 같다.

비만 탈출

일일 에너지 소비량이 제한된다는 사실을 깨달으면 현대의 비만 유행에 대해 생각하는 방식이 바뀐다. 우선 수렵채집인이 선진국에서 사는 도시인들과 같은 양의 열량을 소모한다는 사실은 구석기 시대부터 컴퓨터화된 현재까지 바뀌지 않을 것이다. 현대의 폭발적인 비만 증가와 그에 따른 모든 영향을 산업화된 국가의 에너지 소비량 감소 탓이라고 말할 수는 없다. 1980년부터 이루어진 산업화된 세계에서 이중표지수 연구는 이 사실을 분명히 보여주는 것처럼 보인다. 일일 에너지 소비량과 신체 활동 수준은 미국과 유럽에서 지난 40년간 동일했다. 심지어 비만과 대사 질환이 폭증했는데도 말이다.

둘째, 제한된 일일 에너지 소비량은 운동이나 다른 프로그램을 통해 증가하는 일일 활동량이 궁극적으로 하루 소모하는 열량에 거의 영향을 미치지 않는다는 것을 의미한다. 따라서 비만을 해결하는 방식을 바꿔야 한다. 체중 변화는 기본적으로 에너지 균형의 문제다. 소모하는 열량보다 더 많은 열량을 섭취하면 체중이 증가한다. 섭취하는 열량보다 소모하는 열량이 더 많으면 체중이 빠진다. 이 모든 것이 물리학의 규칙이다. 라부아지에, 애트워터, 루브너 그리고 대사학의 선구자들이 밝힌 것처럼 인간과 다른 동물은 이 규칙을 따른다(3장 참고). 일일 에너지 소비량이 제한된다는 널리 받아들여진 증거는 일일 에너지 소비량의 지속적이고 유의미한 변화는 운동을 통해 이루기가 **엄청나게 힘들다**는 사실을 알려준다. 운동을 얼마나 많이 하든 소모하는 열량을 바꾸기가 정말 힘들다면 섭취하는 에너지의 양에 집중해 비만에서 벗어나는 편이 낫다.

운동은 여전히 건강을 위해 꼭 필요하다! 우리는 변함없이 운동을 해야 한다! 방금 구매한 피트니스 센터 회원권이 현명한 선택이었다고 확신하고 싶으면 바로 7장으로 가라. 운동의 온갖 중요한 이점을 알려줄 테니까. 앞으로 살펴보겠지만 일일 에너지 소비량의 제한은 실제로 운동이 우리에게 이로운 중요한 이유다. 운동은 우리를 건강하게, 살아 있도록 해줄 것이다. 다만 체중에는 별 영향을 미치지 않는다.

이제 숫자에 깊은 관심을 기울이면 운동이 유발할 수 있는 대사율의 작은 변화가 비만을 극복하는 데 왜 그렇게 중요한지 질문하게 될지도 모른다. 결국 하프 마라톤을 달리는 훈련을 했던 여성들은 우리 예상보다 훨씬 더 적은 에너지를 소모했을지 모르지만, 그래도… 하루 120킬로칼로리는 여전히 **의미가 있다**. 많은 운동 프로그램은 적을지언정 에너지 소비량을 지속적으로 높인다. 시간이 지날수록 작은 효과가 쌓일 수 있다. 그리고 우리의 신진대사가 결국 적응해 새로운 운동 프로그램에 맞춰진다고 해도 일일 에너지 소비량이 전보다 높아지는 최소한 몇 주나 몇 달의 적응 기간이 있다(아래 참고). 이처럼 일일 소비량이 증가하면 체중이 빠지지 않겠는가?

그런 기대는 하지 마라.

우리 몸이 단순한 기계 장치라면 일일 에너지 소비량의 작은 증가는 결국 체중 변화로 이어질 것이다. 하지만 우리 몸은 단순한 기계 장치가 아니다. 오랜 기간에 걸쳐 만들어진 진화의 역동적 산물로, 활동과 식량 이용도에 따라 빠르게 달라지고 적응하고 변화해왔다. 우리의 몸, 더 정확하게는 우리의 뇌는 배고픔과 대사율을 조종해 감량한 체중을 유지하기 몹시 힘들게 만든다. 대사 기관은 우리가 매일 소모하는 에너지와 섭취하는 에너지를 맞추도록 정교하게 조정되며, 그 반대의 경우도 마찬가지다. (실제로 동물이 애초에 제한된 일일 에너지 소비량을 진화시킨 이유다. 즉 에너지 소비량을 구할 수 있는 음식의 양에 맞추기 위해서였다) 심지어 일시적인 경우라도 증가한 일일 에너지 소비량은 섭취한 에너지 증가량과 일치했다. 열량을 더 많이 소모할 때 우리는 더 많은 열량을 섭취한다.

1990년대 말 미국에서 실시된 중서부 운동 실험 1을 예로 들어보자. 앉아서 생활하는 과체중의 청장년층 실험 참가자들을 운동 집단 또는 통제 집단에 임의로 배정했다. 운동 집단의 참가자들은 열심히 운동해 16개월 동안 매주 최고 2000킬로칼로리(약 32킬로미터를 달리는 것과 동일한 열량)를 소모했다. 16개월 동안 한 주에 2000킬로칼로리에 해당하는 운동을 한 참가자들은 약 18킬로그램이 빠졌어야 한다. 하지만 남자들은 4.5킬로그램이 빠졌고, 거의 모든 체중 감량은 처음 9개월 내에 일어났다. 운동을 계속했음에도 체중은 더 이상 줄지 않았다. 이 결과에 실망했다면 운동 집단에 속한 여자들을 생각해보라. 그들의 체중은 **전혀 줄지 않았다**. 16개월간 감독하에 격렬한 운동을 하고 난 뒤에도 첫날 나타났을 때와 체중이 정확히 같았다(그래프 5.3). 그들은 16개월 간 운동을 전혀 하지 않은 통제 집단의 여성들이 체중이 약간 늘었다는 사실에 어느 정도 위안을 얻었을 것이다.

이런 실망스러운 결과를 얻은 연구자들은 중서부 운동 실험 2에서 더 힘든 운동 프로그램으로 다시 한 번 실험을 했다. 남녀 실험 참가자들은 한 주에 2000 또는 3000킬로칼로리의 통제된 운동 집단에 배정되었다. 어마어마한 운동량이었다. 체중 68킬로그램인 사람이 한 주에 32~48킬로미터를 뛰는 양이었다(3장). 참여한 참가자의 불과 64퍼센트만이 10개월간의 연구를 완료했다. 아마도 너무 힘들었기 때문이다. 연구를 완료한 사람들의 일일 에너지 소비량은 하루 평균 겨우 220킬로칼로리가 증가했다. 우리가 운동 프로그램으로 기대한 하루 증가량인 285~430킬로칼로리를 한참 밑도는 수치였다. 평균 체중 감소량은 약 4.5킬로그램으로, 더 수월했던 중서부 운동 실험1 연구에 참여한 남성들과 그리 다르지 않았으며, 우리가 그토록 많은 양의 운동에서 기대한 감량치보다 훨씬 낮았다. 그리고 하루 2000킬로칼로리 또는 3000킬로칼로리 운동 집단 간 평균 체중 감량 차는 없었다. 이로서 또 한 번 운동량이 체중에 거의 영향을 미치지 못했음을 알 수 있었다. 더 놀랍게도 연구를 완료한 74명의 남녀 중 34명은 평균 체중 감소량이 0이었다. '무반응자'로 분류된 이 불쌍한 사람들은 미친 듯이 운동해 자신들의 일일 에너지 소비량을 약간 웃도는 신체 활동을 했지만, 체중은 여전히 그대로였다.

중서부 운동 실험 1과 2의 참가자들은 이례적인 경우가 아니었다. 운동을 통해 체중 감량을 하고자 하는 모든 연구는 같은 패턴을 보인다. 연구가 더 오래 지속될수록 체중 감량치는 기대에 덜 미친다(그래프 5.3). 새로운 운동 프로그램에서 첫 몇 달간의 결과는 두서가 없다. 사람들은 대개 체중이 빠지지만 단기간의 결과는 엄청난 차이가 난다(어떤 사람들은 체중이 늘기도 한다). 하지만 운동을 감독하는 사람이 있어 빠지거나 속이지 않고 운동을 1년간 하고 나면 평균 체중 감량치는 기대한 수치의 절반에도 못 미친다. 2년 뒤에 평균 체중 감량치는 2킬로그램에도 못 미치며, 중서부 연구에서 볼 수 있듯이 많은 사람은 전혀 살이 빠지지 않을 것이다.

즉 내일 새로운 운동을 시작해 꾸준히 운동해도 2년 뒤에 지금과 거의 체중이 같을 확률이 높다. 그럼에도 운동을 해야 한다. 더 행복하고, 건강하고, 더 오래 살 수 있기 때문이다. 그저 운동만으로 장기간에 유의미한 체중 변화가 있으리라는 기대는 하지 마라.

그처럼 실망스러운 체중 감량 결과는 어느 정도는 위에서 이야기한 증가한 활동량에 대한 일종의 대사성 보상 때문이다. 하지만 제한된 일일 에너지 소비량이 전부는 아니다. 또 한 가지 중요한 변화는 운동을 하면 식욕이 좋아진다는 것이다. 우리의 뇌는 배고픔 정도를 조절하는 데 탁월해 우리는 칼로리 섭취량을 늘려 소비량 증가를 만회한다. 여기에 대해서는 이어서 좀 더 이야기할 예정이다.

섭취와 소비의 정확한 일치는 이해하기 힘든 인간 신진대사의 이상한 점을 설명해준다. 즉, 에너지를 더 많이 소모한다고 해서 살이 찌는 걸 막을 수는 없다. 3장에서 이야기했듯이 사람들의 일일 에너지 소비량은 몸 크기와 체지방률을 고려한다 해도 엄청난 차이가 난다. 어떤 사람들은 하루에 더 많은 에너지를 소모하고, 어떤 사람들은 덜 소모한다. (체격, 나이, 생활 방식이 같은 두 사람은 하루 500킬로칼로리까지 쉽게 차이가 날 수 있다.) 때로 일부 집단의 일일 에너지 소비량이 더 높은 경우도 있다(가령 우리는 소수의 슈아르족 남성의 높아진 일일 에너지 소비량을 측정했다). 하지만 신진대사 속도가 빠른 것과 몸이 마른 건 아무 관련이 없다. 비만인 사람은 마른 사람과 하루 같은 양의 에너지를 소모한다. 신체 크기와 체성분의 차이를 고려하더라도 말이다(실제로 몸 크기를 고려하지 않으면 비만인 사람들은 그저 몸집이 더 크기 때문에 매일 **더 많은** 열량을 소모한다고 나오는 경향이 있다. 3장과 그래프 5.1 참고). 그리고 높든 낮든 일일 에너지 소비량으로는 누군가 살이 찔 가능성이 있는지 전혀 예측할 수 없다. 가령 나이지리아와 미국의 여성을 대상으로 한 에이미 루크의 연구에서 2년간 한 여성의 일일 소비량과 체중 증가 사이에는 아무 관련이 없었다. 아이들을 대상으로 한 연구에서도 같은 결과

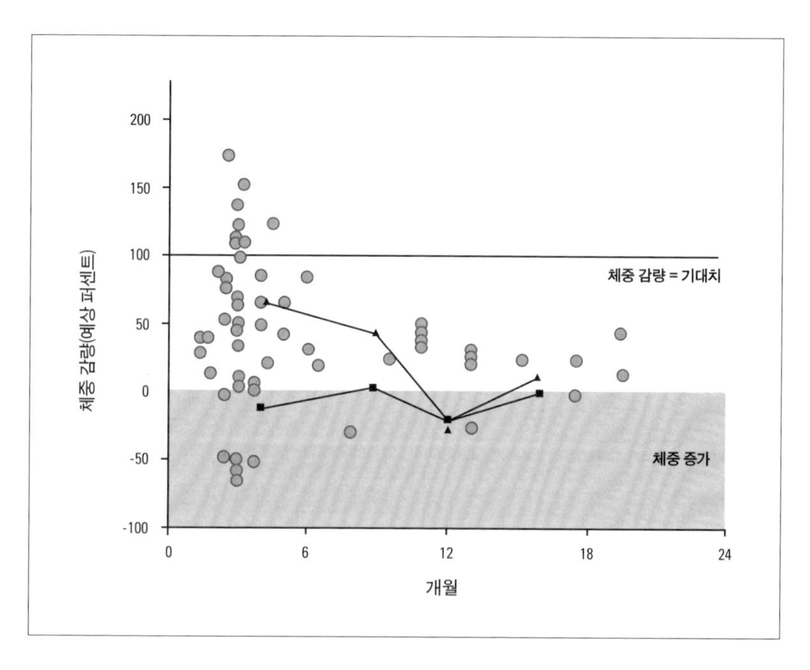

[그래프 5.3] 운동을 통한 체중 감량

각 점은 한 운동 연구의 평균 체중 감량을 나타낸다. 100퍼센트 체중 감량은 실험 참가자가 운동에 소모한 열량으로 기대한 체중만큼 정확히 감량한 것을 의미하며, 0퍼센트는 참가자가 체중을 감량하지 못한 것을 의미한다. 연구가 길어질수록 더 적은 체중 감량이 관찰되었다. 중서부 운동 실험 1 연구에 참여한 남성(삼각형)과 여성(사각형)의 체중 변화는 연구 기간에 걸쳐 그래프 위에 표시했다.

가 나왔다. 더 많은 열량을 소모하는 사람이 체중이 덜 나가지 않는다. 열량을 더 많이 소모하는 사람들은 더 많이 먹는다. 그렇다면 살을 빼려면 덜 먹으면 되는 거 아닌가? 그 역시 복잡하다.

우리는 모두 뚱뚱한 루저다: 과식과 영양 부족에 대한 대사 반응

〈비기스트 루저The Biggest Loser〉는 관음증과 가학증 중 어느 선택도 하고 싶지 않은 시청자들을 위한 리얼리티 프로그램이다. 그 전제는 단순하다. 136킬로그램이 넘고 살을 빼고 싶은 욕구가 간절한 과도 비만의 참가자 16명이 13주간 격리된 신병 훈련소로 보내진다.

거기서 그들은 무자비한 프로그램을 통해 체중을 감량한다. 참가자들은 군대 조교의 엄격한 감시 아래 매일 4시간 30분간 운동을 한다. 먹는 음식의 양을 줄여 경쟁에 참가하기 전 먹던 열량의 절반도 안 되는 열량의 식사를 한다. 때로 시청자들의 즐거움을 위해 참가자들은 제일 좋아하는 음식이나 집에 전화할 기회를 두고 고통을 겪기도 한다. 거의 매주 그들은 정육점 고기처럼 사람들 앞에서 체중을 쟀다. 제일 적게 감량한 사람은 대개 울면서 집으로 돌아간다. 사람들이 이런 식으로 고통받는 모습을 지켜보는 것은 분명 전 세계 사람들이 좋아하는 일이다. 비만 확산 그 자체처럼 이 프로그램은 미국(당연히)에서 시작했지만, 전 세계 30개가 넘는 나라에서 방영되었다.

결코 인간 연구 윤리 위원회를 통과하지 못할 프로그램이다. 운동량은 무자비하고, 전 세계인 앞에서 겪는 공개적 망신은 눈살이 찌푸려진다. 비록 그들이 그런 프로젝트를 시작하게 했지만, 큰 목소리로 항의하면 멈출 수 있을 것이다. 하지만 신진대사와 비만을 연구하는 호기심 많고 영리한 과학자에게 그 프로그램은 둘도 없는 기회를 제공한다. 사람들이 이 미친 짓을 어떻게든 견디려 한다면 몸이 엄청난 양의 운동과 극심한 다이어트에 어떻게 반응하는지 지켜볼 기회로 삼으면 왜 안 되는가?

그래서 2010년 케빈 홀은 미국 국립 보건원(NIH)와 페닝턴 생물 의학 연구센터의 과학자들을 대표해 〈비기스트 루저〉 참가자들의 대사 변화를 연구했다. 그들은 BMR, 일일 에너지 소비량, 호르몬 수치를 측정하고 체중과 체지방의 변화를 추적했다. 하드자족의 에너지학 프로젝트처럼 홀의 연구 역시 우리 몸이 얼마나 유연할 수 있는지 보여줬다.

우선 좋은 소식이 있다. 참가자들은 모두 체중이 많이 빠졌다. 경쟁을 시작하고 6주차에는 평균 14킬로그램가량 빠졌다. 13주차에는 집에 가지 않은 참가자들은 다시 14~18킬로그램이 빠졌다. 그리고 30주차 최종회에서 참가자들은 마지막 체중 측정을 위해 프로그램 촬영장으로 돌아왔다. 4개월간 자율적인 식단 관리와 운동을 한 뒤였다. 참가자들은 평균 58킬로그램 가량 감량했다. 보통 체중의 성인 한 명 무게에 해당하는 살을 태워 없앤 것이다. 다른 건강상의 이점도 있었다. 참가자들의 공복 포도당 수준(혈당)이 인슐린 저항성과 함께 줄어들며 2형 당뇨병의 발병 위험을 낮췄다. 혈액 안에서 순환하는 트라이글리세라이드의 양 역시 줄어 심혈관계 건강에 청신호가 켜졌다.

이번에는 그다지 좋지 않은 소식이다. 그들의 몸은 굶주린 상태였다. 30주차에 BMR이 하루 거의 700킬로칼로리, 25퍼센트 가량 떨어졌다. BMR 감소와 체중 감량이 단순한 함수 관계에 있는 것이 아니었다. 체중 감량만으로 예상한 것보다 BMR 감소 폭은 훨씬 컸다. 변화는 더 극심했다. 참가자들의 세포는 대사율과 운동 에너지, 연소 에너지의 속도를 늦췄다. 그리고 그 변화는 일시적이 아니었다. 홀과 동료들이 프로그램이 방영되고 6년이 지나 다시 한 번 참가자들을 검사했을 때 그들의 BMR은 **여전히** 예상보다 낮았다. 공중 보건의 시각에서 이 결과는 기대에 어긋나는 듯하다. 왜 그들의 몸은 건강하지 않은 체중을 태워 없애려는 노력에 불리하게 작용했을까? 하지만 진화론의 관점에서 보면 충분히 일리가 있다.

수억 년에 걸친 진화의 산물인 우리는 우리 몸이 주변에 있는 음식의 양과 우리가 지방으로 비축해둔 에너지의 양에 극도로 민감하게 반응하리라 예상한다. 모든 생명체는 삶의 필수적인 일을 행하기 위한 에너지를 필요로 하며, 일반적으로 더 많은 열량을 소모할수록 좋다(3장). 더 많은 에너지를 소모한다는 것은 성장, 유지, 생식이 더 많이 이루어진다는 의미다. 하지만 이는 다윈주의적 블랙잭 게임•이다. 과도한 것은 **나쁘다**. 섭취하는 에너지보다 더 많은 에너지를 소모(연구자들이 음의 에너지 균형negative energy balance이라고 부르는 상태)하려면 자기 몸을

• 총 21점이 되도록 카드를 모으는 게임.

소모해야 한다. 한동안은 저장된 지방을 축낼 수 있지만(지방은 그러라고 있으니), 무한정 쓸 수는 없다. 결국에는 굶어 죽을 것이다.

당연히 인간과 다른 동물의 음의 에너지 균형에 대한 아주 오래되고 진화된 반응이 있다. 우리 몸이 하루에 필요한 에너지를 충분히 섭취하고 있지 않다는 사실을 감지하면, 우리는 속도를 늦추기 시작한다. 몸은 에너지 예산의 균형을 맞추기 위해 열심히 싸우므로 소비량은 섭취량을 초과하지 않는다. 대사율의 주 조절 기관인 우리의 갑상샘은 분비하는 갑상샘 호르몬의 양을 줄인다. 이는 마치 가속 페달에서 발을 떼는 것과 마찬가지다. 우리의 세포는 속도를 늦추고, 이는 BMR과 일일 에너지 소비량을 늦춘다. 동시에 배고픔을 조절하는 호르몬과 뇌 회로는 음식에 대한 욕구를 높인다. 우리 몸이 **뭐라도** 먹을 것을 찾는 데 온 신경을 쏟으면서 우리는 점차 몹시 배가 고파져 음식에 집중하게 된다. 이는 진화의 과정에서 나타난 기아 반응으로, 금식 반응이라고도 부른다.

이 기아 반응에 대해서는 충분한 연구가 이루어졌다. 1800년대 후반과 1900년대 초반에 이루어진 대사율을 측정하는 가장 초기의 몇몇 연구는 굶주린 상태에서 인간과 다른 동물의 변화에 집중했다. 최초의 철저한 연구 중 하나가 1917년 프랜시스 베니딕트Francis Benedict와 동료들이 제1차 세계 대전 중에 실시한 연구다. 이 연구의 목표는 전쟁 기아 피해자를 잘 이해하고 치료하는 것이었다. 연구자들이 대학에 다닐 나이의 남성 24명에게 몇 주 동안 그들이 평소 먹는 열량의 반만 먹게 했다. 결국 남성들은 원래 체중의 10퍼센트 가량 줄었다. 몸 크기에 맞춰 조정한 남성들의 BMR은 10~15퍼센트가 떨어졌으며, 그들은 점차 짜증이 많아지고 섹스에 흥미를 잃었다.

가장 잘 알려지고 철저한 기아 연구는 1944년~1945년 제2차 세계 대전이 끝나가던 몇 달간 이루어졌다(국제 외교와 기아 생리학 분야에서 제1차 세계 대전의 교훈을 충분히 이해하지 못했을 때였다). 제2차 세계 대전의 잔혹 행위와 그로 인한 빈곤이 확연히 드러나며 연구자들은 기아 대책을 개선하고자 했다. 미네소타대학교의 앤셀 키스Ancel Keys와 동료들은 평화주의적 신념으로 전쟁 복무를 거부한 양심적 전쟁 거부자 32명을 데려와 24주간 반기아식을 먹게 했다. 남성들은 하루에 겨우 1570킬로칼로리만을 섭취했다. 연구 시작 시 그들의 예상 일일 에너지 소비량의 절반도 안 되는 양이었다. 그들은 체중의 25퍼센트가 빠졌다. 당연하게도 예민함과 우울함이 증가했고, 섹스와 다른 활동에 대한 관심은 줄어들었다. 그들은 계속 허기져 하며 음식에 집착했다. 음식이 말 그대로 꿈에 나올 정도였다. BMR은 체중 대비 예상한 수치보다 20퍼센트 떨어졌다.

이 모든 변화는 남자들이 다시 먹을 수 있게 되자 사라졌다. 체중이 원래대로 돌아오자 몸은 알람을 껐다. 〈비기스트 루저〉 참가자들과 달리 이들의 BMR은 평소대로 돌아왔고, 기분도 되찾았으며 섹스나 다른 취미 활동에 대한 관심도 돌아왔다. 더 이상 기아 상태가 아니었다.

특히 남자들은 연구 후 집으로 돌아왔을 때 처음보다 체중이 늘어 연구 시작 시보다 지방이 1킬로그램 정도 늘었다. 제1차 세계 대전 중 실시한 베니딕트의 연구에 참여한 남성들에게도 같은 일이 일어났다.

원래 체중보다 늘어나는 현상에 대해서는 많은 연구가 이루어지지는 않았지만, 진화적으로는 일리가 있다. 굶주림의 시간을 경험하는 것은 본인이 열악하고 예측 불가한 환경에 있다는 꽤 유익한 지표다. 그런 경우 다음을 위해 약간 더 많은 연료를 저장해두는 것은 좋은 전략이라고 할 수 있다. 여전히 그들의 몸은 평소 체중이 얼마여야 하는지 '알았고' 거의 그 체중으로 돌아와 연구 전 체중이 되었을 때 알람을 끈 것은 놀랍다. 분명 우리의 신진대사와 배고픔을 결정하는 메커니즘은 지켜야 하는 상당히 구체적인 체중과 체성분을 정해두고 있다.

〈비기스트 루저〉 참가자들 역시 그렇게 열심히 노력했음에도 원래 체중으로 돌아왔다. 케빈 홀Kevin Hall과 그의 연구진이 프로그램이 방영되고 6년 후 참가자 14명을 검사했더니 한 명을 제외한 모든 참가자가 다시 체중이 크게 늘었다. 세 명은 프로그램 참가 이전의 원래 체중으로 돌아왔다. 다른 두 사람은 시작했을 때보다 체중이 더 늘었다. 그렇다면 대사율과 BMR 감소율은 체중 회복과 어떤 식으로 관련되어 있었을까? 에너지 소비량에 대한 전통적 견해, 다시 말해 이론가형 견해는 대사율이 더 높고 BMR 감소율이 더 낮은 참가자는 체중이 늘지 않으리라는 것이다. 그런 경우 BMR 감소와 체중 회복은 한쪽이 증가하면 한쪽이 감소하는 음의 상관관계여야 한다. BMR이 더 높은 참가자는 체중이 덜 증가해야 했다.

대신 홀과 동료들은 그 반대의 결과를 얻었다. 프로그램 방영 후 6년이 지나고 BMR이 더 높았던 참가자들의 체중이 **가장** 많이 늘었다. 더 높은 BMR과 일일 소비량이 체중 증가를 막아줄 거라고 예상한다면 의외의 결과지만, 진화론적 관점에서 신진대사를 이해한다면 일리 있는 결과다. BMR과 일일 에너지 소비량은 체중 변화를 **좌우하는** 것이 아니라, 체중 변화에 **반응한다**. 〈비기스트 루저〉 참가자들은 프로그램 방영 기간과 그 이후에 기아 상태에 있었다. 그들의 낮아진 BMR와 일일 소비량은 에너지 소비량을 심하게 줄어든 섭취 열량과 맞추려는 절실한 진화 전략이었다. 프로그램 종영 이후 가장 많이 먹고 체중이 가장 크게 늘어난 참가자들은 기아의 위험이 지나갔다는 대단히 강한 신호를 자신의 몸에 보냈다. 그들의 BMR과 일일 소비량은 체중과 함께 제자리로 돌아왔다.

배후에 있는 두뇌

우리 몸이 신체 활동과 식단의 변화에 역동적으로 반응한다는 수많은 증거가 있지만, 새로운 사고방식으로 우리의 대사 기관을 바라봐야 한다. 신진대사에 대한 현재의 여론, 즉 이론만을 놓고 본 견해는 몸을 단순한 엔진으로 가정한다. 즉 더 많이 일할수록 더 많은 에너지를 소모하고, 더 많은 에너지를 소모할수록 더 적은 연료(지방)를 가지고 있을 것이라고 전제한다. 우리가 방금 확인했듯이 몸은 그런 식으로 작동하지 않는다. 몸은 영리하고 유연하게 에너지를 소모한다. 단순한 엔진이 할 수 없는 일을 한다. 그보다 더 나은 비유를 찾아야 한다.

신진대사를 이해하기 위해서는 몸을 하나의 기업처럼 생각할 필요가 있다. 이 기업은 진화의 산물이며, 그래서 단 한 가지의 진짜 목표를 가지고 있다. 바로 번식이다. 하지만 모든 큰 기업이 그러하듯, 몸은 많은 사업을 지원하며 다양한 기관과 생리 계통으로 구성된다. 370만에 달하는 직원, 즉 세포들이 매일같이 열심히 일하며 제 몫을 다한다. 칼로리는 모든 거래의 통화다. 에너지는 우리가 먹는 음식으로 들어와서 각 지원 계통과 직원들에게 필요한 만큼 배정된다. 잉여분이 있으면 쉽게 가져다 쓸 수 있는 당좌 예금 계좌(글리코겐)에 보관해두거나 저축 계좌(지방)에 보관한다.

엄격하고 매정한 진화주의 관리자는 예산을 주시하며 들어오고 나가는 에너지를 지켜본다. 나가는 에너지보다 들어오는 에너지가 더 많으면 대개 좋다. 금고가 가득 차고, 관리자는 에너지를 잘 쓸 수 있는 신체 계통에 더 많은 에너지를 배정할 수 있기 때문이다. 들어오는 에너지보다 **나가는** 에너지가 더 많으면 걱정할 필요가 있다. 적자가 너무 심하거나 오래가면 관리자는 조치를 취하고 에너지 소모 방식을 바꿀 것이다. 대개 균형 잡힌 예산을 유지한다는 말은 일일 에너지 소비량을 주변 환경에서 충분히 구할 수 있는 음식 에너지의 양과 동일하게 맞춘다는 의미다.

대개 산업화된 세계에서 몸은 생식 활동(섹스, 임신, 양육)에 직접 관여하지 않지만, 그건 별로 중요하지 않다. 기업은 모든 준비를 완료하고 지원 계통이 계속 활발하게 작동할 수 있도록 해야 한다. 37조에 달하는 직원을 먹이고 일하게 하는 것은 기업의 중대한 임무이기 때문이다. 외부 세계와 상호 소통하려면 근육, 신경, 뇌, 심장, 폐가 협동해야 한다. 방어와 보수는 끝나지 않는다. 다양한 신체 계통이 매일 조금씩 마모되고, 바이러스와 박테리아, 오염 물질과 기생충에게 계속해서 공격을 받는다. 물론 생식계 자체는 유지되고 일할 준비가 되어야 한다. 이 모든 일에는 에너지가 필요하며, 우리의 뇌와 소화계는 쉼 없이 협력해 음식을 계속해서 공급받고 이를 유용한 영양소로 바꾼다(2장).

이 모든 작업을 척척 해내는 진화론자 업무 관리자는 우리 진화의 산물이다. 정오가 되어 점심이 먹고 싶어지면 관리자는 뇌 속의 배고픔 회로를 활성화하여 공복과 낮은 혈당, 다른 신호에 반응한다. 우리가 독감에 걸려 힘이 없고 열이 날 때 관리자는 신체 활동에서 오는 에너지를 면역 활동으로 옮겨간다. 혼자서 치즈케이크를 재빠르게 먹어치울 때 이 모든 열량을 그 열량을 활용할 수 있는 계통으로 보내고 나머지는 지방 세포 속에 저장하는 것도 관리자의 일이다.

신진대사 관리자는 그저 은유나 만화 속 캐릭터가 아니라 우리의 뇌다. 특히 뇌 아랫부분 정중앙에 회색 껌 뭉치처럼 자리 잡고 있는 별 특징 없는 신경세포 덩어리인 시상하부다. 시상하부는 신진대사와 우리 몸을 살아 있게 하는 여러 관리 기능의 통제 센터다. 시상하부는 뇌간과 협력해 혈액 속 포도당이나 렙틴(지방 세포가 최근에 먹은 식사에서 들어온 에너지를 저장할 때 분비하는 호르몬) 같은 유전자를 모니터해 들어오는 에너지, 식사의 양과 다량 영양소에 대한 정보를 전달하는 미뢰, 위, 소장에서 오는 신경 신호를 감지한다. 시상하부는 또한 우리가 음의 에너지 균형(에너지 섭취가 소비보다 적은 상태)을 이룰 때를 감지할 수 있고, 그렐린(공복일 때 위에서 분비되는 호르몬)과 렙틴(지방 세포가 고갈되면 줄어든다) 수치와 다른 신호를 모니터한다. 이에 대응해 시상하부는 갑상샘의 활동과 갑상샘 호르몬의 분비를 조절함으로써 우리의 신진대사 작동을 활성화하거나 멈출 수 있다. 또한 우리의 배고픔 정도를 바꿔 포만감을 느끼기 위해 필요한 음식의 양을 조절할 수 있다.

시상하부의 활동을 우리가 매일 온라인에서 마주치는 알고리즘처럼 생각하면 된다. 구글, 페이스북을 비롯해 우리가 소통하는 다른 모든 사이트는 수백 개의 데이터, 즉 나이, 성별, 위치, 우리가 사용하는 기기 종류, 하루 중 시간, 과거 인터넷 검색 기록 등을 이용해 이야기와 광고를 우리에게 맞춤 노출한다. 그런 일은 모두 보이지 않는 곳에서 자동적이고 즉각적으로 이루어진다. 알고리즘의 본질은 모든 사람에게 똑같지만, 그 결과는 우리와 우리의 특정 상황에 맞춰 달라진다. 우리의 신진대사를 관장하는 체내 알고리즘도 마찬가지다. 변수(렙틴, 그렐린, 혈당, 포만감 정도, 음식 맛)는 모든 사람에게 동일하지만, 우리가 당면한 환경, 유전적 특징, 과거 경험은 신체 계통이 각 변수를 저울질하고 반응하는 방식에 영향을 준다. 가령 낮은 렙틴 수치는 대개 시상하부로 하여금 배고픔 반응을 활성화하도록 하지만, 렙틴이 우리의 배고픔 반응을 유발하는 **정확한** 기준점은 우리의 유전자, 식생활 습관, 혈액 속에 순환하는 전형적인 렙틴 수치와 많은 관련이 있을 것이다.

진화는 각 종의 대사 알고리즘을 결정짓고, BMR과 일일 소비량, 호르몬, 체지방율, 혈당 지수, 혈액 속 트라이글리세라이드 등의 '정상' 범위를 결정짓는다. '정상'은 시상하부와 시상하부의 진화한 알고리즘이 모든 것을 통제하고 섭취 열량과 소비 열량의 흐름을 관리할 수 있을 때 드러난다(모든 신체 계통을 작동케 하고 안정 상태로 유지하는 것을 흔히 항상성homostasis이라고 부른다). 하지만 정상적이라는 개념은 모든 종에 동일하게 적용되지는 않는다. 이를테면, 지난 장에서 읽은 것처럼 인간은 다른 유인원보다 신진대사 속도가 빠르지만, 체지방이 훨씬 더 쉽게 생긴다. 우리의 시상하부와 시상하부의 대사 알고리즘이 그렇게 진화했기 때문이다. 즉 가속 페달에 더 무거운 발을 올려놓고 조금 더 빨리 잉여 에너지를 지방으로 비축해놓는다.

또한 우리의 진화적 유산은 우리가 음식량 부족과 늘어난 활동 같은 어려움에 대응하는 방식을 결정짓는다. 기아 모드일 때 시상하부는 빠르게 움직인다. 목적은 먹을거리가 부족한 시기를 살아남아 상황이 나아지는 미래의 언젠가 번식을 하기 위해서다. 며칠 안에 갑상샘 호르몬, 즉 우리 대사율의 주요 조절 호르몬이 급감한다. BMR이 줄어든다. 미네소타 기아 연구와 〈비기스트 루저〉 참가자들에게서 나타난 결과와 같다. 음식 제한이 극심하고 오랜 시간 지속되면 우리의 장기는 실제로 오그라들 것이다. 그렇다고 모든 기관계가 똑같이 심한 타격을 받는 것은 아니다. 우리는 전쟁과 기근으로 굶어 죽은 희생자들의 몸을 면밀히 검사한 연구들을 통해 뇌 크기는 변하지 않는다는 사실을 안다. 한편 비장은 엄청나게 줄어든다. 진화론을 믿는 우리의 관리자는 어려운 결정을 내리고 승자와 패자를 고르고 뇌 기능을 지키지만, 우리의 면역 기능 중 일부는 방치한다.

시상하부는 스트레스 반응부터 생식까지 우리 몸의 거의 모든 계통을 제어하고, 특정 기능을 조종할 수 있다. 가령 인간은 어려운 시기가 닥치면 생식을 재빨리 뒤로 미룬다. 기아 실험의 대상자는 섹스에 흥미를 잃는다. 여성들은 대개 에스트로겐 수치가 떨어지고, 음식 제한이 엄격하면 배란을 멈출 것이다. 힘든 시기에 생식을 미루는 것은 수명이 길고 아이 하나를 낳는 데 엄청난 시간과 열량이 드는 우리 같은 종에서는 진화적으로 타당하다. 하지만 수명이 짧은 종이 생식을 미루는 것은 다시는 기회가 없을지도 모른다는 의미다. 그래서 수컷 쥐는 굶어 죽을 위기에 처했을 때 다른 무엇보다 두 개의 기관을 지킨다. 바로 뇌와 고환이다.

하드자족이나 베스테르터르프의 하프 마라톤 연구 같은 신체 활동이 많은 집단에서 볼 수 있는 현상인 증가한 운동량에 대한 대사 반응 관련 연구는 충분히 이루어지지는 않았지만, 비슷한 논리를 따르는 듯하다. 근육은 기업이 가진 에너지의 훨씬 더 많은 몫을 필요로 하고 저장 지방을 소모시키기 때문에 진화론을 믿는 관리자는 예산의 균형을 다시 맞추는 역할을 한다. 당장에는 섭취량과 소비량을 맞추려다 보니 배고픔이 심해진다. 하지만 높은 수준의 일상 활동이 몇 주나 몇 달간 지속되면 다른 변화가 일어난다. 생식, 면역 기능, 스트레스 반응을 비롯한 다른 계통은 억제되고 더 많은 활동비용을 위해 예산의 여유를 만든다. (흥미롭게도 이러한 대사 변화는 우리가 기대하는 BMR에서 언제나 나타나지는 않는다. 이에 대해서는 8장에서 이야기할 예정이다) 행동 역시 변해 우리를 더 많이 쉬고 덜 움직이게 할 수 있다. 우리는 이런 반응을 예상해 진화 논리를 따라 중요치 않은 일을 먼저 중단하고 우리의 장기적 생식 성공을 우선적으로 처리해야 한다. 우리는 3~5개월 안에 새로운 운동 프로그램에 적응할 것이다. 일일 에너지 소비량은 운동을 시작하기 전과 거의 같을 것이다. 우리의 신진대사 기업과 이곳에서 일하는 37조의 직원은 새로운 환경에 적응할 것이다.

우리 몸이 운동과 식단에 대응해 에너지 소비량과 배고픔을 조정하기 위해 쓰는 모든 방법을 보면 우리 체중은 절대 변하지 않을 것만 같다. 전혀 노력하지 않고 같은 체중을 유지하는 일은 대부분의 사람에게는 불가능한 꿈같지만, 그런 일은 생각보다 훨씬 더 자주 일어난다. 적어도 예전에는 그랬다. 하드자족 남녀는 평생에 걸쳐 체중이 믿을 수 없을 정도로 일정한 체중을 유시한다. 체중과 체질량 지수body mass index(BMI)•는 초기 성인기부터 노년까지 거의 바뀌지 않는다. 잠시 생각해보라. 풍년과 흉년을 거치며 계절마다 구할 수 있는 음식의 양이 달라지고, (대개 어린 자녀를 둔) 20~30대의 남녀가 40대 이상의 성인에 비해 약간 더 열심히 일함에도 그들의 체중은 변하지 않는다. 짐작건대 이런 종류의 자연스러운 체중 유지는 인류가 수렵채집을 하던 과거에는 당연한 일이었다. 인류가 진화한 환경에서처럼 수렵채집인 환경에서 우리 몸은 환경에 맞게 신진대사와 배고픔을 조절함으로써 체중을 완벽하게 유지할 수 있다. **함나 시다**.

맛있는 음식을 늘 무한정 먹을 수 있는 오늘날 우리가 살아가는

• 키와 몸무게를 이용하여 지방의 양을 추정하는 비만 측정법으로, 체중(kg)을 키의 제곱(㎡)으로 나눈 값을 통해 지방의 양을 추정한다. 체질량 지수가 26인 경우에는 21인 사람에 비해 당뇨병에 걸릴 가능성이 여성의 경우에는 8배, 남성의 경우에는 4배에 달하고 담석증 및 고혈압이 발생할 확률도 2~3배나 높아지는 것으로 알려져 있다.

산업화된 인간 동물원에서조차 우리의 시상하부는 에너지 소비량을 섭취량과 맞추는 일을 훌륭하게 해낸다. 우리가 소모하는 열량보다 더 많은 열량을 섭취할 때 대사율은 증가한다. 우리 몸이 초과 열량의 일부를 이용하려 하기 때문이다. 우리가 섭취하는 열량보다 더 많은 열량을 소모할 때 배고픔은 심해지고 에너지 소비량은 낮아진다. 물론 그날그날 섭취 열량과 소비 열량이 일치하지 않는 경우가 있다. 한 달간 매일 아침 체중을 기록해보면 이런 오르내림을 확인할 수 있다. 하지만 장기간으로 보면 우리의 에너지 균형은 놀라울 정도로 정확하다. 비만이 만연한 오늘날 보통의 미국인 성인은 매년 약 0.2킬로그램씩 체중이 늘어난다. 오차 범위 약 1750킬로칼로리다. 하루 약 5킬로칼로리, 혹은 일일 에너지 섭취량의 0.2퍼센트도 되지 않는다. 즉 깊이 생각하지 않고도 우리는 일일 에너지 섭취량을 일일 소비량의 99.8퍼센트 이내에 맞춘다(반대도 마찬가지다).

신진대사와 비만을 대하는 더 현명한 방법

비만은 소비하는 열량보다 섭취하는 열량이 더 많아서 생긴다는 말은 무조건, 절대적으로 옳다. 그 이유가 아니고는 체중이 늘 수가 없다. 그리고 일일 에너지 소비량이 변하기 힘들다는 증거가 점점 늘어나는 상황은 음식이 비만의 주범이라는 사실을 강하게 시사한다. 우리 몸이 생활 방식과는 상관없이 일일 에너지 소비량에 상한선을 둔다면, 에너지 불균형과 체중 증가는 주로 너무 많은 열량을 섭취하는 데서 기인함에 틀림없다.

하지만 그렇다고 비만이 단순히 과식의 문제라는 의미는 아니다. 물론 어떤 경우에 건강하지 않은 체중 증가의 원인은 명백할 수 있다. 예를 들어 매일 치즈케이크를 먹는 습관은 해로우며, 사람들은 휴일에 쿠키를 포함한 온갖 음식을 먹고 살이 찌는 경향이 있다. 하지만 우리 대부분의 체중은 천천히 증가한다. 즉 허리둘레는 매년 서서히 늘어난다. 현대의 비민 확산은 대사 관리의 실패를 나타낸다. 우리의 진화한 알고리즘은 섭취하는 음식과 우리 몸을 사용하는 (또는 사용하지 않는) 방식의 최근 변화에 맞춰 적절히 잘 조정되었지만, 많은 사람에게 그 알고리즘은 너무 많은 음식을 불러온다. 구석기 시대 뇌는 현대의 환경을 버거워한다. 우리는 섭취량과 소비량을 완벽하게 맞추기보다는 과식하는 경향이 있다. 많지는 않더라도, 대체로 오차는 일관되며 시간이 지날수록 지방으로 쌓인다. 현관 등을 달로 착각하는 나방처럼 우리는 새로운 환경, 우리가 만든 이 환경에 형편없이 대응함으로써 기분은 좋아지지만 결국 문제가 될 일을 저지른다.

신진대사를 우리가 비만과 씨름하는 원인으로 돌리거나, 운동으로 일일 소비량을 늘리고 체중을 줄이려 하거나, 최근 유행하는 신진대사를 촉진해준다는 사기에 넘어갈 때 우리는 신진대사의 작동 방식과 관련해 근본적 실수를 범하는 셈이다. 세계적 비만 확산은 에너지 소비량 탓이 아니다. 우선 하드자족에게서 확인한 것처럼 일일 에너지 소비량은 오늘날 산업화된 세계에서도 과거 수렵채집인 사회와 같다. 우리 몸은 믿을 수 없을 정도로 능숙하게 활동량 변화에 대응해 일일 에너지 소비량을 거의 일정한 범위 내에서 유지한다. 하지만 더 결정적으로 비만을 느린 신진대사의 탓으로 돌리는 것은 체중 변화의 원인과 결과를 완전히 뒤바꾸는 일이다. 신진대사는 에너지 균형을 **좌우하지** 않는다. 에너지 균형에 **반응한다**.

잠깐 우리 몸을 다시 엔진에 비유해보자. 이 전통적인 탁상공론식 견해는 우리를 스포츠카의 운전석에 앉아 자동차의 엔진 속도를 높이도록 했다. 우리는 엔진 온도를 얼마나 높일지 언제 멈춰 연료를 넣어야 할지 결정할 수 있다. 매력적인 상상이지만, 그 생각은 우리에게 신진대사에 관해 실제보다 더 큰 통제권을 안겨준다. 기껏해야 우리는 독특한 신진대사 택시 안 뒷자리 승객이다. 시상하부는 운전석에 앉아 발을 가속 페달 위에 올린 채 연료 계기판을 계속 지켜보며 여러 방법으로 엔진을 꾸준히 돌아가게 하고 연료가 떨어지지 않도록 한다. 우리는 어느 길로 갈지 결정하고 우리의 진화론자 운전사에게 속도를 높이라 낮추라 훈계를 둘 수 있지만, 엔진이나 연료 보충 빈도에 대한 실제 통제권은 크지 않다.

비만이 근본적으로 우리의 엔진이 태우는 연료보다 더 많은 연료를 넣을 때 생기는 문제라는 건 여전한 사실이다. 하지만 우리는 운전석에 앉아 있는 척하기보다는, 원래 섭취량과 소비량과 정확하게 일치시키는 진화한 메커니즘이 어째서 산업화된 세계에서는 실패하는지 그 이유를 물어야 한다.

섭취 열량과 소비 열량 그리고 대사 마술사

2012년에 하드자족의 일일 에너지 섭취량 결과를 발표했을 때 우리는 대답할 준비가 되어 있지 않았다. 연구에 **어느 정도** 관심이 쏠릴 거라고 생각은 했다(분명 그러기를 바랐다). 처음으로 수렵채집인의 에너지학을 측정한 연구였고, 그 결과가 놀라웠으며 비만 퇴치에 시사하는 바가 컸기 때문이다. 하드자족 남녀는 미국인과 유럽인보다 신체 활동이 훨씬 많았지만, 같은 열량을 소모했다(그래프 5.1). 우리는 비만 문제를 해결하기 위해 제한되고 바꾸기 힘들어 보이는 에너지 소비량보다는 우리가 섭취하는 음식과 에너지에 집중해야 한다고 주장했다. 몇 명의 과학 저널리스트와 동료들이 연락해 이 프로젝트에 대해 이야기하자고 할 줄 알았다.

대신 전 세계의 저널리스트들이 연락해 연구에 대해 물어왔다. 우리 연구는 《타임》지와 BBC에 소개되었다. 《뉴욕 타임스》는 일요일자 신문에 연구에 대한 글을 청탁했다. 다른 실험실의 과학자들이 이메일을 보내 연구 결과에 대해 질문했다. 이 프로젝트와 그 함의를 이야기하는 일은 재미있고 흥미로웠다. 지금까지 그 기사는 온라인에서 조회수 25만 회를 기록했다. 비욘세나 고양이 영상 조회 수만큼은 아니지만 보통의 과학 연구가 받는 관심보다는 훨씬 큰 관심을 받았다.

예상하겠지만 모든 반응이 긍정적이지는 않았다. 사회의 온갖 병을 고치는 운동의 힘을 굳게 믿는 공중 보건 분야의 일부 운동 연구자들을 비롯한 사람들은 운동이 비만의 해결책이 아니라는 생각을 정말 싫어했다. 비만 연구 분야가 지난 수년 동안 여러 분파 간 싸움으로 변질되면서 각 분파마다 음식 대 운동의 중요성을 놓고 대치한 것은 아무런 도움도 되지 않았다. 또한 그 연구에 대한 많은 뉴스 기사가 우리의 연구 결과에 따르면 운동할 이유가 없다고 허위의 낚시성 헤드라인을 달고 나온 것도 도움이 되지 않았다. 우리는 기사에서, 또 이야기를 나눈 기자들에게 운동이 비만을 해결하는 최선책은 아닐지라도 여전히 건강에 대단히 중요하다고 말했다.

칼로리가 중요하지 않다면 그동안 시간을 낭비하고 있었던 거냐고 묻는 이들에게서 온 이메일과 전화는 그 어떤 연락보다도 황당하고 또 노골적이었다. 에너지 균형, 즉 섭취 열량과 소비 열량 간 균형은 체중에 영향을 미치지 않는다고 그들은 주장했다. 물론 그 의견은 물리학의 법칙에 위배되는 것 같았지만, 누군가는 다음과 같은 유용한 말을 했다. "인간의 몸은 증기 엔진이 **아니다**." "열역학의 두 번째 법칙은 적용되지 않는다." 이 사람들은 화가 났다기보다는 내가 신진대사의 **실제** 작동 방식을 이해하지 못했다고 우려했다. (내가 거의 같은 수의 남녀에게 거들먹거리며 가르치는 듯한 말을 들은 것은 양성 평등의 작은 승리였다고 생각한다.) 칼로리는 무의미하다는 사실을 내가 몰랐을까? **내가 과연 게리 타우브스•의 책을 읽지 않았을까?!**

• Gary Taubes, 비만의 원인은 칼로리가 아니라 호르몬의 불균형에 있다고 주장한《왜 우리는 살찌는가》의 저자.

실제로 타우브스는 연구 결과를 발표한 이후 처음으로 이메일을 보내온 사람 중 한 명이었다. 타우브스는 대단히 푸근하고 사려 깊은 사람이었다(사람들이 종종 그의 발상이라고 알고 있는, 체중 증가가 어떤 이유에서든 물리학의 법칙을 위반한다는 생각을 대놓고 묵살했다). 우리는 비만에서 식단의 역할을 이해하기 위해 하드자족 연구의 의미를 놓고 메일로 값진 대화를 나눴다. 물론 나는 그의 연구를 알고 있었다. 타우브스는 탄수화물(특히 당분)이 인슐린과 지방 증가에 미치는 특정한 영향 때문에 비만의 주된 원인이라고 주장한 것으로 다이어트 분야에서 잘 알려진 인물이다. 여기에 대해서는 다음 장에서 살펴볼 예정이다.

타우브스는 물리학의 법칙을 부인하지는 않았지만, 열량이 비만 해결에 중요하지 않다고 널리 주장했다. 그의 견해로는 **우리가 섭취하는 칼로리가 탄수화물이 아닌 한** 체지방과 체중 증가에 유의미한 영향을 미치지 않는다. 타우브스는 칼로리를 유용한 척도로 보기를 거부하는 운동에서 주도적 목소리를 내는 사람이다. 인터넷, 트위터, 지역 잡지 가판대의 운동과 건강 섹션을 잠깐 살펴보면 반칼로리 정치 혁명 같은 현상이 드러난다. 수십 년간 다이어터들을 위한 일류 칼로리 학교였던 유서 깊은 웨이트 워처스•조차 브랜드 이미지를 쇄신해 다이어트 식단에서 음식의 양보다는 먹는 음식의 질에 초점을 맞추었다.

가장 순수한 형태로서 칼로리가 우리를 살찌게 하지 않는다는 주

• Weight Watchers, 1960년 과체중이었던 진 니데치라는 여성이 친구들과 서로 체중 감시를 해주며 성공하자 만든 다이어트 제품과 프로그램 회사.

장은 돈이 우리를 부자로 만들지 않는다는 주장만큼이나 설득력이 약하다. 주술적 사고다. 2장에서 이야기했듯이 살이 찌든 말랐든 우리 몸의 조직 하나하나는 오로지 우리가 먹는 음식으로 만들어진다. 몸에 붙은 모든 칼로리의 지방은 우리가 섭취하고 연소하지 않은 칼로리다.

하지만 하드자족의 에너지학 연구와 우리가 이 장에서 다룬 모든 다른 연구는 칼로리를 계산하는 것이 얼마나 의미 없어 보일 수 있는지 강조한다. 즉, 몸은 우리가 섭취하고 소비하는 칼로리에 맞춰 조절하는 일을 탁월하게 해내 칼로리가 실제로 존재하지 않는 것처럼 느껴질 수 있다. 시상하부는 대사 마술의 고수로, 우리가 보지 않을 때 우리의 에너지 소비량과 배고픔을 바꿔치기한다. 현대 대사학이라는 도구 없이 칼로리를 추적하는 것은 헛고생이다. 마치 마술사의 카드가 사라지고 다시 나타날 때 찾으려 애쓰는 것과 다름없다.

에너지 균형만이 우리의 체중을 바꾼다. 그것은 불가피한 물리학의 현실이다. 문제는 우리가 먹는 음식을 기억하는 능력이 형편없으며(3장), 우리의 진화한 대사적 속임수는 우리가 소비하는 에너지를 추적하는 걸 거의 불가능하게 만든다는 점이다. 많은 이성적인 사람들이 칼로리와 관련해서는 주술적 사고에 이끌리는 것도 놀랍지 않다.

칼로리는 칼로리인가? 물론 정의상으로는 그렇다. 하지만 그렇다고 모든 음식이 우리 몸에 같은 영향을 미친다는 말은 아니다. 시상하부와 시상하부의 진화한 알고리즘은 우리가 먹는 음식, 그리고 음식의 양을 끊임없이 평가하고 거기에 반응한다. 지난 수십 년간 이루어진 많은 흥미로운 연구는 다양한 음식과 음식 속 영양소가 우리 몸이 신진대사를 관리하는 방식에 영향을 미치는지 밝혀냈다. 이 연구의 상당수가 어떤 음식이 인간이 먹기에 '자연스러운지'에 대한 팔레오 다이어트의 주장에 치중했다. 바로 다음 장에서 이 연구를 파헤쳐볼 예정이다. 하드자족을 가이드로 삼아 실제 수렵채집인 식단이 어떻게 보일 수 있는지 살펴보고, 진화한 인간의 식생활과 다양한 음식이 비만을 부추기거나 예방하는 방식에 대해 알아보고자 한다.

여전히 운동은 건강에 대단히 중요한 역할을 한다. 우리 몸이 우리에게 부리는 대사적 마술은 매일의 신체 활동이 질병을 예방하는 데 절대적으로 중요하다는 사실을 바꾸지 않는다. 제한된 에너지 소비량과 대사 보상은 운동을 체중 감량에 별 효과가 없는 수단으로 만들지만(그래프 5.3), 우리 건강의 거의 모든 다른 부분은 규칙적인 활동을 필요로 한다. 7장에서 논의하겠지만, 실제로 제한된 일일 소비량과 우리 몸이 운동을 함으로써 일으키는 대사 변화는 운동이 건강에 그토록 중요한 한 가지 큰 이유다.

하지만 우선 식단이 에너지 소비량과 에너지 균형에 어떻게 영향을 미치는지부터 알아봐야 한다. 다시 하드자 랜드로 가서 저녁상에 뭐가 올라왔는지 살펴보자.

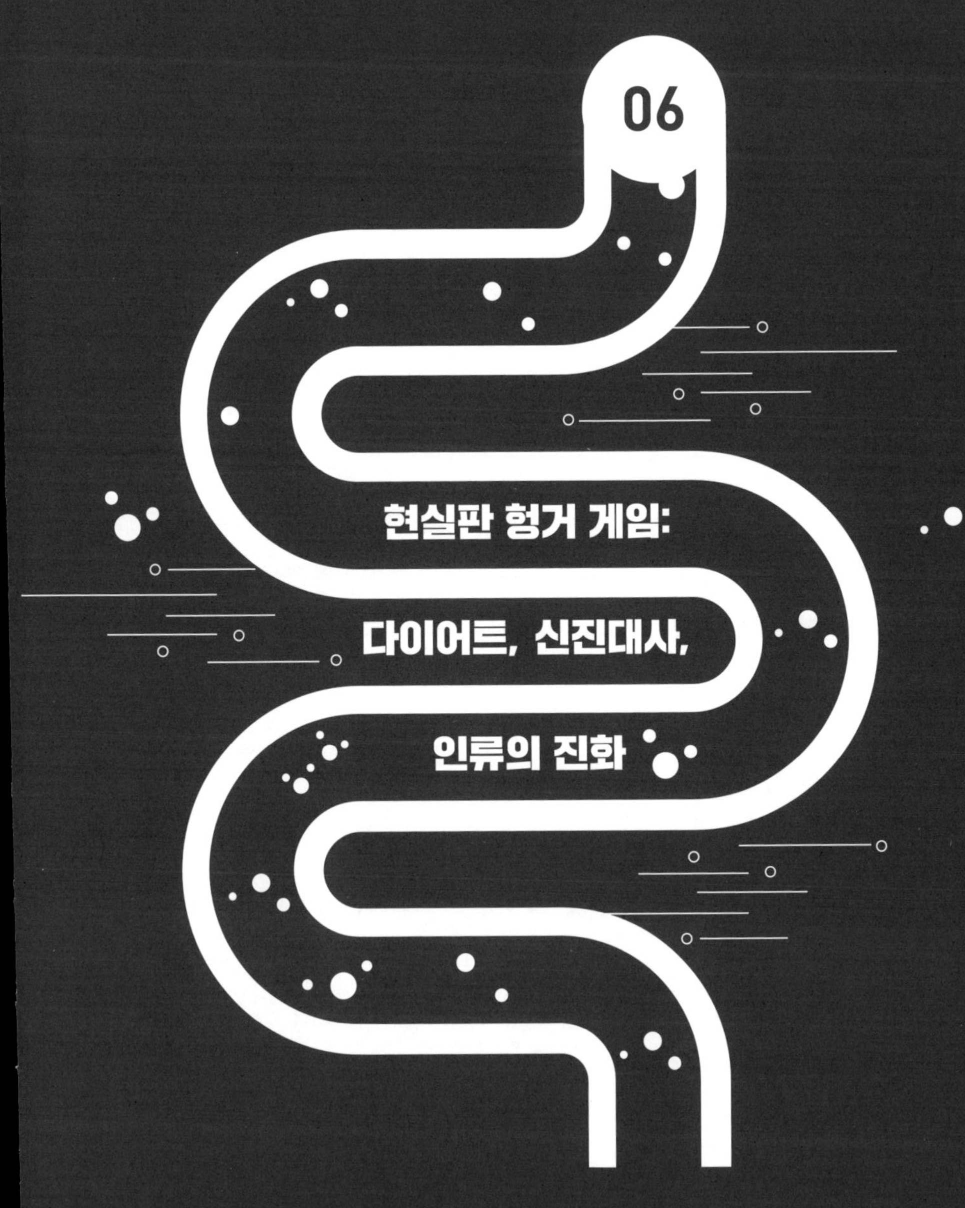

06

현실판 헝거 게임: 다이어트, 신진대사, 인류의 진화

The Real Hunger Games:
Diet, Metabolism, and Human Evolution

메마른 강바닥을 따라 걷다가 산을 오르기 시작한 지점은 야영지에서 1킬로미터가 채 떨어지지 않은 곳이었다. 첫째 아이를 데리고 이동 중이던 음와사드와 할리마 부부가 고맙게도 하루 동안 따라다닐 수 있도록 허락해주었다. 음와사드가 앞장서고, 할리마가 그다음 그리고 내가 맨 뒤에 서서 조용히 산길을 걸었다. 할리마는 두 살배기 스테파노를 포대에 감싸 등에 업고 손에는 뒤지개를 들고 있었다. 음와사드는 전형적인 하드자족 남성이 들고 다니는 도구인 활과 화살, 작은 도끼 그리고 약 1리터 용량의 플라스틱 통을 지니고 있었다.

무릎 높이로 자란 황금빛 풀을 헤치며 걸어야 하는 오르막길로 접어들어서도 음와사드는 속도를 줄이지 않았다. 한 걸음 내디딜 때마다 우리 체중 때문에 바위투성이 땅바닥은 허물이 벗겨지듯 일어났다. 가시 돋은 씨앗들이 신발 안으로 들어왔다. 나는 잠깐 틈을 내 씨앗을 빼낼 수 있을지 아니면 가시에 뒤덮인 채 종일 가려움을 참아야 하는 운명인지 생각했다. 강바닥의 그늘에서 벗어나 산허리에 오르자 대기는 마치 고압전기가 흐르는 변압기처럼 탁탁, 윙윙거리는 소리를 냈다. 빛에 취한 듯 아까시나무 잎이 미풍에 춤을 추었다. 아침 7시였다.

산등성이에 다다르자 음와사드는 휘파람을 불기 시작했다. 청아하면서도 듣기 좋은 휘파람 소리가 공기를 갈랐다. 몇 분간 침묵 후 짧고 구슬픈 악구가 반복되었다. 음와사드의 휘파람은 일종의 탄식도, 멍하니 넋을 잃고 꾸는 백일몽도 아니었다. 그의 휘파람은 우리 머리 위로 우뚝 서 있던 적회색의 고대 바오바브나무의 무성한 나뭇잎을 향한 선언이자 공표였다. 바오바브나무 가지 사이로 휘파람 소리가 걸려 있는 듯했다. 아침 시간이 흘러가면서 음와사드의 휘파람은 주변 소리의 일부가 되었다. 마치 우주를 향해 외치는 소리 같았다. **거기 아무도 없어요?**

정오가 되기 조금 전 우주의 대답이 돌아왔다. 나라면 놓칠 법했던 소리에 음와사드가 홱 고개를 돌렸는데, 그것은 작지만 예사롭지 않은 꿀잡이새의 소리였다. 꿀잡이새는 몸길이가 약 20센티미터이고 단독 생활을 하는 담갈색 새로, 벌집과 벌집 속 꿀을 먹으며 생활한다. 꿀잡이새는 굉장히 독특한 방식으로 살아가는데, 바로 인간 파트너로 하여금 나무 사이를 헤치고 들어가 벌의 거주지를 찾도록 한다. 기꺼이 도움을 주겠다는 사람을 찾는 건 어렵지 않다. 하드자족은 꿀잡이새에 의존해 가장 큰 벌집을 찾는데, 이런 벌집은 주로 바오바브나무의 가지 높은 곳에 위치하고 있어 지면에서는 찾기가 어렵다. 음와사드 같은 사람들은 산책에 나설 때 종종 휘파람을 불어 꿀잡이새를 도울 의향이 있음을 밝힌다. 가득 찬 벌집에 눈독을 들이고 있던 꿀잡이새는 특유의 '휘르립얼, 휘르립얼, 휘르립얼' 소리를 내어 화답하면서 사람 주변을 날아다니며 길을 안내한다. 하드자족은 꿀잡이새 종을 '티키리코tikiliko'라 불렀다. 유럽의 분류학자들은 꿀잡이새에 'Indicator indicator'•라는 학명을 붙였다.

꿀잡이새가 협력한 세월은 인간 종의 역사보다 훨씬 오래됐다. DNA 분석 결과를 보면, 꿀잡이새는 300만 년도 전에 동일 과(科)에 속한 다른 종으로부터 분리되었다. 우리 인간이 파악할 수 있는 바로는 그때부터 꿀잡이새의 조상이 인간의 조상을 꿀이 있는 장소로 안내했다고 볼 수 있다. 인간은 다른 유인원과 마찬가지로 꿀을 좋아하기 때문에 짐작건대 꿀은 늘 인간 조상인 호미닌의 밥상에 올랐을 것이다. 하지만 지난 300만여 년간, 호미닌은 다른 종에 새로운 틈새를 내줄 수 있을 만큼 꿀을 충분히 섭취했다. 오늘날 꿀은 여전히 지구상의 열대 지방과 온대 지역에 사는 수렵채집인과 농업인들의 식생활에서 중요한 부분을 차지한다.

꿀잡이새는 사하라이남 아프리카 전역에서 발견되며, 여러 문화권에 속한 인간들과 협력 관계를 유지하고 있다. 하드자족은 놀라운 양의 꿀을 섭취하는데, 일일 섭취 칼로리의 약 15퍼센트를 꿀이 차지할 정도다. 그들이 먹는 꿀의 대부분은 바로 이 놀라운 꿀잡이새의 도움을 받아 채취한다. 브라이언 우드는 하드자 공동체가 소비하는 칼로리의 8

• '지표'라는 의미의 단어를 두 개 붙여 꿀벌 서식지를 안내하는 꿀잡이새의 습성을 담은 이름.

[사진 6.1] 꿀

지면에서 높은 곳에 위치한 바오바브나무 가지를 자르고 있는 음와사드.
할리마는 바닥에 앉아 아들을 돌보며 점심거리를 기다리고 있다.

퍼센트 혹은 그 이상이 꿀잡이새의 도움을 받은 것이라고 추정한다.

거대한 바오바브나무의 나뭇가지 높은 곳에 자신의 정보원이 있는 것을 발견한 음와사드는 작업을 시작한다. 도끼를 사용해 주변에 있던 지름 약 5센티미터 정도의 가느다란 나무를 재빨리 자른 다음, 다시 30센티미터 길이의 고정용 나무못 여러 개로 나눈다. 그렇게 만든 나무못을 벨트에 가득 채우고 바오바브나무의 수직면을 오른다. 능숙한 손놀림으로 도끼를 머리 위로 쳐든 다음, 바오바브나무의 부드러운 은빛 껍질에 도끼날을 내려 꽂는다. 나무못 하나를 꺼내 도끼를 뺀 자리에 쑤셔 넣고 도끼머리 뒷면으로 두드려 반쯤 들어가게 한다. 나무에 박히지 않고 튀어나온 부분을 디딤대로 삼아 밟고 일어서서 마침내 한 발로 균형을 잡고 선다. 그러고는 조심조심 나무못 위에 위태롭게 자리 잡은 채 앞서 했던 과정을 반복한다. 도끼로 찍어 나무못을 박은 후 도끼머리로 내려치고 또 내려친다. 곧 그의 얼굴은 땀투성이가 된다. 땀을 훔쳐내면 이내 다시 땀투성이가 된다. 음와사드는 나무못마다 동일한 작업을 되풀이하며 거의 건물 3층에 달하는 높이까지 오른다.

음와사드는 할리마가 불을 붙여 연기를 피워 둔 작대기를 가지러 나무에서 내려왔다. 바로 지금과 같은 상황을 위해 가져온 작은 플라스틱 통도 챙겨서 다시 나무에 올랐다. 음와사드는 침착하게 작대기에 입김을 불어 연기가 벌집에 들어가도록 했다. 그리고 도끼로 내려치는 동작이 계속됐다. 수월한 일도, 금방 끝나는 일도 아니었다. 성난 벌들에게 몇 군데 쏘이기도 했다. (여담이지만 한번은 내가 입은 셔츠 뒤로 들어와 견갑골 사이를 쏘고 간 벌이 있다. 만약 그때 안전한 땅 위가 아니라 높은 바오바브 나무 위에 있었다면 고통으로 중심을 잃고 떨어졌을 것이다. 강렬하고 뜨거운 통증은 하루 동안 이어졌다. 어릴 적 펜실베이니아에서 봤던 벌과는 차원이 달랐다.) 음와사드는 나무 위에서 작업을 하며 통 속에 꿀과 유충을 채웠다. 나무에서 내려왔을 때 약 1리터 용량의 통에는 꿀이 가득했고 잔뜩 쌓인 벌집은 통 입구 위로 넘쳐 났다. 음와사드, 할리마, 스테파노는 점심으로 꿀을 마시고 벌집에서 꿀, 봉아(蜂衙)을 비롯한 좋은 양분을 빨아먹으면서 밀랍 덩어리는 뱉어냈다. 친절하게도 내게 꿀을 조금 나눠주었고, 나 역시 배낭에 넣어갔던 값싼 쿠키 몇 개를 나눠 먹으며 우리는 잠시나마 소풍 나온 기분을 즐겼다. 꿀은 단내가 나면서도 진했다. 인상적인 맛이었다.

음와사드는 그날에만 적어도 여섯 군데 벌집을 털었다. 음와사드의 가족은 내가 1년간 먹는 꿀보다 훨씬 많은 양의 꿀을 먹었다. 할리마 역시 그날 아주 바빴는데, 이동 시 몇 번이나 멈춰 바위투성이 땅에서 야생 뿌리식물의 덩이줄기를 파냈다. (사진 1.2에 나오는 사람이 할리마다.) 이 야생 뿌리식물은 우리가 슈퍼마켓에서 볼 수 있는 감자, 참마, 그리고 그 밖의 인간이 경작한 뿌리식물보다 훨씬 섬유질이 풍부하다. 뿌리식물은 하드자족의 식생활에서 열량의 토대가 되는데, 에너지가 풍부하고 야생에 많이 자랄 뿐 아니라 연중 언제나 구할 수 있기 때문이다. (몇 마리의 유충을 제외하고는) 종일 뿌리식물과 꿀만 먹었으니 탄수화물만 섭취한 하루였다.

이들은 게리 타우브스의 책을 안 읽어 본 걸까?

데이터가 많을수록 목소리를 내지 않는 이유

지난 장에서 알아본 바와 같이 우리의 신진대사는 철저하게 시상하부에 의해 조절된다. 시상하부는 우리가 먹는 음식과 태우는 칼로리를 지속적으로 감시해 우리 몸이 에너지 균형을 이루도록 한다. 하지만 현대 환경의 어떤 요인, 어쩌면 여러 요인이 시상하부의 오작동을 일으켜 우리가 소비하는 칼로리보다 더 많은 칼로리를 섭취하도록 한다. 우리 모두의 신진대사 건강이 마치 영화 〈델마와 루이스〉의 주인공들처럼 벼랑 끝으로 돌진하고 있는 상황에서 우리가 먹고 있는 음식이 문제되지는 않는지 자문해봐야 할 것이다. 우리가 진화 과정에서 먹은 음식과 오늘날 먹는 음식은 어떻게 다르며, 그 차이가 어떻게 우리를 살찌게 만들까? 우리 몸이 원래 먹도록 되어 있는 식습관으로 돌아간다면 분명 우리는 더 건강해질 것이다.

문제는 호미닌 조상이 무엇을 먹었는지 정확하게 알아내는 일이 도무지 쉽지 않다는 것이다. 증거 수집도 쉽지 않고 증거가 있다 한들 우리가 진정 알고자 하는 바를 그 증거가 말해주는 경우도 드물다. 구석기 시대 인류의 일반적인 일주일 식단은 어땠을까? 나의 동료 인류학자들은 이 질문에 많은 이야기를 하길 꺼리는 경우가 많은데, 불확실한 점이 많다는 사실을 우리 모두 알기 때문이다. 조심스러운 태도를 취하는 학계가 남긴 틈 사이로 다이어트 광고를 하는 사기꾼, 취미로 인류학에 빠져든 사람들, 학부 1학년 시절 '인류 진화 입문' 수업에서 A를 받았다며 (혹은 받을 수 있었다고 확신하며) 거들먹거리는 의대 교수들이 뛰어들었다. 그러고는 인류학자들에게 인류학 데이터를 기꺼이 설명해주겠다며 나서고 있다. 수렵채집 생활을 했던 우리 조상들의 식생활에 대해 가장 확신하며 말하는 이들이야말로 전문 지식이나 교육을 받은 경험이 거의 없는 사람들이다.

스스로 많이 안다고 생각하고 큰 목소리를 내지만 실제로 그렇지 않은 사람들의 자만 가득한 태도는 과학적으로도 붙여진 이름이 있다. 바로, 더닝-크루거 효과Dunning-Kruger effect다. 1999년 코넬대학교의 심리학자였던 데이비드 더닝David Dunning과 저스틴 크루거Justin Kruger는 무능한 사람들이 왜 그렇게 짜증 나게 구는지 그 이유에 대한 놀라운 깨달음을 얻었다. 바로 무능해서 스스로 얼마나 무능한지 알지 못하기 때문이다. 이 가설을 실험하기 위해 더닝과 크루거는 코넬대학교 학부생 수십 명을 대상으로 논리학, 문법 그리고 (내가 가장 좋아하는) 유머를 알아차리는 능력에 대한 테스트를 실시했다. 또한 참가 학생들에게 얼마나 테스트를 잘 봤다고 생각하는지 스스로 점수를 매기도록 했다. 당연하게도 (우리가 만족할 만한 결과는 아니지만) 가장 낮은 점수를 받은, 다시 말해 아는 지식이 가장 적은 참가자들이 스스로를 **전문가**라고 평가하는 경우가 다반사였다. 이는 사실 늘 있었던 문제다. 심지어는 다윈조차 "무지는 지식보다 더 확신을 가지게 한다"고 말했다. (다행히 미국 대중은 이 문제를 알고 있고, 세계정세를 다루는 데 검증된 자신감과 전문 지식을 갖춘 똑똑하고 공정한 리더만을 선택한다.)

식습관에 대해 상충하는 주장들이 존재하는, 혼잡하고 과열된 생태계에서는 목소리가 제일 큰 쪽이 가장 많은 관심을 끌게 마련이다.

팔레오 다이어트 전도사들은 인간 본성과 진화에 대한 냉철하고 굳건한 견해를 드러내며 스스로를 차별화해왔다. 그들은 인류가 고기를 먹도록 진화했다고 확신한다. 몸을 케토시스 상태로 만드는 저탄고지(저탄수화물 고지방) 식습관을 독려하며(2장 참고), 우리 조상의 식단에는 들소 고기만 있었지 열매류는 없었다고 주장한다. 팔레오 다이어트 지지자, 특히 자칭 육식주의자들은 채식주의자 또는 (그런 일은 없기를 바라지만) 엄격한 채식주의자인 '비건'의 식생활이 건강하거나 자연스럽다는 생각을 부인한다. 식물성 식단 추천이나 지방에 대한 경고는 정치적인 영합이나 기업의 선전 정도로 묵살해버린다. 그들의 관점에서 자존심 있는 수렵채집인이라면 탄수화물이 많은 식사는 하지 않을 것이고, 당분은 전혀 섭취하지 않으리라고 절대적으로 확신한다.

비건 역시 조금 과격하고 성가신 태도를 보일 수 있다. 브루클린에 살던 시절에 나는 아침저녁을 지하철에서 보냈는데, 열차 F칸에 탄 혈기 왕성하고 왠지 화난 듯한 여성 하나가 열차 칸을 오가며 열변을 토하면서 팸플릿을 나눠주곤 했다. 팸플릿에는 인간이 어떻게 자연스럽게 식물을 먹도록 진화했는지 설명하는 내용이 담겨 있었다. "우리 치아를 보세요!" 그녀가 외쳤다. "고기는 우리의 초식성 내장 안에서 썩어버립니다!" 다이어트 자경단원이었을 수도 있었지만, 사실 그런 주장을 펼친 사람은 그녀만이 아니었다. 그 여성이 말했던 내용은 페타PETA(세계적인 동물 보호 단체)에서 이야기하는 사항들이기도 하다.

다행히 우리는 극단적인 식습관을 가진 사람들의 의견을 듣지 않고 데이터를 눈으로 직접 볼 수 있다. 인류의 조상이 무엇을 먹었는지에 대한 명확한 증거를 보여주는 세 가지는 다음과 같다. 고고학 기록과 화석 기록, 현존하는 수렵채집인들의 민족지•, 인간 게놈의 기능 분석 연구다. 세부적으로 들어가면 세 가지 모두 내용이 달라서 지나치게 디테일에 집착하다가 큰 줄기를 놓칠 수 있지만, 큰 틀에서 전달하려는 메시지는 명확하다. 바로, 인간은 기회주의적 잡식 동물로 진화했다는 사실이다. 인간은 구할 수 있는 어떤 음식이든 먹으며, 식물과 동물(그리고 꿀)을 함께 먹는 경우가 대부분이다.

고고학과 화석 기록

700만 년을 거슬러 올라 우리 조상이 침팬지, 보노보와 갈라졌던 때로 돌아가보면 호미닌 조상은 처음에 유인원을 닮은 초식주의자였음이 분명하다. 호미닌이 진화한 초기 400~500만 년 동안 우리가 화석 기록에서 볼 수 있는 여러 종들(유명한 루시 해골 화석과 루시의 **오스트랄로피테쿠스** 친척들)은 식물성 음식을 섭취하기 좋은 둥근 어금니를 가지고 있었다. 팔이 길고 손가락은 약간 굽은 모양이었는데, 과일이나 다른 식물성 음식을 구하기 위해 종종 나무를 탔음을 알 수 있었다. 물론 오늘날 침팬지나 보노보가 가끔 하는 것처럼 원숭이나 작은 사냥감을 잡기도 했을 것이다. 침팬지가 꿀을 모으고 개미와 흰개미를 먹는 것

• 여러 민족의 생활양식 전반에 관한 내용을 해당 자료를 수집하여 체계적으로 기술한 것.

과 상당히 동일한 방식으로 호미닌 역시 주기적으로 곤충을 잡아먹었을 것이다. 하지만 호미닌 진화 초기의 긴 시간 동안 볼 수 있는 모든 증거는 인류의 조상들이 주로 식물 위주의 식사를 했다는 사실을 시사한다.

이 시기의 한 가지 혁신이라면 덩이줄기의 활용이었을 것이다. 약 400만 년에서 200만 년 전 화석 기록에서 찾을 수 있는 **오스트랄로피테쿠스**(4장 참고)는 법랑질이 두꺼운 매우 큰 어금니를 가지고 있다. 그들 치아에 남은 긁힌 자국을 보면 음식물 속 침전물을 알 수 있으며, 치아 법랑질의 동위원소 기호가 야생 뿌리줄기의 기호와 유사하다. 침팬지는 때때로 땅을 파서 뿌리채소의 땅속줄기를 먹긴 하지만 이는 드문 경우로, 전 세계 여러 문화에서 식생활의 중심에 뿌리채소가 자리 잡고 있는 오늘날 인간과는 다르다. **오스트랄로피테쿠스**가 뿌리식물을 자주 먹었는지는 아직까지 확신할 수 없지만 (화석 데이터로 확신하기란 어렵다!), 유효한 증거들을 보면 감자와 기타 녹말성 채소에 대한 인간의 사랑은 훨씬 앞선 시대부터 시작되었다는 것을 알 수 있다.

약 250만 년 전, 수렵과 채집이 시작되면서 인류 식생활의 중대한 변화가 일어난다. 앞서 4장에서 이와 같은 변화의 대사적 영향에 대해 상세히 다루었지만, 호미닌 조상이 먹었던 음식이 끼친 영향에 대해 간단히 요약하고 넘어갈 필요가 있다. **호모** 속이 사냥과 육식을 더 많이 하게 되면서 어느 때보다 고기는 식생활의 큰 부분을 차지하게 되었다. 약 250만 년 전부터 동물 뼈에서 석기로 자른 흔적을 발견할 수 있는데, 이는 오늘날까지 이어지고 있다. 약 180만 년 전 드마니시에서 발견된 **호모 에렉투스**는 영양과 그 외 다른 동물들을 먹었다. 40만 년 전까지 **호모 하이델베르겐시스**는 야생마와 다른 덩치 큰 사냥감을 자주 잡았다. 10만 년 전까지 네안데르탈인은 순록과 매머드를 주기적으로 먹었다. 네안데르탈인 유적지의 동굴 바닥은 식사를 위해 죽인 동물의 잔해가 두껍게 늘어붙어 있는 경우가 많다. 먹이 그물에서 육식동물이었던 네안데르탈인의 위치는 그들의 뼈의 동위원소 기호만 보더라도 명백히 알 수 있다(다른 동물을 먹는 동물의 경우, 동위원소 질소 15 수치가 높아지는데, 먹이 사슬의 위로 올라갈수록 동위원소 질소 15 농도는 높아진다). 고대 난로 주변에서 놀라울 정도로 다양한 동물의 뼈가 새까맣게 탄 채로 발견된 것을 보면 우리 인간 종은 사냥에도 능숙했다.

고기를 먹는 식생활은 신체 전반에 큰 영향을 미쳤다. 동물을 먹는다는 것은 음식을 한입 먹을 때마다 더 많은 에너지, 특히 지방을 섭취했음을 의미한다. 이는 더 적은 음식으로도 일일 에너지 필요량을 충족할 수 있었다는 뜻이다. 큰 어금니와 다른 소화 기관의 필요성이 줄었다. 자연선택은 크기가 작은 치아와 소화 기관에 유리하게 작용했고, 이로써 다른 작업에 필요한 에너지가 확보되었다. 오늘날 우리의 소화기가 오랑우탄 같은 초식주의 유인원처럼 균형 있는 비율이 되기 위해 필요한 크기보다 소화관은 40퍼센트, 간은 10퍼센트 작다. 하지만 소화 기관의 크기가 줄어든 덕분에 일일 약 240킬로칼로리의 열량이 확보되고, 이 에너지는 크기가 커진 뇌와 에너지를 많이 사용하는 다른 기관에 사용된다(4장).

여전히 팔레오 다이어트 지지자 중 많은 사람이 공통적으로 오해하는 점이 있는데, 왜 그런지 모르겠지만 인류의 수렵채집인 조상들이 오직 수렵, 즉 사냥만 했을 것이라고 생각하는 것이다. 아마도 이런 관점은 화석과 고고학적 기록에 내재될 수 있는 편향성을 반영하고 있는지도 모른다. 뼈는 식물성 음식보다는 훨씬 잘 보존되고, 사냥에 사용했던 도구 역시 오래도록 보존된다. 사냥 기술에는 종종 돌의 박편이나 뾰족한 돌이 사용되었는데, 이런 돌은 썩지도 분해되지도 않는다. 하드자족에게서 볼 수 있듯 식물을 채취하는 작업에는 강인한 손과 나무 막대 하나만 있으면 된다. 식물을 먹었다는 직접적인 증거는 화석이나 고고학이나 화석 기록에서 쉽게 찾기 힘들지만, 보든 증거가 현존하는 수렵채집인의 식생활과 유사한 균형 잡힌 식생활을 했음을 보여준다.

호미닌의 식생활에 관한 가장 흥미로운 최신 연구 중 일부는 호미닌 화석의 치아에 붙은 치태 속 음식 입자들을 분석해 활용했다. 인류 진화 연구에서 급성장하고 있는 이 분야의 선구자는 라이덴대학교의 어맨다 헨리Amanda Henry다. 헨리와 그녀의 동료들은 유럽 전역과 근동 지역의 화석 유적지에서 발견된 네안데르탈인의 치아에서 치석(석회화된 치태)을 조심스레 추출해오고 있다. 현미경으로 보면 겨우 몇 밀리그램에 불과하지만, 거의 모든 표본에서 식물의 낟알과 녹말을 발견했다. 네안데르탈인은 큰 동물을 잡아먹었던 전형적인 사냥꾼이지만, 고기와 함께 탄수화물이 많은 곡물, 녹말을 함유한 덩이줄기, 당분이 든 과일과 견과류를 먹어 균형을 맞췄다. 헨리는 이 시기 우리 **호모** 종의 화석화된 치아에서도 유사한 증거를 찾아냈다. 오늘날 팔레오 다이어트 지지자들이 널리 믿는, 인류의 조상은 곡물이나 탄수화물이 많은 식물은 전혀 먹지 않았다는 주장을 듣는다면 구석기 시대 조상들이 참 재미있어할 것이다.

심지어는 밀가루와 빵조차도 흔히 생각하는 것보다 그 역사가 훨씬 오래됐다. 최근 요르단의 고고학 발굴지에서는 1만 4000년 이상 된 고대 화덕과 까맣게 탄 빵의 파편이 발견되었는데, 이는 농업이 시작되기 수천 년도 더 전이었다. 빵은 야생 곡물을 빻은 가루로 만들었다. 요르단은 농경 이전 빵이 발견된 가장 오래된 유적지로 알려져 있으며, 그 외에도 농경 이전에 빵을 만들어 먹던 생활이 여기저기 꽤 널리 퍼져 있었을 가능성이 크다. 일례로 호주 원주민 사회는 유럽에서 밀가루가 들어오기 전 야생 곡물을 사용하여 빵을 만들었다고 알려져 있다. 하드자족 여성은 오늘날에도 수시로 바오바브나무 씨앗을 빻아 가루로 만든 후 물과 섞어 먹는다.

민족지

하드자족처럼 여전히 수렵채집을 하는 현존하는 인구 집단을 발견하기는 점점 더 어려워지고 있다. 세계화와 경제 발전이라는 멈출 수 없는 흐름 속에서 이런 수렵채집 공동체는 계속 소외되어 촌락으로 몰려나거나 미국의 북미 원주민처럼 지정된 보호구역에 머물게 된다. 하드자족, 치마네족, 슈아르족과 같이 전통을 잃지 않고 개발업자들을 가까스로 막아낸 자부심 강하고 운 좋은 몇몇 부족이 여전히 존재한다. 전 세계 265개에 이르는 수렵채집 집단의 문화가 사라지기 전인 1800년대와 1900년대에 수집한 정보를 바탕으로 그들 문화에 대한 민족지가 작성되기도 했다. 이와 함께 최근의 현존하는 수렵채집인과 원예사회를 관찰하면 우리 종의 특징을 규정하는 놀라운 식단의 다양성에 대해 알 수 있다.

고고학자 조지 머독Goerge Murdock의 《민족지 도해서Ethnographic Atlas》 중 1967년 그가 요약해둔 내용을 바탕으로 265개에 이르는 수렵채집 인구 집단의 대략적인 식습관을 분석해 그린 그래프가 그래프 6.2다. 각 사회에 대해 해당 도해는 식물, 동물 그리고 생선에서 얻은 음식의 비율을 열거하며, 가축이나 직접 기른 곡물에서 얻은 식량에 대해서도 기록하고 있다. 아쉽게도 식단의 비율을 결정하기 위해 사용된 방법은 거의 알려지지 않았으며, 데이터의 질 역시 그다지 좋지 않다. 이처럼 머독의 **도해**는 명백히 부족한 점이 있음에도 널리 사용되고 있다. 마치 성능이 시원찮은 주유소 화장실의 손 건조기처럼 머독의 도해 역시 최상이라고 할 수는 없지만 대부분의 수렵채집 인구와 관련해서 우리에게는 다른 선택지가 없다.

위도상 위치와 비교하여 식물성 혹은 동물성 칼로리 비율을 그래프로 그려보면, 두 가지가 확연하게 드러난다. 먼저 눈에 띄는 것은 엄청난 다양성이다. 적도에서 위도 50도 이내에는(캐나다 위니펙의 남쪽과 포클랜드 제도 북쪽) 육식 위주의 식단, 채식 위주의 식단 및 육식과 채식이 섞인 식단이 모두 분포한다. '가공되지 않는' 인간의 음식은 광범위

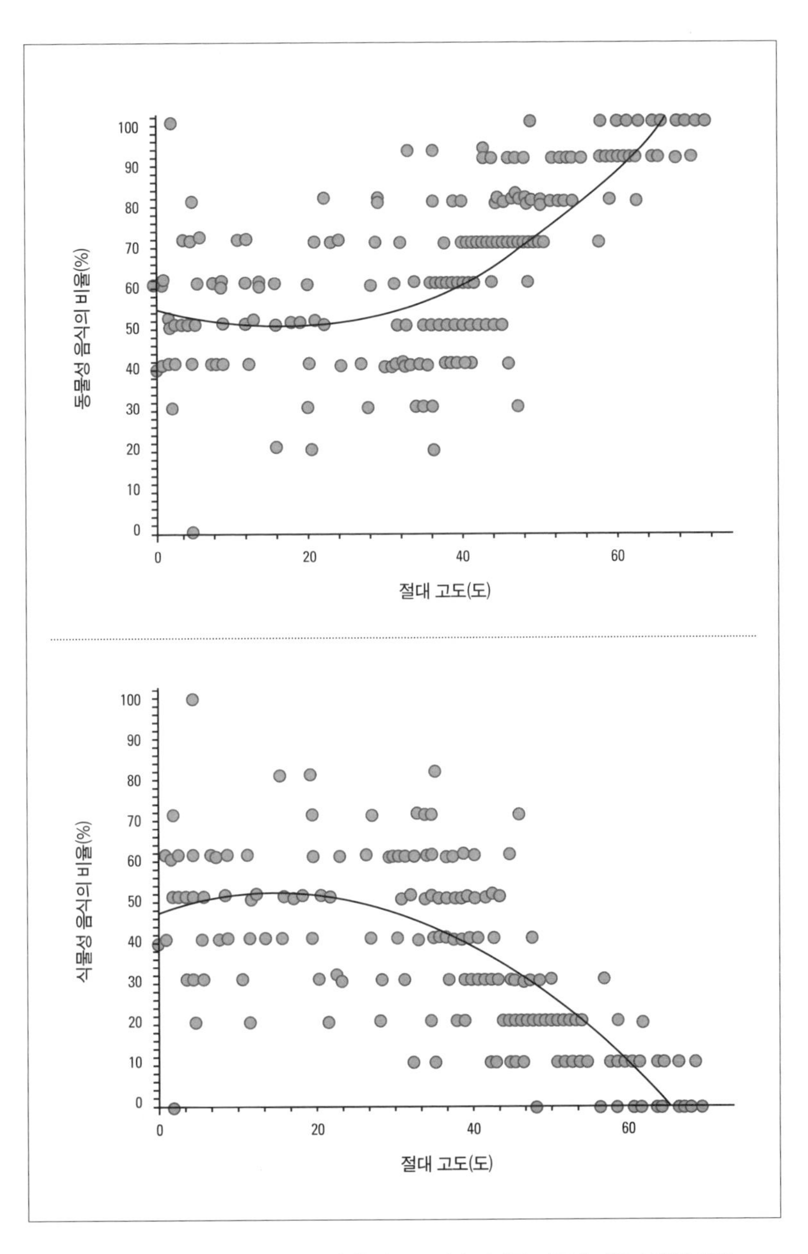

[그래프 6.2] 머독의 《민족지 도해서》 속 265개 수렵채집 인구에 대한 식생활 분석

각 집단이 서로 다른 그래프상에 그려져 있다. 절대 위도 50도 이하의 따뜻한 환경에서는 다양한 식생활이 존재하고, 대부분의 사람들이 식물성, 동물성 음식을 균형 있게 먹는다. 반면 춥고 북극에 가까운 기후에 사는 집단은 고기를 많이 먹는다.

하다. 사람은 먹을 수 있는 것이라면 무엇이든 먹는다. 여기서 두 번째 특징을 짚어보자. 아주 추운 기후의 경우, 다시 말해 적도에서 50도 이상 올라가는 지역의 사람들은 많은 양의 고기를 섭취한다. (하지만 북극에 사는 이들은 가능하면 식물성 음식을 구하려고 하고, 심지어는 설치류가 저장해둔 야생 뿌리식물을 뺏기도 한다는 점을 언급할 필요가 있다.) 북극에 사는 이들은 왜 고기를 많이 먹을까? 그 이유는 북극에는 식물이 자라지 않거나 자라더라도 충분하지 않기 때문이다. 우리 인간은 주변에서 먹을거리를 찾는다.

하드자족처럼 연구가 많이 진행되이 고품질의 최신 데이터를 갖추고 있는 까닭에 머독의 도해에 의존할 필요가 없는 집단에서 식단의 탄수화물 비율이 높았다.

하드자족, 치마네족, 슈아르족은 매일 필요한 칼로리의 65퍼센트 혹은 그 이상을 탄수화물(그래프 6.3을 보면 일반적인 미국인의 식단에서는 탄수화물에서 열량을 섭취하는 비율이 50퍼센트 이하다)에서 얻는다. 꿀과 뿌리식물 속 탄수화물만 먹는 것이 아니다. 하드자족 중 케톤증•이 발견된 경우가 없는 것이 어쩌면 당연하다. 그들의 식단은 예상할 수 있다시피 케톤 생성과는 거리가 멀기 때문이다. 그들은 탄수화물의 대부분을 하드자족 여성이 채취해 집에 가져오는 녹말성 채소에서 얻는다. 또 다른 탄수화물의 큰 원천은 바로 꿀인데, 하드자족 남녀 모두 늘 꿀을 가장 좋아하는 음식으로 꼽는다. 다이어트 블로거나 뉴에이지 영양학 전문

• 생체 조직과 체액 내에 케톤체가 비정상적으로 높은 농도로 존재하는 상태.

가들은 꿀을 건강하다고 보는 경향이 있는데, 단순히 꿀이 자연산이기 때문에 건강하다고 여기는 것일 뿐 특별한 이유는 없다. 꿀(하드자족이 얻는 종류를 포함해서)은 그냥 당분과 물로, 액상과당과 과당 대 포도당 비율이 거의 비슷하다. 사실 우리 인간의 혈당과 지방 대사는 꿀, 액상과당, 설탕(과당과 포도당에서 만들어지는 자당)에 동일하게 반응한다. 만약 탄수화물, 특히 당류가 몸에 좋지 않다면 이처럼 고탄수화물 문화권에 사는 사람들은 모두 당뇨와 심장병을 앓아야 한다. 하지만 이들의 심장은 유난히 건강하고 사실상 심혈관계 대사 질환도 없다.

하드자족, 치마네족, 슈아르족과 같은 생활을 하는 이들의 식단에는 지방이 적어 하루 섭취하는 칼로리의 20퍼센트가 채 되지 않는다. (일반적인 미국인 식단의 40퍼센트가 지방이다.) 사실 (이어질 내용에서 살펴볼) 극북 지방 밖의 경우, 수렵채집을 하는 집단(하드자족과 유사)이나 (치마네족, 슈아르족처럼) 원예를 하는 집단이면서 지방 비율이 높은 식생활을 하는 인구에 대해서는 문서로 수집된 증거가 많지 않다.

하드자족 식단의 놀랄 만한 탄수화물 양과 다른 부족들의 탄수화물 섭취량은 '팔레오' 다이어트라고 흔히 홍보되고 있는 30퍼센트 단백질, 20퍼센트 탄수화물, 50퍼센트 지방의 에너지 조합과는 정반대다. 일부 키토제닉 및 팔레오 다이어트 지지자들은 고대 원시인의 식단 조합에서 조금 더 나아갔다. 《그레인 브레인Grain Brain》의 저자 데이비드 펄머터David Perlmutter는 어떠한 증거도 제시하지 않은 채 주장했다. 고대의 식단은 오직 5퍼센트의 탄수화물과 75퍼센트의 지방으로 구성되어 있다고! 왜 오늘날 무수한 팔레오 다이어트 전도사들은 수렵채집인들의 '가공하지 않은' 식단을 저탄고지라고 주장할까?

이 질문에 대한 답의 일부는 머독의 《민족지 도해서》에 있다. 현대의 팔레오 다이어트 운동은 콜로라도 주립 대학교의 로렌 코데인Loren Cordain 교수에 의해 1990년대 후반에 시작된 것으로, 코데인 교수는 수렵채집인들이 심장병을 비롯해 서구에서 흔한 질병에 왜 면역력이 있어 보이는지 그 이유를 알고 싶었다. 인류학자가 아니라 운동 생리학자였던 코데인 교수는 수렵채집인들의 식생활을 직접 관찰하기 위해 현장에 가지는 않았다. 대신 같이 일하는 이들과 함께 머독의 《민족지 도해서》 속 수렵채집인들의 식단 요약 기록을 모았는데, 내가 그래프 6.2에서 정리했던 것과 유사하다. 그들은 머독의 식단 점수를 식단 내 지방, 탄수화물, 단백질의 정확한 백분율로 바꾸고자 노력했다. 그리고 보통의 수렵채집인 식단 내 약 55퍼센트의 칼로리가 동물성 음식에서 온다고 결론지었다. 이 같은 분석 결과는 동료 심사 논문을 무수히 많이 탄생시켰고, 코데인 교수의 영향력 있는 저서 《구석기 다이어트The Paleo Diet》는 팔레오 다이어트 운동이 시작된 계기가 됐다.

이 같은 연구는 의도는 좋았지만, 여러 가지 중요한 면에서 부족한 부분이 있었다. 가장 기본적으로 머독의 데이터는 음식 섭취 정보를 정확히 읽어내기에는 부족하다. 머독의 문화 요약 기록은 지방, 탄수화물, 단백질에 대해 아무것도 언급하지 않으며, 대신 머독은 0에서 9까지의 식단 점수를 매겨서 여러 음식 종류들이 식단에 기여하는 바를 대략적으로 추정하고자 했다. 하지만 식단 점수 결정에 사용된 방법에 대해서는 대개 상세히 기술하지 않았고, 탄수화물이 많은 음식은 상당 부분 빠뜨린 느낌이다. 4장에서 언급했던 것과 같이, 1900년대 초중반의 인류학자들은 여성이 기여하는 부분을 일관되게 간과했기에 식물에서 얻은 음식의 양을 과소평가하곤 했다. 그리고 머독의 요약 기록에는 하드자족과 다른 여러 수렵채집인들의 식단에서 큰 부분을 차지하는 꿀이 빠져 있기도 하다.

코데인 교수의 분석이 지닌 또 다른 문제는 전 세계에 존재하는 식단의 방대한 다양성보다는 동물과 식물의 평균적인 비율에 초점을 맞추었다는 점이다. 평균에 초점을 맞추면 하나의 '진짜' 자연적인 인간의 식단이 존재하고 나머지는 모두 질병을 유발한다고 이야기하는 셈이다. 그건 마치 단 하나의 '진짜' 인간의 키가 존재하고, 그 키에서 벗어난 이들은 모두 병에 걸렸다고 주장하는 것이나 다름없다. 어떤 면에서 평균값이란 크게 의미가 없다. 그래프 6.2에 나오는 인구 집단은 모두 정상 범위에 속하며, 그들의 식단이 대개 식물부터 고기까지 다 포함한다는 사실에도 불구하고 우리가 아는 한 이들 인구 집단은 모두 똑같이 건강하다. 인간은 다양한 음식을 먹으면서 건강할 수 있고, 과거에도 그랬다. 단 하나의 팔레오 식단이란 존재하지 않는다.

세 번째 문제는 팔레오 다이어트를 둘러싼 많은 논의가 (우리 조상들의 식단에서 탄수화물 비율은 5퍼센트에 불과했다는 펄머터의 주장처럼) 그저 이야기를 지어내거나 중요한 내용을 상당히 잘못 기술한 것 같다는 점이다. 예를 들어 의사 겸 생화학자이자 저탄수화물 식단의 열렬한 옹호자인 스티븐 피니Stephen Phinney는 동아프리카의 마사이족, 북미 평원 지역에서 들소를 사냥하며 사는 인디언, 북극의 이누이트족과 같은 이들이

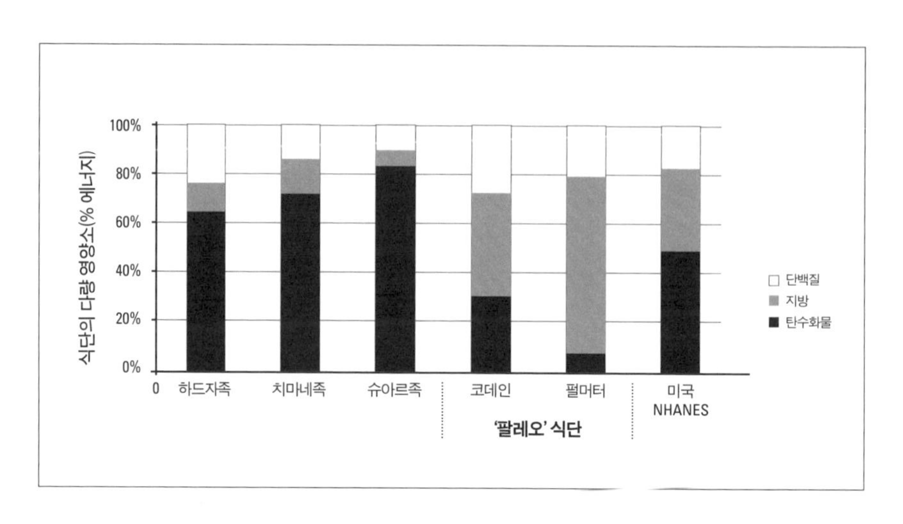

[그래프 6.3]

로렌 코데인과 데이비드 펄머터에 의해 재구성된 '팔레오' 식단 대비 하드자족, 치마네족, 슈아르족 식단의 다량 영양소를 분석한 결과. 미국인 식단의 다량 영양소 정보는 2011년~2014년의 미국 국립 보건 영양 설문조사(NHANES)를 통해 얻었다.

인류 공동의 과거를 보여주는 유용한 사례라고 종종 주장해왔다. 실제로 이 세 부족이 구석기 시대 수렵채집 생활을 대표한다고 보기는 어렵다. 우선 마사이족은 염소와 소를 모는 목축민이다. 그들의 생활 방식이 구식이기는 하나 **그렇게 오래된** 것은 아니다. 고고학 기록을 보면 유목이 시작된 것은 1만 년도 채 되지 않는다. 아프리카에서 퍼지기 시작한 때는 겨우 6500년 전 정도인데, 근동 지역의 다른 문화에서는 이미 농사를 짓기 시작한 이후다. 이와 유사하게 평원 지대의 들소 사냥 문화는 약 1만 년 전까지는 형성되지도 않았다. 이누이트족과 다른 북극

지방 문화는 심지어 그 역사가 약 8000년 정도밖에 되지 않는다. 사람 속의 250만년의 역사 중 (4장) 피니가 예로 든 세 집단은 모두 신생 집단으로, 팔레오 다이어트 지지자들이 호의적이지 않은 태도를 보이는 초기 농경문화보다 그 역사가 길지도 않으며, 인류의 과거를 더 잘 보여주지도 않는다. 사실 현존하는 인간 중 아주 적은 비율만이 북극이나 기타 육식 위주 문화권의 혈통이다. 피니는 아마도 훌륭한 의사이자 생화학자이며, 앞으로 더 구체적으로 다룰 내용이지만 그가 주장하는 저탄수화물 식단이 일부 사람들에게는 실제로 도움이 될 수도 있다. 하지만 역시 제대로 된 인류학자를 고용했어야 했다.

하드자족, 치마네족, 슈아르족 및 그 외 소규모 사회에서 실천하는 저지방 식단이 심장 건강에 미치는 잠재적 영향을 고려할 때, 그들의 식단은 충분히 주목할 만한 가치가 있다. (그래프 6.3) 하드자족과 치마네족 그리고 다른 소규모 사회에서는 노인들조차도 심장이 놀라울 정도로 튼튼한데, 저지방 식단이 한 가지 원인일 수도 있다. 심장 질환과 생활 방식에 대해서는 다음 장에서 보다 자세히 다루도록 하겠다.

유전학

목축, 북극 지방 거주, 농경은 겨우 1만 년 정도의 역사를 지녔을 뿐이지만, 사실 이 역시 상당히 긴 시간이다. 전 세계 인류는 과거 수천 년에 걸쳐 주변 환경과 음식에 얼마나 많이 적응했을까? 최근 인류 유전학이 발전하면서 인간 게놈 전반에 걸쳐 자연선택의 증거를 찾을 수 있게 되면서, 지구상 존재하는 여러 문화권에서 어떤 식생활의 적응이 있었는지 그 역사를 재조명하게 되었다. 민족지학적 증거에서 볼 수 있듯 어디에서나 인간은 주변에서 먹을거리를 찾아 먹었다.

마사이족과 같은 목축민은 지역 환경에 맞게 식생활이 적응된 훌륭한 예다. 목축민 문화에서 우유가 식단의 큰 부분을 차지하며, 우유 내 에너지의 많은 부분은 포도당과 갈락토스로 구성된 이당류인 젖당으로부터 나온다(2장). 모든 포유류가 그렇듯 우리 인간이 소화 과정에서 젖당을 포도당과 갈락토스로 분해하기 위해서는 유당 분해 효소(락타아제)가 필요하다. 유아는 모유를 소화시키기 위해 유당 분해 효소를 만들어내지만, 대부분의 사람들 그리고 1만 년 전 이전의 모든 인간은 유당 분해 효소를 만들어내는 유전자가 유년기 이후 대개 활동을 멈춘다. 유당 불내증이 있으면서 유제품을 먹는 성인들에게는 이것이 문제가 된다. 젖당이 분해되지 않은 채로 대장에 도착하기 때문에 온갖 종류의 소화 장애가 유발되고, 대장에 들어온 젖당은 가스를 생성하는 세균에 의해 소화가 진행된다. 약 7000년 전 목축 인구에서 유당 분해 유전자의 돌연변이가 발생하여 유당 분해 유전자가 성인기에도 활성화 상태였던 경우가 있었다. 목축 사회에서 이 돌연변이는 큰 장점이 되었다. 복부 팽만감에 시달릴 일도, 창피할 걱정도 없이 유제품을 먹을 수 있게 된 이들은 우유에서 더 많은 칼로리를 얻었다. 그런 이들이 더 오래 생존하고 아이도 더 많이 낳았는데, 그 아이들은 돌연변이 유당 분해 유전자를 이어받았다. 놀랍게도 이와 같은 유당 분해 유전자의 돌연변이 현상은 동아프리카와 유럽 북부의 초기 목축 집단에서 각각 독립적으로 두 번 발생했다. 오늘날 초기 목축인의 후손들은 유당 분해 유전자가 유년기가 지난 후에도 지속적으로 활동하는 특징을 지니고 있다.

먹는 음식에 맞추어 유전적 적응이 일어난 예는 유당 분해 효소 사례 외에도 있다. 우리 유전자의 일부는 고대뿐만 아니라 최근에도 진화를 겪었다. 예를 들어 모든 인간은 다른 유인원에 비해 타액 아밀라아제(녹말을 소화시키는 타액 내 효소)를 만드는 유전자의 복제본을 더 많이 가지고 있다. 인간 타액의 아밀라아제 양은 유인원의 두 배로, 호미닌 식단에서 녹말성 음식이 얼마나 중요했는지 보여준다. 오늘날 현존하는 모든 인간은 녹말을 소화시키는 타액 아밀라아제 유전자를 많이 가지고 있는데, 유전자 복제본의 수는 각 인구 집단마다 조금씩 다르다. 탄수화물을 더 많이 먹는 오랜 전통을 지닌 문화에서는 타액 아밀라아제 유전자의 복제본 개수가 더 많아서 타액 아밀라아제 수치가 더욱 상승되고 녹말을 소화시킬 수 있는 능력도 향상된다.

유전자가 농경에 적응한 증거도 존재한다. 여러 대사 경로에 관여하는 효소를 생산하는 NAT2 유전자 변이는 식이 엽산 수치의 감소에 대한 반응으로 농경문화에서 더 흔해진 것으로 여겨진다. 아프리카와 유라시아 문화에서 농경이 시작되면서 식단 내 지방산 종류가 변하자 지질 대사에 중요한 역할을 하는 지방산 불포화 효소(FADS1과 FADS2) 내 변화가 야기된 것으로 보인다. 식단과 신진대사는 이처럼 강력한 진화의 원동력으로, 인간은 먹어야 하는 거의 대부분 음식에 적응할 수 있다. 칠레 아타카마 사막에 사는 원주민 집단은 원래부터 비소 함량이 높은 지하수에 적응하여 살아왔다. 자연선택에 의해 체내에서 비소의 신속한 제거를 돕는 유전자의 변종이 살아남은 것이다. 이 변종 유전자를 가지고 있지 않은 불운한 이들은 유전자 풀pool에서 사라졌다(그들은 병약했고 아이도 적게 낳았다).

북극의 인구 집단 역시 많은 양의 고기를 먹는 생활에 적응해왔는데, 팔레오 다이어트 지지자들의 예상과는 다른 방식의 적응이다. 그린란드와 캐나다의 이누이트족을 연구한 결과, 그들의 FADS 유전자에 변화가 있었다. 전통적으로 바다표범과 고래 기름을 많이 섭취해온 그들의 식단에 지방 함량(특히 오메가3 지방)이 높았기 때문이라고 추측된다. 고기와 지방 비율이 높은 식생활을 하는 이누이트족은 키토제닉 식단이 지닌 장점을 보여주는 훌륭한 예로, 피니를 비롯한 여러 사람들이 종종 칭송하곤 한다. 하지만 놀랍게도 이 인구 집단에 속하는 사람들 대부분은 케토시스 상태가 되지 않는다. 대신 그들은 케톤의 생산을 근본적으로 차단하는 유전자 CPT1A의 돌연변이 변종을 지니고 있다(해당 유전자의 '정상적인' 변종은 미토콘드리아 내에서 케톤 생산을 제어한다. 2장 참고). 케톤 생성을 차단하는 유전자를 지닌 변종은 이누이트족 및 다른 북극 문화에서 큰 장점으로 작용하며, 오늘날 그들 사이에서는 아주 흔한 변종으로 자리 잡고 있다. 팔레오 다이어트를 실천하는 이들은 고지방 키토제닉 식단의 장점과 오랜 역사에 대해 장황하게 설명하곤 하지만, 실제 수세대에 걸쳐 키토제닉 식단으로 살아온 인구 집단에서 자연선택은 반대로 작용했다.

고고학적, 민족지학적, 유전적 증거 모두 인류는 새로운 환경에 적응할 수 있고 유연한 종이라는 사실을 분명하게 보여준다. 우리는 기회주의적 잡식 동물로, 주변에서 먹을 수 있는 것이라면 무엇이든 먹는다. 단 하나의 자연스러운 인간 식단이라는 것은 없으며, 과거 우리 조상이 먹던 식단은 오늘날 유행하는 육식 위주의 팔레오 식단과 다름없이 제한적인 비건 식단과 전혀 비슷하지 않았다

우리 인간의 진화적 과거는 오늘날 우리 몸이 작동하는 방식과 몸의 건강을 지키는 방법의 중요한 길잡이다. 결국 그것이 이 책의 중요한 주제 중 하나다. 하지만 그렇다고 과거 인간의 식단이 꼭 오늘날 이상한 현대 세계를 살아가는 우리에게 가장 건강한 식단이라고 할 수는 없다. 과거에 특정한 방식으로 음식을 먹지 않았다고 해서 현재의 우리도 그러지 말아야 한다는 의미는 아니기 때문이다. 실내 화장실, 현대 의약품, 백신, 혹은 문헌들과 함께 인간이 진화해온 것은 아니지만, 덕분에 우리 삶이 나아진 것은 의심할 여지가 없다. 우리의 구석기 시대 조상들은 바이올린을 연주하지도 달에 가보지도 않았지만, 그렇다고 우리도 그러지 말아야 할 이유는 없다. 우리가 조상들이 먹었던 어떤 식단으로 되돌아가고 싶다고 해도 과거에 인간이 먹었던 야생의 동식물을 찾기란 매우 힘들 것이다. 슈퍼마켓이나 농산물 직매장의 통통하게 살이 오르고, 지방과 당이 가득한 음식들은 불과 수천 년 전만 해도 구할 수 없었다. 시대가 변했고, 우리가 구할 수 있는 음식들도 변했다. 오늘날 우리는 과연 무엇을 먹어야 할까?

마법의 재료: 당류, 지방 그리고 고환

"그건 무슨 종류의 고기인가요?" 바가요가 물었다. 궁금할 만도 했다. 나는 저녁으로 요리하고 있던 파스타 소스에 젤리 같은 분홍색 원통 모양의 통조림 고기를 숟가락으로 떠 넣고 있었다. 우리가 요리하는 곳에 바가요가 다가와 이야기를 나누며 지켜보는 것은 자주 있던 일이었다. 하드자족 사람들은 우리가 가지고 간 이상한 음식을 자주 궁금해했다. 우리 연구 야영지는 마치 〈사인필드〉• 재방송 같았다. 예전에 이미 다 봤지만, 여전히 재미있는 이야기 말이다.

"뱀 고기요." 내가 진지한 표정으로 대답했다.

바가요가 웃음을 지었다. "정말이에요?" 그는 내가 농담을 한다는 것을 알고 있었다.

"뱀 맞아요. 통조림 겉면에 소 그림이 붙어 있지만, 사실은 뱀이 들어 있어요." (솔직히 뱀이 맞을지도 모른다. 우리가 물건을 구하던 아루샤에서 살 수 있던 유일한 통조림 제품은 산지가 불확실한 이름 없는 업체에서 생산한 것이었다. 고기의 점액은 짜고 걸쭉했다. 통조림 겉면에 적힌 '소고기'라는 단어는 신빙성이 없었다.)

바가요는 키득거리며 웃었지만 역겹다는 표정을 숨기지 못했다. "뱀이라니." 그는 고개를 절레절레 흔들며 중얼거렸다. 그러고는 친구

• 1989년부터 1998년까지 미국 NBC에서 방영된 시트콤.

들과 농담을 주고받으며 떠났다. 하드자족이 먹지 않는 음식이 몇 가지 있는데, 그중 뱀이 첫째로 꼽힌다. 사실 그들은 어떤 파충류든 혐오감을 가지고 바라본다. 파충류는 음식이 아니다.

음식은 영양학적 가치 그 이상의 힘을 지닌다. 위약 효과는 강력하며, 여러 식품(혹은 비식품)에 우리가 두고 있는 문화적 무게는 우리 몸이 그 음식을 어떻게 소화시키고 대사 작용을 하는지와는 관계없이 해당 식품이나 비식품에 우리가 가지는 느낌에 영향을 미친다. 하드자족에게 콩팥, 폐, 심장, 고환에 해당하는 '에페메epeme(내장)' 고기는 신성과 힘이 담긴 부위로, 오직 남자들만 먹을 수 있다. 미국에서는 마케팅 전문가와 사기꾼들이 이와 유사한 미신을 만들어내지만 종교적 믿음의 수준이 되기 전에 사라지곤 한다. 우리는 매달 새로운 슈퍼 푸드를 소개받는다. 아사이베리, 석류, 케일, 다크 초콜릿, 달걀, 커피, 야크, 버터, 와인 등 그 종류도 다양하다. 내가 이 글을 쓰고 있는 중에도 오즈 박사•가 '해독 주스'를 권하며 신진대사를 77퍼센트 향상시킬 수 있다고 했다(스포일러 주의! 신진대사 향상 효과 없음). 소셜 미디어에는 슈퍼 푸드가 건강 증진, 허리둘레 감소, 정신력 개선, 성욕과 기력 향상에 마법같이 놀라운 효과를 줄 수 있다고 확신하는 사람들이 가득하지만, 설득력 있는 증거를 제시하지는 못하고 있다. 물론 일부 사람들에게는 슈퍼 푸드가 정말 마법 같은 효능을 발휘하는 것처럼 보일 수 있다. 인간의 뇌는 자기기만의 대가이며, 무의미한 정보 속에서 규칙을

• 미국 유명 건강 토크쇼 〈닥터 오즈쇼〉의 진행자이자 의사 메흐메트 오즈.

찾아내곤 한다. 구운 식빵 위에 성모 마리아의 얼굴을 찾아내는 것처럼 말이다. 이처럼 인간은 무엇에 대해서 믿고 싶어 한다. 많은 수의 사람이 야크 버터를 먹어본다면, 그중 어떤 사람들은 야크 버터 덕분에 체중이 감소했고 활력을 되찾았다고, 이것이 효과가 있다고 확신할 것이다. 물론 야크 버터를 먹고 어떤 효과도 보지 못한 사람들이 인터넷에 몰려들어 야크 버터에 대해 칭찬을 늘어놓는 일은 없을 것이다.

특정 음식을 금기시하는 문화 역시 슈퍼 푸드와 동급으로 강력하지만 그 역시 근거 없는 경우가 많다. 하드자족 사람들은 덜 조리되거나 약간 썩은 고기는 종종 먹으면서도 파충류나 생선을 먹는다는 생각에는 진저리를 친다. 나는 초밥, 생굴, 구운 메뚜기를 좋아하고, 방울뱀과 식용 달팽이도 먹어봤고, 다람쥐도 상당히 많이 먹어봤다. 하지만 구더기를 먹는 것은 생각만 해도 구역질이 난다. 이탈리아의 사르디니아섬에서는 살아 있는 구더기가 기어 다니는 치즈(카수 마르주)가 별미다. 미국인들과 유럽인들은 일부 아시아 문화권에서 과거에 개를 먹기도 했다는 사실에 몸서리치지만, 내가 보기에는 돼지나 소를 먹는 것과 크게 다를 바가 없어 보인다. 독실한 유대인, 이슬람교 신자, 힌두교 신자들 역시 이에 동의할 것이다.

모든 금기 음식에 반드시 깊은 문화적 뿌리가 있는 것은 아니다. 시장이 주도해 만들어낸 모든 슈퍼 푸드 옆에는 악역을 맡은 음식이 있다. 음식 유니버스에서 빌런 역할을 하는 음식들은 글루텐, 트랜스지방, 탄수화물(특히 과당), 우유, 커피, 달걀 그리고 와인이다. 일부 빌런은 이중 스파이라 에피소드에 따라 각기 다른 팀에서 활동하기도 한다. 대부분의 슈퍼 푸드 혹은 슈퍼 빌런 푸드 뒤에는 하드자족이 뱀과 얼룩말 고환에 대해 갖는 원칙처럼 탄탄하게 굳어진 과학적 근거가 있다.

우리의 신진대사에 관한 한 정상적인 소화 비용을 뛰어넘는 눈에 띌 만한 영향을 준다고 밝혀진 음식은 거의 없다(3장). 오즈 박사가 소개한 해독 주스 같은 '에너지' 음료와 영양 보조 음식은 하나같이 엉터리다. ('디톡스' 음식 혹은 암을 치료해준다는 음식도 마찬가지인데, 엉터리인데다 위험하기까지 하다.) 샐러리, 잎채소 등 함유한 열량보다 소화하는 데 더 많은 열량이 든다는 '마이너스' 음식 역시 말도 안 되는 소리다. 물론 칼로리가 낮고 섬유질이 풍부한 채소로 배를 채우는 것은 일일 칼로리 섭취량을 줄이는 좋은 방법이기는 하다. 이는 앞으로 좀 더 자세히 알아보겠다. 얼음물을 마신다고 매일 소모하는 에너지양이 변하지는 않는다. 신진대사율을 촉진한다고 입증된 음식들조차 대개 효과는 대단치 않다. 커피 한 잔에 든 카페인 100밀리그램은 일일 에너지 소비량을 20킬로칼로리 정도 높이는데, 이는 엠앤엠즈 초콜릿 다섯 개에 해당하는 칼로리다. 5장에서 살펴보았듯이, 일일 에너지 소비량이 커진다 해도 늘어난 허기와 음식 섭취량으로 상쇄될 가능성이 아주 높다.

지방 대 당류

현대 음식 빌런의 대부는 지방이다. 전후 미국과 유럽에서 심장병이 급속하게 유행하면서 어느 누구도 심장 질환에서 안전하지 못해 보였다. 심지어 아이젠하워 대통령조차 심장 질환으로 사망했으니 말이다. 미네소타대학교의 기아 연구에 대해 이야기하며 5장에서 만나보았던 앤셀 키스는 1950년대~1960년대에 세계적인 대규모 연구를 추진하여 심장병의 유행을 멈추기 위해 노력했다. 그의 연구는 심장병과 지방 섭취 사이에 명백한 연결고리가 있음을 보여준다. 그리고 이 과학적 연구는 오랜 세월이 지났지만 여전히 유효하다. 현존하는 최고의 증거인 앤셀 키스의 연구는 포화 지방과 트랜스 지방을 심장병의 주요 위험인자로 지목한다. 하지만 지방을 죄악시하면서 몇 가지 의도치 않은 결과를 낳기도 했다. 곧 살펴보겠지만, 식단에서 고기를 줄이면 단백질 공급원이 사라지게 되고 과식에 제동을 걸 수 있다. 초기 연구들은 견과류, 아보카도 등 지방이 풍부한 식물성 식품과 생선에 주로 함유된 불포화 지방의 잠재적 이득을 평가절하하기도 했다. 무엇보다 지방과의 전쟁이 시작되면서 지방 대신 당분을 넣은 '저지방' 가공 식품이 출현했다. 이런 식품들은 '심장 건강에 유익하다'고 광고되었지만, 이제 우리는 지방을 설탕으로 대체한다고 심장 질환의 위험이 줄지 않는다는 사실을 알고 있다. 앤셀 키스는 이런 문제가 생기리라 예상했다. 그는 지방이 많은 음식을 콩처럼 단백질이 풍부한 복합 탄수화물로 대체해야 한다고 주장하며 자신의 아내와 함께 이를 알리기 위한 요리책 《아낌없이 주는 콩The Benevolent Bean》을 집필하기도 했다.

오늘날의 다이어트 전쟁에서 최고 화두는 당류와 다른 탄수화물이 단순히 지방의 형편없는 대체 식품에 그치지 않고 사실상 진짜 빌런이냐는 물음이다. 지난 5장에서 살펴본 바와 같이 게리 타우브스를 비롯한 많은 사람들은 현대의 비만과 심혈관계 대사 질환 확산의 진짜 주범은 설탕이었다고 수년간 주장해왔다. 지방은 누명을 썼을 뿐 앤셀 키스와 다른 이들이 주장한 대로 건강에 위협이 되는 요소는 절대 아니라는 것이다. 타우브스와 뜻을 같이하는 이들의 관점에서는 우리를 지방으로부터 멀어지게 하려 했던 공중 보건계의 노력은 재앙에 가까운 실수였다. 우리가 저탄수화물 식단을 채택해 더 **많은** 지방을 먹는다면 더 건강하고 날씬해질 것이라고 그들은 주장한다.

이런 주장을 그저 주술적 사고라고 일축하기 쉽다. 건강한 식단에 관한 여러 주장이 존재하는 상황에서 이들은 그 선두에 서서 목소리를 높이고 있는 이들은 매우 극단적이면서도 자신들의 관점에 갇혀서 제대로 된 과학적 논의가 가능하지 않은 상태다. 물리학의 법칙이 인간의 신체에는 적용되지 않는다고 절대적으로 확신하는 사람과는 논쟁을 하는 의미가 없다. 그들은 '칼로리는 중요하지 않다'고 믿으며, 체중의 증가와 감소를 결정하는 **유일한** 요인은 바로 식단 내 지방과 탄수화물의 조합이라고 생각한다. 수렵채집 생활을 했던 조상들은 저탄수화물 식단을 흔히 했다는 현대의 팔레오 다이어트 지지자들의 주장 역시 앞서 이야기했듯 그 타당성이 의심스럽다. 설탕에 불리한 증거가 검은 돈을 쥔 세력에 의해 묻히거나 무시되었다는 수십 년간 이어진 세계 과학계의 음모론은 터무니없는 이야기다. 내 경험상 과학자들은 학회 점심식사 일정을 맞추기가 어려워 음모를 꾸미기 쉽지 않을 뿐더러 현 상황과 다른 과학자들에게 시비를 걸면서 큰 즐거움을 얻기 때문이다.

그러나 설탕에 반대하는 주장의 핵심에는 실제로 비만, 당뇨, 기타 대사 질환을 유발할 수 있는 그럴듯한 메커니즘이 존재한다. 탄수화물-인슐린 모델이라 불리는 이 메커니즘이 작용하는 순서는 다음과 같다. 탄수화물이 많은 음식, 특히 쉽게 소화되는 당류를 많이 포함한 음식을 먹으면 혈중 포도당 수치(혈당)가 올라간다. 그에 대한 반응으로 췌장은 인슐린 호르몬을 만들어낸다. 인슐린은 신체 전반에 폭넓은 영향을 미치지만, 한 가지 중요한 역할은 혈액 속 포도당을 세포로 보내 글리코겐으로 저장하거나 ATP(2장 참고)를 만드는 것이다. 하지만 몸이 저장할 수 있는 글리코겐의 양은 정해져 있으며, 인슐린은 잉여 포도당을 지방으로 전환시키고 지방산을 모아 태우는 경로를 막는다. 그 결과 타우브스를 비롯한 탄수화물-인슐린 모델의 지지자들은 역설적이게도 고탄수화물 식단이 혈류 내 순환하는 연료를 줄인다고 주장한다. 포도당이 지방으로 전환되어 지방 조직 내에 저장되기 때문에 우리 몸은 마치 굶주린 상태처럼 반응하여 에너지 소비를 줄이고 허기를 더 많이 느껴 결국 과식을 하게 된다는 것이다. 즉 그들의 관점에서 지방의 축적은 오히려 과식의 원인이다. 칼로리에 초점을 맞추면 탄수화물과 인슐린의 상호 작용을 간과해 결국 핵심을 놓치게 된다.

그럴듯한 메커니즘으로 비만의 원인을 설명하는 아주 흥미로운 주장이다. 이 주장은 타우브스와 데이비드 루트비히David Ludwig 등 여러 학자들이 수년에 걸쳐 많은 논문과 책을 통해 구체화했다.

자기네들 주장이 사실이기라도 한 듯이 말이다.

저탄수화물 식단을 지지하는 이들은 주류 과학계가 탄수화물-인슐린 모델을 무시해왔다고 종종 불만을 표하지만, 사실 지난 10여 년의 세월 동안 많은 과학자가 이 모델의 예측 결과를 확인하고자 애써왔다. 그중에는 미국 국립 보건원의 수석 연구원인 케빈 홀도 있다. (그는 앞 장에서 언급한 〈비기스트 루저〉 연구를 담당하기도 했다.) 홀의 연구팀은 한 연구에서 과체중이거나 비만인 사람들을 8주간 신진대사 병동에서 지내도록 하고 첫 4주는 일반적인 고탄수화물 식단으로, 그다음 4주는 저탄고지 키토제닉 식단을 제공했다. 키토제닉 식단의 경우 동일한 열량을 지녔지만 당 함량은 10분의 1 이하로 맞췄다. 실험 참가자들은 연구가 진행되는 기간 동안 꾸준히 체중이 줄었으나, 저탄수화물 키토제닉 식단은 기준으로 삼은 고탄수화물 식단과 비교했을 때 지방 감소 효과에서 차이는 없었다. 일일 에너지 소비량은 키토제닉 식단 쪽이 약간 더 높았으나(57킬로칼로리/일), 탄수화물-인슐린 모델이 예측한 것보다는 훨씬 적은 수준이었다. 가장 인상적인 부분은 무엇이었을까? 이 연구는 게리 타우브스와 그가 설립한 비영리 기구 '영양 과학 계획Nutrition Science Initiative'이 공동으로 설계했는데, 타우브스는 아마도 연구 결과가 자기주장의 정당성을 입증해주리라 생각했을 것이다. 하지만 그들의 기대와는 달리 **정확히** 설탕 반대파들이 원하던 결과가 나와버렸다.

입원 환자를 대상으로 한 또 다른 연구에서 홀과 그의 동료들은 비만인 남녀 실험 대상자에게 첫 5일은 기준 식단을 제공하고 그 후로는 탄수화물이나 지방을 줄여서 기준 식단보다 칼로리가 30퍼센트 낮은 식단을 제공했다. 이 연구에서 실험 대상자들은 저지방 식단일 때 에너지 소비량이 약간 더 높았으며, 지방이 제일 많이 줄었다. 저탄수화물 식단이 에너지 소비량에 미치는 미미하지만 상충되는 여러 연구 결과를 살펴보면 이러한 영향은 단순히 데이터 노이즈에 불과할 수도 있다. 이런 결과는 설탕의 해악을 주장하던 학자들이 등장하기도 전인 지금으로부터 30년 전 에릭 라부신Eric Ravussin과 그의 동료들이 했던 연구 결과에 들어맞을 법한 이야기다. 그들의 연구 결과에 따르면 고탄수화물 또는 고지방 식단을 유지한 실험 대상들의 일일 에너지 소비량은 차이가 없었다.

저지방과 저탄수화물 식단이 체중 감량에 미치는 영향에 대해 알아보는 대규모 실세계 연구들은 일반적으로 두 가지 식단 모두 동일하게 좋다(혹은 나쁘다)는 결론을 내린다. 타우브스와 '영양 과학 계획' 기구로부터 일부 자금 지원을 받은 '다이어트피츠DIETFITS' 연구에서는 609명의 남녀에게 무작위로 저탄수화물 혹은 저지방 식단을 지정했다. 12개월 후 두 집단 모두 평균 체중 5.8킬로그램, 체지방 2퍼센트를 감량했다. 체중이 감소한 사람들에게 예상할 수 있듯(5장 참고) 안정 시 에너지 소비량은 두 집단 모두 감소했지만, 두 식단 사이 차이는 없었다(있다면 저탄수화물 집단에서 안정 시 평균 에너지 소비량이 약간 낮은 경향을 보였다). 저탄수화물 식단은 실세계의 대규모 표본을 상대로 실험되었는데, 전통적인 저지방 식단에 비해 더 낫지도, 더 나쁘지도 않았다.

미국과 다른 국가의 음식 섭취와 비만에 대한 역학 자료 역시 탄수화물이 비만과 대사 질환이 위험한 수준으로 증가한 원인이라는 생각에 반한다. 1960년대와 1970년대, 설탕 반대 운동의 아버지이자 영웅인 존 유드킨John Yudkin이 식이 지방이 심장 질환 유발에 미치는 영향에 대한 앤셀 키스의 연구를 공격하기 시작했을 때, 유드킨은 미국과 유럽에서 설탕 소비 증가와 맞물려 비만율도 높아졌다는 데이터를 언급할 수 있었다. 하지만 최근 수십 년간 설탕과 대사 질환은 동시에 움직이지 않았다. 심장 질환으로 인한 사망률이 여전히 심각한 수준으로 높긴 하지만, 미국의 경우 1960년대 이후 당 섭취가 늘어났음에도 불구하고 심장 질환 사망률은 꾸준히 감소해왔다. 당 섭취량(액상과당)은 2000년 전후로 최고치를 기록했지만, 사람들이 당 섭취를 줄여도 과체중, 비만, 당뇨 발병률은 지속적으로 증가했다(그래프 6.4). 당류와 대사 질환 사이에 연결고리가 없다는 것은 미국을 비롯한 여러 나라에서 분명하게 드러난다. 중국의 경우, 지방에서 얻는 칼로리 비율이 1990년대 초 이후 급격히 늘었고 탄수화물에서 얻는 칼로리는 감소했음에도 비만과 당뇨는 꾸준히 증가했다. 비만과 대사 질환은 개발도상국에서도 심각한 문제로 대두되고 있는데, 단 하나의 다량 영양소가 문제가 아니라 경제 발전, 섭취하기 편리한 칼로리의 보편화, 에너지 과잉 섭취가 체중 증가의 원인으로 꼽힌다.

저탄수화물 식단을 열렬히 옹호하는 이들의 열정은 식을 줄 모른다. 타우브스와 여러 다른 학자들은 여전히 저지방, 고탄수화물 식단

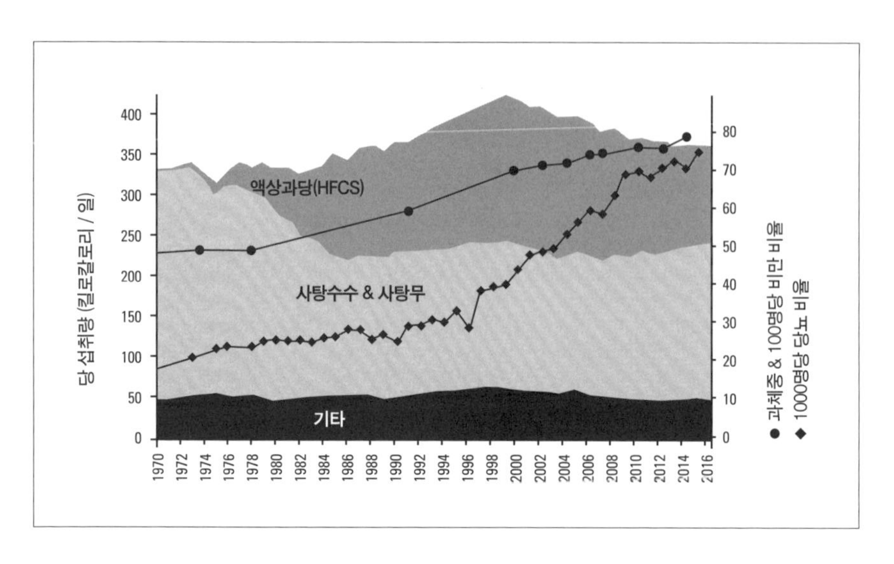

[그래프 6.4]

미국 내 1인당 당 섭취량은 1970년부터 꾸준히 증가하여 2000년 최고치에 달했다. 액상과당(HFCS)에서 얻는 칼로리를 포함한 당 섭취량이 감소한 이후에도 과체중, 비만(초고도 비만 포함), 당뇨 환자 비율은 지속적으로 증가했다.

이 우리를 병들게 한다는 주장을 이어가고 있다. 데이비드 루트비히와 그의 동료들은 최근 진행한 연구에서 체중 감소 이전과 이후 남성과 여성의 신진대사율을 조사했다. 그 결과 체중 감량 이후 저탄수화물 식단을 먹었을 때 일일 에너지 소비량이 제법 증가했다. 케빈 홀이 동일한 데이터를 재분석해 그 결론에 이의를 제기했는데, 저탄수화물 식단의 영향이 있다 하더라도 굉장히 미미할 가능성이 높다고 주장했다.

저탄수화물 식단이 체중 감량 이후 약간의 에너지 소비량 증가로 이어졌는지 여부와는 관계없이, 여러 연구 결과는 탄수화물-인슐린 모델에 다시 힘을 실어주지는 못했다. 우선 한 가지 이유는 체중 감량이 성공한 까닭은 직접적인 칼로리 감소 때문이었지 탄수화물을 제한해서 그런 것이 아니었기 때문이다. 두 번째, 처음에 저탄수화물 집단의 일일 에너지 소비량이 더 크다고 했어도 체중 유지가 더 쉬웠다는 근거는 전혀 없다.

다양한 식단의 대사율을 측정한 많은 연구를 살펴보면 지방 대 탄수화물의 비율이 일일 에너지 소비량에 미치는 영향은 아마도 아주 적거나 없을 가능성이 높다. 효과가 있다 하더라도 탄수화물-인슐린 모델의 예상치보다는 훨씬 낮을 것이며, 대사 기능 향상에서 얻은 잠재적 이익은 섭취량 증가로 상쇄되는 듯하다. 칼로리 과다 섭취라는 일반적으로 알려진 위험 외에 당류나 다른 탄수화물이 체지방이나 대사 질환에 명확하게 영향을 미친다고 할 수 없다. 당은 분명 건강에 좋지 않고(일단 당류에는 비타민, 섬유질 및 다른 영양분이 하나도 없다), 아래에 설명하겠지만 설탕이 든 음식은 과다 섭취하기 쉽다. 하지만 (액상과당을 포함한) 당류에서 얻는 칼로리가 지방에서 얻는 칼로리에 비해 우리의 체중이나 대사 건강에 더 좋거나 나쁘다고 말할 수 있는 근거는 거의 없다.

저탄수화물 키토 다이어트(및 기타 다이어트)의 성공 이유

탄수화물-인슐린 모델이 정확하지 않다면, 저탄수화물 키토제닉 다이어트는 왜 성공을 거둘까? 소셜 미디어상에는 저탄수화물 식단을 유지한 뒤 체중 감량, 허리둘레 감소, 당뇨 극복에 성공했다는 이야기가 넘쳐난다. 물론 온라인상의 이런 증언들은 대부분 절절하게 공감되고 진실된 이야기다. 많은 사람이 느끼기에 살이 빠지고 신진대사 기능이 좋아지면 인생이 바뀔 것만 같다. 비록 다이어트의 결과는 마법 같을지 모르나 저탄수화물 다이어트가 성공하는 원인은 간단하다. 에너지 섭취량을 줄이고 음의 에너지 균형, 즉 에너지 불균형 상태를 불러오기 때문이다. 매일 섭취하는 칼로리보다 더 많은 칼로리를 태우는 것이다.

저탄수화물 다이어트는 단기간 진행할 때 특히 효과적인데, 그 이유는 우리 몸이 억지로 글리코겐을 태우게 만들기 때문이다. 탄수화물 섭취를 극도로 제한하는 다이어트(일일 탄수화물 섭취량이 20그램 혹은 그 이하)를 하는 경우, 도표 2.1에서 보이는 탄수화물 대사 경로가 닫힌다. 경로 폐쇄가 발생하면 저장된 글리코겐이 대폭 감소한다. 탄소화물호 열차에 탑승해서 미토콘드리아로 가는 마지막 승객인 글리코겐이 줄어드는 것이다. 지방과 달리 글리코겐은 물을 함유한다. 몸은 물이 포함된 형태로 글리코겐을 저장하는데, 이때 글리코겐 대 물의 비율이 1:3 또는 1:4이기 때문에 글리코겐을 소모하면 수분 손실 및 급격한 체중 감소로 이어진다.

일단 저장된 글리코겐이 대폭 줄어들면 몸은 에너지 공급을 위해 지방 대사 경로에 의존한다. 이때부터 저장된 지방을 태우기 시작하는데, 일일 에너지 소비량이 섭취량을 초과할 때만 가능하다. 바로 이 순간 저탄수화물 다이어트의 마법이라고 자주 소개되는 효과가 나타난다. **사람들은 칼로리 섭취량을 줄이지 않고도 체중을 감량했다고 주장한다.** 그 근거로 지금껏 먹은 고지방 고칼로리 음식을 나열하며 결코 허기를 느끼지 않는다고 말한다. 또 '칼로리를 계산하지 않는다'는 주장을 종종 펼치기도 하는데, 예전과 동일한 칼로리(혹은 더 많이!)를 섭취하고 있다고 (심지어 매우 단호하게) 확신하는 듯하다.

이와 같은 체중 감량 성공담은 축하할 일이고, 자신에게 맞는 식단을 찾았다면 꾸준히 실천하면 된다. 하지만 소비하는 칼로리보다 더 적은 칼로리를 섭취하지 않고서 체중을 감량할 수 있는 사람은 결코 없으며, 이때 칼로리가 무엇으로 구성되는지는 관계가 없다. 여기에는 물리학의 법칙이 적용된다. 저탄수화물 다이어트를 하고 있는 사람들은 이전과 마찬가지의 칼로리를 섭취하고 있다고 느낄지도 모른다. 하지만 3장에서 살펴본 바와 같이 우리는 모두 자신이 매일 몇 칼로리를 섭취하는지 계산하는 일을 끔찍하게 못한다. 칼로리를 계산하지 않고도 당연히 살을 뺄 수 있다. 본인의 재정 상태에 주의를 기울이지 않고도 은행 계좌를 텅텅 비게 할 수 있는 것처럼 말이다. 하지만 본인이 태우는 열량보다 적게 먹지 않고는 살을 뺄 수 없다.

저탄수화물 키토제닉 다이어트는 다른 다이어트와 동일한 원칙이 적용된다. 직접 비교를 해보면 여러 다이어트 방식들은 똑같이 효과가 좋다(혹은 나쁘다). 앞서 언급한 바 있는 다이어트피츠 연구에서도 이를 확인할 수 있었고, 보다 다양한 다이어트 방식을 비교해봐도 역시 동일한 결과가 도출된다. 2005년의 한 연구에서 마이클 댄싱어Michael Dansinger와 그의 동료들은 보스턴과 그 인근에 거주하는 160명의 성인에게 무작위로 네 가지 유명한 다이어트 식단, 즉 앳킨스, 오르니시Ornish, 웨이트 워처스, 존Zone 식단 중 하나를 지정해 12개월간 유지하도록 했다. 앳킨스 다이어트는 저탄수화물 식단, 오르니시는 저지방 식단, 웨이트 워처스와 존 다이어트는 저탄수화물과 저지방 그 중간 어디쯤 해당하는 식단이다. 당연히 자신에게 지정된 식단을 얼마나 잘 지켰는지는 개인마다 달랐지만, 식단을 지킨 이들의 비율은 식단마다 비슷했다(어떤 식단이건 지키기 어렵기는 매한가지다). 중요한 점은 지정받은 식단의 종류가 체중 감소에는 어떠한 영향도 미치지 않았다는 것이다. 어떤 다이어트 식단을 실천했든 식단을 잘 지킨 사람은 체중이 줄었다. 어떤 다이어트 식단이건 지키기만 한다면 살이 빠진다는 의미다.

형편없는 다이어트 식단조차도 칼로리 섭취량만 줄면 체중 감량과 신진대사 기능 향상으로 이어질 수 있다. 오직 한 가지 음식만 먹는 단일식(원푸드) 다이어트 역시 체중 감량이 되는 경우가 많은데, 그 이유는 같은 음식만 반복해서 먹는 데 지쳐서 적게 먹는 결과로 이어지기 때문이다. 감자 다이어트가 유명한 예다. 마술사 펜 질렛Penn Jilette은 오직 감자만 먹어서(녹말성 탄수화물로 가득한 식단임을 짚고 넘어갈 필요가 있다) 45킬로그램 이상을 감량했다고 한다. 캔자스 주립 대학교의 마크 호브Mark Haub 교수는 10주간 정크 푸드 식단을 실천함으로써 체중 관리에서 중요한 부분은 오직 칼로리임을 보여주고자 했다. 자신의 페이스북 페이지에 다이어트 과정을 기록해 전 세계인이 볼 수 있도록 하기도 했다. 정상적인 식사 대신 3시간마다 트윙키(가운데에 크림이 든 스낵 케이크)를 먹었고, 감자튀김, 설탕이 잔뜩 든 시리얼과 쿠키로 식단을 보충했다. 호브 교수의 식단은 건강에는 재앙 같았지만(나 역시 권장하지 않는다!), 퍼즐의 핵심 조각은 바로 칼로리였다. 호브 교수는 일일 섭취 칼로리를 1800칼로리로 제한했는데 이는 자신의 일일 에너지 소비량보다 훨씬 낮았다. 10주가 지나자 체중은 약 12킬로그램이 빠졌고, BMI 지수 역시 과체중인 28.8에서 정상 수준인 24.9로 내려갔다. 콜레스테롤과 트라이글리세라이드 수치 역시 떨어졌다.

저탄수화물 다이어트는 2형 당뇨를 지닌 사람들에게 도움이 된다. 인슐린 반응이 약한 사람들이 탄수화물을 많이 먹으면 혈당이 위험한 수준으로 치솟기 때문이다. (당뇨가 없는 사람들조차 탄수화물을 제한하면 혈당 수치가 낮아질 수 있다.) 사실 18세기에는 저탄수화물 식단으로 당뇨병을 치료했다. 스테판 피니가 설립한 건강 연구 기구인 '비르타 Virta'는 키토제닉 식단이 당뇨에 미치는 이점을 연구했는데, 여러 희망적인 연구 결과가 도출되었다. 비르타의 저탄수화물 프로그램에 참가한 남성과 여성 중 다수가 체중을 감량했고 인슐린 및 다른 당뇨약의 필요성이 줄거나 더 이상 필요 없어진 경우도 있었다. 저탄수화물 식단이 그들의 당뇨병을 **치료했다**고 말할 수는 없다. 왜냐면 탄수화물이 포함된 일반식으로 되돌아갈 경우 혈당은 다시 높아지고 당뇨약이 다시 필요해질 것이기 때문이다. 하지만 저탄수화물 식단의 효과에 어떤 이름을 붙이든 그 결과는 긍정적이었고 남녀 당뇨 환자들이 얻은 효과는 진짜였다.

하지만 비르타 프로그램의 식단은 단순히 저칼로리가 아닌 저탄수화물 식단이기에 실제로 효과가 있었는지는 확실하지 않다. 비르타의 연구가 진행된 이유는 저탄수화물 식단과 다른 식단과 비교하기 위함이 아니었다. 우리는 상당한 체중 감량이 과체중 및 비만인 성인이 2형 당뇨에서 벗어날 수 있도록 하며, 이때 체중 감량 방법은 중요하지 않다는 사실을 안다. 사람들에게 무작위로 저탄수화물, 저지방, 혼합 식단 중 하나를 지정했던 댄싱이의 연구에서 지정된 식단을 잘 지켜낸 남녀는 모두 체중을 감량했으며 염증 수치 개선, '유익한' HDL 콜레스테롤 비율의 향상, 인슐린 민감도 상승효과를 보였다. 염증 수치, HDL 콜레스테롤, 인슐린 민감도는 심혈관계 대사 질환에서 가장 중요한 세 가지 위험 인자로 꼽힌다. 이와 같은 건강 개선은 감량한 체중과 직접적인 상관관계가 있지, 어떤 식단을 유지했는지와는 무관하다. 저탄수화물 혹은 저지방 식단을 대규모 남녀 집단에 지정했던 다이어트피츠 연구에서도 저탄수화물 식단을 한 집단과 저지방 식단을 한 집단 모두 심장대사 건강이 유사한 수준으로 개선됐다. 두 집단 중 연구 참가 당시 대사 증후군을 앓았던 36명은 12개월 뒤 연구 종료 시에는 모두 대사 증후군에서 벗어났다. 과체중 혹은 비만이거나 당뇨 및 기타 대사 질환을 앓는 이들은 체중을 감량해야 건강해진다.

매끼 칼로리를 제한하는지 몇 끼를 거르는지는 크게 중요하지 않는 듯하다. 하루 중 많은 시간을 금식하는 간헐적 단식은 체중 감량 효과가 좋다고 널리 홍보되어 왔다. 여기저기 들리는 간헐적 단식의 방법은 저탄수화물 다이어트와 놀라울 정도로 유사하다. (단식 시간 외에는) 원하는 음식은 뭐든 먹고 칼로리는 신경 쓰지 말라는데, 바로 우리 조상들이 음식을 먹었던 방식이다! 하지만 간헐적 단식이 지닌 과대광고의 허점을 결국 과학이 밝혀냈는데, 실제로 단식의 효과는 크지 않았다. 댄싱어 연구와 유사하게 무작위 대조군 실험 연구를 진행했는데, 간헐적 단식을 지정받은 사람들은 일반적인 칼로리 제한 다이어트를 한 사람들에 비해 체중을 더 많이 감량하지도, 감량한 체중을 더 오래 유지하지도 못했다. 두 집단 모두 인슐린, 혈당, 콜레스테롤 면에서는 똑같이 긍정적인 효과를 보았다. 만약 과체중이라면 그 방식이 어떻든 간에 칼로리를 제한하기만 하면 체중이 줄어들고 심장대사 건강도 좋아질 것이라는 결론이다.

이 중 어떤 연구도 특정 다이어트를 옹호하거나 반대하지 않는다. 건강한 체중을 유지하고 대사 질환에서 벗어나게 해주는 식단을 찾았다면 그 식단을 유지하면 된다. 다만 다이어트 전쟁의 최전선에 있는 이 같은 연구들은 우리가 핵심을 놓치고 있다고 주장하는 듯하다. 어떤 식단이든 칼로리 섭취량을 줄이기 때문에 그 식단을 지키기만 한다면 효과가 있다. 하지만 5장에서 이야기했듯이 식단을 지키기가 매우 힘든 경우가 많은데, 그 이유는 우리의 진화한 신진대사 관리자가 체중을 줄이려는 우리의 노력에 맞서 싸우며 다이어트를 포기하고 더 먹도록 부추기기 때문이다. 저탄수화물 다이어트가 마법과 같은 효과를 지니고 우리로 하여금 자연의 법칙을 어기도록 한다고 믿는 대신, 저탄수화물 다이어트를 하는 사람들이 칼로리를 줄이는 느낌은 받지 않으면서 체중을 줄일 수 있는 이유를 묻는 편이 더 흥미로울 것이다. 결국 비참한 기분을 느끼지 않으면서 식단 관리를 하는 건 체중 감량의 성배와도 같다.

굶주린 시상하부

물리학의 법칙이 다이어트 전쟁에서 부수적으로 겪는 온갖 오남용을 차치하더라도, 불구하고, 현존하는 모든 데이터는 체중 감량과 증가를 결정하는 유일한 실제적 요인은 칼로리라고 말한다. 소모하는 칼로리보다 더 많은 칼로리를 섭취하면 살이 찐다. 소모하는 칼로리보다 적게 먹으면 살이 빠진다. 탄수화물, 지방, 단백질 조합은 에너지 소비, 체중 감량 혹은 건강한 체중에 도달해 얻는 건강상의 이점에는 어떤 특별한 영향도 주지 않는다. 만약 모든 다이어트 식단이 칼로리를 줄임으로써 효과를 보인다면 왜 어떤 식단은 다른 식단보다 지키기가 더 쉬울까? 만약 설탕이 단독으로 우리를 병들게 하는 슈퍼 빌런 주모자가 아니라면, 그렇게 많은 사람들을 잘못된 방향으로 이끄는 현대의 식단에는 대체 무슨 문제가 있을까?

정답은 우리 뇌 속에 있는 듯하다. 5장에서 살펴본 바와 같이 우리의 시상하부, 즉 우리 뇌의 하부에 있는 별다른 특징 없는 이 조직 부위는 신진대사와 배고픔을 조절하는 복잡한 시스템의 중심에 자리 잡고 있다. 식욕과 비만의 신경 제어를 연구하는 스테판 구예네Stephan Guyenet는 《배고픈 뇌Hungry Brain》라는 자세하면서도 흡입력 있는 저서를 통해 뇌의 해당 시스템에 대해 상세하게 기술했다. 우리의 미뢰와 소화관을 통해 얻은 감각 정보와 함께 혈류 내를 순환하는 영양분과 호르몬은 들어오고 나가는 칼로리를 시상하부에 상세히 보고한다. 시상하부는 그에 맞춰 허기와 신진대사율을 조절하여 에너지 균형을 유지하도록 한다. 보통 이 시스템은 섭취량과 소비량을 적절히 맞추는 역할을 훌륭하게 수행해낸다. 우리는 필요를 충족할 만큼 충분히 먹으면 배부름을 느끼고 먹기를 멈춘다. 반대로 글리코겐과 저장된 지방을 태우면 허기를 느끼고 음식을 먹는다. 과식하거나 굶는 일이 생기면 불균형 상태를 바로잡기 위해 대사율이 적절하게 반응한다. 잠깐 고민할 필요도 없이 이것이 바로 하드자족과 같은 집단이 성인기 내내 동일한 체중을 유지하며 살아가는 이유다.

하지만 산업화된 세상에서 우리가 개발해낸 이상하고도 놀라운 음식의 세계는 이 시스템의 취약점을 드러냈다. 음식 섭취량을 조정하는 견제와 균형의 신체 상태를 우리가 먹는 음식이 압도하는 경우가 허다하다. 다시 말해 현대의 식단은 지나치게 맛있는 음식들로 가득하다.

우리는 다른 모든 것을 좋아하는 이유와 똑같은 이유로 음식을 좋아한다. 음식은 뇌 안에서 보상 체계를 작동시키기 때문이다. 가장 단순한 구조의 벌레에서부터 가장 복잡한 영장류에 이르기까지, 다른 모든 동물과 마찬가지로 우리는 생존과 생식의 가능성을 높이는 행동에 보상을 하도록 진화하는 뇌를 가지고 있다. 성관계, 당분, 사회적 연결… 필수적이고 보편적인 욕망은 처음부터 인간에게 내재되어 있다. 우리는 '좋은' 것을 감지하길 기다렸다가 그에 대한 반응으로 도파민과 엔도카나비노이드와 같은 보상 분자를 방출하는 뉴런으로 미리 설계되어 있어 더 많은 보상을 얻기 위해 다시 되돌아간다. 진화의 논리는 간단하다. 사회적, 물리적 환경에 잘 맞춰진 보상 체계를 지닌 생물은 더 많은 음식과 성관계를 찾아 나서고, 더 많은 후손을 남겨 뉴런의 보상 체계를 물려받도록 하는 경향이 있다.

우리는 이처럼 복잡하고 문화적인 동물이기 때문에 욕구를 표현하고 각 보상을 위해 도저히 이해할 수 없을 정도로 다양한 연상을 해내기 위해 수백만 가지 방법을 학습한다. 우리 뇌는 뭔가 좋은 일이 곧 일어날 것 같은 작은 낌새만 있어도 보상 체계를 작동시키도록 학습한다. 도넛을 보거나 팝콘 냄새만 맡아도 침이 고인다. 우리 뇌가 무의식적으로 하는 연상으로 하이힐이나 저음의 목소리에 환상을 갖기도 한다. 섹시한 것, 맛있는 것 혹은 사회적으로 적절한 것은 홍콩에서 헬싱키에 이르기까지 천차만별로 다를 수 있지만, 그 기저에 존재하는 보상 체계는 동일하다.

인간의 뇌는 음식, 특히 지방과 당에 강하게 반응하는 보상 센터를 가지고 있다. 하지만 모든 음식이 동일하게 만들어지지는 않는다. 간이 되지 않은 삶은 감자 같은 음식에는 우리 보상 체계가 꿈쩍하지 않는다. 주로 지방, 탄수화물, 소금이 골고루 들어간 맛있는 음식은 마치 심포니 오케스트라처럼 뇌의 보상 체계를 작동시켜 도파민과 다른 보상 분자들이 뇌에 넘쳐흐르고 기분이 좋아지게 만든다.

연구자들은 이와 같은 맛있는 음식을 가리켜 '구미가 당긴다'라고 표현한다. 우리가 먹고 싶어 하는 음식이라는 말이다.

맛있는 음식을 먹고자 하는 우리의 욕망을 줄이는 것은 음식이 주는 보상을 줄이고 우리에게 포만감을 느끼게 하는 인체의 신호들이다. 음식이 소화되고 혈류로 흡수되면 췌장은 인슐린을 분비하고 지방 세포는 렙틴 호르몬을 내보내는데, 둘 다 우리 뇌 안에서 음식에 대한 보상 반응을 약하게 만든다. 위 안의 신장 수용기와 소화관의 호르몬 및 신경 신호는 점점 더 배가 불러지고 있음을 뇌에 알린다. 단백질 섭취량도 감시되어 우리가 더 많이 먹을수록 더 배가 부르다고 느끼도록 한다(실제로 우리 몸은 우리가 먹는 단백질 양을 감시하며 충분히 먹기 전까지는 포만감을 느끼지 않도록 한다는 설득력 있는 증거가 존재한다). 이 모든 포만감의 신호는 음식이 주는 보상 신호의 강도를 근본적으로 낮추고 배부름을 느끼도록 하여 음식이 맛있더라도 음식 섭취를 멈추게 한다.

맛이 좋은 것과 포만감 사이의 밀고 당기기는 뇌의 보상 체계에 의해 관리되는데, 이 보상 체계는 시상하부와 소통한다. 시상하부는 이러한 신호(및 기타 신호. 여기서는 보상 체계를 살짝만 훑고 지나가겠다)를 취합하여 배고픔과 포만감을 결정한다. 이미 이야기한 바와 같이 대개 시상하부는 에너지 균형과 체중을 관리하는 일을 훌륭하게 해낸다. 적어도 하드자족처럼 전통적인 식단의 식사를 하는 소규모 공동체에서는 말이다.

현대의 식습관은 시상하부 그리고 섭취량과 소비량의 균형을 두 가지 방법으로 조절하는 시상하부의 능력을 압도한다. 첫째, 우리는 수렵채집을 하던 조상들이 접했던 것보다 훨씬 다양한 음식의 홍수 속에 살고 있다. 그 종류가 하도 다양하다 보니 하나의 보상 뉴런에서 다른 보상 뉴런으로 건너뛰어버림으로써 우리는 스스로 어느 정도의 음식을 섭취했는지 판단하기 힘들어진다. 뇌는 현재 경험하고 있는 맛에 대한 보상 반응을 멈추고 다른 맛에 대한 보상 반응이 나타나도록 하는데, 이런 현상을 일컬어 감각 특정적 포만감•이라고 한다. 레스토랑에서 메인 코스 요리를 잔뜩 먹고 난 뒤에도 디저트를 주문하는 경우가 대표적인 예다. 메인 코스는 주로 짭짤한 요리들로, 지방과 소금에 대한 보상 뉴런이 작동하도록 한다. 메인 코스를 다 먹고 나면 시상하부는 짭짤한 음식에 대한 보상을 무사히 종료해 더 이상 한입도 먹을 수 없는 상태가 된다. 하지만 디저트는 달콤하기 때문에 이러한 보상 뉴런이 다시 일을 시작한다. 디저트 메뉴를 보는 것만으로도 당 보상 회로가 작동하기 시작한다. 시상하부는 속수무책 상태가 된다. 디저트 배는 따로 있다면서 크렘브륄레를 주문한다.

우리는 수십 년 전부터 이 다양한 음식 때문에 허리둘레가 망가질 수 있다는 사실을 알고 있었다. 1970년대 후반 비만이 유행하기 시작할 무렵 연구자들은 실험실 쥐에게 음식과 물로 구성된 영양학적으로 균형 잡힌 실험용 음식을 먹이면 쥐는 언제까지나 건강한 체중을 유지

• 먹지 않은 음식에 대한 쾌락은 거의 변화가 없고, 섭취하는 음식에 대한 식욕이 감소하는 것.

할 것이라는 사실을 발견했다. 하지만 다양한 음식으로 구성된 전형적인 서구의 '카페테리아' 식단을 제공할 경우 쥐는 결국 과식하고 살이 찐다. 최초에 쥐에게서 이 같은 사실을 발견한 이후 원숭이부터 코끼리에 이르기까지 다양한 종에서 이와 동일한 현상이 관찰되었으며 여기에는 당연히 인간도 포함된다.

현대 음식의 또 다른 중요한 문제는 말 그대로 과식하도록 만들어졌다는 사실이다. 식품 가공은 수천 년 전 농경, 식물 재배, 동물 사육과 함께 시작되었다. 직접 키운 먹을거리는 설탕, 지방 등 맛있는 측면을 더욱 개선하는 한편 포만감을 느끼게 만드는 요소는 줄였다. 산업화는 식품 가공을 완전히 새로운 수준으로 끌어올렸다. 우리가 슈퍼마켓에서 구입하는 식품의 대부분, 즉 하드자족 친구들이 신기하게 보았던 통조림 식품과 포장 식품은 우리 조상들이 알아볼 수 없을 정도의 수준으로 가공된 것이다. 섬유질, 단백질, 그 외 포만감을 느끼게 하는 물질은 모두 제거된다. 당, 지방, 소금, 그리고 그 외 우리의 보상 체계를 살살 자극할 수 있는 물질이 추가된다. 그 결과 첨가된 당과 오일은 오늘날 미국인의 식단에서 두 가지 주요 열량원이며, 우리가 섭취하는 에너지의 3분의 1을 차지하고 있다. 진화한 보상 체계는 이러한 가공식품이 주는 보상 신호의 강도와 범위를 따라가기에는 역부족이다. 우리의 시상하부는 식욕을 멈추기에는 너무 느리고, 결국 우리는 과식을 하고 만다.

식품 회사들은 자신들이 무슨 일을 하는지 정확히 안다. 식품 가공공학은 수십 억 달러 규모의 산업으로 과학자들이 팀을 이루어 상상도

할 수 없을 정도로 놀라운 기법과 첨가물을 사용해 맛깔스러우면서도 포만감은 주지 않는 음식을 만들어낸다. 항상 더 먹고 싶어지는 음식을 만드는 것이다. 이런 음식들은 보상과 포만감이라는 뇌의 진화된 시스템을 피해 가도록 설계되었다. 지방과 당에 더해 화학조미료는 포커스 그룹의 테스트를 거쳐 도저히 먹지 않고는 못 배기는 맛의 조합을 찾아낸다. 구석기 시대의 음식 보상 체계를 가지고 동네 슈퍼마켓에 가서 가공 식품 진열대 사이를 돌아다니면 시상하부는 마치 총격전이 벌어지는 현장에 돌로 만든 손도끼를 들고 뛰어드는 격이다. "하나만 먹고는 못 배길걸"(레이스 감자칩 광고 문구)이라는 광고 문구는 친근하게 내기를 거는 말처럼 들리지만, 식품 회사들은 딱 하나만 먹고 멈출 수 있는 확률이 얼마나 낮은지 잘 알고 있다.

미국 국립보건원NIH의 케빈 홀과 그의 팀이 진행한 최근 한 연구는 가공 식품이 얼마나 강력할 수 있는지 보여준다. 4주간 입원 환자를 대상으로 한 연구에서 남녀 참가자들은 탄수화물, 지방, 단백질의 비율이 완전히 동일할 뿐만 아니라 섬유질, 나트륨, 당류의 양까지 같은 두 세트의 식사를 제공받았다. 두 식사의 큰 차이점은 바로 식품 가공 여부다. 한 세트는 핫도그, 미리 포장된 파스타 요리, 종이 포장된 아침 식사용 시리얼 등 고도로 가공된 식품으로 구성된 반면, 다른 세트는 소고기 안심, 연어 살코기, 신선 과일, 채소, 쌀밥 등 상대적으로 덜 가공된 식품으로 구성되었다. 참가자들은 첫 2주는 가공된 식품 식단으로, 나머지 2주는 가공이 덜 된 식품으로 구성된 식단을 지켰다. 원하는 음식은 무엇이든 먹으라는 말 외에는 어떠한 지시도 받지 않았다. 결과는 충격적이었다. 참가자들은 가공 식품 식단의 경우에 매일 500킬로칼로리를 더 먹었고 일주일에 거의 0.5킬로그램씩 체중이 증가했다.

비만의 덫을 피할 수 있는 방법은?

지난 수십 년간 선진국 내 비만이 증가한 이유는 맛있는 가공 식품의 종류가 다양해지고 그 가용도도 높아졌다는 사실로 설명 가능하다. 인당 가용 음식 칼로리의 상승이 인당 평균 체중의 증가의 원인이 될 수 있지만, 체형과 신체 크기가 다양해진 것을 설명할 수는 없다. 만약 산업화된 세상에서 우리 주변의 다양하고 맛있는 가공 식품이 우리를 그토록 살찌운다면 왜 우리 중 누구는 비만이고 누구는 아닐까? 왜 우리 중 누군가는 맛있는 가공 식품의 유혹에도 체중을 감량할 수 있을까?

한 가지 중요한 단서는 비만은 가족력이 있다는 사실이다. 비만은 유전될 가능성이 높은데, 이는 강력한 유전적 요인이 존재할 수 있다는 의미다. 동일한 유전자 변이를 공유하는 사람들은 체중이 동일한 경향이 있다. 1990년대 쌍둥이 연구를 보면 이와 같은 유사성이 어떻게 생겨나는지 알 수 있다. 과식을 하면 누구나 (당연히) 살이 찌지만, 5장에서 언급했던 대사 보상 때문에 어떤 이들은 다른 사람들보다 더 살이 찐다. 쌍둥이는 동일한 방법으로 대사 보상이 이루어지는 경향이 있으므로, 신체의 동일한 위치에 유사한 양의 지방이 쌓이게 된다. 또한 쌍둥이는 식사량을 줄이고 체중을 줄이는 데에도 유사하게 반응한다.

지난 20년에 걸친 유전학 연구의 혁명을 통해 비만과 관련한 900개 이상의 유전자 변이를 발견해냈다. 이미 예상한 것처럼 비만 관련 유전자의 거의 대부분이 주로 뇌에서 활성화된 상태로 존재하는데, 이는 뇌가 비만 조절 장애의 진원지라는 의미다. 음식 보상 체계는 복잡하고 광범위하다. 배고픔, 포만감, 대사율을 조절하는 시스템 역시 그러하다. 이와 같은 시스템들의 무수히 많은 조각이 우리 유전자에 의해 만들어지고, 이런 유전자는 사람마다 조금씩 다르다. 어떤 유전적 변이는 우리의 보상 및 포만감 시스템이 과식하는 경향이 강하도록 만드는 반면, 또 어떤 유전적 변이는 과식을 잘 참아내도록 한다. 우리 각자가 손에 쥔 패는 스스로 건강한 체중 유지를 쉽다고 느끼는지 아닌지 많은 것을 알려준다.

그렇다고 유전자가 운명은 아니다. 결국 생물학적 진화의 속도는 느리기 때문이다. 오늘날의 산업화된 세상에서 우리를 곤란에 빠뜨리는 유전적 변이는 증조부 때부터 있었는데, 비만 유행의 위기가 닥치기 훨씬 전이다. 비만이라는 문제를 전혀 겪지 않는 하드자족을 포함한 전 세계의 인구 집단에서 동일한 유전적 변이가 발견될 수도 있다. 분명한 점은 우리가 우리를 돕거나 해하는 방향으로 주변 환경을 바꿀 수 있다는 사실이다.

체중을 관리하고 대사 건강을 유지하는 확실한 전략 중 하나는 칼로리가 높지 않으면서 영양소가 풍부하고 포만감이 드는 음식으로 식단을 짜는 것이다. 다행히 포만감을 주면서 칼로리는 적당한 식단은 효과가 있었다. 1995년 시드니대학교의 수전 홀트Susan Holt는 기초 연구를 실시하여 38가지의 음식을 240킬로칼로리에 맞춰 먹은 후 2시간 내에 어떤 음식이 가장 포만감을 주는지 실험했다. 신선 과일, 생선, 스테이크, 감자 등 자연 식품이 가장 포만감을 주는 것으로 밝혀졌다. 흰 빵, 종이 상자에 든 시리얼, 맛이나 향을 첨가한 요구르트 등 가공 식품은 가장 포만감이 낮은 음식이었다. 쿠키, 케이크, 크루아상 등 구움 과자류는 포만감이 가장 적은 음식으로 꼽혔다. 공통점은 단백질, 섬유질, 에너지 밀도였다. 한 입당 포함된 섬유질과 단백질이 더 많고 칼로리는 낮은 음식이 가장 많은 포만감을 줬다. 당연히 풍미 역시 한 가지 요소로 작용했다. 더 구미가 당긴다고 꼽힌 음식들, 다시 말해 더 큰 보상 체계 반응을 지닌 음식들이 제일 포만감이 낮았다.

포만감에 대한 홀트의 연구는 다이어트 전쟁에 하나의 해결책을 제공한다. 다이어트 전쟁에 참가한 어떤 용사이건 귀 기울일 만한 휴전 조건이다. 저탄수화물과 저지방 식단을 포함해서 체중 감량에 효과적인 식단은 포만감이 낮은 음식은 줄이고, 적은 칼로리를 섭취하더라도 배가 부르다고 느낄 수 있도록 하기 때문에 효과적이다. 과식을 부추기는 음식을 피하기만 한다면 채소, 과일, 고기, 생선 모두 건강한 식단에 포함될 될 수 있다. 물론 저탄수화물의 열렬한 지지자들은 달콤한 음식은 과식하기 너무 쉽지 않느냐고 지적한다. 달콤한 음식은 포만감은 주지 않으면서 우리 보상 체계를 안달 나게 만들기 때문이다. 당이 첨가된 음료(탄산음료와 스포츠 음료), 과일 주스, 탄수화물이 많이 든 가공 식품은 순수 과일과 채소를 먹을 때 포만감을 주는 섬유질은 하나도 없으면서 굉장히 많은 보상 반응을 지니므로 위험하다. 지방이 많은 식품, 특히 단백질이 없는 가공 식품 역시 동일한 문제를 유발한다. 때문에 일반적으로 저탄수화물 식단은 고기와 다른 단백질 함량이 높은 음식으로 주로 구성되어 포만감을 포기하지 않고서도 섭취하는 칼로리는 줄인다. 식물성 및 동식물이 복합된 식단은 단백질뿐만 아니라 섬유질도 많기 때문에 여전히 배는 부르면서 에너지 섭취량을 줄여 준다. 자신에게 가장 잘 맞는 다이어트는 각자의 고유한 보상 체계와 가장 적은 칼로리로 가장 큰 포만감을 줄 수 있는 음식의 종류에 달려 있다.

특정 브랜드의 식단을 선택하지 않고서도 힘들게 굶는 느낌 없이 칼로리 섭취량을 줄일 수 있는 방법이 있다. 고칼로리의 가공 식품 대신 섬유질이 풍부한 식품(견과류, 과일, 또는 신선한 채소)을 집과 회사 책상에 둔다. 이렇게 하면 매일 섭취하는 칼로리 양을 줄이는 데 도움이 되면서도 여전히 배가 부른 느낌은 받을 수 있다. 외식 대신 스스로 요리를 해서 먹는 횟수를 늘리는 것도 도움이 되는데, 식당은 대개 맛있는 음식을 만들어냄으로써 과식을 유발하기 때문이다.

또한 일상의 스트레스를 줄이고자 노력하는 방법도 있다. 감정적, 심리적 스트레스나 수면 부족 같은 육체적 스트레스는 우리 신경 보상 체계에 조절 장애를 유발해 과식으로 이어질 수 있다. 우리의 뇌는 우리가 고립감이나 두려움, 슬픈 감정을 느낄 때 음식으로 감정적, 심리적 보상을 얻도록 학습할 수 있다. 그 결과는 스트레스성 폭식이며, 이는 실제로 존재한다. 심지어 실험실 환경에서도 사람들은 스트레스를 많이 경험한 이후 더 많이 먹는다. 맛있는 음식과 사회적 스트레스는 미국을 비롯한 여러 산업화된 나라에서 매년 휴가철에 사람들이 평균 0.5~1킬로그램 정도 살이 찌는 원인이다. 평생 동안 만성 스트레스는 우리의 체중과 건강에 파괴적인 영향을 미칠 수 있다. 가난과 기회의 부족이 미국 내 비만 및 심혈관계 대사 질환과 강한 상관관계가 있다는 사실은 전혀 놀랍지 않다. 특히 흑인 공동체 및 구조적인 인종 차별 문제 속에서 살아 나가야 하는 유색 인종들은 더 그렇다. 9장에서 에너지학에서 사회적 문제와 신진대사 건강에 대해 일부 짚어보도록 하겠다.

하드자족처럼 먹으려면

하드자족 야영지에서 맞는 아침이다. 브라이언과 나는 집집마다 돌며 GPS 장치를 나눠주고 (주변 지형 파악을 위한 우리의 업무 중 하나다) 안부를 묻는다. 각 집마다 짧은 대화를 나눌 뿐 별다른 건 없다. 사람들은 아직 잠에서 깨는 중이었다. 다음으로 우리는 마나시에게 향했다.

마나시는 별빛 아래 땅바닥에 담요를 깔고 밤을 보냈다. 하드자족 야영지를 거쳐가는 여느 미혼 남자들과 마찬가지로 마나시는 일주일 전 이주해오면서 딱히 집을 지을 생각을 하지 않았다. 그런데 지난 며칠간 마나시는 상당히 우울해했다. 야영지를 떠나고 싶은 기분이 아니었다. 그는 담요 위에 앉아 자기 문제에 대해 이야기하며 요리하기 위해 피운 작은 모닥불의 뜨거운 재를 맨손으로 뒤졌다. 위장 장애. 경련. 설사. 아아, 우리가 얼룩말 고기를 먹고 싶다고 했던가?

마나시는 잿더미 속에서 검게 그을린 가느다란 얼룩말 고기 덩이를 꺼내서 세 명이 한 조각씩 먹을 수 있도록 찢기 시작했다. 얼룩말은 5일 전에 잡은 것으로, 고기는 야영지 전체에 나눠졌다. 집집마다 지붕 위 나뭇가지에 가느다란 고기 조각이 매달려 있었고 햇볕을 받아 익어갔다. 마나시의 얼룩말 고기 조각이 얼마나 오래 석탄 불 안에 있었는지 확실하지 않지만, 경악스럽게도 고기 속은 풍선껌 같은 분홍색을 띠었다. 마나시는 위장이 아프다는 이야기를 계속하면서 브라이언과 나에게 고기를 한 조각씩 나눠줬다. 하드자족에게 공유의 의무는 무척 중요하므로 거절하는 건 실례였다. 브라이언과 나는 서로 곁눈질을 했다. **받아야 될 것 같아.** 겁이 나기 전에 얼른 입 안으로 털어 넣고 씹기 시작했다. 까맣게 탄 가죽의 식감과 맛이 났다. 얼룩말 고기를 꿀꺽 삼키면서 잿더미 속에서 고기와 이질균이 묻은 마나시의 손가락이 정화되었다고 굳게 믿었다.

과학자로서 나의 일 중 하나는 사람들에게 내 연구에 대해 이야기하는 것이다. 나는 종종 하드자족이 무엇을 먹는지에 대한 질문을 받는다. 그런 질문을 하는 사람들의 기대에 부응할 만한 색다른 대답을 할 수 있으면 좋겠다. 나는 꿀과 뿌리식물에서부터 여러 종류의 열매와 고기까지 다양한 하드자족 음식을 먹어봤다. 흑멧돼지, 쿠두, 바오바브의 복잡 미묘한 차이와 마치 다른 세계에서 온 것 같은 맛과 식감이라고 말하면 듣는 이들은 흡족할지 모르겠으나, 사실 하드자족이 먹는 음식이라고 딱히 특별하지는 않다. 꿀과 톡 쏘는 일부 과일을 제외하고는 모두 특별한 맛이 나지 않는 음식들이다. 간간이 소금을 소량 사용하는 것 외에는 향신료를 쓰는 것도 보지 못했다. 거의 대부분 굽거나 삶거나 혹은 날것의 상태 그대로 먹는다. 대부분의 서양인은 이런 음식을 맛있거나 구미가 당긴다고 표현하지 않을 것이다. 지나치게 피투성이이거나 오래되었거나 보기 흉한 음식은 없다. 거하게 바비큐를 해먹은 다음 날 그릴을 열면 꺼내는 것을 잊어 차갑게 식은 닭다리와 그릴 위에서 까맣게 타버린 감자가 보이곤 하는데, 하드자족은 바로 이런 음식을 먹는다고 보면 된다.

하드자족의 식생활 원칙을 채택하면 산업화된 세상을 사는 우리의 건강에 상당히 도움이 되겠지만, 새로운 다이어트 열풍을 숨죽이고 기다릴 필요는 없다. 고도로 가공된 맛있는 식품으로 넘쳐 나는 사회에서 시장성이 거의 없는 다이어트 방식이기 때문이다. 고환과 뱀고기를 제외하고는 숭배하거나 기피할 만한 획기적인 음식은 없다. 하드자족의 식단은 저탄수화물, 키토제닉, 채식 그 무엇도 아니며 하드자족은 굶거나 간헐적 단식을 하지도 않는다. 그 대신 다른 소규모 공동체와 마찬가지로 그들의 식단은 단순하면서도 포만감을 준다. 섬유질이 많은 덩이줄기와 열매류를 충분히 섭취하고 단백질 함량이 높은 고기를 먹는 식단이다(하드자족의 일일 섬유질 섭취량은 일반 미국인에 비해 약 5배 정도 높다). 한편 지방 함량은 상대적으로 낮아서(포화 지방과 불포화 지방의 비율은 연구된 바가 없지만), 심장 질환을 예방하는 데 도움이 된다. 자연에 언제나 먹을거리가 있지만(뿌리식물은 언제나 제철이다), 식량을 얻기 위해서는 일을 해야 한다. 항상 맛있고 다양한 음식으로 둘러싸여 있지도 않으며, 과식하도록 만들어진 가공 식품도 거의 없다. 그 결과 하드자족은 주변 환경 자체가 과식을 부추기지 않는다는 간단한 이유 덕분에 비만이 되지도 대사 질환에 걸리지도 않는다.

아프리카 대초원에서 얻은 이 교훈을 우리 일상에 가지고 온다는 것은 다이어트와의 전쟁, 칼로리에 대한 주술적 사고, 음모론에서 벗어난다는 의미다. 인간은 기회주의적 잡식 동물이며, 구석기의 수렵채집인부터 현존하는 수렵채집인, 다이어트피츠나 NIH에서 진행한 홀의 연구와 같은 다이어트 연구 실험들까지 모든 증거는 다양한 다이어트 식단이 건강할 수 있음을 말해준다. 대개는 우리에게 포만감을 주는 섬유질과 단백질이 높은 음식을 찾아 먹어야 하고, 우리의 음식 보상 체계를 궁지로 몰아넣는 당과 지방이 첨가된 가공 식품은 피해야 한다. 우리 각자에게 잘 맞는 식단이란 굶고 있다는 기분이 들지 않으면서도 건강한 체중을 달성해 유지할 수 있도록 하는 식단이다. 칼로리를 계산하거나(정확하게 계산하기 어렵기도 하고) 본인의 에너지 섭취량과 소비량을 알아내기 위해 과학 실험에 참가할 필요도 없다. 욕실에 두고 쓰는 체중계 정도면 충분하다. 소비하는 칼로리보다 적게 섭취하고 있다면 체중은 내려갈 것이다. 원하는 체중이 아니거나 원하는 체중으로 향하는 중이라면 다른 음식을 시도해볼 때다.

식단은 오직 건강을 유지하기 위한 해결책의 일부로, 신진대사 공식의 절반을 차지할 뿐이다. 더 나은 음식 환경이 주어진다면 우리가 체중과 섭취하는 에너지양을 조절하는 데 도움이 되겠지만, 우리가 태우는 칼로리에는 영향을 미치지 않을 것이다. 따라서 신체 활동에 중점을 둘 필요가 있다.

5장에서 우리는 운동이 체중을 줄이는 유용한 도구라는 생각이 틀렸음을 밝힌 바 있다. 일일 신체 활동량이 늘어나면 몸은 조정을 시작하여 다른 곳에서 에너지를 아껴 일일 에너지 소비량을 제한한다. 일일 소비량의 지속적 증가량은 증가한 섭취량과 일치해 체중 감소의 가능성을 무효화한다. 비록 운동이 매일 소비하는 칼로리 수치를 많이 바꾸지는 않지만, 칼로리가 소비되는 방식을 바꾸기는 한다. 또한 건강과 질병에 영향을 주기도 한다. 하드자족처럼 건강하려면 우리는 수렵채집인처럼 움직여야 한다. 그 이유를 알아보기 위해 아프리카 우림 깊은 곳의 우리 유인원 사촌들을 찾아가보자.

07 살고 싶다면 뛰어라!

Run for Your Life!

비행기가 사하라 사막 위 3만 5000피트 높이의 밤하늘을 통과하는 동안, 나는 비행기의 작은 플라스틱 창밖의 칠흑 같은 어둠을 바라보며 착륙하면 무엇이 기다리고 있을지 생각했다. 생애 처음 가는 아프리카였는데, 침팬지의 나무 타기를 연구하기 위해 우간다로 향하고 있었다. 휴대전화가 없던 시절에 혼자 떠난 길이라 내가 유일하게 기댈 수 있는 건 인쇄해온 종이 한 장뿐이었다. 인쇄물에는 다른 대학원생들이 정리해서 넘겨준 몇 가지 유용한 팁이 담겨 있었다. 이를테면 엔테베•에 있는 공항에서 택시로 수도인 캄팔라까지 갈 때 흥정하는 법, 그다음 우간다 중심에 위치한 키발레까지 버스로 가는 법 등이었다. 체크리스트를 살펴보고 내가 가져온 장비들을 다시 한 번 떠올렸다. 그리고 공항에서 택시 기사 무리와 마주쳤을 때 어떤 대화를 해서 캄팔라로 가는 택시비를 흥정할지 조용히

• 우간다의 빅토리아호 북쪽 연안에 있는 도시.

연습했다. **침착해.** 속으로 되새겼다. **넌 준비는 끝났으니까.**

대체로 준비된 상태이기는 했다. 열대우림 현장 연구에는 완전 초보였지만 몇 주에 걸쳐 준비했다. 고무장화, 긴 셔츠와 바지, 우비. 두 개의 큰 더플백에는 장비를 가득 채워 갔는데, 대부분 나의 지도교수로부터 받은 것들이었다. (다른 훌륭한 지도교수들이 그렇듯) 나의 지도교수 역시 대학원생들을 '노새'처럼 부려 현장으로 장비를 옮겼다. 나는 여러 가지 예방 접종을 마쳤고 말라리아 예방약도 빠짐없이 챙겨 먹었다. 캄팔라의 호텔과 키발레 국립공원까지 납치당하지 않고 무사히 도착했다. 여행 팁이 적힌 종이에 현지어인 루토로어 인사말이 적혀 있어 익혀 두었다. [상대가 단수인 경우 "올리오타Oliota!", 복수인 경우 "물리무타Mulimuta!"이며, 답은 언제나 "쿠룽기(Kurungi)!"다.] 심지어 벌레에도 대비해 갔다. 모기와 다른 윙윙거리는 날벌레는 걱정했던 것만큼 힘들지는 않았다. 때때로 망고파리• 유충을 여드름 짜듯 피부에서 짜냈는데, 아랫도리에는 생기지 않아 다행이었다. 물어뜯는 군대개미 떼의 공격을 처음 받았을 때는 마치 베테랑처럼 바지를 쭉 찢어 허벅지에서 개미떼를 떨어냈다. 심지어 코 깊숙한 곳에서 진드기를 잡아당겨 꺼내기도 했는데, 그 위치가 거의 양 눈 사이일 정도로 깊었다. 도움을 주었던 (그리고 겁에 질렸던) 동료에게 빌린 레블론••사의 기다란 금속 핀셋을 빌려 콧속에 집어넣고 꾹 참으며 진드기를 꺼냈다.

• 아프리카에서 볼 수 있는 날파리의 일종으로, 동물이나 인간의 피부에 알을 까 구더기증을 유발한다.

•• 미국의 화장품 회사.

하지만 침팬지의 냄새에는 미처 대비하지 못했다.

키발레 국립공원의 우림에 도착한 첫날, 키발레 침팬지 프로젝트 연구 팀원들과 함께 공터가 내려다보이는 작은 언덕에 올라 조용히 멈춰 섰다. 저 앞쪽 약 27미터정도 떨어진 곳에 사방으로 가지를 뻗은 커다란 무화과나무 위에 한 무리의 침팬지가 어슬렁거리고 있었다. 우림의 차분한 녹색과 갈색과 대비되어 침팬지의 검은 몸 색깔이 도드라졌다. 한 마리 한 마리 나무 위쪽의 무성한 나뭇가지 속으로 들어가 거대한 나뭇가지 위에 자리를 잡은 다음, 마치 그리스 신들처럼 무화과를 가득 쥐고 게걸스럽게 먹기 시작했다. 난생처음 야생의 유인원을 본 그때의 장면은 내 기억 속에 각인되어 있다.

키발레 침팬지 프로젝트에 참여한 모든 연구원과 마찬가지로 나는 규칙을 알고 있었다. 침팬지를 조용히 관찰하고 너무 가까이 가지 않는다. 우리가 침팬지들의 세계에 들어간 것이므로 그 세계를 존중해야 했다. 처음 며칠 동안은 모든 것이 계획한 대로 흘러갔다. 동트기 전에 일어나서 침팬지를 찾은 뒤 가능할 때까지(주로 해 질 녘까지) 따라다니는데 이때 언제나 최소 약 18미터의 안전거리를 유지한다. 흥분되긴 했지만 여전히 동물원에 견학 온 느낌이 들긴 했다. **침팬지**들은 내가 지적 거리를 유지할 수 있을 정도로 멀리 있었다. 침팬지는 동물이었고 나는 진지한 연구자였다. 학문적 객관성을 지니고 신중하게 침팬지를 관찰했다.

이후 첫 번째 주가 끝나갈 무렵이었다. 우리가 따라가고 있던 침팬지 무리가 오던 길을 되돌아와서는 우리 옆을 줄줄이 지나가서 우리를 놀라게 했는데, 겨우 2~3미터쯤 떨어진 거리여서 냄새를 맡을 수 있을 정도로 가까웠다. 축축한 우림에 사는 생명체라는 것을 말해주듯 나무 냄새가 섞인 강한 사향 냄새가 났지만, 심란할 정도로 인간적이기도 했다. 그때의 본능적인 깨달음은 마치 나를 뿌연 안개 속에서 깨워낸 듯했다. 갑자기 내가 관찰하고 있던 침팬지가 더 이상 동물처럼 느껴지지 않았다. 그 생명체는 동물 이상의 존재였다.

프린스턴대학교의 윤리학자 피터 싱어Peter Singer는 우리 인간이 우리 종 주변에 그려놓은 경계는 임의적이며, 지각이 있는 동물은 도덕적으로 인간과 동등하다는 상당히 강력한 주장을 내놓은 바 있다. 펜실베이니아 서부의 시골에서 자라며 숲과 초원에서 혹은 때때로 사냥용 소총의 조준경을 통해 동물들을 관찰해온 나는 인간이 계통수에 달린 수백만 개의 작은 가지 중 하나일 뿐이라는 사실을 알고 있었지만, 인간과 다른 종을 혼동해본 적은 없었다. 인간이라고 해서 뚜렷이 다르지 않으며 인간과 동물 간 그어진 선이 임의적이며 의미가 없다는 개념은 내게 얼토당토않게 들렸다. 숲속에서 단 하루도 지내본 적 없는 나약한 샌님들이 한 가지에만 집착해서 내뱉는 관념적인 말이라 생각했다. 하지만 우간다 열대 우림의 한가운데 서 있다 보니 내가 보고 있는 것이 무엇인지 확신이 서지 않았다. 인간과 동물 간 구분이 있다는 생각은 여전했지만 침팬지가 인간의 울타리 쪽으로 넘어온 것이다. 나는 우리 팀의 베테랑 연구원에게 뭔가를 중얼거렸다. 그는 무슨 말인지 알겠다는 표정을 하며 침팬지를 따라가기 위해 돌아섰다.

물론 이러한 묘한 연대감 때문에 우리가 유인원을 매력적으로 여기는 것이다. 우리는 유인원에게서 어쩔 수 없이 우리의 모습을 본다. 젊은 시절 제인 구달Jane Goodall•이 관습을 깨고 연구를 진행하게 된 이유도 침팬지에게 불가피하게 느껴지는 인간성 때문이었다. 제인 구달은 이전 세대의 조류, 포유류 생태학자들이 연구 대상에게 부여했던 재미없는 시리얼 번호 ID 대신 곰베 국립공원의 침팬지들에게 피피, 그렘린과 같은 이름을 붙여주었다. 제인 구달, 다이앤 포시Dian Fossey, 비루테 갈디카스Biruté Galdikas••가 1960년대 야생 유인원을 대상으로 선구적인 연구를 시작한 이후로 우리는 진화적으로 우리와 가장 가까운 친척인 유인원의 신체와 행동이 우리와 얼마나 유사한지 알게 되었다(도표 4.1 참고). 침팬지, 보노보, 고릴라, 오랑우탄은 복잡한 사회생활을 하며 오래도록 우정을 유지한다. 사냥을 하고, 다양한 도구를 사용하며, 몸싸움을 하며 놀고, 싸우고 불평하며, 사랑하는 이가 죽으면 슬퍼하는 듯한 모습을 보인다. 유인원 사회에는 심지어 일종의 문화도 있어서 자신들의 공동체에서 다양한 사회적 규범과 수렵채집의 요령을 배운다.

우리가 가진 나쁜 습관 중 많은 부분을 유인원 역시 가지고 있다. 키발레 국립공원에서 여름을 지내며 깨달은 바로는 침팬지는 게으르

• 영국의 동물학자이자 환경 운동가로 탄자니아에서 40년 동안 침팬지를 연구했다.

•• 제인 구달과 다이앤 포시, 비루테 갈디카스는 모두 인류학자 루이스 리키의 지도하에 각각 침팬지, 고릴라, 오랑우탄을 연구한 인류학자다. 리키의 세 천사들(Leakey's angels)라는 별명으로 불리기도 한다.

다. 놀라울 만큼 힘이 세고, 가뿐하게 큰 나무에 오르며, 수컷들은 종종 서로를 때리며 격렬한 몸싸움을 한다. 가끔 우두머리 수컷이 숲을 가로질러 달려가거나 이빨을 드러내며 괴성을 지르면서 폭발하기는 했지만, 대개 침팬지들은 그저 서로 어울려 놀았다. 침팬지와 다른 유인원들은 매일 밤 9~10시간 정도 잠을 자고, 하루 일과 중 10시간은 먹거나 쉬거나 털을 손질한다. 하루 동안 보통의 미국인들이 걷는 것보다 적게 걷고, 우리 생각만큼 나무를 많이 타지도 않는다. 키발레에서 그해 여름 얻은 데이터를 보면 침팬지는 매일 나무를 100미터쯤 올랐는데, 이는 약 1.6킬로미터를 걸은 것과 동일한 에너지가 소모된다. 다른 유인원들도 다르지 않다. 놀라울 정도로 게으른 족속들이다.

인간에게 유인원처럼 나태한 삶은 재앙으로 가는 지름길이다. 몸을 많이 움직이지 않는 사람은 심장병, 당뇨병 등 심혈관 대사 질환이 발병할 확률이 훨씬 더 높다. 하지만 나태한 생활을 함에도 유인원들은 이런 질병에 걸리지 않는다. 당뇨는 유인원에게서는 특히 찾아보기 힘든데, 심지어 동물원에 있는 유인원도 마찬가지다. 원래부터 콜레스테롤 수치가 높지만, 동맥이 막히지는 않는다. 동물원에 갇힌 유인원들이 사망하는 주요 원인은 심장 근육에 병이 생기는 심근증으로, 그 원인은 완전히 밝혀지지 않았다. 어쨌든 인간이 걸리는 심장 질환의 종류에는 면역을 가진 것으로 보인다. 유인원은 혈관이 경화되지도 않고 관상 동맥이 막혀 심장마비가 오지도 않는다. 그러면서도 군살 없는 몸을 유지한다. 내가 스티브 로스, 메리 브라운 외 다른 이들과 함께 진행한 연구에서 볼 수 있듯(1장 참고), 동물원의 침팬지와 보노보는 체지방률이 10퍼센트 미만이다.

진화적으로 우리 인간과 가장 가까운 친척인 유인원이 꼭 활동적이지 않아도 건강하다는 사실은 운동이 모든 동물의 생존에 필수 요소인 물이나 산소와 같지 않음을 말해준다. 운동을 해야 하는 것은 인간의 고유한 특징으로, 우리를 다른 동물과 구분 지어준다. 호미닌 조상들이 수렵채집인으로 진화했을 때 그들의 몸은 수렵과 채집 활동에 수반되는 강도 높은 신체 활동에 적응했다. 이는 신체의 모든 부분에 해당되는 변화였다. 근육, 심장, 뇌, 내장 등 전체에 영향을 미쳤다. 4장에서 살펴본 바와 같이 이 같은 변화는 우리의 세포가 일하는 속도를 근본적으로 바꾸어 신진대사 속도를 가속화함으로써 에너지가 많이 드는 행동 전략을 수행하는 데 필요한 에너지 수요를 맞추고자 했다. 이와 같은 과거의 적응 결과는 오늘날 우리에게 영향을 미친다. 즉 우리 몸은 움직이도록 설계되어 있다. 현대의 산업화 세계에서는 음식을 얻기 위해 수렵이나 채집을 매일 해야 할 필요가 없기에 우리 몸이 제대로 기능하도록 만들려면 운동을 해야 한다. 이것이 바로 우리 수렵채집의 역사가 우리에게 남긴 유산이다.

수렵채집인으로 살았던 과거가 운동의 진화적 배경이다. 그러한 과거는 운동이 **어째서** 그토록 필요한지에 대한 물음에는 답을 제시해주지만, 운동이 **어떻게** 우리를 건강하게 만드는지에 대한 물음에는 아무것도 말해주지 않는다. 5장에서 살펴봤던 하드자족과 그 외 다른 연구를 통해 우리는 운동으로 더 많은 칼로리를 태울 수 있는 기준선이 틀렸음을 알고 있다. 안타깝게도 많은 사람은 운동을 해도 일일 에너지 소비량이나 체중 유지의 효과가 크지 않다는 사실을 알게 되는 순간, 운동이 중요하지 않다고 생각해버린다. 절대 그런 **오해**는 하지 말았으면 한다! 지난 수십 년간 수백 건의 연구와 수십만 명의 연구 대상으로부터 얻은 데이터는 명확하다. 인간은 꾸준히 운동할 때 더 나은 신체 기능을 갖게 된다. 그런데 운동으로 우리가 매일 태우는 칼로리 수치를 높일 수 없다면 운동은 정확히 어떻게 우리를 건강하게 만드는 것일까?

이번 장에서는 운동이 우리 몸에 미치는 효과를 자세히 알아보도록 하겠다. 특히 운동이 신진대사에 미치는 영향에 대해 알아보고자 한다. 앞으로 살펴보겠지만, 운동에 대한 대사 반응은 운동이 유익한 큰 이유다. 운동을 하면 우리 몸에서는 일일 에너지 소비량을 억제하도록 하는 균형과 변화가 무수히 많이 일어난다. 제한된 일일 에너지 소비량은 운동을 하지 않아도 되는 핑계가 아니라 규칙적인 신체 활동이 중요한 이유 중 하나다. 운동은 매일 우리가 태우는 열량 수치를 변화시키지는 않지만 열량을 소비하는 방법을 변화시킨다. 그게 이 모든 차이를 만들었다.

운동의 전방위적 효과

운동으로 얻을 수 있는 이익은 에너지학에 미치는 효과에만 국한되지 않는다. 운동은 우선 우리를 튼튼하고 건강하게 만들어 저승사자를 멀리 쫓아버리는 좋은 방법이다. 한 가지 재미있는 예는 한 자리에서 팔굽혀펴기를 10번 할 수 있는 사람은 그렇지 못한 사람에 비해 심장마비에 걸릴 위험이 60퍼센트 이상 낮다. (자, 책을 내려놓고 팔굽혀펴기를 몇 개나 할 수 있는 확인해보라.) 유산소성 체력이 뛰어날수록 심장대사 건강이 더 좋다는 의미이며, 이는 좀 더 건강하게 오래 살 수 있음을 뜻한다. 건강한 삶의 장점은 나이가 들수록 특히 더 중요해진다. 노인들의 건강을 측정하는 표준이 되는 방법 중 6분 걷기 실험이 있다. (예상되겠지만) 6분 동안 걸을 수 있는 만큼 걷는 실험이다. 6분 동안 최소 약 365미터를 걸을 수 있는 노인은 약 290미터를 걷지 못하는 노인에 비해 앞으로 10년 내에 사망할 확률이 절반 정도 낮다.

6 대사당량(METs) 혹은 그 이상(3장 참고)이 필요하다고 정의되는 격렬한 신체 활동은 신체 전반에 긍정적인 영향을 미친다. 조깅, 축구, 야구, 배낭여행, 자전거 타기 등 심박수를 높일 수 있는 활동이 이에 해당한다. 격렬한 운동은 혈액이 동맥을 빠르게 통과하도록 하여 산화질소 생성을 촉진하는데, 이때 동맥은 열린 상태로 탄력 있게 유지된다. 유연해진 혈관은 혈압을 낮게 유지시키며, 막히거나 파열될 가능성도 낮춘다. 혈관 막힘이나 파열은 심근경색, 뇌졸중으로 이어질 수 있어 위험하다. 중간 강도의 활동(빠르게 걷기, 정원 가꾸기, 가벼운 자전거 타기 등과 같은 3~6 METs의 활동) 역시 훌륭하다. 이런 활동은 혈액에서 포도당을 빼내 세포로 보내는 데 도움을 주고, 기분 전환 및 스트레스 해소, 심지어는 우울증 치료에 도움을 준다고 알려져 있다. 규칙적인 운동은 정신 건강을 유지할 수 있도록 하며, 노화에서 비롯되는 인지 저하 속도를

늦춰 준다. 달리기 및 다른 유산소 운동은 뇌로 가는 혈류량을 늘려주고, 뇌세포 성장과 건강을 증진시키는 뉴로트로핀을 생성시킨다. 데이브 라이클렌과 그의 동료들은 걷기와 달리기를 하면 뇌가 마구 쏟아지는 시각 및 다른 감각 정보들을 조정해 방향을 탐색하고 속도와 균형을 유지해야 하므로 인지 기능이 향상된다고 주장한 바 있다.

운동의 효과는 거기서 멈추지 않는다. 나의 박사 학위 지도 교수였던 하버드대학교의 댄 리버먼 교수는 그의 저서《왜 건강한 행동은 하기 싫은가Exercised》에서 신체 활동은 면역 반응에서 생식에 이르기까지 신체 내 모든 기관에 영향을 미친다고 설명한다. 운동 파급 효과의 기저에 깔린 신호 전달 메커니즘에 대해서는 여전히 연구가 진행 중인데, 그 범위는 믿기 어려울 정도다. 몸 전체에 퍼져 있는 신경계와 순환계에 직접적으로 관여할 뿐만 아니라 근육 운동을 함으로써 수백 개의 분자가 혈액 속으로 방출된다. 우리는 운동이 우리에게 영향을 미치는 무수히 많은 부분을 이제 막 알게 됐을 뿐이다. 우리 몸의 어떤 부분도 운동의 영향을 받지 않는 부분이 없다.

운동 에너지학 다르게 보는 법

하드자족과 신체 활동이 많은 다른 집단을 대상으로 한 연구에서 얻은 기본적인 깨달음은 우리 몸은 고정된 에너지 예산을 두고 움직인다는 것이다. 이것이 바로 제한된 일일 에너지 소비량 모델(5장 참고)이다.

다른 동물들과 마찬가지로 인간의 진화한 대사 체계는 에너지 필요량이 변할 때조차 매일 태우는 에너지 총량을 동일하게 유지하도록 작동한다. 물론 그날그날 에너지 소비량에는 변동이 있을 것이다. 운동을 하는 날에는 더 많은 칼로리를, 하지 않는 날에는 더 적은 칼로리를 태운다. 하지만 우리 몸은 평소의 반복적인 일상과 작업량에 적응한다. 신체 활동으로 태우는 에너지양이 많아지면 다른 작업에 사용할 수 있는 에너지가 줄어든다(그래프 7.1).

제한된 일일 에너지 소비량은 우리가 일일 에너지 예산 내에서 운동의 역할을 생각하는 방식을 변화시킨다. 에너지 예산은 고정되어 있으므로 관건은 균형 유지다. 운동은 매일 태우는 칼로리를 늘리는 대신 다른 활동에 사용되는 에너지를 줄이려 한다. 이미 사용한 칼로리를 또 사용할 수 없기 때문이다.

찰스 다윈 이후 균형이 중요하다는 인식은 늘 있었지만, 공중 보건 분야에서는 대체로 무시된 경우가 많았다. 우리가 3, 4장에서 살펴본 바와 같이 공중 보건 분야의 임상의와 연구원들은 균형에 관심을 갖는 대신 신진대사에 대해 탁상공론식 관점을 고수해왔다. 즉 운동은 단순히 일일 소비량만 증가시킬 뿐 다른 작업에 사용할 수 있는 에너지에 영향을 미치지 않는다고 믿었다. 최근에 들어서야 여러 생활 방식의 일일 소비량에 대한 이중표지수 연구가 늘어나면서 제한된 일일 소비량 모델이 전면에 부상하기 시작했다. 그 결과, 운동과 건강에서 대사 균형이 지니는 중요성을 서서히 이해하기 시작했다.

우리는 이미 앞선 두 개 장에서 우리의 진화한 신진대사 기관이 얼마나 민첩한지 확인한 바 있다. 칼로리 제한과 맞닥뜨리게 되면 시상하부는 대사율을 줄이고 먹고자 하는 욕구를 늘린다. 과도한 칼로리가 쏟아져 들어올 때 대사율은 상승하고 초과된 섭취량 대부분을 태워 없앤다. 이것이 우리의 장기와 각 장기가 하는 다양한 작업에 어떤 의미를 갖는지 잠시 생각해보자. 에너지가 부족하면 일부 중요하지 않은 대사 과정은 억제된다. 상황이 좋아지면 일부 중요하지 않은 대사 과정이 촉진된다. 일일 신체 활동이 다른 신진대사 소비량에 미치는 영향은 그래프 7.1에서 확인할 수 있다.

힘든 상황이 되면 어떤 작업을 포기하고 어떤 작업을 고수해야 하는지 인간과 다른 동물들은 아주 잘 알고 있다. 5억 년간 이어진 척추동물의 진화를 계승한 장본인들이니 전혀 놀라운 일이 아니다. 내가 가장 좋아하는 예는 5장에서 언급한 존 스피크먼의 실험실 쥐 연구다. 스피크먼의 연구 팀은 성체 수컷 쥐를 대상으로 여러 수준의 칼로리 제한을 실험하여 에너지 결핍이 점점 더 심각해짐에 따라 쥐의 신체가 어떻게 반응하는지 측정했다. 대사율과 체질량은 예상대로 곤두박질쳤지만, 에너지 결핍의 영향이 신체 전반에 골고루 나타나지는 않았다. 쥐의 체중이 줄어들면서 심장, 폐, 간과 같은 대부분의 장기는 크기가 줄어들었다(또한 더 적은 에너지를 소비했다). 반면 뇌는 원래 크기를 그대로 유지했다. 위와 장은 실제로 크기가 커졌는데, 먹는 음식에서 칼로리를 모조리 짜내려는 노력의 결과였다. 가장 현격한 차이를 보인 것은 비장과 고환이었다. 면역 체계의 주요 기관인 비장은 즉각적으로 작아지기 시작해서 다른 어떤 기관보다 더 심하게 줄어들었다. 반면

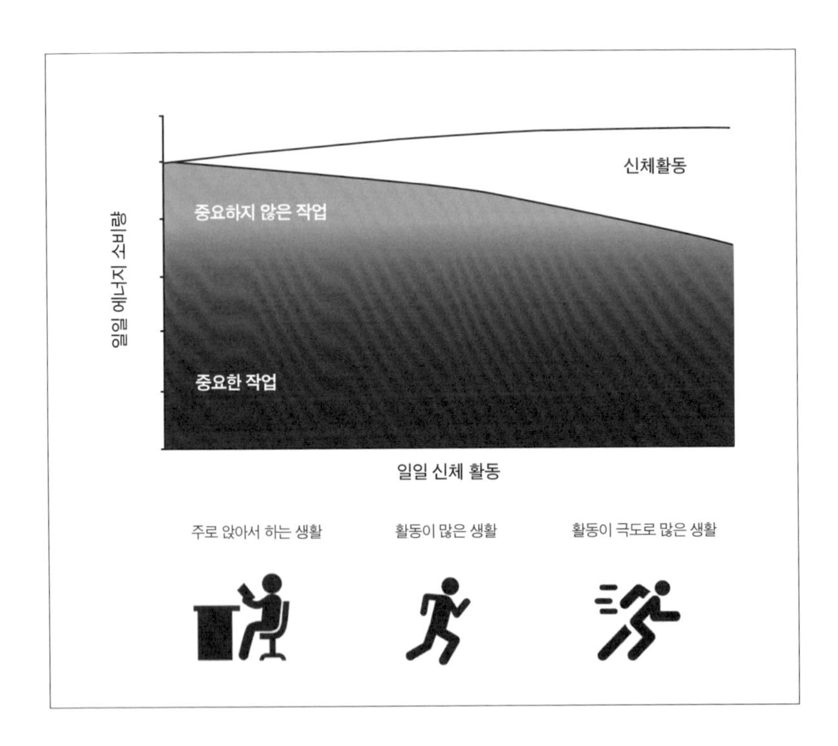

[그래프 7.1]

일일 에너지 소비량은 제한적이고, 일일 신체 활동이 증가한다고 해서 단순 선형 관계로 증가하지 않는다(5장 참고). 대신 생활 방식이 더 활동적일 때 일일 신체 활동이 증가하면서 신체 활동에 사용되는 에너지는 늘어나고(흰색 부분), 중요하지 않은 작업에 사용되는 에너지는 줄어든다. 활동량이 극도로 많으면 신체 활동은 필수적인 작업까지 줄일 수 있어 과훈련 증후군과 같은 문제를 유발한다.

고환은 에너지 부족이 정말 절망적인 상황에 이를 때까지 거의 변화를 보이지 않았다. 내가 이 연구를 좋아하는 이유는 쥐의 진화된 대사 전략을 그야말로 낱낱이 보여주기 때문이다. 인생은 짧다. 자식을 낳아라. 면역계는 있으면 좋지만, 정 급하면 포기하자. 대충 이런 식이다.

우리 인간처럼 수명이 긴 종의 진화된 대사 전략은 다르다. 슈아르족 아이들을 대상으로 한 새뮤얼 울라커 박사의 연구를 보면 전염병과 싸우는 동안 아이들은 성장을 줄이는 대신 면역 방어에 사용되는 에너지를 증가시켰다. 힘든 상황이 되면 인간은 장기전을 펼쳐 유지와 생존에 에너지를 할당하는 것으로 보인다.

운동이 제한된 일일 에너지 예산 중 많은 부분을 차지하기 시작하면, 이와 같은 우선순위 결정이 일어난다. 다른 기능들은 밀려난다. 에너지가 충분할 때만 누리는 호사인 필수적이지 않은 활동들이 먼저 중단된다. 핵심 활동들은 막바지까지 보호받는다. 결론적으로 운동은 우리의 신진대사 유지 과정과 칼로리 사용처에 광범위한 영향을 미치며, 이는 우리의 건강에 막대한 영향을 준다.

염증

우리의 몸이 박테리아, 바이러스 혹은 키발레에서 5일 동안 내 콧속 깊숙한 곳에 살았던 진드기 같은 기생충의 공격을 받고 있다면, 신체의 첫 번째 방어선은 염증 반응이다. 면역 체계 세포를 감염 부위로 보내는데, 엄청난 양의 사이토카인이 혈류로 방출되며 조직이 부풀어 오른다. 염증 반응은 많은 에너지를 소모하지만 꼭 필요하다. 우리 몸의 긴급 대응 팀으로, 체내 침입자를 처리하는 데 필요하다.

염증 반응이 잘못된 대상을 향할 때 큰 문제가 발생한다. 자신의 세포를 공격하거나 진짜 위협이 되는 대상이 아닌 무해한 꽃가루 알갱이를 공격하는 경우가 이에 해당한다. 마치 소방서에서 출동해서 호스로 물을 뿌리며 문을 부수고 들어갔는데 정작 그 집에는 불이 나지 않은 상태인 것과 같다. 만성 염증은 결코 사라지지 않는다. 결과는 파괴적이다. 어느 조직이냐에 따라 염증은 알레르기부터 관절염, 심지어는 동맥 질환 같은 질환으로 이어질 수 있다. 염증은 시상하부에도 영향을 미쳐 과식 및 다른 조절 장애를 유발할 수 있다.

우리는 수십 년간 규칙적인 운동이 만성 염증을 완화하는 데 효과적인 방법이며, 염증 수치가 낮아지면 심장병, 당뇨, 그 외 대사질환의 위험이 줄어든다고 알고 있었다. 제한된 일일 에너지 예산은 운동이 왜 염증 수치 감소에 그토록 효과적인지 설명해준다. 일일 에너지 예산의 많은 부분이 운동에 사용될 때 몸은 이용할 수 있는 잔여 칼로리를 더욱 아껴 사용할 수밖에 없다. 염증 반응을 억제하고 지속적으로 경고음을 울리기보다는 실제 위협 요소에 집중하면 불필요한 면역 체계 활동에 사용되는 에너지가 줄어든다.

스트레스 반응성

살면서 불가피하게 닥치는 실제 긴급 상황에 대처하기 위해서는 건강한 스트레스 반응이 필요하다. 우리의 수렵채집 조상들의 경우, 투쟁도피 반응의 중심이 되는 호르몬 조합인 아드레날린과 코르티솔이 폭발하여 가끔 표범을 마주쳤을 때 도망칠 수 있었다. 오늘날 이런 호르몬 조합은 노상강도를 쫓아가서 잡거나 택시에 부딪힐 뻔한 상황에서 빠르게 피할 때 필요한 연료가 될 수 있을 것이다. 하지만 염증 반응과 마찬가지로 스트레스 반응이 잘못 작동되거나 멈추지 않으면 결과적으로 만성 스트레스가 되어 우리 건강을 끔찍하게 해친다.

운동은 스트레스를 줄이고 기분을 끌어올리는 효과가 있다고 잘 알려져 있다. 이런 효과의 한 가지 원인은 운동이 스트레스 반응의 강도를 줄이기 때문이다. 이와 관련된 훌륭한 예시는 두 집단의 실험 대상에게 공개 연설을 하게 함으로써 스트레스 반응을 유도한 스위스의 한 연구에서 찾아볼 수 있다. 이때 실험 대상이 된 두 집단의 참가자들은 지구력 종목의 운동선수들과 주로 앉아서 생활하며 운동을 하지 않는 사람들이었다. 연령, 키, 체중, 일반적인 불안 수준은 두 집단이 비슷했으나, 스트레스에 대한 반응은 현저히 달랐다. 두 집단 모두 심장박동과 코르티솔 수치가 상승했으나, 운동선수들의 반응 정도는 더 작고 더 빨리 사라졌다. 선수들의 몸은 스트레스 반응에 더 적은 에너지를 투자했다. 제한된 일일 에너지 모델에서 예측한 결과와 동일했다.

운동이 스트레스 반응에 미치는 건강한 억제 효과의 또 다른 예는 중간 정도의 우울증을 지닌 여대생을 대상으로 한 연구에서 찾아볼 수 있다. 4개월간 실험에 참가한 여대생들은 8주 동안 규칙적인 조깅을 했고, 나머지 8주 동안은 조직적인 운동을 하지 않았다. 신진대사에 대한 진화론적 관점에서 예상할 수 있듯, 운동은 체중에는 어떠한 영향도 미치지 않았지만(실험 대상의 신체는 늘어난 운동량에 완벽하게 맞춰 조정되었다), 스트레스 반응을 감소시켰다. 규칙적으로 운동했을 때 실험 대상의 신체는 매일 아드레날린과 코르티솔을 30퍼센트 적게 분비했다. 우울증 역시 나아졌다. 우리 몸 전체에 운동이 미치는 효과를 다시 한 번 확인할 수 있는 예다.

생식

깜짝 퀴즈: 전성기의 하드자족 남성과 보스턴 출신의 소심한 쑥맥 중 테스토스테론 수치가 높은 사람은 누구일까? 둘의 수치는 비슷한 수준도 되지 않는다. 하드자족 남성의 테스토스테론 수치는 평균 미국 남성의 절반 정도밖에 되지 않는다. 비단 남성이나, 하드자족에 국한된 이야기가 아니다. 전 세계에서 하드자족, 치마네족, 슈아르족처럼 신체 활동량이 많은 소규모 공동체 사람들은 산업화된 세상에 살면서 잘 움직이지 않는 사람들에 비해 체내 생식 호르몬(테스토스테론, 에스트로겐, 프로게스테론) 수치가 훨씬 낮다.

소규모 사회 구성원들의 생식 호르몬 수치가 낮은 이유는 그들의 활동적인 생활 방식 때문이라고 자신 있게 말할 수 있다. 연구 실험을 통해 밝혀진 운동이 호르몬에 미치는 영향을 그대로 반영한 것이기 때문이다. 운동 실험 연구에 참가했던 여대생의 경우 에스트로겐과 프로게스테론의 수치가 낮아졌으며, 월경 주기에도 문제가 생길 확률이 높았다. 생식계에 운동이 미치는 억제 효과는 에너지 소비량에 대한 전통적인 탁상공론식 관점으로는 설명하기 힘들다. 하지만 제한된 에너지 소비량 모델의 관점에서는 모든 것이 설명된다. 신체 활동에 더 많은 에너지를 소모하면 생식에 사용 가능한 에너지는 줄어든다.

운동에 대한 생식 호르몬의 반응을 조사한 연구들의 결과를 보면 여러 신체 활동 수준에 우리 몸이 적응해갈 때 적응 과정이 얼마나 오래 걸릴 수 있는지 알 수 있다. 내가 있는 곳에서 멀지 않은 노스캐롤라이나대학교 채플힐 캠퍼스의 운동 생리학자 앤서니 해크니Anthony Hackney는 남성들이 지구력 훈련에 어떤 생리학적 반응을 보이는지 수십 년간 연구를 진행해왔다. 해크니는 동일한 연령의 마라톤 선수들과 주로 앉아서 생활하는 남성들의 테스토스테론 수치를 비교한 결과, 1년간 훈련을 해온 남성들의 경우 평균적으로 테스토스테론이 약 10퍼센트 감소했고, 2년간 훈련한 경우 15퍼센트 정도, 5년 혹은 그 이상 훈련한 경우 약 30퍼센트 감소한 것을 발견했다. 이는 다양한 운동 수준에 우리 신체가 완전히 적응하려면 수년이 걸릴 수 있다는 것을 말해준다. 이와 같은 연구들은 또한 산업화된 세계에서의 운동 생리와 하드자족과 같은 집단의 인간 생리 사이 연결고리를 제공한다. 장기간 마라톤을 한 사람들의 테스토스테론이 30퍼센트 감소한 것은 전통적인 소규모 공동체의 남자들에게서 볼 수 있는 현상과 대체적으로 유사하다. 후자의 경우, 평생에 걸쳐 높은 수준의 신체 활동에 몸을 적응시켜온 사람들이다.

생식계를 억제한다니 나쁘게 들리지만, 대개 그 반대다. 운동은 생식기 암(유방암, 전립선암 등)의 위험을 줄이는 가장 효과적인 방법 중 하나다. 운동이 생식 호르몬 수치를 늘 조절해주기 때문이다. 사실 거의 앉아서 생활하는 산업화된 세계 사람들의 생식 호르몬 수치는 수렵채집 생활을 했던 과거에 비해 훨씬 높을 가능성이 있다. 이는 하드자족과 그 외 신체 활동이 많은 전통 집단에서 확인된 수치를 기준으로 판단한 것이다.

운동이 유발하는 생식 억제에는 최소한 가족의 크기 면에서 대가가 따른다. 산아 제한이 없고 사람들이 대개 대가족을 원하는 하드자족과 같은 공동체에서 엄마들은 보통 3~4년마다 아이를 갖는다. 미국의 경우, 모유 수유 중이더라도 아기를 갖고 싶어 하는 대부분의 엄마들은 1~2년마다 아기를 갖는다. 신체 활동 수준이 낮고 고칼로리 음식을 구하기 더 쉬운 미국 내 여성들의 신체는 생식에 더 많은 에너지를 쏟고, 하드자족 엄마들보다 임신 후 회복이 더 빠르다. 이에 대해서는 9장에서 더 자세히 살펴보겠다. 하드자족 엄마들의 더 넓은 출산 간격은 아마도 '정상적인' 인간의 진화한 생리에 더 가까울 것이다.

운동이 지나치면 정상적인 생식계 기능이 멈출 수 있다. 건강을 해칠 정도로 운동량이 많으면 배란 주기가 완전히 멈추고 성욕이 사라지고 정자수가 곤두박질칠 수 있다. 거기서부터 문제가 시작된다.

어두운 이면

90년대 초 사이클이라는 스포츠가 도핑 스캔들로 시끄러웠던 때를 기억하는가? 물론 기억하지 못할 것이다. 왜냐하면 1990년대가 아니라 **1890년대** 이야기이기 때문이다. 약물 복용은 바퀴 장치의 사용보다 먼저 존재했던 인간의 취미이므로, 자전거 경주 탄생 당시 금지 약물 사용이 있었다는 것은 놀라운 일이 아니다. 현대의 자전거는 1885년에 발명되었고, 10년이 채 되지 않아 시합에서 약물 복용이 널리 퍼져 일반적으로 허용되었다. 1890년대에 들어 사이클 선수들이 사망하면서 당연히 사람들도 걱정하기 시작했다. 당시 사이클 경기 성적을 끌어올리기 위해 선호되었던 약물은 코카인, 카페인, 스트리크닌•, 헤로인을 조합한 것으로, 이 약물 조합은 몇 가지 끔찍한 부작용이 있었다.

하지만 사이클 선수들은 그 부작용을 감내하면서 20세기 초중반까지 흥분제와 진통제를 써서 스스로를 몰아붙여 며칠에 걸친 고강도의 경주를 버텨냈다. 그중에는 1903년 처음 시작된 '투르 드 프랑스' 대회도 포함된다. 제2차 세계대전 당시 추축국과 연합국 양측에서 병사들의 체력을 급속도로 강화하기 위해 암페타민이 발명되어 널리 사용된 이후, 운동선수들이 사용하는 약물에 암페타민••이 추가되었다.

• strychnine. 식물에서 추출한 알칼로이드계 물질. 살충제나 살서제, 사냥 미끼로 사용되었으나 근육을 긴장시키는 효과가 있으므로 운동선수의 근력을 강화시키는 용도로 사용되기도 했다.

•• Amphetamine. 신경 말단에서 도파민과 노르에피네프린의 재흡수를 차단하고 도파민의

1967년 국제 올림픽 위원회IOC에서 더는 안 되겠다는 결론을 내리고 흥분제와 마약성 진통제의 사용을 금지하기 전까지 약물 사용은 계속 되었다. 약물의 효과는 즉각적이었다. 사이클 선수 및 다른 운동선수들 모두 자신들이 약물을 투여했다는 사실을 시인하지 않았다.

1960년대에는 사이클 선수들이 사용하는 약물의 범위가 확장되기도 했다. 근육 성장과 공격성을 촉진하는 강력한 호르몬인 테스토스테론과 테스토스테론 유사 약물을 투여하기 시작한 것이다. 이 역시 1975년 IOC에 의해 금지되었지만 여전히 널리 사용되고 있다. 2006년 세계 반도핑 기구가 실시한 조사에 따르면, 그해에 테스토스테론과 테스토스테론 유사 약물이 전체 도핑 위반 사례의 45퍼센트를 차지했다. 2006년 여름, 미국의 사이클 선수 플로이드 랜디스Floyd Landis가 투르 드 프랑스에서 우승을 차지했으나, 약물 검사에서 통과하지 못해 우승이 취소되었다. 그 주범은? 바로 테스토스테론이었다.

취약과 마약을 복용함으로써 초래되는 건강상 위험과 속임수를 썼다는 도덕적 결함은 차치하고, 순수하게 실용적인 관점에서 본다면 운동선수들이 경주에 에너지를 쏟고 고통에 비명을 지르는 근육을 잠재우기 위해 흥분제와 진통제를 복용하고자 하는 유혹에 빠지는 것을 이해할 수 있다. 하지만 **테스토스테론**은 어떨까? 사이클 선수들은 자신의 건강과 경력 모두를 위험에 빠뜨릴 수 있다는 사실을 알면서도 어

방출을 촉진하는 약물. 중추신경을 흥분시키는 힘이 있는데, 집중력을 향상시키고 경기력을 높이는 효과가 있다.

째서 자기 몸이 만들어낼 수 있는 호르몬을 복용하는 것일까? 물론 테스토스테론은 근육을 키우는 데 도움을 주므로 시합 시즌 몇 달 전 훈련을 하는 기간에 도움이 될 수 있다. 상대를 꼭 꺾어버리겠다는 공격성을 부추기므로 딱히 경쟁하고 싶지 않은 기분이더라도 경기 도중에 도움이 될 수 있다. 그렇다면 프로 운동선수가 자신의 경력에서 최대의 경기가 될 결승전에서 왜 근육을 더 키우고 싶어 하고 자신을 몰아부칠 화학적 자극을 원하는 것일까?

그 답은 운동이 신체에 가져오는 억압적 효과와 어느 정도 관계가 있다. 심지어는 큰 꿈을 가지고 운동하는 사람들을 포함해서 우리 대부분이 경험하기 쉬운 운동량 수준에서 억압 효과는 건강에 이롭다. 염증, 스트레스 반응, 생식 호르몬 모두 건강한 수준으로 유지시켜 준다. 하지만 운동량이 극도로 많은 경우 그 영향이 몸의 깊숙한 곳까지 파고든다. 다음 장에서 살펴보겠지만, 랜디스와 같은 투르 드 프랑스 사이클 선수들은 사이클링을 하며 하루에 6000킬로칼로리를 태운다. 그리고 그들이 참가하는 경기는 거의 한 달 동안 계속된다. 선수들은 자신들의 몸을 그야말로 극한으로 내모는데, 그 결과는 불 보듯 뻔하다. 신체의 다른 기능들은 멈추고, 건강을 유지시켜 주는 필수적인 작업을 줄이게 된다(그래프 7.1).

이것이 바로 제한된 일일 에너지 소비량의 어두운 이면인데, 운동선수들 사이에 익히 알려져 있지만 제대로 이해한 사람은 별로 없는 과훈련 증후군의 원인이라고 할 수 있다. 우리는 수십 년 전부터 지나친 운동이 건강에 해로울 수 있다는 사실을 알고 있었다. 일류 운동선수들이 훈련 기간 동안 경험하는 운동량은 몸을 망가뜨린다. 운동선수들은 더 자주 아프고, 회복에도 더 오랜 시간이 걸리는데, 면역 체계가 약해졌기 때문이다. 부상에서 회복하는 데도 더 긴 시간이 든다. 아침에 잠에서 깨게 해주는 코르티솔 수치 상승이 낮은 편이므로 항상 피곤함을 느낀다. 생식계도 동면 상태에 들어간다. 성욕도 감소한다. 여성은 월경이 불규칙해지거나 아예 멈춘다. 남성은 정자 수가 감소한다. 근육과 경쟁 우위를 지킬 수 있도록 해주는 호르몬인 테스토스테론 수치 역시 급락한다. 조심스레 약물을 투여해서 그 수치를 인위적으로 높이기 전까지는 말이다.

과도한 훈련은 한 선수에게 음식을 더 많이 준다고 문제가 해결되지는 않는다(섭식 장애가 있지 않는 한 말이다. 하지만 안타깝게도 일류 운동선수 중 섭식 장애가 있는 경우는 흔하다). 예를 들어 카롤리나 라고프스카Karolina Lagowska와 그녀의 동료들은 2014년에 실시한 연구에서 생리 주기가 불규칙하고 다른 과훈련 증후군 증상을 보이는 31명의 지구력 부문 여성 운동선수(조정, 수영, 철인 3종 경기 선수)에게 식품 보충제를 제공했다. 추가 칼로리를 공급한 지 3개월이 지난 뒤, 선수들의 일일 에너지 소비량은 적당한 수준으로 증가했다. 그들은 매일 약 10퍼센트 더 많은 칼로리를 섭취하고 소모했다. 이는 과식에 대한 신체의 일반적 반응을 고려할 때 예상할 수 있었던 대사 효과였다. 선수들의 체중이나 체지방은 변하지 않았으며, 잉여 에너지를 저장하지 않고 사용했다. 남은 칼로리 중 일부는 생식계로 가서 황체 형성 호르몬(난소를 자극하는 호르몬)을 적당한 수준으로 증가시켰다. 하지만 난소의 기능에 유의미한 영향을 미치기에는 부족했다. 일일 에너지 소비량은 여전히 지나치게 제한적이라 변화를 불러올 만한 충분한 칼로리를 섭취할 수 없었고, 선수들의 엄청나게 강도 높은 운동이 에너지 예산의 너무 많은 부분을 차지하고 있었기 때문에 생식계가 정상적으로 기능하기 힘들었다.

흥미로운 점은 라고프스카 같은 연구자들은 수십 년 전에 일일 에너지 소비량 제한을 다른 각도에서 바라보았다는 것이다. 그들은 운동하는 동안 소모되는 에너지를 일일 총 에너지 소비량에서 빼고 나면 면역 기능, 생식 등 운동이 아닌 일에 사용할 수 있는 칼로리, 즉 이용 가능한 에너지의 유효한 추산치가 나온다는 사실을 발견했다. 작업량이 많아지고 이용 가능한 에너지가 선수의 제지방 체중 1킬로그램당 하루 30킬로칼로리 이하로 떨어지면(취미로 운동을 하는 이들에게는 어색한 계산일 수 있지만, 반드시 신체 크기를 감안해야 한다.) 과훈련 증후군의 위험이 높아진다. 직관적인 처치는 더 많은 칼로리를 제공하고 일일 에너지 소비량을 증가시키는 것이다. 제한된 에너지 소비량은 왜 그런 방법이 제대로 효과를 보지 않는지 설명해준다. 일일 에너지 소비량이 고정된 상태에서 이용 가능한 에너지를 늘리는 유일한 방법은 훈련량을 줄이는 것이다.

과훈련 증후군은 일반적인 식단에서 벗어나거나 음식을 부족하게 먹는 것이라기보다는 적당한 운동을 우리 몸에 유익하게 만들어주는 바로 그 에너지 균형의 원리가 그저 논리적으로 확장된 개념이다. 섹스, 물, 블루그래스 음악(미국 남부 컨트리 뮤직의 하나), 맥주, 그 외 다른 모든 멋진 것들과 마찬가지로 운동 역시 너무 지나치면 안 된다. 그렇다면 어느 정도의 운동이 적당하며, 얼마나 과하면 문제가 생길까?

유인원과 운동선수

하루 신체 활동의 가장 적절한 수준을 찾는 것은 쉬운 일이다. 키발레에서 몇 시간 동안 빈둥거리기만 하던 침팬지와 화학 약물을 투여하고 광적으로 투르 드 프랑스 경주에 참가하는 선수들 사이에는 아주 큰 간극이 존재한다. 늘 그렇듯 수렵채집 생활을 했던 우리의 과거에서 이야기를 시작해보면 좋을 듯싶다.

수렵과 채집은 힘든 일이지만 투르 드 프랑스 정도는 아니다. 하드자족과 함께한 연구를 보면 남성과 여성 모두 매일 5시간 정도의 신체 활동을 했다. 그 3분의 1 정도 되는 수준인 약 1~2시간을 생리학자들은 '중간 정도의 활발한' 신체 활동이라고 부르며, 빠르게 걷기 혹은 덩이줄기 캐기 등 심박수를 높일 수 있는 활동이 여기에 해당된다. 나머지는 '가벼운' 활동으로 야영지 주변을 산책하거나 열매를 따는 등의 활동이 해당된다. 치마네족과 슈아르족 같은 집단의 일일 활동량 역시 유사하다. 물론 현존하는 수렵채집인과 그 외 소규모 공동체들은 문화적으로 다양하지만, 1~2시간의 신체 활동을 '중간 정도' 혹은 '격렬한' 범위로 봤을 때 우리 수렵채집인 선조들이 일반적으로 매일 5시간의 신체 활동을 했다고 가이드라인을 잡는 것이 합리적이다. 일일 걸음수로 환산해서 생각해보자면 하루 1만보 이상은 족히 걸어야 한다. 하드자족 남성과 여성의 일평균 걸음 수는 1만 6000보 정도다.

이제 일류 운동선수들의 훈련 계획과 비교해보자. 프로 사이클 선수들은 매일 약 5시간 정도 훈련을 하는데, 대부분 '격렬한'(6+METs) 수준의 활동에 해당된다. 올림픽 수영 선수들은 대개 훈련 기간 동안 매일 5~6시간씩 수영을 한다. 하드자족 기준으로 봤을 때 우리 신체가 감당할 수 있는 수준의 세 배가 넘는 활동량이다. 지구력 부문 프로 운동선수들이 호르몬과 다른 약물을 써보고 싶다는 유혹을 느끼는 것도 당연한 이유는 그들의 초인적 훈련 프로그램으로 발생하는 변화를 감출 수 있기 때문이다.

운동선수와 정 반대편에 서 있는 야생의 침팬지는 하루 신체 활동 시간이 2시간이 채 되지 않으며 그 활동마저 대개 가벼운 수준이다. 하루 평균 걸음 수는 5000보 정도다. 이는 전형적인 미국 성인과 놀라울 정도로 유사한 수치인데, 미국 성인의 경우 가벼운 신체 활동을 2시간 정도(일일 걸음 수는 5000보)하며 중간 정도의 격렬한 수준에 해당하는 활동은 20분도 채 하지 않는다. 게으른 유인원과 같은 생활은 수백만 년에 걸쳐 그에 맞춰 진화해온 침팬지에게는 적절한 생활 방식이다. 하지만 인간 신체의 경우 하드자족 및 다른 수렵채집인들을 기준으로 삼는다면 유인원에 비해 약 세 배 이상의 활동을 하도록 진화했다. 우리와 유인원 친척을 연결해 주는 놀라운 유사점에도 불구하고, 인간의 신진대사 기관은 근본적으로 다르다. 우리가 유인원처럼 행동하면 우리 몸은 병이 든다.

그렇다면 일단 하루에 약 5시간은 서 있고, 그중 1시간 정도는 체계적인 운동 혹은 다른 활동을 해서 심박수를 올리겠다는 목표를 세울 수 있다. 이 정도 신체 활동이면 지나치게 많은 훈련을 하는 올림픽 선수와 우리의 유인원 사촌 사이 어디 정도쯤 해당할 것이며, 수렵채집을 하는 우리 친구들과 적당한 선에서 맞출 수 있게 된다. 약간의 운이 따른다면 튼튼한 심장과 건강한 다리, 맑은 정신을 가지고 나이들 수도 있을 것이다. 하드자족처럼 건강하게 말이다.

하드자족이 허용한 수준의 신체 활동은 임상 및 역학 데이터와 일치한다. 세계 곳곳의 여러 문화권에서는 누군가 건강하게 잘 살지, 젊은 나이에 사망할지 예측하는 가장 강력한 변수 중 하나가 일일 신체 활동량이다. 약 5000명의 미국 성인을 대상으로 5년에서 8년의 기간에 걸쳐 조사를 진행했던 한 대규모 연구는 해당 기간 동안 일일 활동량이 그들의 사망 위험도에 영향을 미치는지 여부를 알아보았다. 매일 중간 정도의 격렬한 운동을 1시간 정도 했던 사람들은 가장 운동량이 적은 참가자들에 비해 사망 위험도가 80퍼센트가량 낮았다. 15만 명의 호주 성인들을 대상으로 한 유사한 연구 결과 역시 매일 1시간 정도의 격렬한 운동은 매일 책상 앞에 앉아 일함으로써 발생하는 부정적인 영향을 해소하는 데 도움이 된다고 밝혔다. 덴마크에서 진행된 유명한 코펜하겐 심장 연구에 참가한 남성과 여성의 경우, 일평균 운동 시간이 최소 30분일 때 사망 위험도가 절반으로 줄어드는 것으로 나타났다.

적절한 일일 신체 활동량을 찾는 방법과 관련해 내가 가장 좋아하는 예는 글래스고의 우편 배달원을 대상으로 한 연구에서 찾을 수 있다. 짐작할 수 있겠지만 연구 참가자들은 매일같이 우편물을 들고 많이 걷는다. 연구에 참가한 우편 배달원들은 하루에 약 1만 5000보(약 2시간)를 걸었는데, 사실상 심장 질환이나 다른 대사 질환 문제가 전혀 없었다. 이 연구가 진행된 곳이 '마스Mars' 초콜릿바를 기름에 튀긴 요리의 고장이며 서유럽에서 기대 수명이 가장 낮은 나라 중 하나인 스코틀랜드라는 사실에 주목할 필요가 있다. 활동적인 생활 방식을 통해 건강해지려고 수렵채집인 코스프레를 할 필요도, 아프리카 대초원으로 이사를 갈 필요도 없는 이유다.

매일같이 손가락으로 컴퓨터 자판만 두드리고, 편지를 나르는 대신 멍청한 밈이나 전송하며 시간을 보내는 우리에게 하드자족 수준의 일일 신체 활동은 불가능해 보일 수 있다. 미국 질병 통제 예방 센터는 주당 약 150분의 중간 정도 및 활발한 신체 활동을 권장하는데, 미국인 중 겨우 10퍼센트만이 이 목표를 달성한다. 일단 무조건 움직여 보라. 마음에 드는 활동을 찾을 때까지 계속 돌아다녀라. 계단을 올라가거나 자전거를 타고 출근해보자. 반드시 운동일 필요는 없다. 에너지 소비량을 조절하는 데 도움이 되고, 염증 및 그 외 건강하지 못한 활동에 소모되는 칼로리를 줄이는 어떤 신체 활동도 좋다.

이렇게 신체 활동을 시작하고 나면 어떻게 쉬는 것이 가장 좋은지에 대해서도 하드자족과 다른 수렵채집인들에게 배울 수 있다. 차이점은 양이 아니라 질에 달려 있다. 서구인을 유혹하는 재미있는 텔레비전 프로그램도 없고 전등 빛도 없지만, 하드자족, 치마네족 그리고 다른 전통 부족들은 산업화된 사회의 성인들과 유사하게 평균 약 7~8시간 수면을 취한다. 하지만 하드자족을 비롯한 수렵채집인들은 해의 움직임에 따라 규칙적인 일상을 이어간다. 산업화된 세계에 사는 우리 중 많은 이들은 일정이 수시로 변하고, 체내 시계와 수면 시간이 일치하지 않을 때 일일 에너지 소비량이 감소하고 심혈관계 대사 질환에 걸릴 위험이 높아진다. 하드자족 성인 역시 낮 동안은 야영지 주변을 돌아다니거나 사냥을 잠시 쉬면서 서양인들과 동일한 수준의 휴식 시간을 확보한다. 하지만 산업화된 세계에 사는 우리는 일상의 너무 많은 시간을 안락의자나 소파에서 보내기 때문에 근육이 늘어진다. 하드자족 남성과 여성은 휴식 시에도 스쿼트처럼 코어 근육과 다리 근육을 사용하는 활동적인 자세를 취한다. 이처럼 낮은 수준의 근육 운동은 혈중 포도당, 콜레스테롤, 트라이글리세라이드 농도를 줄이는 데 도움이 된다.

그렇다면 어느 정도의 운동이 가장 적당할까? 간단히 말해 운동은 많이 할수록 좋다. 우리 대부분이 침팬지처럼 너무 늘어진 일상생활을 한다. 운동 대신 염증 같은 중요치 않은(그리고 해로울 수 있는) 일에 너무 많은 칼로리를 소모한다. 이미 정기적으로 체력의 한계를 넘기고 있지 않는 한 움직이는 데 더 많은 시간을 쓴다고 해서 잘못될 일은 없으며, 우리 몸은 우리에게 고마워할 것이다. 본인의 비활동적 행동에 대해서도 의식하고 있어야 하는데, 장시간 의자에 앉아 있는 것을 피하고 규칙적인 수면 습관을 유지하는 등이 이에 포함된다. 이미 매일 몇 시간씩 운동하는 몇 안 되는 사람 중 하나라면 만성 피로나 감기 등 과훈련으로 인한 경고 신호에 유의해야 한다. 만약 프랑스의 호텔 객실에서 엉덩이 주사로 합성 테스토스테론을 맞고 있다면, 과도한 운동을 잠시 미뤄둬야 한다는 확실한 신호다.

그래도 운동은 해야 한다!

이처럼 운동이 신진대사에 미치는 이점이 많은데, 체중에는 정말 아무런 효과가 없을까? 짧게 답하자면 여전히 효과는 없다. 수십 년간 진행된 연구 결과 역시 명확하다. 5장에서 살펴본 바와 같이 운동은 체중 감량에는 효과적이지 않다. 신체 활동을 늘리는 것은 건강하지 못한 체중 증가의 진짜 문제를 해결하기는 역부족인데, 그 문제는 바로 과식이다. 하지만 운동이 우리 몸에 영향을 미치는 방식에서 두 가지 주목할 만한 단서 조항이자 놀라운 사실이 있다.

첫째, 매일같이 온종일 소파나 책상에 앉아 있기만 하고 신체 활동을 아예 하지 않으면 우리 몸의 신진대사를 조절하는 능력이 엉망이 될 수 있는데, 여기에는 식이 조절도 **포함된다**. 운동은 몸 전체에 호르몬 및 다른 분자들을 보내 신체 구석구석에 영향을 미친다. 이와 같은 신호와 소통 없이는 몸이 제대로 작동하지 않는다. 사람과의 접촉 없이 어둠 속에서 몇 달간 숨어 지내는 억만장자에게 일어나게 되는 일과 마찬가지로 뭔가 이상해지게 된다. 혈액 내 지질을 분해하거나 포도당을 세포로 보내는 일 등 세포의 건강을 위한 기본적인 작업들이 무너지기 시작한다.

활동 부족의 위험을 가장 잘 보여주는 초기 증거 중 일부는 예상 밖의 장소에서 찾아볼 수 있는데, 그곳은 바로 인도 첸가일의 러들로•

• Ludlow, 특수 스틱에 손으로 짜인 모형을 사용하는 주식기(鑄植機) 상표.

황마 공장이다. 1956년 하버드대학교의 생리학자 진 메이어Jean Mayer는 대규모 공장(당시 현장 근무 직원은 7000명이 넘었다)의 영양사, 의료 담당자와 팀을 꾸려 일일 신체 활동이 체중에 미치는 영향에 관한 연구를 진행했다. 213명의 직원을 각자의 업무에서 요구되는 신체 활동량을 기준으로 순위를 매겼는데, 일주일에 6일을 종일 가판대 안에 앉아 있는 가판대 담당부터 공장 곳곳으로 약 86킬로그램에 이르는 황마 더미를 나르는 운반 담당까지 다양했다. 일반적으로 일일 신체 활동량은 체중에 아무런 영향을 미치지 않았다. 연필을 쥐고 일하는 사무원이나 힘든 육체노동을 하는 석탄 운반 직원이나 체중은 같았다(그래프 7.2). 하지만 앉아서 일하는 시간이 굉장히 긴 직원의 경우는 달랐다. '유별나게 게으른 생활 방식'이라고 메이어가 표현한 가판대 담당의 경우 다른 사람들보다 체중이 약 13킬로그램 더 나갔다. 에너지 섭취량과 소비량을 일치시키는 억제와 균형의 기능이 제대로 작동하지 못하고 있었다.

'유별나게 게으른' 사람들을 과식하도록 만드는 메커니즘에 대해서는 여전히 연구가 진행 중이다. 주로 앉아서 생활하는 사람들이 일일 에너지 소비량이 적다는 간단한 공식과는 다르다. 만약 그렇게 간단한다면 일일 활동량과 체중 간의 상관관계가 가장 덜 움직이는 사람에 국한된 것이 아니라 모든 사람에게 적용되었어야 할 것이다. 활동량과 체중 간 관련성 부족은 만연한 현상이다. 라라 두가스, 에이미 루크 그리고 그의 동료들이 2년간 미국 및 다른 4개국에 사는 남성과 여성 약 2000명을 대상으로 실시한 최근 연구 결과를 보면, 가속도계로 측정한 일일 신체 활동량과 체중 증가 사이에는 아무런 관련이 없다는

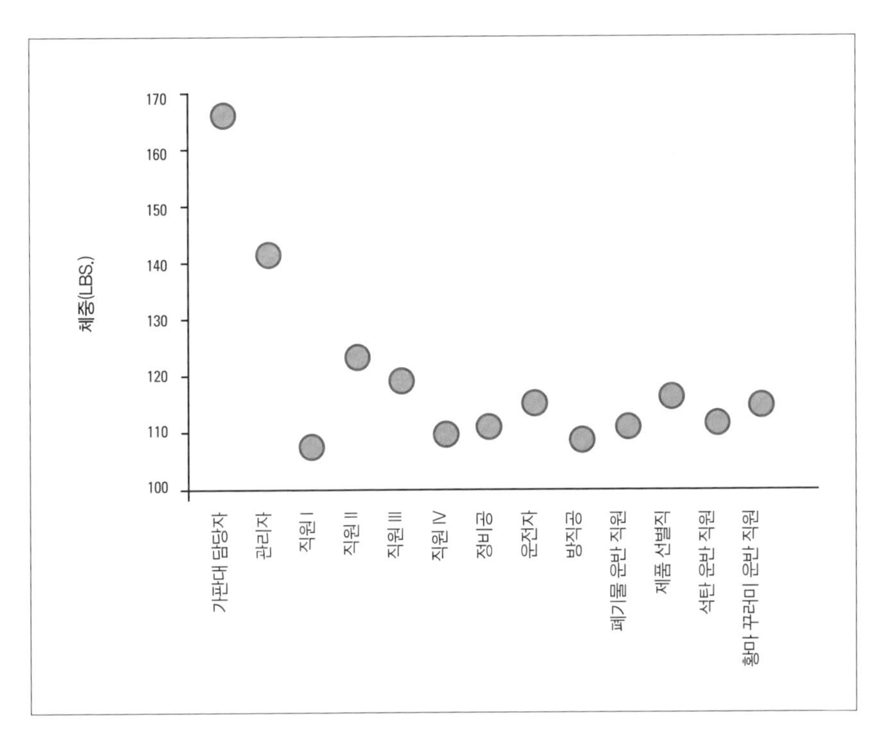

[그래프 7.2] 메이어의 1956년 러들로 황마 공장 연구에 참가한 남성 직원들의 평균 체중

주로 앉아서 일하는 가판대 담당자부터 '노동 강도가 매우 강한' 황마 꾸러미 운반 담당자까지 직무별 신체 활동량에 따라 참가 남성들을 그룹으로 묶고 순위를 매겼다. 제일 활동량이 적은 사람을 제외하고는 일일 신체 활동량은 체중과는 관계가 없다고 확인되었다.

것을 알 수 있다. 대부분의 사람들의 경우, 신체 활동과 매일 태우는 에너지의 양은 체중에 영향을 미치지 않는다.

좀 더 설득력 있는 설명이라면, 신체 활동은 뇌가 배고픔과 신진 대사를 조절하는 방법을 변화시킨다는 것이다. 규칙적인 운동은 뇌가 식욕과 칼로리 필요량을 일치시키는 데 도움을 주는 것처럼 보인다. 이때 염증 반응 역시 어느 정도 역할을 할 것이다. 열량 덩어리의 기름진 음식을 과하게 섭취하면 시상하부에 염증이 생기고, 배고픔과 포만감 신호의 조절에 실패해 체중 증가로 이어진다는 것이 적어도 쥐를 대상으로 한 연구에서 확인된 바 있다. 추측이기는 하지만, 아마도 움직이지 않음으로써 유발된 만성 염증 반응은 마찬가지로 뇌에 좋지 않은 영향을 미칠 것이다.

어떤 메커니즘이 작동하든 확실히 매일 움직이지 않고 시간을 보내면 건강에 끔찍한 영향을 미친다. 황마 공장 연구에서 볼 수 있듯이 신체 활동이 극도로 적으면 식습관이 무너지고 건강하지 못한 체중 증가로 이어질 수 있다. 책상에 앉아 있든 텔레비전을 보든 매일 앉아서 보내는 시간은 심장병, 당뇨병, 암, 그 외 다른 심각한 질병의 강력한 예측 요인이다. 전 세계적으로 매년 500만 건 이상의 사망이 앉아서 지내는 생활 방식에서 기인한다. 현대화는 우리를 실내로 끌어들였고 햇볕이 아닌 컴퓨터 화면의 열기를 받도록 했다. 유인원과 같은 무기력한 생활은 우리의 수명을 단축시킨다.

활동량과 체중 간 관계에서 두 번째 단서 조항은 체중을 감량할 수만 있다면 운동은 체중을 관리하는 데 유용할 수 있다는 사실이다. 운동이 체중 감량의 **목표를 달성하는** 효과적인 도구는 아니지만, 감량한 체중을 **유지하는** 데는 도움을 주는 것처럼 보인다. 이를 잘 보여주는 예로 보스턴 경찰관 중 비만인 경관들을 대상으로 한 연구를 들 수 있다(위에서 언급했던 테스토스테론 연구와는 다른 사람들이 대상이었다). 경찰관들은 2개월간 두 개의 체중 감량 프로그램 중 하나를 지정받아 실시했는데, 하나는 식단 조절만 하는 프로그램이고 다른 하나는 운동을 병행하는 프로그램이었다. 예상하겠지만, 두 집단 간 감량한 체중의 정도는 차이가 없었다. 하지만 적극적인 체중 감량 프로그램이 끝나자 운동을 했던 경찰관들이 훨씬 더 높은 비율로 줄어든 체중을 유지하는 데 성공했다(그래프 7.3). 이는 첫 2개월을 운동했던 경찰관들과 처음에 '식단 조절만' 했던 경찰관 모두에게 적용되는 사실이었다. 그 반대 역시 마찬가지였다. 체중 감량 이후 운동을 하지 않은 사람들은 다시 과거의 체중으로 되돌아갔다.

감량한 체중을 유지하는 데 있어 운동의 역할을 잘 보여주는 증거는 전국 체중 조절 등록 센터National Weight Control Registry에서 찾아볼 수 있다. 이 센터는 최소 약 13킬로그램의 체중을 감량하고 최소 1년간 체중을 유지한 남성과 여성 1000명으로 이루어진 온라인 그룹이다. 이 센터의 회원들은 유의미하고 지속 가능한 체중 감량이 불가능하다는 냉소적인 시각에 맞선다. 평균적으로 체중 조절 등록 센터의 회원들은 약 27킬로그램 이상 살을 빼서 4년 이상 유지해오고 있다. 이들은 정말 이례적인 사례라 할 수 있다.

등록 센터 회원들에 대해 우리가 알고 있는 많은 내용은 조사를 통해 얻었으며, 유념해둘 만하다. 본인의 식단, 운동, 체중을 이야기할 때 사람들은 좀처럼 신뢰할 수 없는 존재다. 여전히 위와 같은 체중 감량 성공담 사이 공통점은 흥미롭다. 체중 감량에 성공한 이들 중 대부분(98퍼센트)이 살을 빼기 위해 식단을 바꾸었다고 말하며, 이는 식단

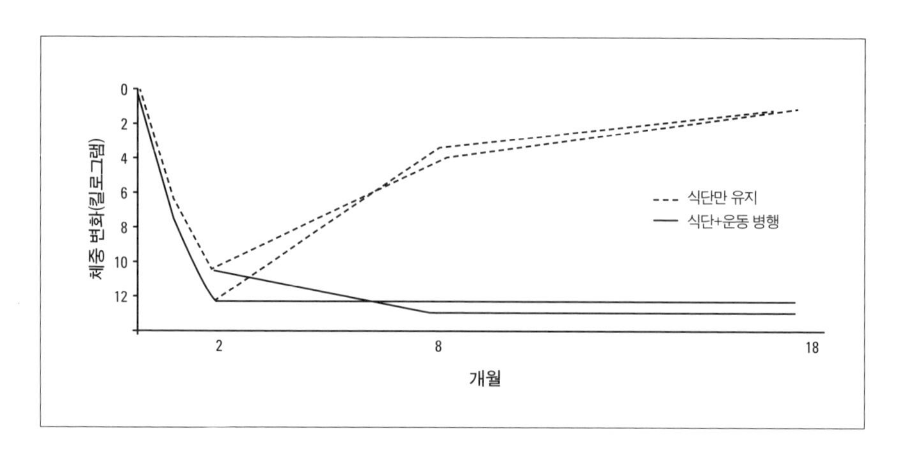

[그래프 7.3] **보스턴 경찰관 연구에 참가한 남성들의 체중 감소와 증가**

칼로리를 줄인 식단에 운동을 더하게 되면 2개월의 활성화된 체중 감량 단계 기간 동안이라도 체중이 더 줄어들거나 하진 않는다. 하지만 그 뒤로 운동을 진행한 이들은 줄어든 체중을 그대로 유지했다. 체중 감량 시기가 지난 뒤 운동을 하지 않은 이들은 모두 과거의 체중으로 되돌아갔다.

이 우리 뇌의 보상 및 포만감 시스템과 우리가 먹는 양에 어떤 영향을 미치는지 고려해볼 때 충분히 말이 되는 이야기다(6장 참고). 살을 뺀 사람들은 예전에 비해 활동량이 늘었다고 말하며, 새롭게 하게 된 운동으로는 걷기를 가장 많이 꼽는다.

센터 회원들을 대상으로 진행된 실증 연구는 더욱 흥미로운 사실을 보여준다. 연구자들은 센터 회원들의 신진대사와 생활 습관에 대한 신빙성 있는 자료를 수집했다. 2018년 연구의 경우, 회원들의 일일 신체 활동량(가속계를 사용해 측정)을 두 개의 다른 집단과 비교했다. 한 집단은 체중 조절 등록 센터 회원들의 체중 감량 전 체중과 체중이 동일한 비만인 성인들이었고, 다른 집단은 한 번도 비만이었던 적이 없는 정상 체중의 성인들로, 센터 회원들의 현재 체중과 동일한 이들이었다. 보스턴 경찰관을 대상으로 한 연구 결과에서 예상할 수 있듯이, 센터 회원들은 매일 약 1시간 정도를 가벼운 신체 활동(가벼운 산책 등)을 하는 데 썼고, 중간 정도 및 격렬한 신체 활동에는 비만 집단에 비해 약 40분 더 시간을 들였다. 운동이 회원들의 감량 체중 유지에 도움이 된 것으로 보인다.

센터 회원들 역시 한 번도 비만이었던 적이 없는 정상 체중의 성인들보다 매일 신체 활동량을 늘린 것이 분명하다. 즉 회원들은 평생 비만인 적이 없었던 성인들보다 더 열심히 운동해 동일한 체중을 유지했다. 일일 에너지 소비량을 측정한 추적 조사 결과를 보면 그 이유를 설명하는 데 도움이 된다. 체격이 더 작고 BMR이 더 낮았음에도 센터 회원들은 비만인 성인들과 동일한 일일 에너지 소비량을 보였다. 그들의 신체, 더 정확하게는 그들의 뇌 속 체중 관리 시스템이 과거에서 벗어나지 못하고 체중 감량 전 일일 에너지 소비량을 기억하고 있는 것이다. 때문에 그들의 뇌 속 시스템은 체중 감량 전 몸이 훨씬 컸을 때 태웠던 칼로리 양을 목표로 삼고 있었다. 에너지 균형과 감량한 체중을 유지하기 위해 센터 회원들은 섭취하는 모든 칼로리를 태워버릴 방법을 찾아야 했다. 운동이 그 답이었다.

체중 조절 등록 센터 회원들의 일일 에너지 소비량은 우리의 진화한 대사 기관이 내부적으로 어떻게 작동하는지 알 수 있도록 해준다. 우선 우리의 시상하부가 목표로 하는 일일 에너지 섭취량은 식단을 통해 체중을 감량한 후에도, 심지어 수년간 감량한 체중을 유지해왔더라도 크게 변하지 않는다. 또한 기아 반응이 지나가고 BMR이 정상 수준으로 돌아왔을 때도 이는 마찬가지다. 아마도 멀리서 울리는 기아 반응의 깊은 메아리가 시상하부를 자극하여 과거의 음식 섭취 목표량을 유지하도록 하는 것일지도 모른다. 또 다른 가능성은 일일 에너지 소비량을 제한하면 에너지 섭취량 조절에도 영향을 미친다는 것이다. 몸은 칼로리에 생기는 어떠한 변화에도 저항하게 된다. 어느 쪽이든 문제가 된다. 3장에서 살펴본 바와 같이 살을 빼면 일일 에너지 소비량이 줄어든다. 시상하부의 배고픔 및 포만감 시스템이 계속 체중 감량 이전의 섭취량을 목표로 삼는다면 우리는 태우는 열량보다 더 많은 열량을 섭취하게 된다. 그 결과 살을 빼기 이전의 수치로 되돌아갈 때까지 체중이 서서히 늘어난다. 많이 듣던 이야기 아닌가?

운동은 제한된 에너지 소비량의 세계에서 감량한 체중을 유지하는 한 가지 방법으로, 살을 뺀 사람들이 체중 회복 없이 과거 살을 빼기 이전의 일일 섭취량과 소비량을 유지할 수 있도록 도와준다. 앞서 언급한 바와 같이 뇌가 섭취량과 소비량을 일치시키는 일을 더 잘 해내는 데 운동이 도움이 되는 것처럼 보인다. 운동은 일일 에너지 소비량을 체중 감량 이전의 수준으로 돌리고 음식 섭취량을 조절하는 데 도움을 줘 감량한 체중을 성공적으로 유지하는 이들에게 효과적으로 작용한다.

한계를 뛰어넘는 일

몇 년 전 신진대사 관련 학회에 참석해 늦은 밤 호텔 바에서 동료 한 명과 이야기를 나누고 있었다. 에너지 소비량과 비만을 연구해온 친구였다. 나는 이미 그날 낮 강연에서 일일 에너지 소비량이 제한된다는 증거를 늘어놓은 터였다. 자세한 내용은 기억이 잘 나지 않지만, 대화 내용은 대강 이러했다.

그 친구가 이렇게 말했다. "자네 말이 맞을지 몰라. 운동이 일일 에너지 소비량 증가나 체중 감량에 크게 도움이 안 된다는 것 말이야. 하지만 조심해야 해. 운동이 살을 빼는 데 도움이 되지 않는다는 걸 사람들이 알게 되는 순간 더 이상 운동을 하지 않을 테니까. 죽음을 피할 수 있다는 건 큰 동기가 되지 않아. 유일하게 신뢰할 수 있는 운동의 동기는 허영심이거든."

인간이라는 종에 내재된 약점을 너무나 잘 알고 있어 두려움을 느끼는 과학자의 속내가 여과 없이 드러난 순간이었다. 아마 그의 말이 맞을지 모른다. 우리의 내적 욕망을 이야기할 때 인정하기 싫겠지만, 게으른 유인원 친척들은 많은 부분 우리와 닮았다. 우리의 무의식 깊은 곳에서 우리는 여전히 종일 누워서 뒹굴다가 먹고 털이나 고르기를 갈망한다. 산업화된 사회에 인간이 스스로 만들어낸 인간 동물원은 이 모든 것을 너무 쉽게 만들어준다. 물론 우리는 심장병에 걸리고 싶진 않지만, 우선 휴대전화부터 확인해야 한다. 주전부리도 먹어줘야 한다. 조금 쉬기도 해야 한다. 운동을 해도 섹시하고 탄탄한 몸이 만들어지지 않는다면, 운동은 나중으로 미뤄지게 마련이다.

살을 빼는 방법의 하나로 운동을 광고하는 데 담긴 위험성은 바로 운동으로는 살을 뺄 수 없다는 것이다. 결국 사람들은 운동을 열심히 한 결과가 광고에서 떠들어대던 운동 효과와는 다르다는 사실을 깨닫게 된다. 누군가는 어찌되었든 꾸준히 운동을 이어갈 텐데, 기분이 좋아지고 머리가 맑아지고 몸이 튼튼해지는 등 운동의 여러 가지 효과에 혹해서다. 그들이 속은 유인 상술 따위는 기꺼이 못 본 체하면서 말이다. 그러나 그들이 팔고 있는 것에 관해 공중 보건 전문가가 좀더 솔직했더라면 소비자에게 더 유익했을 것이다. 바로 운동이 날씬한 몸을 만들어주지는 않지만, 살아 있게 해줄 것이라고 말이다.

운동은 대사 기관의 속도를 높이는 것 외에도 훨씬 많은 역할을 한다. 운동은 우리 내부의 거대한 오케스트라에서 리듬 섹션에 해당한다고 할 수 있으며, 37조 개에 이르는 세포들이 박자를 맞출 수 있도록 한다. 제한된 일일 에너지 소비량이 신체 활동의 중요도를 낮추지는 않는다. 오히려 그 반대다. 일일 에너지 소비량이 제한된다는 사실은 왜 운동이 우리 몸 곳곳에 영향을 미치는지 설명하는 데 도움이 된다. 나의 연구실은 물론 다른 연구실에서도 신체 체계에 운동이 미치는 영향이 무엇인지 찾아내는 힘든 과제를 하느라 분주하다. 하지만 동시에 굉장히 흥분되고 재미있는 일이기도 하다. 신진대사와 우리 몸의 다른 부분에 운동이 어떤 영향을 미치는지 아직 찾아내야 할 사실이 무궁무진하다.

여전히 제한된 일일 에너지 소비량에 대한 증거는 여러 질문을 제기하게끔 한다. 입이 떡 벌어지는 수준의 운동량을 자랑하는 프로 운동선수, 등반가, 북극 탐험가들의 에너지 소비량이 제한된다는 생각은 과연 어떻게 받아들여야 할까? 이어지는 8장과 9장에서 살펴보겠지만, 철인 삼종 경기 참가 선수, 투르 드 프랑스 사이클 선수, 북극 여행자에게 힘을 불어넣는 대사 기관은 사실 임신부를 움직이게 하는 대사 기관이기도 하다. 뛰어난 운동선수나 탐험가들이 이룬 업적이 물론 대단하고 인상적이긴 하지만, 열량에 대한 우리의 엄청난 욕구를 모두 설명해 주지는 않는다. 우리 종이 진화해오면서 에너지 수요는 몸이 제공할 수 있는 수준을 넘어섰다. 오늘날 우리 각자가 이용하는 칼로리가 현대의 세계를 만들어냈으며, 동시에 우리의 장기적 생존을 위협하고 있다.

08 극단의 에너지학: 인간 지구력의 한계

**Energetics at the Extreme:
The Limits of Human Endurance**

브라이스 칼슨Bryce Carlson은 겉보기에는 평범하다. 30대 후반에 마르고 키가 크며 활짝 웃는 모습이 인상적인 그는 딱 봐도 훌륭한 몸매의 소유자지만, 회사 모임 자리에서도 자연스럽게 어울릴 사람 같았다. 매일 이른 아침에 활기차게 일어나 운동을 한 뒤 회사에 출근하고, 점심시간에는 최근 연습하고 있는 마라톤에 대해 가벼운 대화를 나눌 법한 사람이다. 분명 매년 지역에서 열리는 5킬로미터 마라톤 경기에 참가하는 사람이지, 초인적인 세계 기록 보유자는 아니다.

하지만 겉만 보고 판단해서는 안 되는 법이다.

2018년 6월 20일 아침, 뉴펀들랜드 해안의 키디비디항에서 브라이스는 행복한 함박웃음을 지으며 지역 주민과 기자들을 향해 손을 흔들며 작별 인사를 했다. 아침 8시 정각을 가리키는 손목시계를 본 뒤 탄소 섬유로 만든 두 개의 긴 노 손잡이를 쥐고 **당겼다**. 어깨와 등에서 자신이 탄 보트 **루실**의 무게가 느껴졌다. **루실**은 흔한 노 젓는 보트가 아니라 노가 딸린 우주선에 가까웠다. 선체는 매끄러운 흰색 타원형이고, 뱃머리에는 아주 작은 선실이 있다. 우리가 흔히 떠올리는 바다 위의 평범한 하루가 아니었다. 브라이스는 해안을 떠나 바다로 나아가면서 역사를 만들고자 하고 있었다. 어느 누구의 도움도 받지 않고 혼자 3000킬로미터 넘는 거리를 노로 저어서 북대서양을 횡단해 영국 남부 해안 인근의 실리 제도까지 가는 것이 목표였다.

GPS를 비롯한 다양한 현대 기술이 갖춰져 있기는 했지만, 여전히 위험한 도전이었다. 앞서 이 같은 모험에 나섰던 열네 명의 도전자들 중 오직 여덟 명만이 횡단에 성공했다. 두 명은 북대서양의 얼음장같이 차갑고 어두운 바다에서 익사하여 시신을 찾지 못했다. 하지만 이에 괘념치 않는 브라이스는 큰 꿈을 꾸고 있었다. 브라이스의 목표는 횡단에서 살아남는 것이 아니라 횡단 기록을 단축시키는 것이었다. 그는 북대서양을 인간의 힘으로 최단 시간 내에 횡단하는 세계 기록을 세우고자 했다. 브라이스와 그의 보트 **루실**은 단 53일 만에 영국에 도착하겠다는 목표를 세웠다.

일이 더 순조로운 여정이 될 수도 있었을 것이다. 하지만 여정 초반에 담수를 공급하는 주요 담수화 장치가 고장 났다. 배가 수십 번 뒤집혔고, 바닷물이 배의 전자 장치에 스며들어 항해 장치가 망가졌다. 하지만 브라이스는 견뎌냈다. 8월 초 어느 흐린 토요일 저녁, 브라이스는 실리 제도 세인트 메리 항구에 도착했고 **루실**에서 내려 영웅 같은 환대를 받았다. 새로운 세계 신기록 보유자를 보기 위해 수백 명이 모여들었다. 브라이스는 38일하고도 6시간 49분 만에 횡단에 성공하며 예전 기록은 물 밖으로 던져버렸다.

하지만 이 도전으로 브라이스는 큰 타격을 입었다. 횡단 기간 동안 매일 4000~5000킬로칼로리를 섭취했지만, 브라이스가 소모한 칼로리는 그보다 훨씬 많았다. 도전 종료 후 체중은 출발했을 때보다 7킬로그램 가까이 빠졌는데, 많은 양의 열량을 섭취했음에도 매일 약 625킬로칼로리에 해당하는 지방과 근육을 태웠다. 섭취하는 음식의 에너지에 몸에서 소모된 에너지를 더하니 결국 노를 저어 바다를 건너는 동안 브라이스가 매일 소모한 칼로리는 5000킬로칼로리가 훨씬 넘었다.

브라이스는 바다에서 철저히 혼자였지만, 그의 신진대사는 그렇지 않았다. 다른 지구력 종목 선수들의 일일 에너지 소비량도 못지않게 높다. 투르 드 프랑스 사이클 선수들은 경주가 진행되는 동안 하루 8500킬로칼로리의 열량을 소모한다. 철인 3종 경기 선수들은 12시간 동안 이어지는 아이언맨 대회에서 이와 비슷한 에너지를 소모한다. 마치 인간과 돌고래를 합쳐놓은 듯 엄청난 수영 실력을 보유한 올림픽 금메달 23관왕의 주인공 마이클 펠프스Michael Phelps는 훈련 기간 동안 하루 1만 2000킬로칼로리를 반복적으로 섭취했다. 이처럼 뛰어난 운동선수들이 이룬 성과를 보면 일일 에너지 소비량이 제한되어 있다는 개념이 정면 도전을 받는 것만 같다. 우리 몸이 운동량에 적응해 일일 에너지 소비량을 정상 범위인 하루 2500~3000킬로칼로리 내에서 유지한다는 개념 말이다. 8장에서는 이 문제를 좀 더 깊이 탐구해보고 인간 에너지 소비량의 한계를 알아보고자 한다. 앞으로 살펴보겠지만,

일상생활에서 우리의 소비량을 제한하는 바로 그 신진대사 기관이 우리의 궁극적인 꿈을 제한하기도 한다. 반드시 초인적인 힘을 가져야만 인간 지구력의 한계를 뛰어넘을 수 있는 것은 아니다. 우리의 엄마들만 봐도 알 수 있다.

시간의 문제

우리는 얼마나 빨리 달릴 수 있을까? 간단한 질문이지만 답하기는 쉽지 않다. 우리가 낼 수 있는 최대 속력은 우리가 달리는 이유나 동기의 간절함에 따라 달라진다. 사자에게서 도망치는 중인지 동네 소프트볼 경기에 참가 중인지에 따라 달라진다는 말이다. 또한 앞으로 얼마나 오래 달릴지도 최대 속력에 영향을 준다. 몇 초 정도는 전력 질주할 수 있지만 1킬로미터 이상 달린다면 힘을 아낄 필요가 있다. 최고 속도는 단거리의 빠른 질주부터 더 느린 속도로 오래 달리는 조깅까지 연속선상에 위치한다. 대부분은 학창 시절 학교 운동장에서 술래잡기를 하며 우리 몸의 이러한 특성을 잘 알고 있었다.

지구력에 시간이 미치는 영향은 너무나 직관적이고 본능적이라서, 우리는 이 문제를 깊이 생각하지 않는 경향이 있다. 하지만 피로의 생리는 결코 이해하기 쉽지 않다. 스포츠 과학자와 생리학자들은 여전히 한계를 정하는 우리 체내 메커니즘을 두고 옥신각신한다[이와 관련된 과학계의 논쟁을 1열에서 감상하고 싶다면 알렉스 허친슨Alex Hutchinson의 《인듀어

Endure》를 참고하기 바란다]. 다만 한 가지는 분명하다. 한계에 이르는 것은 단순히 사용할 연료가 떨어진 상황은 아니다. 대신 우리의 뇌가 몸 전체에서 오는 신호를 통합하는데, 여기에는 활동하는 근육의 대사적 부산물, 체온, 고통에 대한 인식과 앞으로 남은 작업 예상량 등이 포함된다. 그리고 뇌는 이 모든 정보를 사용해 스스로를 얼마나 강하게 밀어붙일지 조절한다. 완전히 탈진해서 쓰러질 때 뇌는 우리를 완전히 정지시킨다. 이와 같은 결정에 우리가 어떤 권한을 가진다는 말은 아니다. 시상하부가 식욕과 신진대사를 제어하듯이 지구력과 피로를 결정하는 신경 체계는 우리의 의식 아래 뇌 깊은 곳에서 작용한다.

신경이 피로와 지구력을 제어한다는 개념은 1990년대에만 해도 논란이 많았으나, 증거가 늘어나면서 인정받기 시작했다. 우선 실험실 연구 및 실제 경험을 통해서도 분명하게 밝혀진 사실은 완전히 진이 빠졌다고 느끼는 사람이라도 여전히 사용할 에너지가 충분하다는 것이다. 심지어 우리가 절대 한계에 도달했다고 느끼는 때조차 우리의 지친 근육 속에는 ATP, 혈액 속에는 포도당과 지방산이 충분하다. 뛰어난 달리기 선수들이 긴 레이스 끝에 기진맥진해서 바닥에 주저앉거나 쓰러지는 장면을 종종 목격하는데, 금세 기운을 차리고 일어나서는 활짝 웃으며 다시 경기장을 뛰어서 승리를 자축하는 모습을 볼 수 있다. 둘째, 피로의 신경적 제어는 우리의 기분과 생각이 경기력에 미치는 이상한 영향을 설명하는 데 도움이 된다. 2시간 동안 자신의 한계를 밀어붙이는 세계 정상급의 마라톤 선수들은 마지막 스퍼트를 내 더 빨리 달릴 수 있는데, 이와 같은 절박감과 투지가 선수의 숨은 잠재력을 폭발시킨다. 역으로 실험실 연구에서는 정신적 피로가 지구력을 떨어뜨린다는 결과가 나왔다. 전 세계의 운동선수와 코치들은 경기에서 승리하기 위해서는 올바른 마음상태가 얼마나 중요한지 잘 알고 있다.

피로감에 있어 뇌의 주된 역할은 에너지 소비량과 지구력 사이의 관계를 설명하는 데도 도움을 준다(그래프 8.1). 이런 영향은 달리기에서 가장 확인하기 쉽지만, 동일한 생리가 수영, 사이클링 그리고 다른 운동에도 적용된다. 3장에서 얘기했듯이 더 빠르게 달릴수록 칼로리를 더 빨리 소모한다. 그 영향은 직선형으로 나타나는데, 예를 들어 10퍼센트 더 빨리 달리려면 에너지를 10퍼센트 더 빨리 소모해야 한다. 자동차 엔진과 크게 다를 바 없다. 속도를 10퍼센트 높이면 대개 10퍼센트 더 빠른 속도로 휘발유를 태우기 때문이다(전기 차의 경우, 배터리를 10퍼센트 더 빨리 소모한다고 보면 된다). 하지만 우리의 신진대사 기관과 자동차 엔진 사이에는 중요한 몇 가지 차이점이 존재한다. 자동차의 경우, 속도는 기름이 가득 차 있거나 배터리가 완전히 충전된 상태에서 얼마나 멀리 달릴 수 있는지에 크게 영향을 미치지 않는다. 속도는 단지 얼마나 빨리 연료를 소비할지를 결정할 뿐이다. 달리기의 경우, 속도는 한계에 도달하기 전 얼마나 많은 에너지를 태울 것인지에 굉장히 큰 영향을 미친다. 더 빨리 달릴수록 한계에 부딪히기 전까지 소모하는 총 에너지양은 적어진다. 약 1.6킬로미터 거리의 달리기 경주를 한다면 100킬로칼로리를 태우고 지쳐 쓰러질 것이다. 마라톤 경주에 나간다면 기진맥진해 쓰러지는 것은 마찬가지지만, 2600칼로리를 소

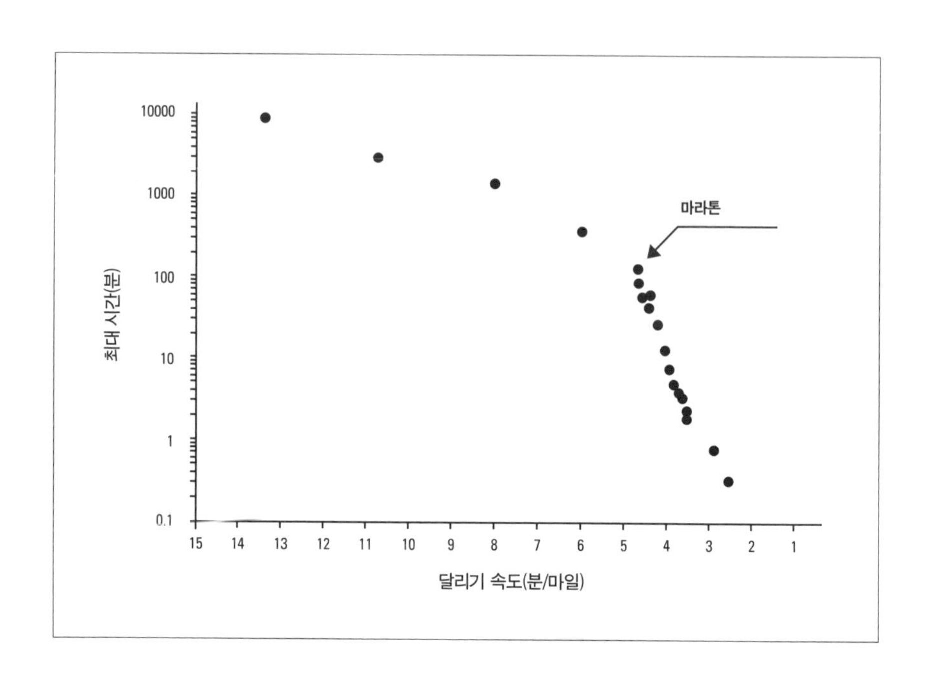

[그래프 8.1]

주어진 작업량을 유지할 수 있는 최대 시간으로 측정되는 지구력은 운동력과 밀접하게 연관되어 있다. 위 그래프는 세계 기록 경주 시간 대비 800미터에서 965킬로미터 이상 경주의 달리기 속도를 보여준다. 마라톤은 최대 산소 섭취량(VO_2) 속도에 가깝게 달린다. 속도가 빠를수록 지구력은 급격하게 하락하는데, 신체가 최대의 운동력을 발휘하기 위해서는 무산소 신진대사를 할 수밖에 없기 때문이다.

모하고 난 뒤에 그렇다. 인간의 몸은 연료를 모두 소진했다고 멈추지 않는다(물론 그렇게 느낄 수는 있지만 말이다). 운동의 강도가 관건이다.

속도가 피로에 영향을 미치는 한 가지 이유는 운동을 하는 동안 우리 몸이 소모하는 연료의 종류가 변하기 때문이다. 휴식을 취하거나 낮은 강도의 활동(독서 혹은 공원 산책)을 할 때 우리 몸은 지방을 주된 에너지원으로 사용한다. 생물학적으로 타당한 전략이다. 지방으로 저장된 에너지는 사실상 무한대이며, 에너지 소비량이 낮을 때는 ATP를 만들기 위해 지방을 처리하고 태우는 데 더 오랜 시간이 걸림에도 더 빨리 몸을 움직일 필요가 없기 때문이다. 운동 강도가 올라가면 에너지원에 포도당이 추가된다. 이렇게 추가되는 포도당의 일부는 혈액 속 순환하는 혈당에서 얻는다. 그중 일부는 근육 내 저장된 글리코겐에서 끌어온다. 지방에 비해 포도당은 태우기도 쉽고 (글리코겐에서 전환되는 과정이 있음에도) 타는 속도도 빠르다. 이렇게 에너지 가용 속도가 개선되면 운동 강도와 에너지 요구량이 증가해도 근육에 꾸준히 ATP를 공급할 수 있게 된다.

고강도 운동 시 포도당에 의존하기 때문에 경주 참가자들은 탄수화물 로딩•에 대해 이야기하고 경주 틈틈이 마실 에너지 드링크와 에너지 바를 사전에 정한다. 연료원인 탄수화물이 다 떨어지면 몸이 축 처지고 약해져 '에너지가 고갈된' 좀비 같은 상태가 된다. 이제 몸은 천천히 타는 지방에 의존할 수밖에 없다. 우리는 태우는 지방과 포도당의 조합을 조정하도록 우리 몸을 훈련시킬 수 있는데, 일부 경주 참가자들은 이처럼 탄수화물이 고갈된 상태에서 훈련해 몸이 더 많은 지방을 태우고 소중한 포도당을 아끼는 법을 배운다(도표 2.1에서 나오는

• carbo-loading, 경기 전에 에너지원인 글리코겐을 축적할 목적으로 탄수화물 중심의 식사를 하는 것.

지방을 태우는 경로가 강화되는데, 필수 효소를 더 많이 생성하는 것이 그 한 가지 방법이다). 하지만 지방에서 오는 에너지의 양은 정해져 있다. 경기가 있는 날에는 모든 선수가 탄수화물을 연료로 삼는다.

어느 시점이 되면 달리는 속도와 에너지 소비량이 계속해서 증가하면서 미토콘드리아의 ATP 생성 속도가 필요량을 따라가지 못하는데, 포도당은 꾸준히 공급되는데도 그렇다. 이 시점에 도달했을 때 실험실 내에서 산소 소비량을 측정하면 달리는 속도와 에너지 필요량이 지속적으로 증가해도 산소 소비량은 정체되어 일정하게 유지되는 것을 볼 수 있다. 그리 오래 견디지는 못할 것이다. 이 지점이 바로 우리의 최대 산소 섭취량, 유산소 능력의 한계이기 때문이다. 산소와 포도당을 세포로 전달한 뒤 미토콘드리아를 통해 ATP로 전환하는 공급망이 한계에 달한 것이다. 이보다 더 빠른 속도로 에너지를 공급할 수는 없다.

유산소성 ATP 생성이 최대치를 넘겼으니 근육은 어쩔 수 없이 무산소성 신진대사(2장)에 의존해야 한다. 무산소성 신진대사가 증가할수록 이산화탄소 생산량이 계속해서 늘어나는데, 이는 산소 소비량이 정체되어 있는 상태에서도 마찬가지다. 혈중 pH는 더욱 산성을 띠게 된다. 세포 내 포도당은 피루빈산염으로 분해되는데, 이 분자는 미토콘드리아로 바로 뛰어 들어가 아세틸코에이로 바뀌고 크렙스 회로에 연료를 공급해 결과적으로는 무수히 많은 ATP를 만들어내는 데 성공한다(도표 2.1). 하지만 미토콘드리아로 들어갈 때 정체가 있으면 과다한 피루빈산염은 우회하여 젖산염으로 전환되었다가 나중에는 젖산이 된다. 근육이 타기 시작하는 것이다. **얼마나 더 버틸 수 있을까?** 최종 결정권은 뇌가 쥐고 있다. 달리기를 하는 사람이라면 많이 들어봤을 어둡고 형체 없는 목소리가 머릿속 깊은 곳에서부터 신음하기 시작하며 달리기를 **멈추라고** 애원한다. 목소리의 크기와 강도가 점점 커지며 급기야 우리를 통째로 집어삼킨다. 마침내 우리는 항복한다. 더 이상 몰아붙일 수 없어진다. 속도를 늦추거나 가쁜 숨을 몰아쉬며 털썩 주저앉는다.

에너지 소비량과 최대 VO_2(산소 섭취량)의 한계는 우리 지구력의 한계를 정하는 퍼즐의 한 조각에 불과하나, 그 중요도는 매우 높다. 우리 뇌는 몸이 순수한 유산소 신진대사에서 더 고통스러운 유산소와 무산소의 조합으로 옮겨가는 것을 유심히 듣고 있다. 뛰어난 마라톤 선수가 자신의 최대 VO_2 속도에 도달하면 지구력은 곤두박질친다(그래프 8.1). 세계적 수준의 마라톤 선수는 마일(1마일은 약 1.6킬로미터)당 4분 42초의 속도를 유지하며, 이때 자신의 VO_2 최대치에 아주 근접한 상태로 2시간이 조금 넘는 시간 동안 달릴 수 있다. 단 5퍼센트만 속도를 올려 1마일을 4분 28초에 달린다면 동일한 속도로 달릴 수 있는 시간은 절반으로 줄어든다. 자신의 최대 VO_2 한계치를 넘겨 무산소 신진대사에 의존해 근육에 연료를 공급하는 상황이 되면, 어떠한 피해가 발생하기 전에 플러그를 뽑으라고 뇌에 신호를 전달한다. 더 빨리 달리면 선수의 지구력, 즉 쓰러지기 전에 달릴 수 있는 최대 시간은 급격히 줄어드는데, 선수의 몸이 무산소 신진대사에 점점 더 의존하게 되기 때문이다.

우리의 대사 기관은 지구력을 요하는 모든 경기 시 체내의 보이지 않는 상태를 결정한다. 마라톤이 흥미진진한 이유는 경기 내내 최대 VO_2 한계치에 근접해 벼랑 끝에서 달리는 상태이기 때문이다(그래프 8.1). 마라톤 주자들은 각자 본인의 신체를 살핌과 동시에 경쟁자들의 몸 상태를 읽어내 힘을 최대한 끌어올릴 수 있는 적당한 때를 찾는다. 최대 VO_2 한계치는 단거리 경주를 일종의 유혈 스포츠로 만들어 경주 참가자들은 결승선에 도달하기 전까지 터져버리지 않고 점점 더 빠르게 달릴 수 있도록 산소와 고통의 적절한 조합을 찾으려고 노력한다.

그럼에도 여전히 트랙 경기와 필드 경기에 사용되는 일반적인 신체 배터리는 모두 사용 시간이 짧다. 심지어 마라톤조차 빨리 달리면 3시간 안에 완주할 수 있다. 아주 긴 경기의 경우는 어떨까? 재미도 없고 영원히 끝날 것 같지도 않은 극심한 고통의 시간일까? 마치 썰매개 몇 마리를 데리고 세 달 동안 남극을 횡단하다가 썰매에 실었던 식량이 끝이 보이지 않는 빙하 틈새로 모조리 떨어지는 바람에 결국 개를 한 마리 한 마리 잡아먹으면서 집에 가려고 끝없이 발버둥치는 상황이랄까? 당연히 이런 극단적인 일은 드물지만, 점점 더 많은 이들이 브라이스와 같은 사람들의 에너지 소비량을 추적하는 연구를 진행하고 있다. 몸소 나서서 인간의 한계를 뛰어넘는 일을 하는 사람들 말이다. 그들이 우리에게 알려준 지구력의 진실은 신진대사의 한계를 이해하는 우리의 시각을 바꿔놓았다.

수일, 수주, 수개월에 걸친 지구력

매우 인상적이긴 했지만, 노를 저어 북대서양을 횡단한 것은 브라이스 칼슨이 했던 가장 긴 탐험은 아니었다. 대양을 횡단하기 전 브라이스는 대륙을 먼저 횡단했다.

2015년 1월 16일 아침, 용감하고 활기 넘치는 선수들이 캘리포니아 헌팅턴 비치에 모였다. 모래 위에는 신발을, 등 뒤로는 태평양을 두고 있었다. 얼른 떠나고 싶은 의욕에 찬 십여 명의 남녀 사이에 당연히 브라이스가 있었다. 그중 버몬트주에서 온 뉴턴이라는 남자는 그날 73번째 생일을 맞았는데, 선수들이 그의 생일을 축하하려고 모인 것은 아니었다. 이들은 이제 곧 대륙을 횡단하는 대담한 경주인 미 횡단 레이스Race Across the USA를 시작할 참이었다.

오전 8시 정각, 드디어 출발했다. 가벼운 뜀박질로 천천히 출발한 선수들은 남부 캘리포니아의 도심지를 통과해 해가 뜨는 동쪽으로 향했다. 오후 중반쯤에는 그날의 목표였던 마라톤 경주 한 번에 해당하는 거리를 이동했다. 결승선 근처의 임시 야영지에서 휴식을 취하고 잠을 잔 뒤 다음 날 일어나서 다시 그만큼을 달렸다. 다시 달리고 또 달렸다. 뉴턴을 포함한 다른 참가자들과 브라이스는 하루에 한 번, 일주일에 6일(어떤 때는 7일), 총 140일간 마라톤을 이어갔다. 이들이 달린 거리는 약 4800킬로미터를 넘었다. 미국 남서부의 사막을 통과하고 텍사스의 언덕과 평원을 건너 캐롤라이나의 울창한 숲을 지나서 북쪽의 워싱턴 DC 백악관 앞에서 경주를 종료했다.

미 횡단 레이스를 조직한 대런Darren과 샌디 반 소이Sandy Van Soye 부부가 경주를 참관할 수 있도록 과학자들을 초대했다(대런 역시 레이스 참가자 중 한 명이었다). 당시 퍼듀대학교의 교수이자 핵심 주자 중 한 명이었던 브라이스는 레이스에서 연구의 구성 요소를 정리하겠다는 목표가 있었고, 반 소이 부부는 그가 연구를 주도할 수 있도록 해주었다. 레이스가 열리기 한 해 전 한 인류학 학회에서 브라이스가 갑자기 나에게 다가와 레이스 주자들의 에너지 소비량을 측정해보지 않겠느냐고 물었다. 브라이스를 만난 것도, 미 횡단 레이스에 대해서 들은 것도 그날이 처음이었기에 브라이스가 망상에 빠져 있다고 생각했다. 5개월 동안 4800킬로미터를 달려서 북미 대륙을 횡단한다고? 전부 다 허무맹랑한 소리로 들렸다. 하지만 나는 곧장 참여하기로 했다.

나의 두 공동 연구자 케라 오커벅Cara Ocobock(내 연구실 소속의 전 박사과정 학생)과 라라 두가스(5장에서 소개한 바 있음)와 함께 계획을 세웠다. 레이스 전 참가 선수들의 일일 에너지 소비량과 BMR을 측정한 뒤 레이스 시작과 종료 시 총 2회 재측정을 실시했다. 이 측정 자료들이 두 가지 중요한 정보를 제공할 것이라고 생각했다. 첫째, 레이스 중 2회 측정한 자료를 통해 운동량이 극도로 많을 때 매일 태우는 정확한 칼로리 양을 알 수 있으리라 생각했다. 아주 희귀하고 가치 있는 데이터가 될 것이 분명했다. 둘째, 레이스 시작과 종료 시의 일일 에너지 소비량을 비교해서 에너지 보상에 대해 알아볼 수 있을 것이라 생각했다. 과연 선수들의 몸은 극심한 운동량에 적응해 에너지 소비량을 줄여서 활동 소비량의 엄청난 증가를 보상할까?

핵심 주자들 중 여섯 명이 우리의 신진대사 연구에 참여하기로 했다. 연구실의 대학원생인 케이틀린 서버Caitlin Thurber가 현장 연구를 주도해 (이중표지수 기법을 사용해) 일일 에너지 소비량을 측정했다. 케이틀린은 레이스 시작 시점에서 소비량과 BMR을 측정하기 위해 캘리포니아로 갔고, 5개월 뒤에는 레이스 마지막 주간에 맞춰 버지니아로 떠났다. 레이스 중간에 무리에서 갈라져 나와 레이스를 더 빨리 완주할 수 있는 일정으로 변경한 두 명의 선수들을 찾아내기도 했다(의욕과 분별력은 비례한다는 사실이 다시 한 번 증명되는 부분이다). 라라 두가스는 레이스 시작과 종료 시에 참가 선수들의 BMR을 측정했는데, 레이스 중간에 더 빠른 완주를 위해 일정을 변경한 선수 두 명의 자료는 얻지 못했다. 우리의 연구 참가에 동의했던 여섯 명의 선수 중 한 명은 부상으로 레이스가 시작되고 몇 주 뒤 레이스를 중단해야 했다.

그해 여름 케이틀린이 이중표지수 분석을 돌리고 있을 때 흥미로운 결과가 도출되었다. 레이스 첫 주에 참가 선수들의 에너지 소비량은 그들의 레이스 참가 전 일일 소비량과 마라톤을 한 경기 뛰고 난 후 에너지 소비량(약 2600킬로칼로리)을 더한 것과 완전히 동일했다. 우리가 예상한 그대로였다. 일주일은 신체가 하루에 마라톤을 한 번 뛰는 새로운 운동량에 적응하기에 충분한 시간이 아니었다. 그렇기 때문에 새로운 운동량에 필요한 에너지양은 레이스 시작 전 몸의 평소 에너지 예산에 추가되었을 뿐이다. 브라이스와 다른 선수들은 놀랍게도 하루 평균 6200킬로칼로리의 열량을 태우고 있었다.

하지만 140일이 지나 레이스 막바지가 되자 그들의 몸은 변했다.

매일 마라톤을 한 경기씩 뛰는 말도 안 되는 운동량을 소화하면서도 그들이 태우는 열량은 하루 4900킬로칼로리였다. 레이스 첫 주에 비하면 20퍼센트가 감소한 수치다. 이 같은 감소의 원인 중 하나는 미 동부 지역의 언덕이나 산이 낮은 편이고, 레이스가 진행되면서 선수들의 살이 빠졌기 때문이다. 하지만 그럼에도 여전히 그들의 일일 에너지 예산에서 적어도 600킬로칼로리가 증발해버린 셈이다. 에너지 보상이자 그들의 제한된 신진대사가 작동한 것이다. 극심한 운동량과 맞닥뜨리면서 선수들의 신체는 다른 작업에 사용되는 에너지 소비량을 줄여서 일일 에너지 소비량을 억제하고자 했다. 하루에 마라톤 한 경기를 뛰는 데 드는 막대한 에너지양은 에너지 보상이 온전히 부담할 수 있는 비용보다 컸다. 레이스 마지막 몇 주간 선수들의 일일 소비량이 여전히 레이스 이전 수치보다 훨씬 높은 것을 보면 알 수 있다. 그럼에도 선수들의 몸은 극심한 운동량과 신체 변화에 적응하고자 했다.

라라 두가스의 BMR 측정 자료에서 또 한 가지 흥미로운 점을 발견했다. 일일 에너지 소비량과는 달리 선수들의 BMR은 레이스 시작부터 종료 시점까지 전혀 변화가 없었다(변화가 있더라도 극소량 증가했다). 에너지 보상은 일일 에너지 소비량 중 BMR에서는 나타나지 않았다. 대신 줄어든 일일 소비량이 우리가 흔히 활동 에너지 소비량Activity energy expenditure 또는 AEE라고 부르는 수치였다. 일일 에너지 소비량에서 BMR과 소화에 사용되는 에너지를 빼고 나면 남는 수치가 바로 AEE다. (하루에 마라톤 한 경기라는) 운동량이 동일하게 유지됐는데 AEE가 줄어들다니 이상하다고 생각할 수 있지만, 사실 AEE 내에서 에너지 보상이 상당히 규칙적으로 일어났다. 어떻게 운동량이 증가하는데 활동 소비량은 감소하는 것일까?

한 가지 가능성은 사람들이 비운동성 활동을 줄이는 것이다. 이를 두고 제임스 러빈James Levine은 이를 비운동성 활동 열 생성non-exercise activity thermogenesis 또는 NEAT라 불렀는데, 운동량이 증가할 때 사람들이 비운동성 활동을 줄여 AEE, 즉 활동 에너지 소비량이 감소하는 것이다. 증가된 운동 요구량에 대응하여 우리 몸은 서 있거나 꼼지락거리는 등의 사소해서 간과해왔던 칼로리를 태우는 행동들을 무의식적으로 줄일 수도 있다는 논리다. 분명 에너지 보상에 기여할 수 있는 흥미로운 생각이지만, 증거는 복합적으로 나타난다. 에드 멜랜슨Ed Melandson 및 다른 연구자들도 증명했다시피 운동에 대한 NEAT 반응을 측정한 대부분의 연구에서 그 영향이 아예 없거나 아주 미미하다고 밝혀졌다. 게다가 미 횡단 레이스에 참가한 선수들이 꼼지락거리는 행동을 줄여 하루에 600킬로칼로리를 덜 사용했다고 하기엔 무리가 있다.

또 한 가지 가능한 설명은 AEE가 단순히 신체적 행동 이상을 포함한다는 것이다. 우리 몸은 강력한 24시간 주기 리듬을 가지고 있다. 안정 시 대사율(작동하는 신체 기관의 전체 신진대사)은 매일 오르락내리락하는 롤러코스터 같은 궤적을 따라 늦은 오후에 최고점을 찍고 이른 아침에는 바닥으로 떨어진다. 우리가 BMR을 측정하는 시간대는 이른 아침이다. 일일 에너지 소비량에서 BMR과 소화 비용을 빼서 AEE를 산출할 때 안정 시 에너지 소비량의 일간 상승률은 무시하는 대신 모든 비운동성 칼로리를 AEE와 함께 묶는다. 우리가 종종 AEE에서 나온다고 보는 에너지 보상은 안정 시 에너지 소비량의 일주기성 변동폭 감소가 반영된 게 아닐까 강하게 믿고 있다. 운동량을 늘린다고 꼭 안정 시 소비량의 최저점이 더 낮아지지는 않지만, 그래프상 최고점을 낮추기는 한다. 그에 따라 AEE가 감소하면 마치 에너지 보상이 활동량의 변화에서 오는 것처럼 보이지만, 사실 그 외 모든 부분의 에너지 소비량이 감소했기 때문이다. 앞서 7장에서 이야기했던 면역 활동, 생식 호르몬, 스트레스 반응성의 건강한 억제 등이 여기에 속한다. 이 주제는 인기 있는 연구 분야로, 나의 연구실뿐 아니라 다른 연구실에서도 이 주제에 대한 연구를 진행 중이다.

왓슨, 그건 소화와 관련이 있다네!

미 횡단 레이스 참가자들의 일일 에너지 소비량이 다른 장거리 활동과 어떻게 비교될 수 있을지 궁금했던 나는 극한의 활동을 하는 동안 신진대사가 어떻게 작동하는지 뭐든 찾아내고자 학술 문헌을 파고들었다. 극한 활동의 사례로는 코나 철인 3종 경기, 미 서부 100마일 울트라마라톤, 투르 드 프랑스, 남극 트레킹, 군사 원정 등이 있다. 엄청난 장거리를 이동한 세계 기록에 대한 신빙성 있는 일일 에너지 소비량 추산치를 찾아냈다. 24시간 최대 거리 달리기부터 약 3500킬로미터에 달하는 애팔래치아산맥 트레일을 46일간 걸은 기록까지 다양했다. 미 횡단 레이스보다 더 오래 걸린 지구력 종목의 운동을 검색했으나 아무것도 찾을 수 없었다. 내가 찾을 수 있었던 가장 오래 걸리면서도 에너지 소비량이 가장 높은 활동은 임신이었다. 9개월간 이어질 뿐 아니라 임신 후기인 27~40주차에는 하루에 3000킬로칼로리 이상을 소모한다.

인간이 가진 지구력에 대한 이런 기록들을 살펴보면 한 가지 분명한 사실이 있다. 철인 3종 경기처럼 좀 더 단시간의 경기에서는 일일 소비량이 높은 반면, 투르 드 프랑스처럼 장시간 이어지는 경기에서는 일일 소비량이 낮다. 그럼에도 모든 연구를 비교하기란 힘든데, 가장 큰 이유는 각 연구 대상의 신체 크기가 너무나 달라서다. 신체 크기가 대사율에 영향을 미친다는 사실을 우리는 이미 알고 있다(3장). 신체 크기를 설명하기 위해 나는 신진대사 연구자들이 종종 하듯 일일 에너지 소비량을 BMR로 나누었다. 대사 범위라 불리는 이 비율은 신체 크기가 미치는 영향을 보정하는데, 신체 크기는 일일 소비량과 BMR에 비슷한 영향을 미치기 때문이다. 표본 크기를 보정한 일일 에너지 소비량을 대사 범위라고 생각하면 된다.

대사 범위 대비 기간을 그래프를 그렸을 때 결과는 아주 놀랍고도 아름다웠다. 노트북 화면을 바라보는 내 눈앞에 우아한 활 모양의 선이 펼쳐졌고, 최단 기간의 활동 시 높은 소비량에서 최장 기간의 활동 시 낮은 소비량으로 길게 이어지는 모양이었다(그래프 8.2). 내가 하나의 지도를 보고 있음을 깨달았다.

이 선과 그 위의 점들은 인간 지구력의 한계를 나타냈다. 나는 재빨리 다른 고강도 지구력 연구들을 모조리 찾아 추가해봤다. 군사 훈련부터 운동선수들의 훈련까지 모조리. 모든 연구 결과가 인간 능력치

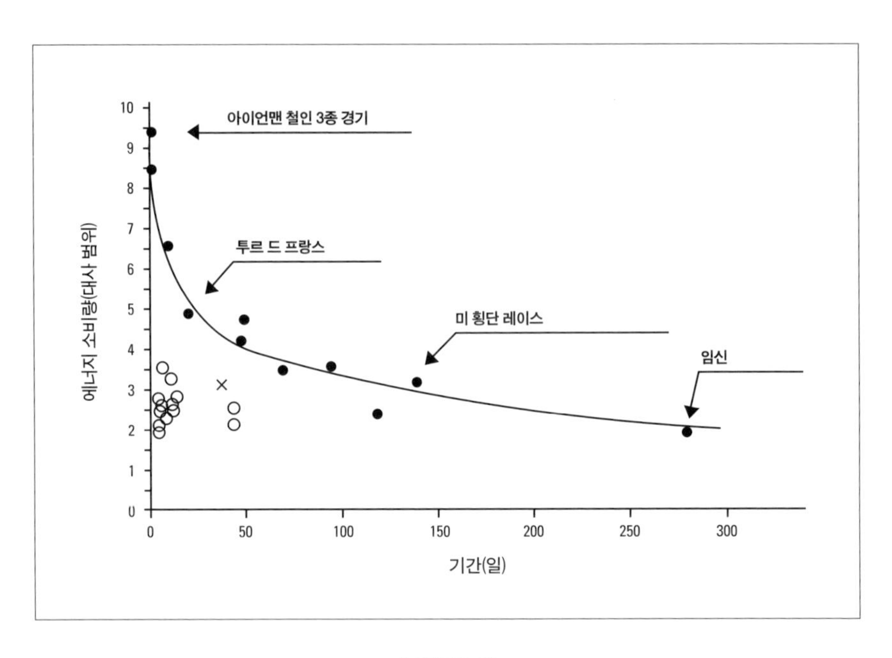

[그래프 8.2]

수일, 수주, 혹은 수개월에 걸친 활동에 대한 지구력 한계(대사 범위 혹은 BMR의 배수로 나타남). 검은색으로 채워진 원은 인간의 지구력 한계 지점에 해당하는 활동들(일부는 명칭 기재)이다. 회색 테두리의 원은 장기간의 고강도 활동을 다룬 다른 연구의 결과로, 등산부터 올림픽 훈련까지 다양하다. 브라이스 칼슨이 도전한 북대서양 횡단의 추정 소비량은 x로 표시했다.

의 범위 안에 무사히 들어갔다. 어느 것 하나 그 범위를 넘어서지 않았다. 임신은 어떨까? 경계선에 딱 맞춰 들어가며 임신이 우리 대사 능력의 최극단임을 증명했다. 임신부들은 투르 드 프랑스 사이클 선수들과 동일한 수준으로 대사 한계를 밀어붙이는 것이었다. 임신이야말로 궁극의 울트라 마라톤이다.

그래프 8.2에서 보이는 신진대사의 한계가 실제 한계라고 확신할 수 있는데, 그 이유는 어느 누구도 그 한계를 뚫은 적이 없기 때문이다. 일류 사이클 선수, 철인3종 경기 선수, 그 외 신진대사의 한계점까지 가본 사람들은 모두 일생 동안 훈련을 거듭해 이 한계에 가능한 가까이 다가간다. 그들의 경쟁자들 역시 똑같은 훈련을 하므로 경기는 아주 근소한 차이로 승패가 갈린다. 몇 시간 혹은 몇 주간의 경주 끝에 단 몇 초가 최상위 선수들의 순위를 결정한다. 만약 어떻게든 대사 한계를 뚫을 수 있다면, 가령 사이클 선수가 4주 내내 이어지는 투르 드 프랑스 경기를 하면서 약 160킬로미터를 뛰는 울트라 마라톤 선수의 대사 범위를 유지한다면, 매 단계 다른 선수들보다 몇 킬로미터씩 앞서면서 몇 시간 차이로 우승할 수 있을 것이다. 하지만 그럴 수 없기에 그런 결과는 나오지 않는다. 인간은 신체가 지닌 한계를 뛰어넘을 수 없다. 그저 자신의 한계를 밀어붙이면서 경쟁 상대가 먼저 지치기를 기대하는 수밖에 없다.

브라이스 칼슨은 내가 아는 사람 중 상당히 다른 스포츠 종목에서 대사 한계에 두 번이나 도달한 유일한 사람이다. 첫 번째는 미 횡단 레이스 핵심 주자들과 함께 대륙을 횡단하며 대사 한계에 도달했고, 두 번째로는 배 **루실**을 타고 맨손으로 노를 저어 북대서양을 건너가면서 다시 한 번 거의 한계점에 도달했다.

지구력에는 튼튼한 위장이 필요하다

우리가 미 횡단 레이스의 측정 자료와 다른 고강도 지구력 연구를 모두 종합한 직후, 나는 스위스에서 열린 한 에너지학 학회에서 인간대사 한계에 대해 우리가 찾은 연구 결과를 발표했다. 대사 생리학 분야의 선구자인 존 스피크먼John Speakman은 연구 결과에 대해 칭찬했으나 크게 인상 깊게 받아들이진 않았다. 그는 포유류의 최대 에너지 소비량을 제한하는 생리학적 메커니즘을 조사하는 연구를 수차례 진행한 적이 있다. 존의 연구는 체온 조절을 핵심 문제로 꼽았다. 대사율이 너무 높아지면 신체는 과열된다. 한 인상적인 연구에서 존은 젖먹이 새끼들을 둔 어미 쥐의 털을 밀어서 쥐가 체온을 더 빨리 잃게 되면 더 많은 칼로리를 태우고 더 많은 젖을 생산할 수 있다는 사실을 보여줬다. 내가 인간 지구력의 한계를 그래프로 그렸다면, 존은 지구력의 한계를 정한 생리적 메커니즘이 무엇인지 알고 싶어 했다.

그 메커니즘에 대해 깊이 생각해본 적은 없었지만, 체온 조절의 한계가 있을 것 같지는 않았다. 결국 우리가 연구 대상으로 삼았던 다양한 표본들 중에는 하와이에서 철인 3종 경기를 하는 사람도 있었고, 유럽의 무더위 속에서 사이클링을 하는 사람도 있었으며, 혹한의 남극에서 트레킹을 하는 사람도 있었다. 그들 모두 동일한 지구력의 한계를 지니고 있었다. 과열이 주된 장애물이었다면 스피크먼이 쥐의 털을 밀었던 것처럼 남극을 트레킹하던 사람들도 인간이 지닌 지구력의 한계를 뛰어넘을 수 있었을 것이다.

존과 나는 데이터를 살펴보다가 더욱 설득력 있는 설명을 생각해냈다. 우리의 데이터세트 안에 있는 지구력 종목 운동선수들의 에너지 소비량 대비 체중 감소를 그래프를 그리자 명확한 패턴이 드러났다. 일일 체중 감소량은 일일 에너지 소비량과 비례하여 증가했다. 선수들은 살을 빼려고 노력하지 않았으며, 오히려 경기력을 높이는 고열량 음식을 최대한 먹었다. 하지만 그런 노력에도 불구하고 필요량을 충족할 수 있을 만큼 빠르게 칼로리를 얻지는 못했고, 소비량이 증가할수록 에너지 부족량은 커져갔다.

퍼즐의 또 다른 조각이 맞춰지는 순간이었다. 일일 에너지 소비량 측정 데이터를 체중 감소 데이터와 종합해보니 우리 데이터세트 내에 있는 모든 운동선수(및 임신부)가 매일 동일한 양의 에너지를 섭취했다는 사실을 알 수 있었다. 남극 트레킹을 하는 사람들부터 일류 장거리 육상 선수까지 전반적으로 그들의 신체는 각자의 BMR보다 2.5배 정도 많이 흡수하고 있었다 (우리가 에너지 소비량에 대해서 그랬던 것처럼 체격의 차이를 감안하기 위해 에너지 섭취량을 BMR의 배수로 계산했다). BMR 섭취 한계의 2.5배가 넘는 모든 에너지 소비량은 선수들의 저장된 지방에서 나왔으며, 그 수준 이상의 에너지를 소비한 선수들은 살이 빠졌다.

신체가 정말 더 많은 에너지를 흡수할 수 없는지 알아보기 위해 실험 참가자들에게 과식을 하도록 한 연구를 분석에 포함시켰다. 이런 연구에서 참가자들은 본인들이 매일 태우는 칼로리보다 훨씬 더 많은 칼로리를 섭취한다. 여기서도 체내에 흡수된 칼로리의 총량을 계산할 때 데이터세트 내에 속한 모든 이들은 BMR의 약 2.5배를 상회했다.

이 결과를 칼로리라는 측면에서 생각해보면 어떤 종목이나 상황에 관계없이 몸이 흡수 가능한 에너지의 최대량은 하루 4000~5000킬로칼로리 수준이다. 그걸 넘어서면 에너지 불균형 상태가 되므로 매일 보충할 수 있는 양 이상의 지방과 글리코겐을 태워 서서히 고갈시킨다.

물론 며칠, 심지어 몇 달 정도는 에너지 불균형 상태를 유지할 수 있다. 이것이 바로 인간 지구력 한계 그래프의 가파른 부분이 나타내는 것이기도 하다. 하지만 영원히 그 상태로 살 수는 없다. 진정 무한한 지구력을 갖기 위해서는 체중을 유지할 필요가 있다. 그러기 위해서는 일일 에너지 소비량을 BMR의 2.5배 수준(약 4000~5000킬로칼로리) 혹은 그 이하로 유지해야 한다. 우리의 몸은 그보다 더 빠르게는 칼로리를 소화하고 흡수하지 못한다. 수일, 수주, 혹은 그 이상으로 오래 지속되는 경기를 할 때 우리를 가로막는 것은 근육이 아니라 소화기다.

우리는 수일, 수 주간 이어지는 경기 기간 동안 우리 몸이 체중 감량을 어떻게 받아들일지, 또 그 신호를 어떻게 피로와 지구력 감소로 옮겨놓을지 알 수 없다. 뇌가 이 반응을 관장하는 것은 사실상 확실하며, 이는 마라톤 및 단거리 경주에서도 마찬가지다. 결국 투르 드 프랑스 사이클 선수들은 **배가 고파서**가 아니라 기력을 소진해서 멈추는 것이다. 이때 지쳤다는 느낌은 전적으로 뇌에서 만들어진다.

하지만 우리는 체중 감소라는 신호가 중요한 역할을 한다고 생각한다. 5장에서 이야기했던 바와 같이 뇌는 체중의 변화를 매우 정확하게 추적하고 그에 따라 반응한다. 그 결과 체중 감소율은 지구력과 노력을 조절하는 뇌에는 중요한 신호처럼 보일 수 있다. 반대로 몸이 칼로리를 흡수하는 능력을 키우는 방법을 찾는 것은 며칠 혹은 수개월간 이어지는 경기에서 지구력을 향상시키는 효과적인 방법일 수 있다. 투르 드 프랑스 사이클 선수들이나 그들의 팀 주치의들은 이에 동의하는 듯하다. 1980년대와 1990년대에 일부 사이클 선수들은 각 구간을 완주한 날 밤에 지질과 포도당 정맥 주사를 맞기 시작했다. 이런 영양분을 혈류로 바로 흘려보내면 소화기를 건너뛰어 에너지 흡수력의 일반적인 허용치를 피해갈 수 있다. 아마 이 때문에 투르 드 프랑스의 사이클 선수들(여기서 분명히 해야 할 점은 1980년대에 있었던 경기 중 측정이 이루어졌다는 것)이 예상보다 체중 손실이 적었을 것이다. 우리 데이터세트에 있는 다른 운동선수들에 비해 투르 드 프랑스 사이클 선수들은 모두 특이한 사례로, 경기 전반에 걸쳐 약 1.4킬로그램 미만으로 살이 빠졌을 뿐이다. 지구력을 요하는 스포츠에서 지방과 설탕 섭취는 불법이 아니지만(무언가를 먹긴 해야 하니까) 밤에 맞는 정맥 주사는 눈살이 찌푸려진다. 1990년대 들어서 정맥 주사에 대한 강력한 단속이 실시되면서 해당 관행이 사라지는 듯했다. 하지만 다른 불법 경기력 향상 약물들과 마찬가지로 그 역시 더 깊고 어두운 지하 세계로 옮겨갔을 것이다.

모두가 운동선수나 다름없다

우리의 대사 한계가 남극을 가로질러 트레킹을 하거나 투르 드 프랑스 경기에 참가해 불법 약물을 사용할 때만 중요한 것은 아니다. 에너지 흡수의 제약은 우리 일상에 영향을 준다. 임신부의 경우 에너지 흡수의 제약은 임신 기간이 너무 오래 지속되는 것을 방지할 수 있다. 임신 기간 전반에 걸쳐 태아가 점점 자라면서 임신부는 자신이 태우는 에너지보다 더 많은 에너지를 섭취해야 한다. 이것이 임신의 기본 규칙이다. 임신부는 체중이 늘어야 한다. 그 결과 일일 에너지 소비량도 늘어난다. 전형적인 임신 기간에 해당하는 9개월 차에 임신부는 한계로 내몰린다. 태아가 너무 커지면 자신과 태아 둘 다 생명을 유지하는 데 필요한 칼로리를 충분히 섭취할 수 없게 된다. 대사 한계에 다다르면서 임부가 느끼는 대사 스트레스가 분만 개시를 촉발하는 신호로 보인다.

현대 식습관과 생활 방식의 변화가 이와 같은 대사 촉발에 영향을 미쳐 엄마와 태아를 더 큰 위험에 몰아넣을 수 있다. 출산은 우리 종에게 늘 어려운 문제였는데, 엄마 배 속에서 크게 자란 아기들은 뼈로 둘러싸인 산도의 최대 크기에 딱 맞게 태어나기 때문이다. 만약 신생아가 약간이라도 크면 심각하고 종종 생명을 위협하는 합병증이 발생한다. 그렇다면 어떻게 태아가 너무 커질 수 있는 것일까? 엄마의 혈액 속 영양분을 너무 많이 가져가거나 출산 예정일보다 더 오래 배 속에 머물러서 너무 많은 에너지를 엄마로부터 가져가기 때문이다. 하드자족과 같은 집단은 임신 후기에도 여전히 신체 활동을 많이 하고, 소화 속도가 느린 가공하지 않은 음식을 섭취한다. 이 경우 태아가 가져갈 수 있는 에너지는 적어진다. 하드자족의 아기들은 임신부의 대사 한계가 분만을 유도하기 전에 크기가 지나치게 커지는 경우가 잘 없다. 하드자족이나 다른 소규모 공동체의 출산 합병증 발병률에 대한 수치 데이터는 많지 않지만, 상당히 낮아 보인다. 미국을 비롯해 주로 앉아서 생활하는 다른 산업화된 사회의 임신부는 손쉽게 칼로리를 섭취할 수 있고, 태아는 신체 활동에 필요한 에너지를 두고 경쟁할 필요가 없다. 아마 이 때문에 아기가 좀 더 늦거나 크게 태어나는 것일지도 모른다. 심각하지는 않지만 문제가 될 만한 수준이다. 지난 50년간 식습관과 신체 활동의 변화와 함께 제왕절개술을 통한 출산율이 치솟은 사실은 주목할 만하다.

우리의 소화 한계 역시 평소 일상생활을 하는 동안 일일 에너지 소비량을 제한한다. 몇 개월이 모여 몇 년이 되고 몇 년이 모여 일생이 되는 긴 시간 동안, 섭취하는 에너지보다 더 많은 에너지를 소모할 수는 없다. 우리는 정해진 대사량의 한도 내에서 살아야만 한다. 어느 누구도 자신의 BMR의 2배를 훨씬 넘는 에너지 소비량을 매일 유지할 수는 없다. 흥미로운 점이 무엇인지 아는가? 어느 누구도 그러지 않는다는 것이다. 네덜란드인부터 하드자족까지 우리가 에너지 소비량과 BMR을 측정한 전 세계 수백 명의 사람들을 대상으로 정상적인 일상생활을 하는 동안 일일 에너지 소비량을 살펴보면 모든 사람이 BMR 한계의 2.5배 이하로 잘 살아가고 있다. 하드자족과 같이 신체 활동이 많은 집단의 경우, 몸이 일일 에너지 소비량을 지속 가능한 수준으로 유지할 수 있도록 적응한다.

우리는 방금 제한된 일일 에너지 소비량 모델을 새롭게 발견했는데, 서쪽으로 항해를 시작해 지구를 한 바퀴 돌아 출발지로 돌아온 마젤란의 함대처럼 5장에서 우리가 출발했던 곳으로부터 한 바퀴를 빙

돌아 원점으로 되돌아왔다.

마이클 펠프스의 어떤 점이 그렇게 특별할까?

인간 지구력의 한계를 알아보는 우리 연구는 내가 수년간 씨름해오던 문제를 어느 정도 이해할 수 있게 해주었다. 인간의 에너지 소비량이 제한되어 있다는 것을 증명하는 하드자족을 대상으로 한 나의 첫 번째 에너지 소비량 연구 결과를 발표한 이후, 다른 사람과의 대화나 공개 담화에서 동일한 질문을 받을 수밖에 없었다. 하도 정기적으로 그런 질문을 받아서 그 질문에 이름도 붙여주었다. 바로 마이클 펠프스 수수께끼다. 의심 많은 나의 동료들은 이런 질문을 했다. "인간의 에너지 소비량이 제한되어 있다면 어떻게 마이클 펠프스는 하루에 1만 2000킬로칼로리를 먹을 수 있나요?" 당연히 물어봄 직한 질문인데, 쉽게 답을 주지 못했다. 꿈에 마이클 펠프스가 나올 지경이었다.

일류 운동선수들의 식습관은 그들이 이뤄낸 신화와 팬들의 우상화에 중요한 부분을 차지한다는 인간의 심리와 관련된 문제다. 프로 운동선수들의 프로필에는 종종 선수들이 지키는 식단이 상세히 기재되어 있다. 세계 신기록, 23개의 올림픽 금메달, 무수히 많이 시상대에 오른 경험 등 펠프스가 이룬 놀라운 업적 중 사람들의 머릿속에 각인된 숫자는 바로 그가 섭취한 음식의 양이다. 음식이라는 것이 워낙 개인적이라 그만큼 더 강하게 기억에 남는지도 모르겠다. **하루에 1만**

2000킬로칼로리라니? 펠프스와 같은 슈퍼히어로가 근본적으로 우리와 다르다는 사실을 증명하는 데 이보다 더 강력한 증거가 있을까?

마이클 펠프스 수수께끼를 풀려면 먼저 그의 실제 음식 섭취량부터 알아야 한다. 펠프스나 그의 올림픽 팀 동료들의 하루 음식 섭취량을 실제로 측정한 사람은 아무도 없었다(적어도 그런 측정 자료를 공개한 사람은 아무도 없었다). 대신 모든 사람의 의식 속에 떠다니는 1만 2000킬로칼로리라는 수치는 펠프스나 그의 주변인들이 약간의 올림픽성 과장을 섞은 허풍이었을 가능성이 있다. 펠프스가 훈련 기간 동안 일일 에너지 섭취량이 7000~8000킬로칼로리에 가까웠다고 말한 적은 있다. 이 수치 역시 펠프스가 훈련했던 기간에 대한 기억을 더듬어서 순전히 추측한 것이라 충분히 의문을 품을 사유가 된다. 가장 철저하게 진행되는 연구에서조차 연구 참가자가 스스로 밝힌 에너지 섭취량은 신뢰할 수 없으며, 다른 수영 선수들은 훨씬 더 일반적인 식사량을 유지한다고 말한다. 또 다른 올림픽 수영 스타 케이티 레데키Katie Ledecky는 하루에 4000킬로칼로리를 훨씬 밑도는 식사를 한다고 말했다. 하지만 펠프스가 하루 7000킬로칼로리를 섭취한다고 일단 가정해보자.

대부분의 일류 수영 선수들처럼 마이클 펠프스는 체격이 크다. 신장은 평균을 훨씬 넘고(약 193센티미터), 경기 시즌의 체중은 88킬로그램 정도다. 이 수치들을 3장에 나오는 BMR 공식에 넣으면 일일 BMR이 약 1900킬로칼로리일 것이라 예상했다. 하지만 이 예측에는 상당한 불확실성이 존재한다. 사람들은 본인의 예상 BMR에서 일일 200킬로칼로리 이상은 쉽게 벗어날 수 있다. 보통의 성인보다 체지방율이 낮은(그리고 에너지를 태우는 제지방량이 많은) 펠프스 같은 사람은 평균 BMR을 웃도는 수치가 나올 것으로 예상된다. 논의를 위해 그의 BMR이 하루 2100킬로칼로리라고 추정해보자.

그다음에는 하루에 7000킬로칼로리를 먹는다는 것이 어떤 의미인지 생각해보자. 우리의 소화관은 우리가 먹는 음식에서 마지막 한 방울의 칼로리까지 뽑아내지는 않는다(만약 그렇다면 대변으로 나올 게 없다). 대신 인간의 소화 효율, 다시 말해 섭취한 에너지 대비 흡수한 에너지의 비율은 약 95퍼센트다. 우리의 열량 소비율은 각자가 먹는 음식, 소화기의 해부학적 구조와 생리 기능에 따라 달라질 것이다. 만약 펠프스가 하루에 7000킬로칼로리를 먹었다면, 약 6650킬로칼로리를 흡수해 몸이 이 에너지를 태웠을 것이다. 나머지는 화장실에서 사라진다.

하루에 6650킬로칼로리라면 펠프스는 자기 BMR의 3배를 약간 웃도는 열량을 흡수한 셈이다. 그렇게 되면 인간 지구력 관련 데이터 세트 내에서 에너지 흡수로 봤을 때 최상위 범위에 속한다. 일류 운동선수들이 평균적으로 BMR의 2.5배 정도를 흡수하는 것은 확인했지만, (신진대사 생물학에서 모든 것이 그러하듯) 평균값에는 늘 약간의 차이가 있었다. 우리 연구 표본에 속한 몇몇 운동선수들도 예상 에너지 흡수율이 BMR의 3배가 넘는 경우가 있었다. 하루에 7000킬로칼로리를 먹으면서 펠프스는 BMR의 2.5배라는 규칙의 한계를 넘었지만 규칙을 깨지는 않았다. 일류 운동선수이지 초인은 아니니까.

매년 미국 및 전 세계에서 수만 명의 아이들이 제2의 마이클 펠프스나 케이티 레데키가 되겠다는 큰 포부를 가지고 수영 연습과 경기에

임한다. 그렇다면 아무리 노력해도 결코 일류 운동선수가 되지 못하는 수만 명의 사람들과 진정한 일류 선수가 되는 이들을 갈라놓는 종잇장 같은 차이는 무엇일까? 당연히 적절한 기회, 훌륭한 코칭, 든든한 지원, 이기고자 하는 굳은 의지가 필요하다. 하지만 여기서 더 필요한 것이 있다면 칼로리를 기막히게 흡수하는 소화관이다. 그래야 수영장 안에서 지치지 않고 몇 시간이고 움직일 수 있다. 펠프스와 레데키를 비롯해 우리의 현대 올림픽 신전에 이름을 올린 초일류 운동선수들의 남다른 부분은 그들의 맹렬한 힘 그리고 놀라운 소화 기관이다.

규칙을 어기도록 진화하다

우리 인간은 단순한 기원 이야기를 좋아한다. 즉 한 가지 원인과 한 가지 결과가 있고 한 가지 교훈을 주는 이야기. 비슈누는 세계를 만들었고 시바는 그 세계를 파괴한다. 우리가 음식을 조리할 수 있는 이유는 프로메테우스가 불을 훔쳤기 때문이다. 할머니가 돌아가셔야 하는 이유는 이브가 선악과를 먹었기 때문이다. 존 레논과 폴 메카트니가 비틀즈를 결성했으나 요코가 그들을 갈라놓았다. 마치 땅 아래 끝없이 존재하는 거북이 같은 이야기다.•

• 인도의 오랜 우화에 따르면 세상은 거대한 코끼리 위에 있다. 코끼리는 거대한 거북이 위에 발을 딛고 있다. 거북이 밑에는 또 다른 거대한 거북이가 있다. 무한히 환원되는 설명이 무의미하다는 것을 의미하고 있다.

또한 우리는 단순한 진화 이야기에 끌린다. 하지만 자연선택이 딱 하나의 특성만을 겨냥하는 경우는 드물며, 대부분의 특성은 진화의 성공 혹은 실패에 기여하는 다양한 결과를 가져온다. 오늘날 어떤 특성의 분명한 유용함은 그 특성이 발달한 원인이 아닐 수도 있다. 우리는 깃털이 비행에 적응하기 위해 생겨난 특성이라고 생각하지만, 깃털은 보온을 위한 목적으로 최초의 조류 조상들에게 생겨났다. 다윈은 인간 조상들이 손으로 무기를 휘두르기 위해 두 발로 직립보행을 시작했다고 생각했다. (실제로 오늘날 우리가 그렇게 하고 있으니) 크게 빗나간 추측은 아니지만, 고고학적 기록에 비추이보면 완전히 틀린 주장이다. 자연선택이 호미닌의 뇌가 더 큰 쪽을 선호했는지 여부를 놓고 끝없는 논쟁을 벌이는 동료들을 본 적이 있다. 뇌가 크면 수렵채집의 솜씨가 나아지거나 사회적 요령이 늘기 때문이라는 이유였다(물론 둘 다 맞는 이야기이며, 그 이상의 장점들이 있다). 언어에는 굉장히 많은 이점과 용도가 있는데, 1866년 프랑스 언어학회는 언어의 기원에 대한 더 이상의 논의를 금지했다. 그 이유는 무수한 가설을 입증할 방법이 없었기 때문이다. 당황스러울 수도 있지만, 진화의 과거를 제대로 이해하고 싶다면 진화의 복잡성과 우리의 특성과 능력의 상호의존성을 받아들여야 한다. 증거와 씨름하고 상충되는 아이디어들을 저울질하는 것이 바로 과학이 신화와 구분되는 점이다.

대사 기관은 우리 몸이 생리적으로 상호 연결되어 있음을 보여주는 완벽한 예다. 운동 지구력의 한계를 정하는 기관이 잉태와 임신을 결정하고, 일일 에너지 소비량을 제한하기도 한다. 신진대사의 이와 같은 모든 측면은 우리의 유인원 사촌들과 비교하면 명백히 개선되었다. 우리는 침팬지나 보노보, 그 밖의 다른 유인원에 비해 지구력이 더 좋고, 더 큰 아기를 낳으며, 일일 에너지 소비량도 높다. 자연선택은 우리의 대사 역량을 현저히 향상시켰고 전반적인 소비량을 증가시켰다. 밀물 때가 되면 모든 배가 물에 뜨는 것처럼 말이다.

그렇다면 과연 어떤 특성이 자연선택에 의해 우리의 대사 능력을 개선한 '가장 큰 요인'이었을까? 수렵채집 활동을 하고 먹이를 쫓기 위해 향상된 지구력? 더 큰 아기를 더 자주 낳는 능력? 더 큰 뇌와 더 많은 일일 신체 활동을 위한 더 큰 에너지 소비량? 인간 진화를 설명하는 가장 큰 요인에 대한 대부분의 주장처럼 전제 자체가 잘못되었다. 왜냐하면 이 모든 이점(아마도 다른 요인들까지)이 우리 호미닌 조상들의 대사 능력을 높이는 쪽으로 자연선택을 강화했을 가능성이 높기 때문이다. 그 하나하나가 오늘날 인간의 필수적인 부분이다.

한 가지는 확실하다. 인간은 유인원 친척들에 비해 대사 한계를 더 위로, 더 멀리 조정했다. 앞서 4장에서 논의한 바와 같이 수렵과 채집은 우리가 주변 세상으로부터 에너지를 얻고 그 에너지를 성장, 생식, 생존을 위해 사용하는 방식을 바꿔놓았다. 우리는 더 큰 에너지 발자국을 남기게 되었다. 언어, 도구 사용, 두 발 걷기처럼 더 큰 대사 능력은 우리 삶의 거의 모든 부분에 영향을 미쳤다.

하지만 에너지 소비량의 증가로 이어진 인간의 진화는 신진대사의 향상에 그치지 않았다. 우리는 보다 근본적인 방식으로 규칙을 어겨왔다. 지난 200만 년에 걸쳐 우리 인간은 신체 바깥의 에너지를 어떻게 하면 우리 스스로를 위해 사용할 수 있는지 알아냈다. 이는 생명체의 역사에서 전례 없는 혁신이다. 우리 종의 미래는 우리가 점점 커지는 에너지에 대한 허기를 얼마나 잘 관리하는지에 따라 달라질 것이다. 어쩌면 하드자족이 그 답을 알고 있을지도 모른다.

09

호모 에네르제티쿠스의 과거, 현재 그리고 불확실한 미래

The Past, Present, and
Uncertain Future of Homo energeticus

"집까지 걸어서 얼마나 길리요?" 우리가 틀리카 힐 언덕 밑의 덥고 건조한 평지에 위치한 '세타코'라는 야영지의 남자들 구역에 둘러앉아 있을 때 오나와시가 이렇게 물었다.

궁금할 법한 질문이었다. 다른 교통수단이 없었기 때문에 하드자족 사람들은 어디든 걸어 다닌다. 어떤 곳도 그들에게 아주 멀지는 않다. 새 옷이나 요리 냄비, 꿀을 교환하기 위해 마을로 가려면 이틀을 걸어야 하는데도 당황하지 않고, 심지어는 그보다 더 오래 걸어 더 먼 곳에 있는 야영지의 친구를 만나러 가기도 한다. 도저히 이해하기 힘들다고? 많은 사람이 그렇게 느낀다. 보통의 미국인은 1마일, 즉 1.6킬로미터만 넘어도 차를 타고 이동하기 때문이다.

하드자족과 같은 반유목민 사회에서 사람들은 야영지를 그때그때 옮겨 다니기 때문에 일찌감치 걸어 다니는 데 익숙해진다. 열 살쯤 된 남자아이들 몇 명과 기숙학교에서 탈출한 이야기를 한 기억이 난다. 아이들의 부모는 돈을 모아 아이들에게 한 달 정도 수업을 듣도록 했는데, 하드자족 가정으로서는 상당히 큰 투자였다. 하지만 어딜 가든 그렇듯 남자아이들은 학교를 별로 좋아하지 않았다. 다른 사회의 아이들이라면 학교를 떠나는 것이 그다지 좋은 선택이 아니라는 이유로 끝까지 버텼을지도 모른다. 학교에서 집까지 가려면 며칠은 걸어야 했고, 대형 고양잇과 동물과 치명적인 뱀을 포함해 여러 위험이 도사리고 있는 야생의 대초원을 통과해야 했으니까. 하지만 이 아이들은 하드자족이었다. 며칠쯤 걷는 건 일도 아니었다. 어느 날 아침 동이 트기 전 아이들 세 명은 기숙사에서 몰래 빠져나와 집으로 향했다. 당시 기껏해야 여덟 살 정도 된 아이들이 밤에는 땅바닥에서 잠을 자고, 뜨거운 태양 아래에서 아무것도 먹지 못한 채 매일 같이 낯선 길을 수 킬로미터씩 걸었다. 성인인 나보다 용감한 여덟 살짜리 아이와 이야기하는 경험은 흔치 않은데, 분명 그때가 그런 순간 중 하나였다.

아이들이 이야기를 하는 동안 나는 아이들의 눈에서 두려운 떨림 혹은 모험을 해냈다는 자부심을 찾아보려 했지만, 하드자족에게서 흔히 보이는 침착하면서도 확고한 태도만 엿보일 뿐이었다. 내가 왜 그들의 이야기에 그렇게 관심을 보이는지 아이들은 이해하지 못하는 듯했다. 학교가 싫어서 걸어서 집으로 돌아간 것뿐이었으니까. 그게 뭐 호들갑을 떨 일인가?

오나와시의 질문은 시간보다는 거리에 관한 것이었다. 하드자족은 연구자를 비롯한 사람들이 마일이나 킬로미터로 거리를 측정하길 좋아한다는 사실을 알고는 있지만, 그건 자신들이 지금껏 사용해온 측정 방식은 아니다. 하드자족에게 멀리 떨어진 곳까지 거리를 측정하는 가장 의미 있는 단위는 아마도 걸어서 며칠이 걸리느냐일 것이다. 오나와시는 나의 집이 멀리 떨어져 있다는 사실은 알고 있었지만, 정확히 얼마나 먼지 알고 싶어 했다. 거리를 파악해서 재미로 우리 집까지 가는 여정을 머릿속으로 생각해보려 했을 것이다. 우리 집까지 걸어올 생각은 아니었지만, 아예 불가능한 이야기라고 생각하지도 않았을 것이다. 아이들도 다 컸으니 발목을 잡는 일도 없었다. 한 손에 활을 들고 얼굴에 햇살을 받으며 자유로운 영혼의 소유자처럼 내일이라도 당장 떠날 수 있었다. 회사에 휴가를 낼 필요도, 대출금 걱정을 할 필요도 없이.

물론 우리 집까지 걸어간다고 생각하는 자체가 완전히 말도 안 되는 일이었다. 1만 2800킬로미터 이상 떨어져 있을 뿐 아니라 두 개의 대륙과 하나의 대양을 건너야 했다. 대서양을 걸어서 건널 수 있다고 해도 하루에 16킬로미터를 걷는 하드자족 남성의 기준으로 볼 때 2년 반은 걸릴 거리였다. 그 정도를 걸으려면 40만 킬로칼로리를 태우게 된다.

그렇다고 오나와시에게 건성으로 답할 순 없으니 진지하게 설명하기 시작했다. **몇 년**에 걸친 긴 여행이 될 거라고. 걸어서만 갈 수 있는 곳이 아니라고. 가는 도중에 큰 바다가 나타난다고. 바다를 **둘러서** 걸어가기에는 바다가 너무 커서 배를 타야 한다고….

거기서 오나와시는 흥미를 잃었다. 몇 년간 걸어야 한다는 것도 문제였지만, 하드자족 사람들은 배를 타지 않기 때문이다.

그의 질문이 얼마나 터무니없었는지 떠올리고는 속으로 웃으면서 오나와시와의 대화를 마무리했다. 하지만 몇 년이 지나 돌이켜보니 그

때와 다른 생각이 들었다. 1만 2800킬로미터를 2년 반에 걸쳐 이동하는 것은 전혀 터무니없는 소리가 아니라 정상적인 인간의 속도였다. 터무니없는 것은 오히려 내가 그 거리를 채 하루도 안 되는 시간에 이동한 것이다. 인간이 원래 이동할 수 있는 속도보다 거의 1000배 더 빠른 속도로 **비행기**를 타고 이동해 하드자족 야영지에 도착했기 때문에 내 몸은 시차로 인한 피로를 겪어야 했다. 비행기 승객 한 명당 사용된 제트 연료는 500만 킬로칼로리 이상으로, 걸어서 이동할 때보다 최소 10배 더 많은 에너지를 사용했다. 내 몸이 보통 5년 이상에 걸쳐 태울 에너지를 하루 만에 소모한 것이다. 하지만 나는 땀 한 방울 흘리지 않았다. 땀이 났는지 깨닫지도 못했다. **그것이야말로** 터무니없는 일이었다.

사는 데는 에너지가 필요하다. 모든 생리 활동과 신진대사 활동은 칼로리를 소모한다. 우리가 이런 칼로리를 섭취하고 태우는 방식이 우리 삶의 속도에서부터 건강과 몸매까지 존재의 모든 측면을 결정한다. 이러한 신진대사의 모든 특징을 이 책 전체에 걸쳐 살펴보며 미토콘드리아부터 마라톤에 이르기까지 모든 것을 해부하듯 낱낱이 분석해보았다. 하지만 우리 몸속만 들여다보며 몸이 소비하는 에너지만을 알아봤다.

현대 에너지 경제, 거대한 재생 가능 에너지 및 화석 연료 세계 시장은 우리의 내부 신진대사 에너지 예산과는 서로 무관한 느낌이다. 심지어 같은 언어를 사용하지도 않는다. 우리 몸은 칼로리 단위를 사용하는 반면, 가정에서는 킬로와트시 단위를 사용하고, 교통수단은 휘발유 몇 리터 내지 원유 몇 배럴 단위를 쓴다. 하지만 체내 대사 기관과 우리가 사는 세상을 움직이게 하는 외부 기관을 구분 짓는 것은 대개 사용되는 언어다. 우리 스스로 능숙하게 사용하는 언어적 표현의 차이다. 칼로리는 우리가 먹는 음식이든, 태양열 집열판에 모이는 햇빛이든, 우리가 차를 운전하며 태우는 화석화된 식물이든 관계없이 칼로리다. 우리가 사용하는 내부와 외부, 두 개의 엔진은 우리가 잘 알지 못하는 방식으로 서로 깊이 연관되어 있고 상호 의존해 움직인다. 수십만 년 전 수렵채집 선조들이 불을 확보하고 난 이래 인간은 외부에서 에너지를 태워 우리 목적에 맞춰 활용해왔다. 우리가 불을 만들어냈듯 불 역시 우리를 만들어냈다. 오늘날 우리의 신진대사기 그 진화론적 뿌리를 반영하듯이 현대 에너지 경제와 그에 대한 우리의 의존은 수렵채집을 하던 과거의 연장이다.

오늘날 우리는 낯설지만 멋진 미래를 향해 급히 달려가면서 가드레일도 없는 절벽의 끝 가까이 불안하게 떠밀려가고 있다고 느낀다. 세상을 움직이고 우리 몸을 작동시키는 놀라운 최신 기술을 통해 우리는 주변의 에너지 환경을 어느 때보다 더 통제할 수 있게 되었다. 충분한 식량으로 수십억 인구를 먹이고, 지구 주위를 빠른 속도로 이동해 달에 도착하고, 산이나 강도 마음대로 옮길 수 있다. 하지만 에너지 환경을 잘못 관리해 존재의 위기에 봉착해 있기도 하다. 비만과 기후 변화가 그 결과다. 이 두 가지 에너지 위기를 잘 극복해 나가는 인간의 능력이 앞으로 우리 인간 종의 미래를 좌우할 것이다.

이 책에서 우리는 진화론적 관점에서 우리 몸이 실제로 어떻게 작동하는지에 초점을 맞춰 인간 신진대사라는 새로운 과학 분야를 살펴보았다. 우리 내부를 들여다보다가 과거로 돌아갔다. 이제 외부 세계와 미래로 눈을 돌려 이야기를 마무리해보자. 인간은 내외부의 에너지 환경을 제어하기 위해 마치 신과 같은 엄청난 힘을 키워왔다. 100년도 채 되지 않는 시간 동안 가장 터무니없어 보였던 일부 공상 과학 소설이 일상이 되었다. 하지만 엄청난 힘을 손에 쥐면 그만큼 큰 책임이 따르며 일이 잘못될 가능성도 존재한다. 그동안 우리가 이룬 업적을 보면 그다지 희망적이지는 않다. 어떻게 하면 우리 인간이 지닌 힘을 이용해 건강을 지키고, 에너지를 소진해 사라지는 운명을 피할 수 있을까?

에너지의 집중과 불을 다루는 일

우리는 그날 아침 거의 내내 걸으며 사냥을 했다. 틀리카 힐 경사지의 바위와 덤불이 가득한 등성이를 오르내리는데, 댄포트가 지금까지 본 적 없는 행동을 하기 시작했다. 낮은 아까시나무를 지나 거침없이 이동하면서 속도를 늦추지 않고 엄지손가락 크기의 죽은 나뭇가지를 툭툭 꺾기 시작했다. 그리고 잘린 쪽 가지의 가운데를 살펴보기를 몇 차례 반복하더니, 앞으로 걸어가면서 땅바닥에 가지를 하나씩 던졌다. 그가 찾던 가지가 아니었음에 틀림없다. 그렇다면 댄포트가 찾던 건 무엇이었을까? 도무지 알 수가 없었다. 이 이상한 행동을 메모해뒀다가 다음 번 쉬어 갈 때 물어보기로 했다.

쉬는 시간은 내 예상보다 일찍 찾아왔다. 드디어 본인의 기준에 맞는 나뭇가지를 찾자 댄포트는 즉시 그늘을 찾더니 앉아서 작업을 시작했다. 무엇을 하려는 건지 묻기도 전에 이미 답은 분명해졌다. 그는 불을 지피려 하고 있었다. 어젯밤 비가 약간 내렸고, 땅 위의 나뭇가지들은 젖어 있었다. 하지만 댄포트가 찾은 나뭇가지의 속은 건조해 불을 지필 준비가 된 것이다. 나뭇가지의 손가락 길이 정도 되는 부분을 절반으로 가른 다음, 밖으로 드러난 마른 표면에 작은 구멍을 냈다. 그다음에는 화살에서 금속 화살촉을 빼낸 뒤 나무 화살대의 끝을 작은 구멍 안으로 조심스레 넣었다. 나뭇가지를 땅에 대고 샌들 앞부분으로 지그시 누른 다음 양 손 사이에 화살대를 넣고 앞뒤로 돌리기 시작했다. 화살대 아래 놓인 마른 나무 위로 힘을 가해 돌려 넣는 것처럼 말이다.

몇 분이 지나자 가느다란 덩굴손 같은 연기가 가볍게 춤추듯 피어오르기 시작하면서 맹렬하게 돌아가는 화살대 주변을 감쌌다. 곧 불씨가 일었고, 타는 듯한 붉은 먼지가 부러진 나뭇가지의 노출된 표면 위로 내려앉았다. 나는 근처에 앉아서 댄포트가 불을 지피는 능력과 속도에 감탄하고 있었다. 하지만 여전히 왜 고생스럽게 불을 지폈는지는 도무지 알 수 없었다. 오전 내내 사냥하는 동안 운 좋게도 작은 영양 한 마리와 바위너구리 한 마리를 찾아 활을 쐈지만, 무엇도 잡지는 못했다. 조리할 고기도 없고 딱히 춥지도 않았다. **그런데 왜 불이 필요했을까?**

댄포트는 막 피어오르기 시작한 불꽃 위로 손을 둥글게 모아 올리더니 바지 주머니를 뒤지기 시작했다. 그리고 한 손으로 능숙하게 반쯤 피워 짤막해진 손으로 만 궐련을 꺼냈다. 입술 사이에 담배를 물고 타는 불 위로 조심스레 몸을 굽혔다. 몇 번 빼끔거리니 담배에 불이 붙었다. 댄포트는 자세를 바로 하고는 담배를 한 모금 빨고 나를 향해 웃어 보였다. 불을 피운 목적이 분명해졌다. 담배 한 대 피면서 쉬는 세계 공통의 욕구 충족을 위해서였다.

기술은 인간 속의 출현과 수렵채집 초창기 이후부터 인간이 지닌 전략의 본질을 규정하는 한 가지 요소였다. 1964년 올두바이 협곡에서 연구를 진행하던 루이스 리키와 그의 연구팀은 오늘날 인간의 뇌보다 크기가 절반쯤 작은 뇌를 지닌 멸종된 호미닌의 화석 유적을 발견했다고 발표했다. 호미닌 화석의 뇌는 유인원보다 약간 큰 정도였다. 하지만 리키는 그 작은 크기의 뇌를 눈여겨보지 않았다. 대신 그 화석과 함께 발견된 단순한 석기에 관심이 쏠려 있었다. 사냥한 동물을 해체하거나 식물을 자르는 데 사용되었던 투박한 도끼와 돌조각이었다. 언제나 선동가 기질을 지녔던 리키는 발견된 종을 **호모 하빌리스**Homo habilis라 명명하고, 머리가 작은 그 생명체를 인간 속에 포함시켰다. 그의 주장은 명료했다. 도구를 쓸 만큼 영리하다면, 특히 수렵과 채집에 도구를 사용한다면 인간과 동물 사이의 경계를 넘은 것이다. 유인원보다는 인간에 가깝다는 것이 그의 주장이다.

흙투성이 탐험복을 입은 리키와 달리 깔끔한 양복 차림을 한 그의 냉소적인 적수들은 이러한 주장에 반대했다. 리키가 인간 속의 범위를 너무 확장했다는 것이다. 그 뒤로 수십 년간 발견된 연구 결과들은 인간의 범위에 관한 명확한 경계를 더욱 흩트려놓았다. 리키가 주장한 바와 같이 도구 사용 여부는 인간과 동물을 구분 짓는 명확한 기준이 아니었다. 가장 오래된 석기는 **하빌리스**보다 시기적으로 앞섰으며, 유인원들도 종종 간단한 도구(조각 낸 돌은 아니지만)를 야생에서 사용한다. 그러나 리키의 주장은 전반적으로 고인류학계에서 점점 정설로 받아들여지고 있다. 석기에 의존하기 시작하면서 호미닌 조상들의 생활 방식은 급변했다. 우리 인간은 기술을 이용해 사냥감을 죽이고 먹는 지구상의 유일한 포식자다. 돌로 만든 칼날은 인간의 전형적인 생활 방식인 수렵과 채집을 가능하게 만들었다.

올두바이 협곡의 돌도끼부터 우리가 주방에서 쓰는 칼에 이르기까지 단순한 도구들이 유용한 이유는 우리가 에너지를 집중할 수 있도록 해주기 때문이다. 맨손으로도 스테이크를 자를 힘이 있지만 칼날에 힘을 실어야만 가능하다. 칼이라는 도구 없이는 무딘 치아와 마디투성이 손가락 끝으로 스테이크를 찢으려고 애쓰다가 실패할 것이다. 이는 삽, 쇠지렛대, 활과 화살 등 다른 간단한 수공구의 경우에도 마찬가지다. 도구를 사용한다고 우리가 더 강해지거나 더 많은 에너지를 공급받지는 않는다. 이 도구들은 온전히 우리 몸에서 나오는 힘을 동력으로 사용하지만, 도구가 있다면 우리는 힘을 보다 영리한 방법으로 사용할 수 있다.

간단한 도구는 아주 유용해서 오랜 세월이 지나도 사라지지 않고 남아 있다. 대신 지난 200만 년의 세월동안 우리는 대표적인 도구들을 개선하고(개선된 새 칼에 대한 정보성 광고는 매일같이 나오는 듯하다) 새로운 도구를 발명하고 있다. 우리 각자의 집에도 그런 도구들이 가득하다. 주방의 소형 전자기기부터 차고의 원예도구까지 그 종류도 다양하다. 초기 200만 년 정도는 수렵채집인의 연장 세트가 땅을 파는 막대기나 돌 조각, 망치 정도로 제한적이었다. 약 7만 년 전에는 사람들이 비축해 둔 근육 에너지를 집중시켜 창이나 화살을 날리는 데 사용하는 실용적인 방식을 터득하기 시작했다. 이를 그대로 계승한 것이 하드자족의 활로, 그 효과를 확인할 수 있는 훌륭한 예다. 하드자족 남성이 활을 당길 때 활시위를 당기는 힘은 종종 활잡이의 체중을 넘곤 한다. 한 팔로 턱걸이를 하는 것과 동일한 수준의 힘이다. 그 에너지가 팽팽하게 당겨진 활에 저장되었다가 화살이 발사되는 순간 방출된다. 화살은 시속 160킬로미터가 넘는 속도로 활시위를 떠나는데, 이때 사냥꾼의 낌새를 눈치 채지 못한 흑멧돼지의 흉곽을 관통하기에 충분한 힘을 지닌다.

이처럼 간단한 도구들은 중요하고 독창적이지만 불을 다루는 일과 비교하면 그 영향력이 미미해진다. 불은 기술적으로 대단한 발전이었다. 석기, 활과 화살, 그 외의 다른 간단한 도구들은 우리가 신체 에너지를 비축했다가 집중해서 방출하는 방식을 잘 조정하도록 해준다. 불을 이용해 우리 호미닌 조상들은 완전히 새로운 엔진에 접근할 수 있게 되었다. 그들의 체내 대사 기관과는 달리 우리 수렵채집인 조상들은 불을 원하는 만큼 높은 온도로, 원하는 만큼 오랜 시간 지필 수 있었다. 불을 두고 자리를 떠나 식혔다가 나중에 다시 피울 수도 있었다. 무엇보다 성장, 유지, 생식이라는 중요한 진화 활동을 위해 불의 힘을 사용할 수 있었다. 생명체의 20억 년 역사상 최초로 외부의 에너지 소비를 인간 스스로의 신진대사를 늘리는 데 사용한 것이다.

호미닌이 정확히 언제 불을 다루게 되었는지는 여전히 뜨거운 감자로 남아 있다. 약 100만 년 전 인간 속의 초기 인류인 **호모 에렉투스**가 불을 사용했기 시작했다는 주장도 있다. 요리 화로와 타고 남은 동물의 뼈라는 분명한 증거를 토대로 보수파는 불이 처음 사용된 시기를 약 40만 년 전으로 추정한다. 정확한 시기가 언제든 처음에 불은 세 가지 목적으로 사용되었다. 음식의 조리, 보온 그리고 포식동물의 접근을 막기 위함이었다.

보온을 위해 불을 사용했다는 것은 우리 조상들이 밤새 추위에 떨지 않아도 되었음을 의미한다. 3장에서 살펴본 바와 같이 약간의 추위라 하더라도 우리의 신진대사율을 25퍼센트 상승시킬 수 있으며, 이는 시간당 약 16킬로칼로리의 열량에 해당한다. 여덟 시간 동안 추운 데서 잠을 자는 것은 석기 시대의 수렵채집인에게는 100킬로칼로리가 넘는 열량이 소모되는 일이었다. 불을 피워 몸을 따듯하게 하면 이 칼로리를 성장, 생식, 회복 등 다른 중요한 생리 활동에 사용할 수 있었다. 우리 조상들은 대형 고양잇과 동물과 다른 종들이 본능적으로 불을 피한다는 사실을 알고 더 푹 잠들 수 있었는지도 모른다.

우리의 식단과 소화에 불이 미친 영향은 더욱 지대했다. 리처드 랭엄이 자신의 훌륭한 저서 《요리 본능Catching Fire》에서 자세히 설명했듯 요리는 우리의 식단을 완전히 바꿔놓았고, 그 결과 우리의 몸도 바뀌었다. 장작불은 연료 450그램당 약 1600킬로칼로리를 에너지를 방출한다. 작은 모닥불의 경우 그 에너지의 대부분은 공기 중으로 사라진다. 음식 내에서 열로 갇힌 에너지는 그 구조와 화학적 성질을 바꾼다. 고기는 더 씹기 쉬워진다. 단백질이 변성되어 소화하기 쉽게 바뀐다.

소화가 잘 안 되는 녹말도 형태를 바꿔 소화관에서 받아들이기 쉬운 탄수화물이 된다. 가장 큰 효과를 보이는 것은 우리 소화관이 소화하지 못하는 저항성 녹말로 가득한 뿌리채소다. 생감자 하나를 먹는 것과 비교해 조리된 감자에서 얻을 수 있는 칼로리는 두 배다. 요컨대 불은 호미닌의 식단에 그야말로 불을 붙여, 한 입당 얻는 에너지의 양은 늘리고 소화에 사용되는 에너지는 줄였다.

시간이 지나면서 수렵채집 선조들은 불에 의존해 음식을 준비하도록 진화했다. 소화 능력은 감소했고, 큰 소화관과 강도 높은 소화 활동에 쓰이던 에너지는 다른 작업으로 전환해 사용했다. 이 잉여 에너지 중 일부는 생식에 할당되었는데, 이는 자연선택을 보더라도 예상할 수 있다. 앞서 5장에서 보았듯 인간은 어떤 유인원 친척들보다 더 큰 아기를 더 자주 낳는다. 또한 요리에서 얻는 에너지 증가는 크기가 더 크고 에너지가 더 많이 드는 뇌의 진화에 일조했을 수 있다.

문제는 호미닌이 요리에 생리적으로 의존하게 되었다는 점이다. 열대 지방에서 북극에 이르기까지 현재까지 기록된 모든 문화권의 사람들은 음식을 조리해 먹는다. 사람들에게 요리한 음식을 빼앗아 요리가 진정으로 필요한지를 실험하면 너무 비윤리적이겠지만, 생식을 하는 사람들이 많아서 자연스러운 실험이 가능하다. 생식주의자들은 철학적인 이유 혹은 음식의 '생명력'에 대한 잘못된 생각 때문에 조리를 피한다. 그들의 건강과 생리 상태에 대한 연구 중 가장 대규모 연구는 독일에서 생식 식단(식단의 엄격함은 정도가 다양함)을 따르는 300여 명의 남녀를 대상으로 이루어진 연구였다. 조리하지 않은 음식을 먹는 사람들은 건강한 체중 유지에 어려움을 겪는다. 그들 중 다수가 영양실조라고 여기는 상태의 경계선인 BMI 18.5 이하다. 생식 식단을 하는 여성은 배란이 멈추는 경우가 잦으며, 난소 질환의 발병률은 식단 중 조리되지 않은 음식의 비율과 직접적인 상관관계가 있다. 때로 남성의 생식 기능 역시 손상되었는데, 일부는 성욕 감소를 경험하기도 했다. 조리된 음식 없이는 진화적 적합도를 측정하는 바꿀 수 없는 두 가지 기준인 인간의 생존과 생식 능력이 심각한 수준으로 감소한다.

분명 이 사람들은 칼로리가 풍부하고 섬유질이 적고 인간이 재배한 음식을 먹을 수 있었다. 냉압착한 식물성 기름을 비롯해 에너지가 집중된 현대의 혁신적인 조리 제품을 먹을 수 있었다. 하지만 그것만으로는 부족했다. 이러한 현대적인 이점이 있다 해도 인간의 몸은 생식 식단을 해서는 제대로 작동할 수 없다. 오로지 야생의 음식만을 먹다가 불에 적응했던 수렵채집 선조들이 온전히 생식 식단만을 해서는 살 수 없게 된 것이다.

우리에게는 불에 대한 의존성이 내재되어 있기 때문에 우리의 내부와 외부 기관은 영원히 결합해버렸다. 우리 자체의 신진대사로는 더 이상 충분치 않았다. 우리는 불이라는 두 번째 외부 에너지원을 삶의 동력원으로 삼게 되었다. 우리는 화생종(火生種, pyrobiological species), 즉 호모종인 **호모 에네르제티쿠스**Homo energeticus가 되었다.

물론 불은 추가적인 열량원 이상으로 많은 것을 가져다주었다. 불은 주변 환경을 바꾸는 데 사용되기도 했는데, 숲이나 관목을 태워 사냥감을 몰고 새로운 작물의 성장을 촉진할 수 있었다. 불은 또한 화학 반응과 새로운 물질이라는 세계의 빗장을 열어줬다. 구석기 시대 수렵 채집인들은 불을 사용해 나무로 만든 창끝을 단단하게 만드는 법을 익혔는데, 이 방법은 하드자족 여성들이 땅을 파는 막대기를 만들 때 여전히 사용하고 있다. 우리 조상들은 불로 달군 돌로 더 나은 석기를 만들 수 있다는 사실도 발견했다. 네안데르탈인과 현대의 인류는 가마를 사용해 자작나무 수액에서 추출하는 단단한 접착제인 역청을 만든 다음 돌도끼 머리와 다른 칼날을 나무 손잡이에 붙이는 방법도 배웠다. 3만 년 전, 인간은 도자기를 구울 수 있을 만큼 뜨거운 불을 지필 수 있었다. 약 7000년 전에는 초기 농업 문화에서 광석을 녹여 구리와 다른 금속을 제련하는 방법을 알아냈다. 3000년쯤 전에는 철과 유리를 만드는 방법을 발견했다. 그 뒤로는 기술이 봇물 터지듯 발전했다. 100세대가 지난 지금, 인류 조상의 후손들은 주머니 속에 스마트폰을 넣은 채 걸어 다니고, 로켓 추진력을 이용해 로봇을 먼 행성으로 보낸다.

기술의 쓰나미

외부 에너지의 사용과 소비는 지난 1만 년간 기하급수적으로 성장했다. 불을 뛰어넘어 상상할 수 있는 모든 에너지원에서 에너지를 얻어 활용하고 있다. 하지만 기술이 변화하고 발전하더라도 우리가 그 기술을 적용하는 목적은 과거와 동일하다. 외부 에너지원에 대한 우리의 통제권이 늘어난 만큼 그 에너지에 대한 우리의 생리적 의존도 역시 높아졌다.

불을 사용하기 시작한 이후, 우리 에너지 경제에서 가장 큰 변화는 식물 재배와 동물 사육이었다. 1만 2000년 전쯤 지구상의 몇몇 집단은 상황을 완전히 뒤바꿀 수 있는 아이디어에 집중하기 시작했다. 고생스럽게 걸어 야생에서 먹을 식물과 동물을 찾기보다 집으로 먹을 거리를 가져와서 기를 수 있다는 생각이 든 것이다. 시간이 압축된 고고학 기록을 살펴보면 천년의 역사가 약 1센티미터 두께의 퇴적층 안에 담겨 있기 때문에 농업으로의 전환이 마치 순식간에 일어난 것처럼 보인다. 하지만 실제로는 얼마나 서서히 발진이 이루어졌는지 상상조차 하기 힘들다. 하드자족 남성들이 야영지 주변 땅에서 자라는 사막장미 덤불로 화살 독을 만드는 모습을 본 적이 있다. 또 하드자족은 벌집을 훔치고 관리하는데, 나무 안에 있는 벌집의 구멍을 돌로 막아 벌들이 집으로 돌아와서 다시 벌집을 만들도록 유도한다. 떠돌이 개들은 야영지 주변을 어슬렁거리며 음식찌꺼기를 조금씩 훔쳐 먹다가 가끔씩 작은 사냥감을 잡을 때 종종 이용되기도 했다. 1만 2000년 전, 수렵채집을 하는 공동체로 가득했던 세상에서 이 같은 시도는 전 세계적으로 이루어졌을 것이다.

결과가 성공적이었던 시도를 통해 초기 농업인들은 식물과 동물의 대사 기관에 대한 통제권을 얻었다. 인간의 선택은 자연선택의 역할을 빼앗았다. 야생에서 열매를 맺는 데 너무 많은 에너지를 쓰거나 너무 빨리 크는 식물은 불리했을 것이다. 폭풍우 속에서도 쓰러지지 않도록 지켜줄 단단한 줄기와 뿌리, 혹은 초식 동물의 접근을 막아줄

[사진 9.1] 마칼리타코(makalitako) 덩이줄기를 굽고 있는 하드자족 여성들

야생의 뿌리식물 줄기는 재배된 종에 비해 더 나무 같은 외양에 섬유질이 풍부하다.
마칼리타코를 입에 넣고 씹어서 녹말은 빨아먹고 섬유질 덩어리는 뱉어낸다.

섬유질, 가시나 독성 화학물질에 너무 적은 에너지를 분배한 탓이다. 하지만 원예가의 정원에서는 과실이 풍성하게 열리는 이런 식물은 귀한 대접을 받아 다시 재배되고, 가시가 있는 식물에 비해 번식 성공도가 훨씬 높았다. 시간이 지나면서 우리는 우리 몸의 연료가 되는 탄수화물과 당분 생성에 더 많은 에너지를 사용하도록 재배 식물의 신진대사를 조작했다. 오늘날 우리가 시장에서 찾을 수 있는 과일과 채소는 과거 야생의 과일과 채소에 비해 열량이 지나치게 높은 그로테스크한 변종처럼 보인다.

가축에도 동일한 방식을 사용했다. 자연의 포식자로부터 가축을 보호하고 생식 과정에서 승자와 패자를 고름으로써 우리는 성장과 젖 생산에 더 많은 에너지를 쏟는 동물을 선호했다. 인간의 관리하에 이 동물 종들은 성질이 온순하고 우둔하며, 지방과 든든한 지방과 단백질 공급원으로 진화했다. 가축은 인간은 먹을 수 없던 풀과 다른 먹이를 우유, 피, 고기 등 우리가 먹을 수 있는 음식으로 전환시키는 대사 엔진이 되어주었다.

말을 비롯한 대형 동물 종은 새로운 종류의 동력 기관도 되어줬다. 즉 기계적인 작업을 대신 함으로써 인간의 신체 능력을 높이거나 대체해 줬다. 증기 기관의 발명가인 제임스 와트James Watt는 산업혁명이 시작될 무렵 여러 실험을 통해 말이 시간당 약 640킬로칼로리의 작업(마력의 정의)을 어렵지 않게 할 수 있으며, 이러한 생산량을 매일 10시간 동안 지속할 수 있다는 사실을 추론해냈다. 이 수치는 보이는 것보다 더 놀라운 수치다. 근육은 기껏해야 대사 연료를 기계적 작업으로 전환하는 효율이 25퍼센트밖에 되지 않는다. 하루에 10시간 동안 6400킬로칼로리의 작업을 수행하기 위해 말은 2만 5000킬로칼로리 이상을 태운다. BMR, 소화, 그 외 다른 생리적 작업에 쓰이는 에너지를 제외하고서도 말이다.

짐 끄는 짐승의 등장은 초창기 농부들의 경제와 마음을 엄청나게 흔들어놓았음에 틀림없다. 말을 가진 사람은 초인적인 힘을 지닌 것이나 다름없었다. 말은 사람 10명이 덤벼들어야 할 수 있는 일을 해냈고, 헤라클레스와 같은 힘을 지니고 있었다. 말을 타면 하루에 5킬로미터 가까이는 어렵지 않게 이동할 수 있었고, 필요하면 땀 한 방울 흘리지 않고 그 두 배도 가능했다. 수렵채집인이 도보로 하루 동안 이동할 수 있는 거리의 세 배 이상에 해당하는 수치였다. 갑자기 한때 멀다고 느껴졌던 곳이 마치 손끝에 닿을 것처럼 가까워졌다.

불을 다루는 일과 마찬가지로 식물의 재배와 가축의 사육은 우리 음식 속 에너지 함량을 높였으며, 음식을 얻는 데 필요했던 에너지를 줄여줬다. 초창기 농부들은 뜻밖의 에너지 횡재를 만났다. 신체 활동과 소화에 필요한 에너지가 줄어들면서 그들의 내부 기관은 에너지를 다른 활동에 투입할 수 있었다. 모든 진화한 생명체에서 유추할 수 있듯 잉여 칼로리는 번식에 사용되었다. 전 세계적으로 초기 농업 문화에서는 농업과 가축화로 얻은 잉여 칼로리의 혜택을 엄마들과 아이들이 받음으로써 출산율이 급증했다. 농업이 시작된 이후 수세기 만에 가족의 크기는 늘어 엄마 한 명당 두 명의 자녀를 더 낳게 되었다. 오늘날 이러한 영향은 수렵채집을 하는 집단과 수렵채집과 농업을 병행하는 집단에서 찾아볼 수 있다. 전형적인 하드자족 여성은 일생 동안 여섯 명의 아이를 낳는 반면, 전통적인 농업의 칼로리 혜택을 누리는 치마네족 여성은 아홉 명의 자녀를 갖는다.

인구가 늘어나면서 초기 농부들은 수렵채집을 했던 선조들이 한 번도 맞닥뜨린 적 없는 낯선 문제들과 마주하게 된다. 바로 과밀 거주와 공중위생의 문제다. 띄엄띄엄 위치한 수렵채집인의 야영지에서는 빨리 사라지고 말았을 전염병이 초기 농촌 마을과 도시에 본격적으로 확산되기 시작했다. 코로나19 팬데믹이 분명히 보여준 것처럼 우리는 아직도 수세기 동안 인류가 풀지 못한 숙제와 씨름하고 있다.

하지만 인구가 많아질수록 혁신의 속도도 빨라졌다. 인구가 많다는 것은 더 많은 사람이 함께 살아가고 일하고 생각한다는 의미다. 더 많이 사람이 머리를 맞댈수록 시너지 효과로 새로운 아이디어가 더 많이 탄생한다. 하버드대학교의 인간 진화생물학자 조 헨리히Joe Henrich가 집단 지성이라고 부르는 현상이다. 음식을 생산할 수 있는 능력이 커진다는 것은 사람이 다양화될 수 있다는 의미이기도 했다. 누군가는 음식 생산이 아닌 다른 일을 하면서 자유롭게 성인기를 보낼 수 있었다. 수렵채집인들은 알지 못했던 특권이다. 완전히 새로운 기술과 직업도 생겨났다. 3000여 년 전 지중해, 남태평양, 그리고 그 외의 다른 문화권에서는 바람의 힘을 이용해 항해하는 법을 알아냈다. 물레방아는 2000여 년 전 등장했는데, 당시 사람들은 흐르는 강물의 에너지를 활용해 곡식을 갈고 물을 관개 시설로 보내고, 또 그 밖의 다양한 작업을 수행하는 방법을 익혔다. 풍차는 수세기 후 생겨났다. 모든 발명과 개선이 우리의 외부 기관과 우리가 쓸 수 있는 에너지의 범위를 확장시켰다.

외부 에너지 경제 역사의 새로운 장, 즉 우리가 오늘날 살고 있는 경제는 석탄을 사용해서 증기 기관과 산업혁명의 공장을 가동하던 1700년대에 시작되었다. 화석 연료는 먼 과거의 무수히 많은 동식물의 신진대사가 수백만 년에 걸쳐 악착같이 일해온 결과물이다. 우리가 화석 연료를 태울 때 우리는 고대 생명체 안에 저장되어 있던 에너지를 방출한다. 석탄은 수세기에 걸쳐 채굴되어 연료로 사용되어 왔지만, 채굴 기술의 발달과 산업 부문의 급성장으로 18세기 유럽에서 석탄 사용이 폭증했다. 원유와 천연가스 생산이 그 뒤를 이었고, 1800년대 중반 상업용 시추의 발전으로 그동안 보잘 것 없는 에너지원 취급을 받던 원유와 천연가스는 세계 에너지의 중심으로 옮겨갔다. 오늘날 이런 화석 연료는 모두 합쳐 지구상의 모든 사람에게 매일 3만 5000킬로칼로리 이상의 에너지를 공급하며, 이는 우리 인간 종이 쓰는 외부 에너지 소비량의 80퍼센트에 달하는 수치다.

산업화된 세계에서 화석 연료 개발을 통한 에너지 소비의 비약적 발전은 우리가 음식을 생산하는 방식을 완전히 바꿔놓았다. 미국 산업혁명의 초기인 1840년에 농부는 미국 내 노동자의 69퍼센트를 차지했고, 미국 전체 인구의 22퍼센트를 차지했다. 각 농부 한 명이 자기 자신과 네 명의 타인을 먹일 수 있는 양을 생산했다. 이후 수십 년간 화석 연료 에너지가 동력 설비를 갖춘 기계, 석유를 원료로 한 비료, 발전된 교통 및 냉장 장치라는 형태로 식품 생산에 대량 유입되면서 농부 일인당 식량 생산량이 급증했다. 오늘날 농부와 목장주는 미국 노동 인구의 겨우 1.3퍼센트, 미국 전체 인구의 단 0.8퍼센트를 차지한다. 여기에 식품 가공, 운송 및 소매 분야에서 일하는 성인 노동 인구가 1퍼센트 추가된다. 이 두 수치를 합쳐보면 농업과 식품 가공업에 종사하는 이들은 자기 자신과 35명의 타인을 먹일 수 있는 양의 음식을 생산한다.

현대의 식품 체계는 엄청난 양의 에너지를 필요로 한다. 미국 내 식품 생산의 경우 매년 약 500조 킬로칼로리를 소모한다. 그중 3분의 1은 농업용 기계나 운송에 들어가는 휘발유나 경유로 소모된다. 또 다른 3분의 1은 비료와 농약을 만드는 데 사용되는 화석 연료다. 농장, 창고, 슈퍼마켓을 운영하는 데 사용되는 전기가 남은 에너지의 대부분을 차지한다.

식품 생산에 들어가는 수조 킬로칼로리의 에너지는 우리가 먹는 음식의 에너지 비용과 함량에 지대한 영향을 미친다. 어떤 식으로 영향을 미치는지 알아보기 위해 먼저 식물이나 동물을 한 끼의 식사로 만드는 데 들어가는 시간과 에너지 비용을 생각해보자. 하드자족과 같은 수렵채집 사회에서는 음식을 생산하려면 걸어서 주변을 샅샅이 뒤져 먹을거리를 찾아야 한다. 그런 다음에는 먹이를 쏘고 쫓아가거나, 덩이줄기를 캐내거나, 열매를 따거나, 나무를 잘라 꿀을 모으는 등의 활동을 해 거둬들여야 한다. 그러고 나서는 집으로 가져와야 하는데, 심지어 거기서 끝이 아니다. 동물은 잡아서 익혀야 하고(그러려면 장작을 모아둬야 한다), 뿌리식물은 구워서 껍질을 벗겨야 하고, 바오바브나무 열매는 부셔야 안쪽 과육을 먹을 수 있다. 이 모든 수고를 하고 나서야 마침내 한 끼 식사를 할 수 있다. 이 모든 노력이 식품 생산율에 직접적인 영향을 미친다. 하드자족 성인의 경우 수렵채집에 필요한 시간당 칼로리가 약 1000~1500킬로칼로리에 달한다.

전통적인 농업은 이 과정을 약간 더 수월하게 해준다. 논밭과 가축이 집 근처에 있기 때문에 식량이 있는 곳까지 걸어가는 시간과 에너지가 덜 든다. 작물은 대량으로 수확이 가능하므로 규모의 이점이 존재한다. 직접 키우는 동식물의 경우 온스(1온스는 약 30그램)당 약간 더 많은 에너지를 만들어낼 수 있다. 그 결과는 어떠할까. 치마네족과 그 외 수렵채집과 농경을 병행하는 사회에서는 에너지 생산율이 시간당 약 1500~2000킬로칼로리에 달한다.

현대의 산업화된 사회에서 식품 생산에 종사하는 사람은 많지 않으며, 식품 생산에 종사한다 하더라도 전체 과정 중 한 부분에만 기여하는 경우가 많다(밀을 재배하는 사람은 그 밀을 아침식사용 시리얼로 만드는 사람과 같은 사람이 아니다). 때문에 일인당 식품 생산율을 계산하기가 어렵지만, 이를 대신할 수 있는 계산법이 있다. 산업화된 경제에서는 돈으로 다양한 상품과 서비스를 위한 노동력을 산다. 자유노동 시장에서 제조업 같은 한 업계에서 1시간이 걸리는 노동은 식품 생산 같은 다른 업계에서 1시간 동안 생산한 물건을 살 수 있을 만큼의 임금으로 보상받아야 한다. 식량 생산량을 직접적으로 측정하기보다는 다음과 같은 질문을 할 수 있다. "육체노동자가 1시간의 시급으로 얼마나 많은 식품을 구입할 수 있는가?"

1900년에 미국에서는 이미 산업화가 한창 진행 중이었고, 생산직에 종사하는 노동자의 1시간 시급으로 밀가루, 달걀, 베이컨 등 다른 기본 식료품을 3000킬로칼로리 이상 살 수 있었다(그래프 9.2). 화석 연료 에너지의 공급이 증가하면서 우리의 구매력 역시 커졌다. 오늘날 1시간의 임금으로 미국 내 노동자는 동일한 종류의 식료품을 2만 킬로칼로리가량 구입할 수 있다. 식품 생산의 기본 요소는 하드자족 야영지나 치마네족 마을의 요소와 크게 다르지 않지만, 식품 생산에 드는 인간의 시간과 에너지는 외부 에너지 소비에 의존함으로써 크게 줄어들었다. 음식이 될 동식물을 기르고 수확하고 운송해 가공하는 데 필요한 시간과 에너지는 놀라운 규모와 효율성을 자랑하는 화석 연료로 움직이는 기계가 제공한다. 무수히 많은 저임금의 (종종 착취당하는) 농장 일꾼들이 에너지를 더해 거대한 화석 연료 기계 옆에서 식품을 수확하고 가공하고 포장한다. 이 모든 저렴한 에너지가 담긴 식품은 슈퍼마켓으로 가서 진열된다. 하드자족 한 사람이 일주일 동안 생산하는 것보다 더 많은 칼로리를 단 3시간 만에 얻는 셈이다.

산업화된 가공 기술은 식품의 에너지 밀도 역시 높여 식품 한 입당 더 많은 칼로리를 담아낸다. 기름과 당분 추출, 시럽과 감미료 제조, 곡식 낟알의 탄수화물이 많은 가운데 부분을 추출하기 위한 작물 타작과 제분 등 현대의 모든 가공 기술은 엄청난 양의 에너지를 필요로 한다. 산업화 이전에는 그 모든 수고로운 과정이 식품 가공을 가로막는 역할을 해 가공 식품이 귀하고 비쌌다. 설탕은 사치품이었다. 오늘날 화석 연료에서 얻는 값싼 에너지는 식품 가공을 수익성 있는 산

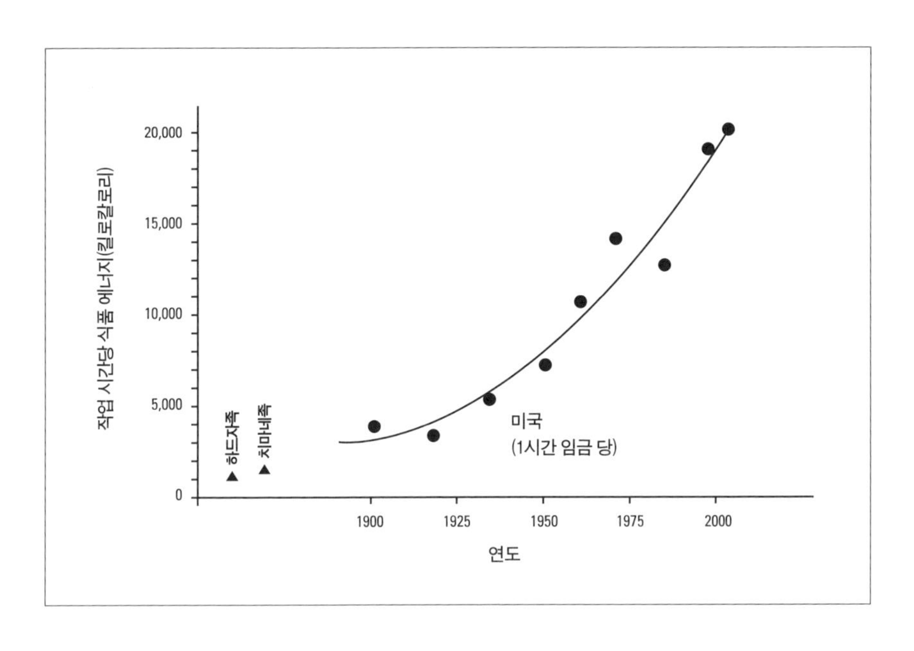

[그래프 9.2]

산업화된 집단의 남성과 여성은 수렵채집인 혹은 최저 생활수준의 농부들이
한 시간 동안 일해서 얻을 수 있는 음식 에너지보다 훨씬 많은 음식 에너지를 얻을 수 있다.

업으로 만든다. 그램당 가장 많은 칼로리를 함유한 식품은 생산비도 소비가도 가장 저렴하다. 사탕무로 만든 설탕, 액상과당 같은 감미료는 미국인의 식단에서 단일 성분으로는 가장 많은 비율을 차지하며, 미국인이 소비하는 칼로리의 20퍼센트를 차지한다. 기름류가 그다음으로 높은 비율을 차지하는데, 총 칼로리의 13퍼센트에 달한다. 사실 식품 가공은 비용과 에너지 함량의 일반적인 관계를 완전히 뒤집어놓았다. 그 결과가 고도로 가공되고 열량이 과잉된 식단이다. 산업화된 식단의 에너지 밀도는 하드자족의 식단에 비해 20퍼센트가 더 높으며, 이런 식품을 얻는 데 필요한 물리적 노력은 거의 전무하다시피 하다. 수렵채집 선조들이 들으면 깜짝 놀랄 만한 이야기다.

산업혁명으로 식품비용이 감소하고 쉽게 소화되는 칼로리가 늘어나면서 출산 붐이 일어날 수도 있었지만, 다행히 그런 일은 일어나지 않았다. 하지만 그 모든 잉여 칼로리는 잠재적 생식력에 영향을 미쳤다. 열량이 가득한 가공 식품으로 구성된 식단(분유 포함)과 앉아서 지내는 생활 방식은 생식에 대한 에너지 부담을 줄여 엄마의 신체가 임신 기간 사이 회복하는 데 필요한 시간을 단축했다. 한 명 이상의 자녀를 가진 미국 내 10대, 20대 여성의 경우, 출산 간격이 2년이 채 되지 않는 경우가 많은데, 이는 치마네족에서 볼 수 있는 출산 간격과 동일하거나 심지어는 조금 빠르다. 이 속도라면 미국 여성은 가임기 동안 10명 이상의 아이를 낳을 수도 있다.

하지만 출산율은 산업혁명에 힘입어 급증하는 대신 사회가 현대화되면서 전 세계적으로 감소했는데, 이 같은 현상을 인구학적 천이demographic transition라고 부른다. 여성들은 아이를 적게 낳고, 아이 한 명당 더 많은 시간과 자원을 투자하기 시작했다. 생식 전략이 이처럼 변화한 데 어떠한 문화적, 생물학적 요인이 작용했는지는 아직 분명하게 밝혀지지 않았다. 출산율의 감소가 기대 수명의 상승으로 이어졌다는 사실에 많은 이들이 주목한다. 이는 자녀들이 성인이 될 때까지 생존할 가능성이 훨씬 커진 사실에 (의식적 또는 무의식적으로) 반응하고 있다는 것을 의미한다. 또 어떤 이들은 여성에게 교육과 가족계획에 참여할 권리가 주어지는 등의 문화적 변화가 그 흐름을 바꾸고 있다고 주장한다. 원인이 무엇이든 우리는 감사해야 한다. 인구학적 천이는 세계 인구 증가 속도를 늦추고 있으며, 우리에게 지구를 구할 수 있는 시간을 벌어주었으니까.

의도치 않은 결과

식품 생산에 드는 엄청난 에너지 비용은 산업화된 인류를 이상하고도 불길한 영역에 들어서게 한다. 음식에서 얻는 것보다 더 많은 에너지를 수렵채집 활동에 쓰면 어떤 종도 생명 활동을 지속할 수 없다는 것은 기본적인 생명의 규칙이다. 야생의 포유류는 대개 수렵채집에 사용하는 매 칼로리마다 약 40칼로리의 식량을 얻는다. 하드자족 같은 수렵채집 사회 또는 치마네족 같이 수렵채집과 농업을 병행하는 사회의 구성원들은 그보다 더 힘들게 식량을 얻는데, 식량 생산 작업에 사용하는 칼로리당 약 10칼로리에 해당하는 식량을 거둬들인다. 우리의 현대 식품 생산 체계는 생태계의 기본 법칙을 어긴다. 식량 생산에 들어가는 화석 연료 에너지를 포함하면 우리는 생산하는 식품의 매 칼로리마다 8칼로리를 태운다. 이는 멸종을 피하는 좋은 방법이 아니다.

상황은 더 나빠진다. 식품 생산에 쓰이는 에너지는 우리 에너지 경제의 겨우 한 부분에 지나지 않는다. 미국에서는 매년 2경 5000조 킬로칼로리라는 충격적인 양의 에너지를 소비한다. 인구가 약 3억 3000만 명에 달하는 미국의 연간 에너지 소비량은 인당 7700만 킬로칼로리다. 하루로 치면 21만 킬로칼로리인데, 9톤의 포유류 한 마리(아프리카 코끼리의 몸무게는 7톤에 불과함)가 매일 소비하는 에너지양에 해당하는 값이다. 미국인 한 명당 소비하는 에너지양이 70명의 수렵채집인이 소비하는 에너지양보다 많은 셈이다.

몇몇 국가에서는 1인당 에너지 소비량이 더 높은 곳도 있다. 사우디아라비아처럼 엄청난 양의 석유 생산국이나 아이슬란드처럼 대체 에너지 자원이 많은 나라는 에너지를 좀 더 지유롭게 사용하는 경향이 있다. 하지만 세계 대부분의 나라에서는 산업화된 나라의 사람들이 당연시하는 외부 에너지를 쉽게 이용하기 힘들다. 전 세계적으로 우리 종은 매년 14경 1000조 킬로칼로리의 에너지를 소비하는데, 이는 인당 일일 평균 4만 7000킬로칼로리에 해당하는 수치다. 우리 체내의 대사 기관이 소비하는 에너지의 거의 16배에 달한다. 지구상에는 77억 명이 살지만, 우리는 흡사 1200억 명이 사는 행성처럼 에너지를 소비한다.

이 모든 이야기가 약간 지속 불가능해 보이고 살짝 겁이 난다면, 틀렸다. 현 상황은 전혀 지속 가능하지 않으며, 완전 공포스러운 상황이다. 현재로서 최선의 예측을 하자면, 우리에게는 약 50년 정도 사용할 석유와 천연 가스가 남아 있으며, 110년 정도 사용할 석탄이 있다. 이 범위는 이 연료들을 발견하고 추출하는 기술이 발전하면 늘어날 수 있겠지만, 그래봤자 사용 기한을 연장하는 것뿐이다. 자원 고갈의 영향은 현 세기나 다음 세기에는 나타날 것이다. 화석 연료를 모두 써버리면 우리가 외부적으로 태우는 에너지의 약 80퍼센트가 사라진다. 화석 연료 고갈 시기를 살아가는 사람들은 우리의 구석기 조상이 불을 다루기 시작한 이래 부모 세대보다 더 작은 외부 에너지 경제를 갖는 첫 세대가 될 것이다. 화석 연료를 대체할 또 다른 에너지원 없이는 국내외의 식품 생산과 운송 시스템 전체가 붕괴할 것이다. 무기 없이 〈헝거 게임〉에 참가하거나 자동차 없이 〈매드 맥스〉 세계에 들어가는 것과 마찬가지다.

화석 연료의 고갈보다 더욱 두려운 유일한 것은 우리가 연료를 모조리 태우고 난 뒤에 닥칠 재앙이다. 인간이 유발한 기후 변화는 이미 진행 중이며, 화석 연료 사용이 본격적으로 유행하기 시작한 1800년대 후반에 비해 지구의 온도는 섭씨 0.8도 상승했다. 점점 더 따뜻해지고 이변이 속출하는 기상 상태를 정확하게 예측해왔던 현 세대의 기후 모델은 우리가 남은 화석 연료 매장량을 모두 사용해버릴 경우 향후 100년 혹은 200년 안에 전 세계 기온이 섭씨 8도 상승할 것이라 예측한다. 지구가 마지막으로 그 정도로 뜨거웠던 때는 5500만 년 전 팔레오세—에오세 최대 온난기였다. 바다 역시 따뜻해져서 심해의 거의 모든 생명체가 멸종했다. 해수면 역시 오늘날보다 적어도 100미터는 높았다. 인간이 만든 기후 변화로 온난기 당시의 수준으로 해수면이 상승한다면 우리는 심각한 문제에 처할 것이다. 세계의 대도시 중 3분의 2를 포함해서 인구의 약 10퍼센트는 해수면에서 10미터도 안 되는 높이에 살며, 우리 중 절반은 해수면에서 100미터도 안 되는 곳에서 살고 있다. 화석 연료 매장량을 모두 태우고 나면 지구의 모습은 완전히 변해서 주요 도시들이 물에 잠기고 몇몇 나라는 통째로 사라질 것이다.

기후 변화와 관련된 여러 세계 종말 시나리오 중 최악의 시나리오를 피하려면 화석 연료를 사용하는 습관부터 버려야 한다. 빠르면 빠를수록 좋다. 이러한 변화 중 일부는 어렵지 않으며, 이미 오래전에 시도했어야 한다. 에너지 효율이 더 뛰어난 차와 건물, 제품과 포장재 쓰레기 줄이기, 더 친환경적인 대중교통, 보다 스마트한 농업과 제조 방식은 모두 에너지 사용량을 감소시킬 것이다. 연비 규제와 대중 교통망 투자에 대한 저항에도 불구하고 우리의 에너지 사용 방식이 소금 더 스마트해지고 있다는 희망의 빛줄기가 보인다. 선진국에서는 인당 에너지 소비가 1970년대 이후 느리지만 꾸준히 감소하는 추세다. 영국의 인당 에너지 소비량은 2000년 이후 30퍼센트 가까이 줄었다. 미국의 경우 1970년대 후반에 최고치를 기록했다가 그 이후 30퍼센트 하락했으며, 2000년 이후 15퍼센트 감소했다.

하지만 연료 효율만 좋아진다고 인류의 문제가 해결되지는 않는다. **호모 에네르제티쿠스**는 엄청난 양의 에너지를 필요로 한다. 문화적으로나 생물학적으로나 우리는 막대한 양의 외부 에너지에서 일상의 모든 부분에 필요한 힘을 얻도록 진화했다. 우리가 현대 생활의 모습을 유지하려 한다면 산업화 이전의 에너지 경제는 더 이상 유지되기 힘들다. 이미 살펴봤듯이 미국만 해도 극히 적은 수의 농업인과 식품 생산업자들이 수억 명의 사람들을 먹이기 위해 매년 500조 킬로칼로리의 외부 에너지를 소비한다. 이렇게 생산된 식품을 소비하는 이들은 대부분 몇백 킬로미터 밖의 번잡한 도심지에 거주한다. 우리는 이보다 10배 많은 에너지를 오늘날 우리가 사는 주택과 아파트 건물을 냉난방하고 불을 밝히는 데 쓴다. 외부 에너지를 통해 실내 온도 조절을 할 수 없었다면 선벨트 지대(미국에서 연중 날씨가 따뜻한 남부 및 남서부 지역)는 여전히 사람이 거의 살지 않는 사막 지대였을 것이다. 미국의 경우, 가족을 만나고 물건을 사러 가고 직장으로 출퇴근하는 데 사용하는 교통수단에 매년 9000조 킬로칼로리가 넘는 외부 에너지를 소비한다. 도보가 유일한 이동 수단인 하드자족 남자들은 하루에 약 13킬로미터를 걷는다. 미국과 유럽에서 출퇴근을 위해 이동하는 거리는 **편도로** 평균 13킬로미터 정도다. 또한 항공 요금만 내면 내일 당장 지구상 어느 곳이든 날아갈 수 있다. 하드자족 남성은 날씨 좋은 어느 날, 마일당 10킬로칼로리의 에너지 비용을 들여 약 14킬로그램의 식량을 집까지 운반할 수 있다. 디젤 화물 열차는 마일당 약 1킬로칼로리의 에너지로 대륙 내 어느 곳이든 14킬로그램에 달하는 화물을 운송할 수 있다. 우리가 사는 산업화된 세계에서는 음식에서 주거, 이동에 이르기까지 외부 에너지 공급에 전적으로 의존해 살아간다.

목적지에 도착하기 힘들다 해도 어디로 가야 하는지 알기는 쉽다. **호모 에네르제티쿠스**로 계속 살아가려면 화석 연료를 태우지 않고 우리의 외부 기관에 동력을 공급할 다른 방법을 찾는 수밖에 없다. 기후 과학자들은 2050년까지 전 세계의 탄소 배출량을 0으로 줄여야 재앙을 피할 수 있다고 입을 모은다. 지금까지 우리 종은 온실가스를 배출하지 않으면서 유의미한 규모의 동력을 발생시킬 수 있는 네 가지 방법을 알아냈다. 바로 수력, 풍력, 태양력 그리고 원자력이다. 수력은 기본적으로 포화 상태다. 댐을 건설할 대규모 하천이 동났고, 댐은 어쨌든 엄청난 생태적 피해를 유발한다. 이렇게 되면 태양력과 풍력, 원자력이 남는데, 태양력과 풍력은 세계 에너지의 2퍼센트, 원자력은 6퍼센트를 차지한다. 화석 연료를 대체하기 위해서 이들 에너지의 생산을 대대적으로 늘려야 할 것이다. 오르기 힘든 산이지만, 정상에 오르기 위해 실행 가능한 여러 전략이 있다. 또한 우리에게 길을 보여주는 희망적인 선례도 있다. 프랑스는 원자력과 재생 가능 에너지(대부분이 원자력)에서 전기 사용량의 70퍼센트 이상, 총 에너지 수요량의 45퍼센트를 생산한다. 일시적 혹은 장기적 전략으로 원자력 생산을 확대하는 것은 두려울 수 있으나, 화석 연료가 원자력에 비해 발전 단위당 수천 명 더 많은 인적 피해를 유발할 수 있다는 사실을 생각하면 주목할 만하다. 장기적으로 우리가 어떤 해결책을 택하든 중요한 것은 지금 당장 시작해서 꾸준히 실천하는 것이다.

우리가 할 수 없는 일은 성공을 자신하는 것이다. 화석 연료의 종말은 어떤 식으로든 다가오고 있다. 새롭고 지속 가능한 외부 에너지 시스템을 구축하려면 모두의 노력과 정책적 대담함이 필요할 것이다. 인류가 최근 걷잡을 수 없는 발전과 기술 혁명을 이루어 현재의 상태에 안주하거나 오랜 과거의 교훈을 새겨듣지 못하지 않을까 우려된다. 드마니시(4장) 같은 고고학 현장에서 볼 수 있듯 멸종은 흔한 일이다. 우리 행성은 예측하기 어렵고 살기 힘든 곳이다. 모든 종과 사회는 지속적으로 시험당하고, 그중 대부분이 시험을 통과하지 못하고 멸종된다. 우리 종의 외부 에너지 공급을 유지할 지속 가능한 방법을 찾지 못한다면, 우리 역시 지구상에서 사라질 것이다. 지구는 무정하게도 우리를 집어삼키고 계속 앞으로 나아갈 것이며, 우리의 뼈와 잔해는 먼지 속에 굳어질 것이다. 땅속에 자리는 넉넉하니까.

더 나은 동물원 만들기

우리가 서둘러 우리 종의 외부 에너지 생명선을 지키더라도 그 에너지가 신체에 입히는 손상을 치료해야 한다. 산업화된 에너지 경제는 현대의 삶을 가능하게 만들지만, 동시에 우리를 병들게 한다. 우리는 지금까지 성장과 편의를 이루겠다는 목적을 가지고 우리 세계를 만들어 왔다. 이제 우리 안의 대사 기관을 보호하기 위해 환경을 바꾸는 더 나은 일을 할 필요가 있다.

우리의 식품 환경을 변화시키기 위한 결단력 있는 행동 없이는 전 세계적인 비만 유행을 결코 역전시킬 수 없을 것이다. 5장과 6장에서 살펴본 것처럼 체중 증가는 근본적으로 에너지 불균형의 문제다. 즉 태우는 칼로리보다 더 많은 칼로리의 음식을 섭취하기 때문이다. 하드자족을 비롯한 여러 부족이 우리에게 가르쳐 준 교훈은 태우는 칼로리를 바꾸기 위해 우리가 할 수 있는 일이 많지 않다는 사실이다. 일일 에너지 소비량은 제한되어 있으며, 우리의 몸은 거의 일정한 에너지 범위 안에서 열심히 일한다. 그렇다면 비만은 기본적으로 과잉 섭취의 문제라 할 수 있다. 비만을 바로잡으려면 우리가 먹는 음식을 바로잡아야 한다.

식단에 대한 책임은 모두 우리가 져야 하지만, 과식이 단순히 의지나 자제력 부족 때문은 아니다. 그 이상으로 훨씬 은밀한 이유가 있다. 우리의 뇌는 무의식적으로 섭취량을 조절하는데, 이때 오래전에 생겨 진화한 시스템을 이용해 대사율, 배고픔, 포만감을 관리한다. 우리가 음식 생산과 가공에 쏟는 에너지는 영양분의 원재료에서 얻은 음식을 약물에 가까운 상태로 변형시킨다. 고도로 가공되고 맛과 향이 조작된 식품들이 슈퍼마켓 진열대와 광고를 채우는데, 이런 식품들은 에너지 균형을 조절하는 우리 뇌의 능력을 손쉽게 압도한다. 케빈 홀의 연구에서 볼 수 있듯(6장), 가공 식품으로 가득한 식단은 과식과 체중 증가로 이어진다.

고칼로리의 저렴한 가공 식품은 산업화된 식품 생산 및 손쉬운 외부 에너지에 대한 우리의 의존이 빚어낸 직접적 결과다(그래프 9.2). 정말 놀라운 성과다. 우리는 생태학의 기본 원칙 중 하나를 바꿔놓았다. 자연에서 꿀, 동물, 과일처럼 에너지가 풍부한 식량은 늘 풍족하지 않으며, 식물 잎사귀처럼 칼로리가 낮은 음식에 비해 구하기가 훨씬 어렵다. 오늘날 슈퍼마켓의 상황은 정반대다. 오일, 감미료, 정크 푸드 등 고도로 가공된 제품들 속에는 그램당 더 많은 칼로리가 들어 있으면서도 칼로리당 드는 비용은 훨씬 낮다. 던킨의 더블 초콜릿 도넛 하나의 열량은 350킬로칼로리이며, 12개 세트 가격은 개당 83센트(한화 약 1070원)다. 100킬로칼로리당 25센트(한화 약 320원)인 셈이다. 1파운드, 즉 450그램당 1달러인 빨갛게 잘 익은 맛있는 사과는 100킬로칼로리당 37센트(한화 약 480원)로, 도넛보다 60퍼센트 더 비싸다. 사과가 도넛보다 분명히 몸에 더 좋으며, 포만감에 대한 수전 홀트의 연구(6장)에서 알 수 있듯 사과가 주는 포만감은 도넛의 두 배 이상이다. 하지만 도넛은 말도 안 되게 맛있다. 주머니에 1달러가 있고 허기진 상태라면 도넛과 사과 중 무엇을 사겠는가?

우리가 이처럼 별난 음식을 만들어 삶 속에 집어넣었으니 이제는 그런 음식을 빼낼 수 있어야 한다. 아무도 (적어도 나는 아니지만) 도넛 없는 세상에서 살기를 바라지 않는다. 하지만 우리는 음식이 우리 건강에 미치는 영향을 음식의 비용에 반영되도록 해야 한다. 한 가지 방법은 건강하지 못한 식품의 가격을 올리는 것이다. 탄산음료를 비롯한 가당 음료에 세금을 매기는 경우는 흔하지 않은데, 그런 음료에 세금을 부과하면 그만큼 소비하는 사람들의 수가 줄어드는 효과가 있을 것이다. 이런 세금을 다른 고도 가공 식품까지 확장하면 그 섭취량 역시 줄어들 것이며, 어쨌든 점점 두꺼워지는 허리둘레에 들어가는 점점 높아지는 의료비와 씨름하는 정부의 수익원이 되어줄 것이다.

우리는 또한 건강한 자연 식품의 가격을 낮추고 어디서든 구하기 쉽도록 만들 필요가 있다. 2015년 미국 내 3900만 명이 넘는 저소득 인구가 식품 사막에 거주했다. 식품 사막이란 도시에 거주하는 경우 약 0.8킬로미터 이상 걷고 시골에 거주하는 경우 약 16킬로미터 이상 운전해야 식료품점에 갈 수 있는 지역을 의미한다. 식품 사막에 거주하는 사람들이 슈퍼마켓에 간다 하더라도 산업화된 식품 시스템의 잘

못 책정된 가격과 마주하게 된다. 신선 과일, 채소, 육류, 생선류, 그 밖의 다른 자연 식품에 비해 가공 식품의 킬로칼로리당 가격이 훨씬 저렴하다. 당연하게도 비만과 심혈관계 대사 질환은 저소득층에 유난히 더 많은 영향을 미친다. 우리는 이미 매년 수십억 달러의 보조금을 통해 식품과 에너지 시장을 조작하고 있다. 우리가 이런 상황에 보다 스마트하게 대처한다면 그 같은 자금으로 건강한 식품을 더 저렴하고 풍족하게 만들 수 있을 것이다. 어린 시절에 각자의 건강 궤적은 결정되므로 학교 급식 영양을 최우선 순위로 삼고, 정크 푸드 이용을 제한하고, 식단 내 자연 식품의 비율을 늘려야 한다.

제도적 규제나 사회적 변화가 개개인의 식품 환경을 유익하게 바꿀 때까지 기다릴 필요가 없다. 스테판 구예네와 다른 연구자들이 주장했듯 유혹적인 고칼로리 식품을 멀리하는 사소한 노력으로도 큰 효과를 거둘 수 있다. 탄산음료나 쿠키 상자 자체를 집에 두지 않으면 특별히 신경 쓰지 않고도 그런 음식의 유혹을 피할 수 있다. 사무실 책상 위에 둔 사탕 그릇은 거기 있을 필요가 없으며, 누구에게도 도움이 되지 않는다. 고칼로리의 가공 식품을 손이 닿지 않는 곳에 두면 당연히 먹기가 더 힘들어지고, 언제 어떻게 그런 식품을 먹을지 보다 의식적으로 분별할 수 있다.

***

현대화 역시 우리를 주로 앉아서 생활하도록 만들었다. 수렵채집인으로 진화한 덕분에 우리는 움직이도록 설계된 몸을 갖게 됐다(4장과 7장). 상어처럼 인간 역시 살아남기 위해서는 계속 움직여야 한다. 하지만 식품 생산과 교통수단에 우리가 쏟는 모든 외부 에너지 때문에 산업화된 환경에서 신체 활동은 선택 사항이 되었다. 지난 세기 동안 변호사, 의사, 관리직 등 화이트칼라 직종에 종사하는 미국 노동 인구가 1910년 약 25퍼센트에서 2000년에 75퍼센트로 약 3배가 증가했다. 오늘날 미국 내 직업 중 13퍼센트 이상이 '주로 앉아서 일하는' 직종으로 분류되며, 24퍼센트는 '가벼운 작업'만 요하는 직종이다. 이 비율은 화이트칼라 직종에서 더 높다. 멀지 않은 과거에 우리의 수렵채집 조상들은 하루에 1만 5000보 이상을 규칙적으로 걸었다. 지금은 인류의 진화 역사상 최초로 의자에서 단 한 번도 일어나지 않고도 밥벌이를 할 수 있다.

외부 동력으로 움직이는 교통수단과 기계화는 현대의 삶이 돌아가도록 해준다. 어느 누구도 매일 왕복 약 26킬로미터를 걸어 출근하거나 30개의 층계참을 올라 사무실에 가지 않는다. 하지만 여전히 우리는 일상에 더 많은 신체 활동을 포함시켜야 한다. 운동은 건강에 좋으며, 그 비중을 더 늘려야 한다. 하지만 일주일에 단 몇 시간만 할애해 운동을 하겠다는 마음가짐은 바꿔야 한다. 퇴근 후 저녁시간과 주말에 헬스장에서 운동을 한다 해도 몇 시간 동안 계속 앉아 있는 것은 치명적이다. 걸어 다닐 수 있는 도시 환경이 필요하며, 우리 몸을 이용해 움직이는 데 시간과 노력을 쏟아야 한다. 코펜하겐 같은 도시는 이런 면에서 앞장서고 있는데, 도심 지역을 자전거 친화적으로 설계해

차보다 사람을 우선한다. 자전거 공유제도 역시 일일 신체 활동을 늘리고 질병을 줄이는 데 큰 도움이 된다.

***

산업화와 현대화는 수량화하기 힘든 다른 비용을 수반하기도 한다. 하드자족처럼 우리의 수렵채집 조상들은 가족과 친구라는 촘촘한 사회 구조에 얽혀 살았다. 또 낮에는 야외로 나가 햇볕을 받으며 지냈다. 모든 사람이 같은 일을 하고, 후대에 물려줄 재산도 없고, 사회, 경제적 불평등도 낮았다. 하드자족은 평등주의를 당당하게 지향하며, 어느 누구도 아닌 자신들의 물음에만 답한다.

농업이 발전하고 산업화가 진행되면서 사회적 계약의 대대적인 수정이 이루어졌다. 토지, 그리고 자본에 부가 집중되면서 계급 격차와 계층 구조가 생겨났다. 이 같은 구조가 상위 계급에서는 당연히 훌륭하게 작동했지만, 노예로 이용당하거나 노동력을 착취당하며 하층 계급에서 벗어나지 못하는 이들에게는 엄청난 불행이었다. 계급 구조의 중간 어딘가 속하는 나머지 사람들은 사회경제적 사다리를 오르려고 발버둥질하면서 발아래에서 돌아가는 톱니바퀴에 끼이지 않으려고 필사적으로 노력했다.

이와 같은 사회경제적 계층 구조에서 오는 스트레스, 즉 돈에 대한 두려움과 매일같이 존엄성을 공격당하며 느끼는 쓰라린 감정은 우리 종으로서는 처음 겪는 낯선 일이다. 우리는 이런 감정을 잘 다루지 못하는 듯하다. 사회경제적 스펙트럼의 불행한 말단에서 사는 삶은 우리를 병들게 하고 수명을 줄인다. 가난한 삶을 사는 이들은 비만, 당뇨, 심장병, 심혈관계 대사 질환에 걸릴 확률이 부유층에 비해 높으며, 그 영향은 식단과 운동 격차만으로도 예상 이상으로 크다. 이와 마찬가지로 유색 인종과 기타 소외된 공동체의 사람들은 건강이 더 나쁘고 수명이 더 짧다. 대사 건강 증진을 위해 진지하게 환경을 바꿔야겠다는 생각이 든다면 단순히 식단과 운동을 넘어서 사회경제적 격차를 해결할 필요가 있다.

안타깝게도 산업화는 스트레스의 영향을 상쇄시켜줄 일부 도구를 약화시키기까지 했다. 먼저 일일 신체 활동량이 줄어들었다. 사회적 연결 역시 줄었다. 가족의 크기는 작아졌고 가족 구성원은 서로 멀리 떨어져 지낸다. 외로움이 하도 만연해 이제는 질병으로까지 인정받고 있다. 또 현대화로 우리는 실내에서 생활하게 되었다. 야외에서 보내는 시간은 스트레스를 줄이고 신체 활동을 늘리며, 단순히 신체 활동만 하는 것보다 심장대사 건강에 더 도움이 되는 듯하다. 하드자족은 근본적으로 깨어 있는 모든 시간을 야외에서 보낸다. 일반적인 미국인은 인생의 87퍼센트를 건물 안에서, 6퍼센트는 차 안에서 보낸다. 과거 수렵채집 생활의 건강한 요소를 현대의 삶으로 가져오려면 폭넓고 전체적으로 생각해야 한다. 뿌리식물 말고도 수렵채집 생활에서 배울 점은 많다.

야영지로 돌아와서

그 불빛이 모닥불이기를 바랐다.

틀리카 힐의 경사지에 자리 잡은 하드자족의 음케렝게Mkelenge 야영지 바깥의 따뜻하고 평편한 바위 위에 앉아 아까시나무 사이로 아래쪽에 펼쳐진 넓은 계곡 바닥을 내다보고 있었다. 당시 나는 사색에 잠겨 있었다. 몇 년 만에 하드자족이 거주하는 지역을 다시 찾았고, 처음 하드자족 에너지학 프로젝트를 시작한 지 10년을 맞은 해였다. 방금 넓은 골짜기의 반대편 절벽에 오렌지색 석양이 부서지녀 마지막 빛을 남긴 채 서쪽 지평선 아래로 사라졌다. 세상이 색을 잃고 어둠이 드리우기 시작할 때 저 아래 먼 곳에서 지금까지 하드자족 야영지에서 단 한 번도 본 적이 없던 무언가를 목격했다. 불빛이었다.

불빛의 개수를 세어보니 다섯 개였다. 서로 몇 킬로미터 간격을 두고 마치 잘못 자리 잡은 별처럼 여기저기 흩어져 있었다. 불빛의 주인은 하드자족은 아닐 것이다. 저 아래 넓게 트인 지역은 마른 풀 위에서 소와 염소를 방목하는 다토가Datoga 목축민들에게 더 인기 있는 곳이었다. 처음에 나의 뇌는 그 불빛을 요리용 불로 인식했으나 불의 색깔이 달랐다. 모닥불은 오렌지색을 띄는 빨간색인데, 저기 보이는 불빛의 색은 분명 전기로 밝힌 흰색이었다. 그리고 다토가 부족이 왜 집 밖에서 요리를 하겠는가?

명백한 결론이 내려졌다. 전기가 하드자족이 사는 지역까지 스며든 것이다.

나는 **함나 시다**하려고 노력했다. 심지어는 행복하기까지 했다. 전깃불은 유용하며, 내가 일상생활에서 전깃불에 의존한다는 사실은 신만이 안다(내 주머니 안에 손전등이 하나, 텐트 안에는 두 개가 더 있었다). 그런 내가 누굴 비판하겠는가? 다토가 부족의 집안에 있는 전깃불은 여성과 아이들이 밤에 집안일을 하는 데 큰 도움이 될 것이다. 더군다나 소규모 태양열 집열판을 통해 만들어진 전기지, 하드자 부족이 사는 지역의 중심부를 관통하는 전력선이 존재하는 것은 아니었다. 적어도 환경을 오염시키지 않는 에너지였다.

나는 하드자족이 지난 수십 년간 산업화된 세계가 침투해 들어오는 상황에서 영토는 내주었지만, 어려운 상황에서도 최선을 다하려 노력했다는 사실을 떠올렸다. 그들은 몇몇 현대 기술을 기꺼이 받아들였다. 하드자 야영지에서 손전등이나 라디오를 종종 볼 수 있는데, 배터리를 구하기가 쉽지는 않았다. 휴대전화 역시 점점 흔해지고 있었는데, 어느 야영지를 가든 본인들 소유의 휴대전화는 없더라도 어느 언덕을 올라가면 휴대전화 신호가 잘 잡히는지 아는 사람을 만날 수 있다. 탄자니아 정부에서 식량 지원의 일환으로 가끔 마대자루에 담아 나눠주는 옥수수도 하드자 부족은 기꺼이 받는다. 이 모든 상황을 겪고서도 하드자족의 문화는 놀라운 회복력을 지니며 온전히 보존되어 있다. 현대 세계를 자신들만의 방식으로 조금씩 받아들이는 것이다.

하지만 나는 여전히 정체를 알 수 없는 어떤 상실감을 떨쳐버릴 수 없었다. 산업화된 세계가 천천히, 하지만 무자비하게 하드자족의 땅으로 밀고 들어오고 있었다. 물론 오늘 당장, 아니면 내년에도, 어쩌면 10년 뒤에도 그런 일은 일어나지 않을 수 있다. 하지만 빙하가 몰려오듯 말로 다 할 수 없는 엄청난 문명의 무게가 내 눈앞에 펼쳐진 골짜기 사이로 밀려들어 와 하드자족의 사회 구조를 무너뜨릴 것이다. 하드자족은 이 구릉지대에서 수백 혹은 수천 세대에 걸쳐 수렵과 채집 생활을 하며 살았다. 이 모든 것이 사라질 때까지 과연 얼마나 많은 시간이 남아 있을까?

하드자족이 산업화된 세계에 편입하도록 강요되고, 앞서 무수히 많은 원주민 문화에서 그랬듯 사회경제적 사다리의 맨 아래 칸으로 밀려날 때까지는 어느 정도의 시간이 남았을까? 오늘날 야영지에서 살고 있는 젊은이들이 그들 인생의 황금기를 지저분한 콘크리트블록 주택에서 보내며 수풀 속에서 지내던 과거를 그리워하게 될까? 그들의 손주들이 비만, 심장병 그리고 현대 세계의 다른 문제들로 고군분투하는 모습을 보게 될까? 그들은 우리에게 어떻게 하면 잘 살아갈 수 있는지 알려줬는데, 이것이 산업화된 세계가 그들에게 줄 수 있는 보답인가?

음케렝게에서 지내며 내가 보았던 모습은 여전히 희망적이다. 하드자족 사람들은 오랜 전통에 따라 늘 해왔던 대로 수렵채집을 이어가고 있었다. 어리든 젊든 여자들은 아침이면 마칼리타코와 에우카 ewka 뿌리를 구해 와서 마을 공용 불 위에 구웠다(사진 9.1) 톡 쏘는 맛의 바오바브 열매 스무디를 만들고, 바오바브 열매를 빻아서 과육이 많은 가운데 부분을 빼냈다. 남자들은 낮에는 사냥을 하러 나가고 야영지로 돌아오면 화살과 활을 만들거나 고쳤다. 연중 특별한 시기인 건기 후반에는 바오바브나무가 꽃을 피웠다. 가지마다 흐드러지게 핀 흰색의 향기로운 꽃이 춤을 추었고, 땅 위로 떨어지며 초식동물을 유혹했다. 남자들은 해가 뜨기 전에 야영지에서 출발해 꽃이 만개한 바오바브나무 근처에 숨어 사냥을 했다. 사냥감은 풍족했고, 야영지에서는 임팔라•, 다이커 영양, 작은 영양으로 식사를 했다.

미래가 희망적인 이유는 또 있다. 하드자족 야영지에는 장난기 많은 아이들이 가득했는데, 여기저기 뛰어다니며 하드자어로 이야기하고 있었다. 남자아이들은 가벼운 활과 아버지의 도끼를 들고 야영지 밖으로 나가서 꿀이나 사냥감을 찾았다. 여자아이들은 엄마, 이모와 함께 열매나 덩이줄기를 채집하며, 덩굴 뿌리 주변의 땅을 다져 덩이줄기의 상태가 어떤지 확인하는 방법을 배웠다. 친구들과 가족들은 함께 시간을 보내고, 음식을 나누고, 웃음꽃을 피우며 이야기를 주고받았다. 가까이, 또 먼 곳에 있는 다른 야영지에서 이웃들이 방문해서 휴식을 취하고 주전부리를 얻어 가기도 했다. 그들의 공동체는 단단했다.

나는 음케렝게를 떠나며 희망을 품었고, 이는 비단 하드자족에 국한해서가 아니라 인류 전체의 미래에 대해서도 마찬가지다. 우리 몸과 대사 건강에 대해서는 아직 배워야 할 점이 많지만, 우리 자신을 더 잘 돌보고 우리 아이들을 보다 건강하게 키우기 시작할 정도의 지식은 가지고 있다. 그 시작은 우리 기원을 이해하는 것부터다. 오랜 전통을 고수하고 있는 하드자족과 같은 문화에서 배우고자 하는 의지, 그들에게

• 큰 뿔이 달린 아프리카산 영양.

얻은 교훈을 지속 가능한 방법으로 우리의 생활에 적용하는 창의력이 필요하다. 우리는 지구상에서 가장 똑똑하고 창의적인 종이며, 신과 같은 기술력을 마음껏 사용할 수 있는 존재다. 그러므로 우리는 분명 우리 몸과 이웃 그리고 지구를 정성스럽게 대하는 방법을 배울 수 있다.

감사의 말

이 책의 소재는 10년이 넘는 시간에 걸쳐 수많은 가족과 친구, 공동 연구자 들의 도움으로 탄생했다. 우선 아내 재니스와 나의 아이들, 알렉스와 클라라에게 고마운 마음을 전하고 싶다. 세 사람은 내가 현장 연구를 하느라 집을 비우고, 연구실에 박혀 소변 샘플을 측정하고, 지하 작업실에 틀어박혀 이 책을 쓰는 내내 응원해주고 유머 감각을 잃지 않았다. 고맙고, 사랑해.

또 비판적으로 생각하고 논쟁을 즐기는 사람으로 나를 길러준 엄마, 아빠 조지, 하이디, 홀리, 에밀리에게도 고맙다. 펜실베이니아 주립 대학교의 제프 컬랜드, 앨런 워커, 밥 버크홀더를 비롯한 여러 사람이 학부 과정에 있는 동안 많은 도움과 기회를 주어 과학자로서 진로를 정하고 결국 이 책이 나올 수 있게 해줬다.

하드자족 사람들은 나와 나의 동료들을 따뜻한 마음으로 환영해주고, 고맙게도 우리를 본인들의 야영지에 받아 주고 끝없는 질문과 요청도 참아줬다. 하드자족(그리고 그 밖의 다른 집단)을 연구하는 과정에서 이 책에 담긴 이야기와 대화는 모두 실제 경험을 바탕으로 했으며, 기억나는 내용을 그대로 옮겼다. 가끔 일기에 적은 이야기도 나온다. 환대와 우정을 베풀어준 하드자족에게 감사하며, 이 책에 실린 삶의 이야기들이 그들의 훌륭한 문화를 정확하게 그려낼 수 있기를 바란다. 하드자족 사회에 대해 더 알고 싶으면 HadzaFund.org를 참고하면 된다.

하드자족을 대상으로 한 연구 중 그 무엇도 나의 친한 친구이자 공동 연구자 브라이언 우드와 데이비드 라이클렌 없이는 불가능했을 것이다. 수년간 탄자니아에서 진행한 연구도 많은 친구들 덕분에 가능했고, 또 그들 덕분에 연구의 질을 높일 수 있었다. 마리아무 애냐와이어, 헤리에스 클레오파스, 제이크 해리스, 크리스천 키프너, 피데스 키레이, 리에브 리넨, 너새니엘 마코니, 아우닥스 마불라, 이브라힘 마불라, 카를라 말롤, 프랭크 말로, 루스 마티아스, 붕가 파올로, 다우디 페터슨, 크리스토퍼 쉬멜링과 나니 쉬멜링 부부에게 감사의 말을 전한다.

과학은 팀 스포츠이며, 나는 대단히 운 좋게도 인간 진화와 에너지학 분야에서 최고의 연구자들과 함께 일하고 배울 기회가 많았다. 스테판 구예네, 케빈 홀, 대니얼 리버먼, 존 스피크먼은 수년간 중요한 통찰력은 물론 이 책의 초안에 대한 피드백을 줬다. 또한 이 책에 나오는 아이디어와 소재는 레슬리 아이엘로, 앤드류 비웨너, 릭 브리비스카스, 존 뷰즈, 빈센트 카로, 에릭 차노브, 스티브 처칠, 메그 크로풋,

모린 데블린, 라라 두가스, 홀리 던스워스, 피터 엘리슨, 멜리사 에머리 톰슨, 리드 페링, 마이클 거번, 앤서니 해크니, 루이스 해슬리, 스티브 헤임스필드, 킴 힐, 리처드 칸, 힐러드 카플란, 윌리엄 크라우스, 크리스토퍼 쿠자와, 미첼 어윈, 캐런 이슬러, 에이미 루크, 폴 매클린, 펠리샤 마디메노스, 앤드류 마셜, 에드 멀랜슨, 데보라 무오이오, 마틴 뮐러, 가이 플라스퀴, 수전 라세트, 에릭 라부신, 리앤 레드먼, 제시카 로스먼, 스티븐 로스, 로버트 슈마커, 조슈아 스노드그래스, 데일 셸러, 로렌스 수기야마, 벤저민 트럼블, 클라우디아 발레지아, 카렐 판샤이크, 에린 포겔, 케라 워커, 크리스틴 월, 클라스 베스테르터르프, 윌리엄 웡, 리처드 랭엄 그리고 요스케 야마다와의 대화와 공동 연구를 통해 얻었다. 연구를 지원해준 미국 국립 과학 재단과 웬너 그렌 재단, 리키 재단에 감사의 말을 전한다.

나는 역시나 운이 좋아서 학생, 박사 후 연구원, 연구 조교들로 구성된 좋은 팀과 함께 일할 수 있었다. 그들 덕분에 이 책 속의 상당수 연구가 가능했고 연구 내내 즐거웠다. 잘 협력해 좋은 아이디어를 내주고 열심히 일해줘서 감사하다. 이름을 다 적으면 책 한 권 분량은 되겠지만, 다음 사람들은 꼭 언급하고 싶다. 케이틀린 서버(미 대륙 횡단 레이스 연구를 이끌어줬다), 샘 울라커(이 책에 나온 슈아르족 연구를 이끌어줬다), 메리 브라운, 에릭 카스티요, 마틴 호라, 외르크 외거, 일레인 코즈마, 미라 레어드, 케라 오커벅, 제니 팔탄, 레베카 림바크, 칼리파 스태퍼드, 제인 스완슨, 애나 워레너.

나의 저작권 대리인 맥스 브록먼 덕분에 이 책의 출판사를 찾을 수 있었다. 예리한 눈을 가지고 용기를 북돋워 준 나의 편집자 캐럴라인 서턴과 해나 슈티크마이어, 도리언 헤이스팅스, 그리고 펭귄 랜덤 하우스의 제작팀에게 감사하다. 카시아 코노프카가 이 책의 그래프를 그려줬다. 빅토리아 에르하르트, 홀리 대니얼스, 에밀리 칸, 살림 칸, 재니스 왕이 이 책의 초안을 읽고 유용한 피드백을 줬다. 마지막으로 듀크대학교에서 일하는 사람들, 특히 브라이언 헤어와 버네사 우즈에게 이 책을 쓰는 동안 힘이 되고 우정을 나눠주어 고맙다는 말을 전한다.

주

1장 보이지 않는 손

22쪽 하드자족은 수렵채집인이다: 하드자족에 대한 심도 있는 논의가 필요하다면 다음을 참조할 것: Frank Marlowe, *The Hadza: Hunter-Gatherers of Tanzania* (Univ. of California Press, 2010).

27쪽 37조 개의 세포: E. Bianconi et al. (2013). "An estimation of the number of cells in the human body." *Ann. Hum. Biol.* 40 (6): 463-71, doi: 10.3109/03014460.2013.807878.

28쪽 1온스의 태양 빛: 체중이 70킬로그램인 사람은 하루 약 2800킬로칼로리를 태운다. 태양의 질량은 1.989×1030이며, 하루 7.942×1027킬로칼로리의 에너지, 즉 킬로그램당 겨우 0.004킬로칼로리의 에너지를 생산해낸다. 다음을 참조할 것. See Vaclav Smil, *Energies: An Illustrated Guide to the Biosphere and Civilization* (MIT Press, 1999).

28쪽 아홉 살짜리가 2000칼로리를 소비하며: N. F. Butte (2000). "Fat intake of children in relation to energy requirements." *Am. J. Clin. Nutr.* 72 (suppl): 1246S-52S.

29쪽 의사도 잘 알지 못하기는 매한가지니까: R. Meerman and A. J. Brown (2014). "When somebody loses weight, where does the fat go?" *BMJ* 349: g7257.

29쪽 미국 연방 정부: Chris Cilliza, "Americans know literally nothing about the Constitution," CNN, last modied September 13, 2017, https://www.cnn.com/2017/09/13/politics/poll-constitution/index.html.

34쪽 스물다섯 살이 되기 전에 죽었을 것이다: 저자의 미발표 분석 연구는 앤에이지 데이터베이스(AnAge, 동물의 수명을 기록한 데이터베이스)를 이용해 성체의 체질량과 나이 사이 상대생장 회귀 분석, 최대 수명, 태반성 포유류의 신생아 크기 자료로 산출함. R. Tacutu et al. (2018). "Human Ageing Genomic Resources: new and updated databases."

Nucl. Acids Res. 46 (D1): D1083–90. doi: 10.1093/nar/gkx1042.

35쪽 다른 포유류에 비해: E. L. Charnov and D. Berrigan (1993). "Why do female primates have such long lifespans and so few babies? *or* Life in the slow lane." *Evol. Anthro.* 1 (6): 191–94.

35쪽 피식 가능성이 낮을수록 생애사 속도는 늦어지는 경향을 보인다: S. C. Stearns, M. Ackermann, M. Doebeli, and M. Kaiser (2000). "Experimental evolution of aging, growth, and reproduction in fruities." *PNAS* 97 (7): 3309–13; S. K. Auer, C. A. Dick, N. B. Metcalfe, and D. N. Reznick (2018). "Metabolic rate evolves rapidly and in parallel with the pace of life history." *Nat. Commun.* 9: 14.

36쪽 체급 불문 인간보다 2배 정도 힘이 세다: M. C. O'Neill et al. (2017). "Chimpanzee super strength and human skeletal muscle evolution." *PNAS* 114 (28): 7343–48; K. Bozek et al. (2014). "Exceptional evolutionary divergence of human muscle and brain metabolomes parallels human cognitive and physical uniqueness." *PLoS Biol.* 12 (5): e1001871. doi: 10.1371/journal.pbio.1001871.

39쪽 이 가설을 목소리 높여 주장한 사람들이 있었다. 대표적인 사람이 브라이언 맥냅인데: Brian K. McNab (2008). "An analysis of the factors that inuence the level and scaling of mammalian BMR." *Comp. Biochem. Phys. A—Mol. Integ. Phys.* 151: 5–28.

39쪽 더 빠른 삶의 속도를 위해서는 아마도 더 빠른 대사 기관이 필요하기 때문이다: T. J. Case(1978). "On the evolution and adaptive signicance of postnatal growth rates in the terrestrial vertebrates." Quar. Rev. Biol. 53 (3): 243–82.

39쪽 다른 연구들은 이 결과 위에 쌓아 올려졌다: P. H. Harvey, M. D. Pagel, and J. A. Rees (1991). "Mammalian metabolism and life histories." *Am. Nat.* 137 (4): 556–66.

43쪽 오랑우탄은 인간보다 하루 소모하는 칼로리가 더 적었다: H. Pontzer et al.(2010). "Metabolic adaptation for low energy throughput in orangutans." *PNAS* 107 (32): 14048–52.

44쪽 세발가락 나무늘보와 판다: Y. Nie et al. (2015). "Exceptionally low daily energy expenditure in the bamboo-eating giant panda." *Science* 349 (6244): 171–74.

44쪽 우리가 오랑우탄의 생태와 생리에 대해 알았던 모든 사실: Serge A. Wich, S. Suci Utami Atmoko, Tatang Mitra Setia, and Carel P. van Schaik, *Orangutans: Geographic Variation in Behavioral Ecology and Conservation* (Oxford Univ. Press, 2008).

47쪽 영장류가 소모하는 칼로리는 다른 태반성 포유류의 불과 절반밖에 되지 않았다: H. Pontzer et al. (2014). "Primate energy expenditure and life history." *PNAS* 111 (4): 1433–37.

50쪽 1995년 레슬리 아이엘로와 피터 휠러가 공동 저자로 참여한 논문: L. C. Aiello and P. Wheeler(1995). "The Expensive Tissue Hypothesis: the brain and the digestive system in human and primate evolution." *Curr. Anthropol.* 36: 199–221.

51쪽 "자연은 한쪽에서 지출을 하기 위해 다른 쪽에서는 절약을 하도록 강요한다": Charles Darwin, *On the Origin of Species* (John Murray, 1861), 147.

51쪽 동남아시아의 영장류: Arthur Keith (1891). "Anatomical notes on Malay apes." *J. Straits Branch Roy. Asiatic Soc.* 23: 77–94.

51쪽 야생 영장류에게 최초로 이중표지수 연구: K. A. Nagy and K. Milton (1979). "Energy metabolism and food consumption by howler monkeys." *Ecology* 60: 475–80.

51쪽 과일을 먹고 사는 영장류보다 … 뇌가 작다는 사실: K. Milton (1993). "Diet and primate evolution." *Scientic American*, August, 86–93.

51쪽 더 큰 뇌를 얻기 위한 에너지 비용: K. Isler and C. P. van Schaik (2009). "The Expensive Brain: A framework for explaining evolutionary changes in brain size." *J. Hum. Evol.* 57: 392–400.

53쪽 뚜렷하게 다른 일일 에너지 소비량을 진화시켰다: H. Pontzer et al. (2016). "Metabolic acceleration and the evolution of human brain size and life history." *Nature* 533: 390–92.

2장 대체 신진대사가 무엇일까?

63쪽 들인 활동과 얻은 열의 합: 여기서 분자를 만드는 생성 에너지(which should also be included in an exhaustive accounting of energy)를 물건을 움직이는 기계적인 작업과 같이 취급해 살짝 단순화했다.

63쪽 충분한 에너지(730킬로칼로리)를 방출한다: J. Taylor and R. L. Hall (1947). "Determination of the heat of combustion of nitroglycerin and the thermochemical constants of nitrocellulose." *J. Phys. Chem.* 51 (2): 593 – 611.

64쪽 섭씨 1도(화씨 1.8도): 1밀리리터의 물 온도를 섭씨 1도 높이는 데 필요한 에너지는 물의 처음 온도에 따라 어느 정도 달라진다. 1칼로리의 현재 정의는 4.184 줄(joule)에 해당하는 에너지다. 1줄은 질량이 1킬로그램인 물체를 1미터 위로 1미터(중력을 거슬러) 들어 올리는 데 필요한 에너지로 정의된다. 줄은 영국 출신 과학자 제임스 프레스콧 줄James Prescott Joule의 이름에서 따온 것인데, 그는 1800년대에 기계적인 일과 열에너지의 관계를 알아낸 인물이다.

64쪽 킬로칼로리를 가리킬 때는 … 대문자 '칼로리(Calories)': J. L. Hargrove. (2006). "History of the Calorie in Nutrition." *J. Nutr.* 136: 2957 – 61.

65쪽 식품 성분표의 줄을 칼로리로 변환: 실제로 1칼로리에는 4.18 줄이 있지만, 이것을 4로 나누면 정확히 5퍼센트 정도가 된다. 하루 사용하는 칼로리와 비슷해진다. 또한 kJ은 킬로줄(1000줄)이며, Mj는 메가 줄(100만 줄)임도 명심하라.

68쪽 새끼 파리가 썩은 고기에서 생겨나는 것: 펜실베이니아 주립 대학교에 있는 케네스 와이스Kenneth Weiss 박사에게 감사를 전한다. 그는 학부 초기 시절 이런 관점으로 나를 놀라게 했다.

70쪽 6500만 년 동안 탄수화물에 의존해왔다: R. W. Sussman (1991). "Primate origins and the evolution of angiosperms." *Am. J. Primatol.* 23 (4): 209 – 23.

74쪽 우리가 먹는 녹말과 당류의 약 80퍼센트: R. Holmes (1971). "Carbohydrate digestion and absorption." *J. Clin. Path.* 24, Suppl. (Roy. Coll. Path.) (5): 10 – 13.

74쪽 소화관으로 흘러가는 혈류량이 2배 이상 늘어나며: P. J. Matheson, M. A. Wilson, and R. N. Garrison (2000). "Regulation of intestinal blood ow." *Jour. Surg. Res.* 93: 182 – 96.

75쪽 혈당 지수가 낮은 음식이 더 건강에 좋다: 세심하게 진행된 혈당 지수 관련 연구 증거들이 섞여 있다. Franz (2003). "The glycemic index: Not the most effective nutrition therapy intervention." *Diabetes Care* 26: 2466–68.

75쪽 오렌지 한 조각보다 더 적은 섬유질이 들어 있다: F. S. Atkinson, K. Foster–Powell, and J. C. Brand–Miller (2008). "International tables of glycemic index and glycemic load values: 2008." *Diabetes Care* 31 (12): 2281–83.

75쪽 수조 개의 박테리아: R. Sender, S. Fuchs, and R. Milo (2016). "Revised estimates for the number of human and bacteria cells in the body." *PLoS Biol.* 14 (8): e1002533.

75쪽 미생물군은 우리 몸속에 사는 1.8킬로그램의 초개체와 같다: I. Rowland et al. (2018). "Gut microbiota functions: Metabolism of *Nutrients* and other food components." *Eur. J. Nutr.* 57 (1): 1–24.

76쪽 탄수화물은 에너지다: 당류는 또한 몸속의 일부 구조물을 만드는 데도 사용된다. 가령 DNA의 D는 데옥시리보스, 즉 식이 탄수화물로 만들어지는 당 분자다.

78쪽 담즙은 간에서 분비되는 초록색 즙: "Secretion of Bile and the Role of Bile Acids in Digestion," Colorado State University, accessed March 13, 2020, http://www.vivo.colostate.edu/hbooks/pathphys/digestion/liver/bile.html.

78쪽 담즙산(쓸개즙염이라고도 부른다): M. J. Monte, J. J. Marin, A. Antelo, and J. Vazquez–Tato (2009). "Bile acids: Chemistry, *Physiology*, and patho*Physiology*." *World J. Gastroenterol.* 15 (7): 804–16.

80쪽 비만이 주된 위험 요인이다: S. L. Friedman, B. A. Neuschwander–Tetri, M. Rinella, and A. J. Sanyal (2018). "Mechanisms of NAFLD development and therapeutic strategies." *Nat. Med.* 24 (7): 908–22.

81쪽 일반적인 알칼리 전지: 2020년 3월 13일에 확인한 위키피디아, https://en.wikipedia.org/wiki/Energy_density.

82쪽 단백질을 만드는 아미노산: 여기서 나는 DNA에서 RNA, 아미노산 서열까지 가는 여러 과정을 생략하고 굉장히 단순화해 설명했다. 좋은 입문서를 찾는다면 다음을 참고할 것. "Essentials of Genetics," *Nature* Education, https://www.*Nature*.com/scitable/ebooks/essentials–of–genetics–8/contents/.

83쪽 조직과 분자는 시간이 지나면서 분해된다: G. E. Shambaugh III (1977). "Urea biosynthesis I. The urea cycle and relationships to the citric acid cycle." *Am. J. Clin.*

Nutr. 30 (12): 2083–87.

84쪽 매일 우리에게 필요한 칼로리의 약 15퍼센트를 제공한다: C. E. Berryman, H. R. Lieberman, V. L. Fulgoni III, and S. M. Pasiakos (2018). "Protein intake trends and conformity with the Dietary Reference Intakes in the United States: Analysis of the National Health and Nutrition Examination Survey, 2001–2014." *Am. J. Clin. Nutr.* 108 (2): 405–13.

85쪽 모든 분자는 하루 3000번에 걸쳐 ADP에서 ATP로, 또 그 반대로 순환하며: Lawrence Cole, *Biology of Life Biochemistry, Physiology and Philosophy* (Academic Press, 2016).

85쪽 과당과 갈락토스도 근본적으로 같다: J. M. Rippe and T. J. Angelopoulos (2013). "Sucrose, high–fructose corn syrup, and fructose, their metabolism and potential health effects: What do we really know?" *Adv. Nutr.* 4 (2): 236–45.

87쪽 크렙스 회로라는 원형 트랙: 핸스 A. 크렙스Hans A. Krebs와 윌리엄 A. 존슨이 1937년 찾아냈으며, 핸스 A. 크렙스는 크렙스 회로로 노벨 의학상을 받았다. 크렙스와 그의 제자 쿠르트 헨젤라이트는 1932년에 요소 회로를 발견했다. 크레스브는 소변 생성보다는 에너지 생성 분야로 잘 알려져서 좋아했을 것이다.

88쪽 원자 자체가 아니라: 이들 원자 질량을 에너지로 바꾸면 아인슈타인의 유명한 공식 E = mc2를 따라야 하며, 원자로가 필요할 것이다. 1그램의 포도당은 210억 킬로칼로리를 만들어내며 눈에 보이는 모든 것을 증발시킬 것이다.

94쪽 개들은 우리 인간의 감정을 얻고 우리가 자기들을 사랑하게 만들도록 진화했다: Brian Hare and Vanessa Woods, *The Genius of Dogs: How Dogs Are Smarter Than You Think* (Dutton, 2013).

94쪽 광합성의 새로운 레시피가 나와: R. M. Soo et al. (2017). "On the origins of oxygenic photosynthesis and aerobic respiration in Cyanobacteria." *Science* 355 (6332): 1436–40.

95쪽 70만 명 중 한 명이 번개에 맞는다: "Flash Facts About Lightning," *National Geographic*, accessed March 13, 2020, https://news.nationalgeographic.com/news/2004/06/ash–facts–about–lightning/.

95쪽 30리터 안에는 수백만 마리가 넘는 박테리아가 들어 있으며: K. Lührig et al. (2015).

"Bacterial community analysis of drinking water biolms in southern Sweden." *Microbes Environ*. 30 (1): 99 – 107.

95~96쪽 물은 약 3억 3000만 세제곱미터에 달한다: "How Much Water Is There on Earth?" USGS, https://water.usgs.gov/edu/earthhowmuch.html

97쪽 선견지명이 뛰어난 진화생물학자 린 마굴리스가 주장했다: Lynn Margulis, *Origin of Eukaryotic Cells* (Yale University Press, 1970).

3장 우리는 얼마나 많은 에너지를 쓰며 살아갈까?

106쪽 플로지스톤은 … 필수 물질이라고 알려져 있었다: 2029년 3월 13일에 확인한 위키피디아, https://en.wikipedia.org/wiki/Phlogiston_theory.

106쪽 화학자 조지프 프리스틀리: "Joseph Priestley and the Discovery of Oxygen," American Chemical Society, International Historic Chemical Landmarks, accessed March 13, 2020, http://www.acs.org/content/acs/en/education/whatischemistry/landmarks/josephpriestleyoxygen.html.

107쪽 두 사람은 기니피그 한 마리를 작은 금속 통에 넣은 뒤: Esther Inglis – Arkell, "The Guinea Pig That Proved We Have an Internal Combustion Engine," Gizmodo, last modied June 23, 2013, https://io9.gizmodo.com/the – guinea – pig – that – proved – we – have – an – internal – combusti – 534671441.

108쪽 산소 소비량과 이산화탄소 발생량을 인간과 동물이 소모하는 열량의 주요 척도로 삼았다: 《막스 루브너》(1833) 등 막스 루브너의 선구적 저서를 참조할 것. "Uber den Einuss der Korpergrosse auf Stoff – und Kraftwechsel." *Zeitschr. f. Biol.* 19: 535 – 62.

110쪽 신체 활동 개요: B. E. Ainsworth et al. (2011). "Compendium of Physical Activities: A second update of codes and MET values." *Medicine and Science in Sports and Exercise* 43 (8): 1575 – 81.

116쪽 조나스 루벤슨과 동료들이 … 메타 분석: Jonas Rubenson et al. (2007). "Reappraisal of the comparative cost of human locomotion using gait – specic allometric analyses." *J.*

Experi. Biol. 210: 3513–24.

116쪽 하드자족 데이터는 이 훨씬 큰 표본과 딱 맞아떨어졌다: H. Pontzer et al. (2012). "Hunter–gatherer energetics and human *Obesity*." *PLoS One* 7 (7): e40503.

117~118쪽 파올라 잠파로 … 뛰어난 수영 선수들을 대상으로 연구를 했고: P. Zamparo et al. (2005). "Energy cost of swimming of elite long–distance swimmers." *Eur. J. Appl. Physiol.* 94 (5–6): 697–704.

118쪽 자전거 타기는 에너지 비용이 훨씬 적게 든다: P. E. di Prampero (2000). "Cycling on Earth, in space, on the Moon." *Eur. J. Appl. Physiol.* 82 (5–6): 345–60.

119쪽 등반의 비용은 다음과 같이 체중에 따라 증가한다: Elaine E. Kozma (2020), *Climbing Performance and Ecology in Humans, Chimpanzees, and Gorillas* (PhD dissertation, City University of New York).

122쪽 가장 경제적인 속도, 약 시속 2.5마일(4킬로미터)로 걸으면: D. Abe, Y. Fukuoka, and M. Horiuchi (2015). "Economical speed and energetically optimal transition speed evaluated by gross and net oxygen cost of transport at different gradients." *PLoS One* 10: e0138154.

123쪽 에너지상 최적의 속도에 대단히 가깝게: H. J. Ralston (1958). "Energy–speed relation and optimal speed during level walking." *Int. Z. Angew. Physiol. Einschl. Arbeitphysiol.* 17 (4): 277–83.

123쪽 속도가 빠른 대도시에 사는 사람들: M. H. Bornstein and H. G. Bornstein (1976). "The pace of life." *Nature* 259: 557–59.

123쪽 걸음걸이의 고유한 역학: Andrew Biewener and Shelia Patek, *Animal Locomotion*, 2nd ed. (Oxford Univ. Press, 2018).

125쪽 그 영향은 1~4퍼센트가량으로 대개 작다: M. I. Lambert and T. L. Burgess (2010). "Effects of training, muscle damage and fatigue on running economy." *Internat. SportMed J.* 11(4): 363–79.

125쪽 소모되는 에너지가 불과 3에서 13까지 증가한다: C. J. Arellano and R. Kram (2014). "The metabolic cost of human running: Is swinging the arms worth it?" *J. Exp. Biol.* 217: 2456–61.

126쪽 빅맥 반 개 (270킬로칼로리): "McDonald's Nutrition Calculator," McDonald's, accessed March 13, 2020, https://www.mcdonalds.com/us/en-us/about-our-food/nutrition-calculator.html.

126쪽 초콜릿 입힌 도넛(340킬로칼로리) 하나의 열량: "Nutrition." Dunkin' Donuts, accessed March 13, 2020, https://www.dunkindonuts.com/en/food-drinks/donuts/donuts.

129쪽 BMR은 다음처럼 체중에 따라 증가한다: C. J. 헨리의 다음 논문(2005)을 요약함. "Basal metabolic rate studies in humans: Measurement and development of new equations." *Publ. Health Nutr.* 8: 1133-52.

130~131쪽 체지방이 30퍼센트인 체중 68킬로그램의 전형적인 성인은 하루 총 85킬로칼로리를 소모하는 셈: 신체 기관의 에너지 비용을 살펴보고 싶다면 다음 자료를 참고할 것. ZiMian Wang et al. (2012). "Evaluation of specic metabolic rates of major organs and tissues: Comparison between nonobese and obese women." *Obesity* 20 (1): 95-100.

131쪽 심장이 한 번 뛸 때마다 2칼로리라는 낮은 에너지 비용: M. Horiuchi et al. (2017). "Measuring the energy of ventilation and circulation during human walking using induced hypoxia." *Scientic Reports* 7 (1): 4938. doi: 10.1038/s41598-017-05068-8

132쪽 젖산과 (지방 속) 글리세롤, (단백질 속) 아미노산을 (포도당으로) 전환한다: J. E. Gerich, C. Meyer, H. J. Woerle, and M. Stumvoll (2001). "Renal gluconeogenesis: Its importance in human glucose homeostasis."*Diabetes Care* 24 (2): 382-91.

133쪽 고유한 입과 엉덩이를 가진 다른 모든 동물처럼: 불가사리 같은 많은 동물은 단 하나의 구멍으로 영양분을 체내로 가지고 들어가고 배설물을 내보낸다. 다음 자료를 참고할 것. A. Hejnol and M. Q. Martindale (2008). "Acoel development indicates the independent evolution of the bilaterian mouth and anus." *Nature* 456 (7220): 382-86. doi: 10.1038/*Nature*07309.

134쪽 세라 바르와 존 커비 그리고 그 동료들이 최근 쥐를 대상으로 한 연구. S. M. Bahr et al. (2015). "Risperidone-induced weight gain is mediated through shifts in the gut microbiome and suppression of energy expenditure." *EBioMedicine* 2 (11): 1725-34.

doi: 10.1016/j.ebiom.2015.10.018.

135쪽 영양소를 제공하고 폐기물을 청소한다: M. Bélanger, I. Allaman, and P. J. Magistretti (2011). "Brain energy metabolism: Focus on astrocyte-neuron metabolic cooperation." *Cell Metabolism* 14 (6): 724-38.

135쪽 시간당 약 4킬로칼로리까지 대사율이 높아졌다: R. W. Backs and K. A. Seljos (1994). "Metabolic and cardiorespiratory measures of mental effort: The effects of level of difculty in a working memory task." *Int. J. Psychophysiol.* 16 (1): 57-68; N. Troubat, M.-A. Fargeas-Gluck, M. Tulppo, and B. Dugué (2009). "The stress of chess players as a model to study the effects of psychological stimuli on physiological responses: An example of substrate oxidation and heart rate variability in man." *Eur. J. Appl. Physiol.* 105 (3): 343-49.

135~136쪽 크리스토퍼 쿠자와와 동료들은 … 연구 결과를 내놓았다: C. W. Kuzawa et al. (2014). "Metabolic costs of human brain development." *Proc. Nat. Acad. Sciences* 111 (36): 13010-15. doi: 10.1073/*PNAS*.1323099111.

137쪽 열중립 범위는 대략 화씨 75~93도(섭씨 24~34도)다: B. R. M. Kingma, A. J. H. Frijns, L. Schellen, and W. D. V. Lichtenbelt (2014). "Beyond the classic thermoneutral zone: Including thermal comfort." *Temperature* 1 (2): 142-49.

137쪽 그렇지 않은 성인보다 열중립 범위가 몇 도 더 낮다: R. J. Brychta et al. (2019). "Quantication of the capacity for cold-induced thermogenesis in young men with and without *Obesity*." *J. Clin. Endocrin. Metab.* 104 (10): 4865-78. doi: 10.1210/jc.2019-00728.

137쪽 북극에 사는 사람들은 … BMR이 10퍼센트가량 더 높은 경향이 있다: W. R. Leonard et al. (2002). "Climatic inuences on basal metabolic rates among circumpolar populations." *Am. J. Hum. Biol.* 14 (5): 609-20.

138쪽 몸을 떨면 휴식 대사율이 … 높아질 수 있다: F. Haman and D. P. Blondin (2017). "Shivering thermogenesis in humans: Origin, contribution and metabolic requirement." *Temperature* 4 (3): 217-26. doi: 10.1080/23328940.2017.1328999.

138쪽 급성 감염증으로 어린이 10명 중 4명이: M. Gurven and H. Kaplan(2007).

"Longevity among hunter-gatherers: A cross-cultural examination." *Pop. and Devel. Rev.* 33 (2): 321-65.

139쪽 학교 보건소에 보고된 미국의 남자 대학생 … BMR은: M. P. Muehlenbein, J. L. Hirschtick, J. Z. Bonner, and A. M. Swartz (2010). "Toward quantifying the usage costs of human immunity: Altered metabolic rates and hormone levels during acute immune activation in men." *Am. J. Hum. Biol.* 22: 546-56.

139쪽 현대화의 산물인 소독약 없이 살아가는: M. D. Gurven et al. (2016). "High resting metabolic rate among Amazonian forager-horticulturalists experiencing high pathogen burden." *Am. J. Physical Anth.* 161 (3): 414-25. doi: 10.1002/ajpa.23040.

140쪽 5~12세 슈아르족 아이들의 BMR이 … 하루 200킬로칼로리 더 높다: S. S. Urlacher et al. (2019). "Constraint and trade-offs regulate energy expenditure during childhood." *Science Advances* 5 (12): eaax1065. doi: 10.1126/sciadv.aax1065.

142쪽 이때 성장 비용은 파운드당 약 2200킬로칼로리다: J. C. Waterlow(1981). "The energy cost of growth. Joint FAO/WHO/UNU Expert Consultation on Energy and Protein Requirements." Rome, accessed March 14, 2020, http://www.fao.org/3/M2885E/M2885E00.htm.

142쪽 9개월간의 건강한 임신에 드는 총 에너지 비용은 8만 킬로칼로리 정도다: N. F. Butte and J. C. King (2005). "Energy requirements during pregnancy and lactation." *Publ. Health Nutr.* 8: 1010-27.

143~144쪽 이 동물들이 성장하고 번식하는 방식의 변화와 직접적으로 관련이 있었다: T. J. Case (1978). "On the evolution and adaptive signicance of postnatal growth rates in the terrestrial vertebrates." *Quar. Rev. Biol.* 53 (3): 243-82.

144쪽 파충류 조상보다 하루 10배 이상 더 많은 칼로리를 소모한다: K. A. Nagy, I. A. Girard, and T. K. Brown (1999). "Energetics of free-ranging mammals, reptiles, and birds." *Ann. Rev. Nutr.* 19: 247-77.

144쪽 포유류는 파충류보다 5배 빨리 성장하며: 앤에이지(AnAge) 데이터베이스를 활용해 성인 체질량과 성장률(연간 그램), 번식량 간 상대 생장률로 계산한 저자의 미발표된 분석 자료. R. Tacutu et al. (2018). "Human Ageing Genomic Resources: New and updated databases." *Nucleic Acids Research* 46 (D1): D1083–90.

145쪽 선구적인 스위스 영양학자 막스 클라이버의 이름을 따서 클라이버의 대사 법칙이 라고 한다: Max Kleiber, *The Fire of Life: An Introduction to Animal Energetics* (Wiley, 1961). 새뮤얼 브로디Samuel Brody와 프랜시스 베니딕트도 이 발견에 기여했다.

145쪽 클라이버가 주장한 0.75 근처인 0.45~0.82 사이의 지수: 앤에이지(AnAge) 데이터베이스를 활용해 성인 체질량과 성장률(연간 그램), 번식량 간 상대 생장률로 계산한 저자의 미발표된 분석 자료. R. Tacutu et al. (2018). "Human Ageing Genomic Resources: New and updated databases." *Nucleic Acids Research* 46 (D1): D1083–90.

148쪽 기원전 350년에 쓴 책 《장수와 단명에 관하여》: 아리스토텔레스, 《장수와 단명에 관하여》. 기원전 350년에 집필. G R. T, 로스G. R. T. Ross 번역. 2020년 3월 16일에 확인, http://classics.mit.edu/Aristotle/longev_short.html.

148쪽 루브너는 … 조직 1그램당 쓰는 총 에너지가: Max Rubner, *Das Problem det Lebensdaur und seiner beziehunger zum Wachstum und Ernarnhung*(Oldenberg, 1908).

149쪽 미국의 생물학자 … 레이먼드 펄: Raymond Pearl, *The Biology of Death*(J. B. Lippincott, 1922).

149쪽 노화의 활성 산소설: Denham Harman (1956). "Aging: A theory based on free radical and radiation chemistry." *J. Gerontol.* 11 (3): 298–300.

150쪽 늘 수명에 기대한 영향을 보여주지는 않는다: 일부 연구에서는 항산화제 섭취가 사망 위험에 긍정적 영향을 미친다는 결과가 나왔다. (e.g., L.–G. Zhao et al.[2017]. "Dietary antioxidant vitamins intake and mortality: A report from two cohort studies of Chinese adults in Shanghai." *J. Epidem.* 27 [3]: 89–97), while others nd no effect at all (e.g., U. Stepaniak et al. [2016]. "Antioxidant vitamin intake and mortality in three Central and Eastern European urban populations: The HAPIEE study." *Eur. J. Nutr.* 55 [2]: 547–60).

150쪽 연구자들은 그런 연관성이 과연 존재하기는 하는지 푸념하고 있다: 이에 회의적인 견해를 확인하고 싶다면 다음을 참고할 것. J. R. Speakman (2005). "Body size, energy metabolism, and lifespan." *J. Exp. Biol.* 208: 1717–30.

150쪽 음식 섭취량을 줄여 대사 속도를 늦추면 수명이 길어졌고: J. R. Speakman and S. E. Mitchell (2011). "Caloric restriction." *Mol. Aspects Med.* 32: 159–221.

151쪽 그린란드상어는 최대 수명이 400년이다: J. Nielsen et al. (2016). "Eye lens radiocarbon reveals centuries of longevity in the Greenland shark (*Somniosus microcephalus*)." *Science* 353 (6300): 702–04.

151쪽 심박수(분당 박동수)는 세포 대사 속도와 일치한다: C. R. White and M. R. Kearney (2014). "Metabolic scaling in animals: Methods, empirical results, and theoretical explanations." *Compr. Physiol.* 4 (1): 231–56. doi: 10.1002/cphy.c110049.

152쪽 프랭크 베니딕트와 그의 동료 J. 아서 해리스 … 축적하고 있었다: J. A. Harris and F. G. Benedict (1918). "A biometric study of human basal metabolism."*PNAS* 4 (12): 370–73. doi: 10.1073/*PNAS*.4.12.370.

153쪽 PAR은 기본적으로 표 3에 나오는 MET 값과 같다: MET 값은 언제나 시간당 킬로그램당 1킬로칼로리이며, 이는 보통 사람의 BMR이다. PAR 값은 각 개인의 BMR 또는 예상 BMR에 맞게 조정된다.

153쪽 여전히 WHO가 … 사용하고 있으며: FAO 식량 안보 및 영양 현황 보고서 시리즈 1(Food and Nutrition Technical Report Series 1), FAO/WHO/UNU (2001). "Human energy requirements." http://www.fao.org/docrep/007/y5686e/y5686e00.htm#Contents.

155쪽 성인들은 실제로 먹은 음식을 평균 29퍼센트까지 적게 이야기했다: L. Orcholski et al. (2015). "Under-reporting of dietary energy intake in five populations of the African diaspora." *Brit. J. Nutri.* 113 (3): 464–72. doi: 10.1017/S000711451400405X.

156쪽 전형적인 미국인이 하루 2000킬로칼로리의 음식을 먹는다고 생각하고 있었다면: Marion Nestle and Malden Nesheim, *Why Calories Count: From Science to Politics* (Univ. of California Press, 2013).

156쪽 미네소타대학교의 물리학과 교수였던 네이선 리프슨: A. Prentice (1987). "Human energy on tap." *New Scientist*, November: 40–44.

157쪽 체내 물웅덩이 속 산소 원자가 몸 밖으로 나가는 다른 방법이 있다: N. Lifson, G. B. Gordon, M. B. Visscher, and A. O. Nier (1949). "The fate of utilized molecular oxygen and the source of the oxygen of respiratory carbon dioxide, studied with the aid of heavy oxygen." *J. Biol. Chem.* 180 (2): 803–11.

158쪽 리프슨은 이런 동위원소를 사용해 이 두 원소의 흐름을 추적했다: N. Lifson, G. B. Gordon, R. McClintock (1955). "Measurement of total carbon dioxide production by means of D2 18O." *J. Appl. Physiol.* 7: 704 – 10.

159쪽 체중 68킬로그램의 사람에게 필요한 동위원소는 25만 달러[한화 약 3억 2400만 원] 이상 했다: J. R. Speakman (1998). "The history and theory of the doubly labeled water technique." *Am. J. Clin. Nutr.* 68 (suppl): 932S – 38S.

160쪽 1982년 최초로 인간을 대상으로 한 이중표지수 연구: D. A. Schoeller and E. van Santen (1982). "Measurement of energy expenditure in humans by doubly labeled water." *J. Appl. Physiol.* 53: 955 – 59.

162쪽 수백 개에 달하는 남녀 그리고 어린이의 이중표지수 측정 데이터: L. Dugas et al. (2011). "Energy expenditure in adults living in developing compared with industrialized countries: A meta – analysis of doubly labeled water studies." *Am. J. Clin. Nutr.* 93: 427 – 441; N. F. Butte (2000). "Fat intake of children in relation to energy requirements." *Am. J. Clin. Nutr.* 72 (5 Suppl): 1246S – 52S; H. Pontzer et al. (2012). "Hunter – gatherer energetics and human *Obesity*." *PLoS One 7* (7): e40503.

4장 인간은 어떻게 가장 다정하고 건강하고 뚱뚱한 유인원으로 진화했을까?

178쪽 조지아 고인류학자들은 … 확실한 연대와 함께 두 개의 새로운 두개골을 더 찾았다: L. Gabunia et al. (2000). "Earliest Pleistocene hominid cranial remains from Dmanisi, Republic of Georgia: Taxonomy, geological setting, and age." *Science* 288 (5468): 1019 – 25.

181쪽 또 하나의 두개골을 발굴했다. 그 지역에서 나온 네 번째 두개골이었다: D. Lordkipanidze et al. (2005). "The earliest toothless hominin skull." *Nature* 434: 717 – 18.

181쪽 야생 식물과 동물은 거의 전부 씹기 힘들다: 인간 진화의 거의 모든 다른 것처럼 치아의 필요성이나 치아가 없을 때 받는 도움의 문제에 관해서는 현재 활발히 논의 중이다. 어떤 이들은 이 가여운 사람이 도움을 받지 못하고 이가 빠진 채로 계속 살았을 것이라고 주장했다. 석기로 음식을 으깨거나 커다란 덩어리를 그저 힘겹게 삼키면서 말이다. 확신할 수는 없다. 하지만 나로서는 이토록 심각한 상태에서 도움, 유인원이 서로에게 주는 도움보다 훨씬 더 큰 도움을 받지 못한 채 그 남자가 어떻게 살아남았을지 알기 힘들다.

182쪽 초기 영장류가 꽃식물과 함께 진화했다: R. W. Sussman (1991). "Primate origins and the evolution of angiosperms." *Am. J. Primatol.* 23 (4): 209–23.

184쪽 호미닌 진화의 이 첫 번째 장은 700만 년에서 400만 년 전까지 지속됐다: 여기서 하는 짧은 개요보다 우리 종의 진화를 더 꼼꼼히 살펴보고 싶다면 다음을 참조할 것. Glenn C. Conroy and Herman Pontzer, *Reconstructing Human Origins*, 3rd ed. (W. W. Norton, 2012).

185쪽 더 두꺼운 책에서 다룰 주제: Conroy and Pontzer, *Reconstructing Human Origins*.

186쪽 케냐 북부의 330만 년 된 화석 유적지에서 커다란 기본 도구를 발견했다: S. Harmand et al. (2015). "3.3–million–year–old stone tools from Lomekwi 3, West Turkana, Kenya." *Nature* 521: 310–15.

187쪽 도표 4.1. 인간 계통수: 허먼 폰처의 논문에서 발췌, 수정(2017). "Economy and endurance in human evolution." *Curr. Biol.* 27 (12): R613–21. doi: 10.1016/j.cub.2017.05.031.

188쪽 케냐와 에티오피아 화석지에서 나온 동물 화석은 도살의 흔적을 보여준다: M. Domínguez–Rodrigo, T. R. Pickering, S. Semaw, and M. J. Rogers (2005). "Cutmarked bones from Pliocene archaeological sites at Gona, Afar, Ethiopia: Implications for the function of the world's oldest stone tools." *J. Hum. Evol.* 48(2): 109–21.

191쪽 "사냥감을 공격하거나 음식을 얻는 데": Charles Darwin, *The Descent of Man* (D. Appleton, 1871).

193쪽 야생의 오랑우탄 어미는 … 음식을 나눠 준다: A. V. Jaeggi, M. A. van Noordwijk, and C. P. van Schaik (2008). "Begging for information: Mother–offspring food sharing among wild Bornean orangutans." *Am. J. Primatol.* 70 (6):533–41. doi: 10.1002/

ajp.20525.

193쪽 고릴라는 … 음식을 나눠 먹는 모습이 단 한 번도 관찰된 적이 없다: A. V. Jaeggi and C. P. Van Schaik (2011). "The evolution of food sharing in primates." *Behav. Ecol. Sociobiol.* 65: 2125–40.

193쪽 부동고 숲의 손소 침팬지 무리의 성체 침팬지: R. M. Wittig et al. (2014). "Food sharing is linked to urinary oxytocin levels and bonding in related and unrelated wild chimpanzees." *Proc. Biol. Sci.* 281 (1778): 20133096. doi:10.1098/rspb.2013.3096.

193쪽 성체 보노보(대개 암컷)가 … 특정 열매를 나눠 먹는다: S. Yamamoto (2015). "Non-reciprocal but peaceful fruit sharing in wild bonobos in Wamba." *Behaviour* 152: 335–57.

195쪽 새로운 행동이 생겨나고 몸은 적응한다: A. Lister (2013). "*Behavioura*l leads in evolution: Evidence from the fossil record." *Bio. J. Linnean Soc.* 112: 315–31.

198쪽 본인의 모성을 딸 … 음식을 나눠 먹는 데 쓰기 시작했다: K. Hawkes et al. (1998). "Grandmothering, menopause, and the evolution of human life histories." *PNAS* 95 (3): 1336–39. doi: 10.1073/*PNAS*.95.3.1336.

198쪽 호미닌 화석의 뇌 크기는 … 거의 20퍼센트 컸으며: S. C. Antón, R. Potts, and L. C. Aiello (2014). "Evolution of early Homo: An integrated biological perspective." *Science* 345 (6192): 1236828. doi: 10.1126/*Science*.1236828.

199쪽 호모 속(genus Homo)의 초기 구성원들이 오래 달리기를 할 수 있도록 적응했으며: D. M. Bramble and D. E. Lieberman (2004). "Endurance running and the evolution of Homo." *Nature* 432: 345–52. doi: 10.1038/*Nature*03052.

203쪽 귀한 대접을 받던 원자재의 무역망은 먼 거리에 걸쳐 뻗어 나가고: A. S. Brooks et al. (2018). "Long-distance stone transport and pigment use in the earliest Middle Stone Age." *Science* 360 (6384): 90–94.

203쪽 연중 일정으로 조개류를 수확하면서: A. Jerardino, R. A. Navarro, and M. Galimberti (2014). "Changing collecting strategies of the clam *Donax serra* Röding (Bivalvia: Donacidae) during the Pleistocene at Pinnacle Point, South Africa." *J. Hum. Evol.* 68: 58–67. doi: 10.1016/j.jhevol.2013.12.012.

203쪽 프랑스 보르도부터 말레이 제도의 보르네오섬까지 동굴 벽에 무시무시한 벽화: M. Aubert et al. (2018). "Palaeolithic cave art in Borneo." *Nature* 564: 254–57.

204쪽 유산소성 운동 능력의 일반적인 척도인 우리의 최대 산소 섭취량: H. Pontzer (2017). "Economy and endurance in human evolution." *Curr. Biol.* 27 (12): R613–21. doi: 10.1016/j.cub.2017.05.031.

205쪽 도구 기술과 사냥 기법은 꽤 수준이 높았다: H. Thieme (1997). "Lower Palaeolithic hunting spears from Germany." *Nature* 385: 807–10. doi: 10.1038/385807a0.

205쪽 수렵채집 사회의 사람들은 10대 후반이 될 때까지: H. Kaplan, K. Hill, J. Lancaster, and A. M. Hurtado (2000). "A theory of human life history evolution: Diet, intelligence, and longevity." *Evol. Anthro.* 9 (4): 156–85.

206쪽 침팬지, 고릴라, 오랑우탄의 출생 간격: M. E. Thompson (2013). "Comparative reproductive energetics of human and nonhuman primates." *Ann. Rev. Anthropol.* 42: 287–304.

207쪽 세계는 이미 인간을 닮은 독특하고 근사한 종 … 가득했다: Nick Longrich, "Were other humans the rst victims of the sixth mass extinction?" 2019년 11월 21일 대화, 2000년 3월 16일 확인, https://theconversation.com/were-other-humans-the-rst-victims-of-the-sixth-mass-extinction-126638.

208쪽 오늘날 우리의 염색체 속에서 그들의 DNA 몇 개: S. Sankararaman, S. Mallick, N. Patterson, and D. Reich (2016). "The combined landscape of Denisovan and Neanderthal ancestry in present-day humans." *Curr. Biol.* 26 (9): 1241–47. doi: 10.1016/j.cub.2016.03.037.

208쪽 네안데르탈인은 우리보다 뇌가 약간 더 컸고, 동굴 벽화를 그리고,: D. L. Hoffmann et al. (2018). "U-Th dating of carbonate crusts reveals Neandertal origin of Iberian cave art." *Science* 359 (6378): 912–15. doi: 10.1126/*Science*.aap7778.

208쪽 음악을 연주하고: N. J. Conard, M. Malina, and S. C. Münzel (2009). "New utes document the earliest musical tradition in southwestern Germany." *Nature* 460: 737–40.

208쪽 죽은 이들을 묻었다: W. Rendu et al. (2014). "Neandertal burial at La Chapelleaux–Saints." *PNAS* 111 (1): 81–86. doi: 10.1073/*PNAS*.1316780110.

208~209쪽 호모 사피엔스가 … 긴 과정을 거치는 동안 초사회적으로 변했다: 브라이언 헤어 · 버네사 우즈 지음, 이민아 옮김 《다정한 것이 살아남는다(*Survival of the Friendliest*)》(디플롯, 2021); Richard W. Wrangham, *The Goodness Paradox* (Pantheon, 2019).

214쪽 심장병은 … 매년 세계적으로 폭력보다 더 많은 사람을 죽인다: Risk Factors Collaborators (2016). "Global Burden of Disease 2015." *Lancet* 388 (10053): 1659–1724.

214쪽 인간 사회가 세계적으로 덜 폭력적이 됐음에도 말이다: 스티븐 핑커 지음, 김명남 옮김 《우리 본성의 선한 천사(*The Better Angels of Our Nature*)》(사이언스북스, 2014).

215쪽 침팬지와 보노보는 … 체지방이 10퍼센트 이하로 붙는다: H. Pontzer et al. (2016). "Metabolic acceleration and the evolution of human brain size and life history." *Nature* 533: 390–92.

215쪽 하드자족 같은 왕성한 수렵채집인조차 그보다는 체지방이 많다: H. Pontzer et al. (2012). "Hunter–gatherer energetics and human *Obesity*." *PLoS One* 7 (7): e40503. doi: 10.1371/journal.pone.0040503.

5장 대사 마술사: 에너지 보상과 한계

226쪽 수렵채집인의 삶이 고되다: 하드자족의 삶과 일과에 관한 설명과 데이터를 보고 싶다면 다음을 참조할 것. Frank W. Marlowe, *The Hadza: Hunter–Gatherers of Tanzania* (Univ. of California Press, 2010); D. A. Raichlen et al. (2017). "Physical activity patterns and biomarkers of cardiovascular disease risk in hunter–gatherers." *Am. J. Hum. Biol.* 29: e22919. doi: 10.1002/ajhb.22919.

228쪽 수렵채집인은 서양인들이면 녹초가 됐을 만한 삶을 살아간다: H. Pontzer, B. M. Wood, and D. A. Raichlen (2018). "Hunter–gatherers as models in public health." *Obes. Rev.* 19 (Suppl 1): 24–35.

231쪽 하드자족의 데이터는 미국과 유럽에서 가져온 데이터 수치와 동일선상에 위치했다: H. Pontzer et al. (2012). "Hunter-gatherer energetics and human *Obesity*." *PLoS One* 7: e40503.

236쪽 5~12세 슈아르족 아이들의 일일 에너지 소비량: S. Urlacher et al. (2019). "Constraint and trade-offs regulate energy expenditure during childhood." *Science* Advances 5 (12): eaax1065. doi: 10.1126/sciadv.aax1065.

236쪽 치마네족 남녀의 일일 에너지 소비량: M. D. Gurven et al. (2016). "High resting metabolic rate among Amazonian forager-horticulturalists experiencing high pathogen burden." *Am. J. Phys. Anth.* 161 (3): 414-25. doi: 10.1002/ajpa.23040.

237쪽 미국 메이우드와 … 나이지리아 시골 지역에 거주하는 흑인 여성의 일일 에너지 소비량: K. E. Ebersole et al. (2008). "Energy expenditure and adiposity in Nigerian and African-American women." *Obesity* 16 (9): 2148-54. doi: 10.1038/oby.2008.330.

237쪽 편하게 사는 도시인들의 소비량과 같았다: L. R. Dugas et al. (2011). "Energy expenditure in adults living in developing compared with industrialized countries: A meta-analysis of doubly labeled water studies." *Am. J. Clin. Nutr.* 93: 427-41.

238쪽 적당히 활동적인 성인과 신체 활동이 가장 많은 사람들 사이 차이는 없었다: H. Pontzer et al. (2016). "Constrained total energy expenditure and metabolic adaptation to physical activity in adult humans." *Curr. Biol.* 26 (3): 410-17. doi:10.1016/j.cub.2015.12.046.

239쪽 1년 운동 프로그램에 등록시켜 하프 마라톤을 뛰는 훈련을 하게 했다: K. R. Westerterp et al. (1992). "Long-term effect of physical activity on energy balance and body composition." *Brit. J. Nutr.* 68: 21-30.

239쪽 한 주 약 40킬로미터를 달렸다: 연구 계획서는 주 4일, 한 번 운동할 때마다 60분으로 묘사되어 있었으며, 9분 36초 분/마일 속도로 한 주 40킬로미터쯤 되었을 것이다.

240쪽 온혈동물 사이에서는 일반적인 일: H. Pontzer (2015). "Constrained total energy expenditure and the evolutionary biology of energy balance." *Exer. Sport. Sci. Rev.* 43: 110-16; T. J. O'Neal et al. (2017). "Increases in physical activity result in diminishing increments in daily energy expenditure in mice." *Curr. Biol.* 27 (3): 423–30.

240쪽 캥거루와 판다도 마찬가지다: H. Pontzer et al. (2014). "Primate energy expenditure and life history." *PNAS* 111 (4): 1433–37; Y. Nie et al. (2015). "Exceptionally low daily energy expenditure in the bamboo-eating giant panda." *Science* 349 (6244): 171–74.

241쪽 일 에너지 소비량과 신체 활동 수준은 … 동일했다: K. R. Westerterp and J. R. Speakman (2008). "Physical activity energy expenditure has not declined since the 1980s and matches energy expenditures of wild mammals." *Internat. J. Obesity* 32: 1256–63.

243쪽 실시된 중서부 운동 실험 1: J. E. Donnelly et al. (2003). "Effects of a 16-month randomized controlled exercise trial on body weight and composition in young, overweight men and women: The Midwest Exercise Trial." *Arch. Intern. Med.* 163 (11): 1343–50.

244쪽 중서부 2에서 더 힘든 운동 프로그램: S. D. Herrmann et al. (2015). "Energy intake, nonexercise physical activity, and weight loss in responders and nonresponders: The Midwest Exercise Trial 2." *Obesity* 23(8):1539–49. doi: 10.1002/oby.21073.

245쪽 2년 뒤에 평균 체중 감량치는 2킬로그램에도 못 미치며: D. L. Swift et al. (2014). "The role of exercise and physical activity in weight loss and maintenance." *Prog. Cardiov. Dis.* 56 (4): 441–47. doi: 10.1016/j.pcad.2013.09.012.

246쪽 소수의 슈아르족 남성의 높아진 일일 에너지 소비량: L. Christopher et al. (2019). "High energy requirements and water throughput of adult Shuar forager-horticulturalists of Amazonian Ecuador." *Am. J. Hum. Biol.* 31: e23223. doi: 10.1002/ajhb.23223.

246쪽 비만인 사람은 … 하루 같은 양의 에너지를 소모한다: D. A. Schoeller (1999). "Recent advances from application of doubly labeled water to measurement of human energy expenditure." *J. Nutr.* 129: 1765–68.

248쪽 아이들을 대상으로 한 연구에서도 같은 결과가 나왔다: S. R. Zinkel et al. (2016). "High energy expenditure is not protective against increased adiposity in children." *Pediatr. Obes.* 11 (6): 528–34. doi: 10.1111/ijpo.12099.

249쪽 〈비기스트 루저〉 참가자들의 대사 변화를 연구: D. L. Johannsen et al. (2012). "Metabolic slowing with massive weight loss despite preservation of fat-free mass." *J. Clin. Endocrinol. Metab.* 97 (7): 2489-96. doi:10.1210/jc.2012-1444.

250쪽 그들의 BMR은 여전히 예상보다 낮았다: E. Fothergill et al. (2016). "Persistent metabolic adaptation 6 years after 'The Biggest Loser' competition." *Obesity* 24 (8): 1612-19. doi: 10.1002/oby.21538.

251쪽 1917년 프랜시스 베니딕트와 … 실시한 연구다: F. G. Benedict (1918). "Physiological effects of a prolonged reduction in diet on twenty-five men." *Proc. Am. Phil. Soc.* 57 (5): 479-90.

252쪽 미네소타대학교의 앤셀 키스와 동료들: Ancel Keys, Josef Brozek, and Austin Henschel, *The Biology of Human Starvation*, vol. 1 (Univ. of Minnesota Press, 1950).

253쪽 원래 체중보다 늘어나는 현상에 대해서는 많은 연구가 이루어지지는 않았지만: A. G. Dulloo, J. Jacquet, and L. Girardier (1997). "Poststarvation hyperphagia and body fat overshooting in humans: A role for feedback signals from lean and fat tissues." *Am. J. Clin. Nutr.* 65 (3): 717-23.

256쪽 신진대사 관리자는 그저 은유나 만화 속 캐릭터가 아니라: 배고픔과 포만감의 신경 제어에 대해 살펴보고 싶다면 다음 책을 참조할 것. Stephan Guyenet, *The Hungry Brain: Outsmarting the Instincts That Make Us Overeat* (Flatiron Books, 2017).

258쪽 갑상샘 호르몬, 즉 우리 대사율의 주요 조절 호르몬: L. M. Redman and E. Ravussin (2009). "Endocrine alterations in response to calorie restriction in humans." *Mol. Cell. Endocrin.* 299 (1): 129-36. doi: 10.1016/j.mce.2008.10.014.

259쪽 인간은 생식을 재빨리 뒤로 미룬다: 인간의 생식 활동에서 이용할 수 있는 에너지의 역할에 대한 심도 깊은 논의는 다음을 참조할 것. Peter Ellison, *On Fertile Ground* (Harvard Univ. Press, 2003).

259쪽 음식 제한이 엄격하면 배란을 멈출 것이다: N. I. Williams et al. (2010). "Estrogen and progesterone exposure is reduced in response to energy deficiency in women aged 25-40 years." *Hum. Repro.* 25 (9): 2328-39. doi:10.1093/humrep/deq172.

259쪽 쥐는 굶어 죽을 위기에 처했을 때 두 개의 기관을 지킨다: S. E. Mitchell et al. (2015).

"The effects of graded levels of calorie restriction: I. Impact of short term calorie and protein restriction on body composition in the C57BL/6 mouse." *Oncotarget* 6: 15902–30.

260쪽 체중과 체질량 지수(BMI)는 … 거의 바뀌지 않는다: H. Pontzer, B. M. Wood, and D. A. Raichlen (2018). "Hunter-gatherers as models in public health." *Obes. Rev.* 19 (Suppl 1): 24–35.

261쪽 우리 몸이 초과 열량의 일부를 이용하려 하기 때문이다: R. L. Leibel, M. Rosenbaum, and J. Hirsch (1995). "Changes in energy expenditure resulting from altered body weight." *N. Engl. J. Med.* 332 (10): 621–28.

261쪽 보통의 미국인 성인은 매년 약 0.2킬로그램씩 체중이 늘어난다: S. Stenholm et al. (2015). "Patterns of weight gain in middle-aged and older US adults, 1992–2010." *Epidemiology* 26 (2): 165–68. doi: 10.1097/EDE.0000000000000228.

262쪽 휴일에 … 살이 찌는 경향이 있다: E. E. Helander, B. Wansink, and A. Chieh(2016). "Weight gain over the holidays in three countries." *N. Engl. J. Med.* 375 (12): 1200–02. doi: 10.1056/NEJMc1602012.

262쪽 현관 등을 달로 착각하는 나방: R. Hertzberg, "Why insects like moths are so attracted to bright lights." *National Geographic*, October 5, 2018, accessed March 18, 2020, https://www.nationalgeographic.com/animals/2018/10/moth-meme-lamps-insects-lights-attraction-news/.

266쪽 유서 깊은 웨이트 워처스: "Dieters move away from calorie obsession," CBS, April 12, 2014, https://www.cbsnews.com/news/dieters-move-away-from-calorie-obsession/.

6장 현실판 헝거 게임: 다이어트, 신진대사, 인류의 진화

272쪽 유럽의 분류학자들은 꿀잡이새에 'Indicator indicator'라는 학명을 붙였다: 원래 이름은 Cuculus indicator(지표 뻐꾸기)였는데, 꿀잡이새가 다른 새의 둥지에 알을 낳아 아무것도 모르는 부모를 속이기 때문이다. 더 자세한 내용은 다음을 참조할 것. A. Spaarman, "An account of a journey into Africa from the Cape of Good-Hope, and a description of a new species of cuckow." *Phil. Trans. Roy. Soc. London* (Royal Society of London, 1777), 38-47.

272쪽 꿀잡이새는 … 다른 종으로부터 분리되었다: B. M. Wood et al. (2014). "Mutualism and manipulation in Hadza-honeyguide interactions." *Evol. Hum. Behav.* 35: 540-46.

277쪽 더닝-크루거 효과: J. Kruger and D. Dunning (1999). "Unskilled and unaware of it: How difculties in recognizing one's own incompetence lead to inated self-assessments." *J. Pers. Soc. Psych.* 77 (6): 1121-34.

277쪽 "무지는 지식보다 더 확신을 가지게 한다": Charles Darwin, *Descent of Man* (John Murray & Sons, 1871), 3.

277쪽 세계정세를 다루는 데 검증된 자신감과 전문 지식: 이 말이 농담이라는 걸 알아차렸는가? 그렇지 않다면 더닝-크루거 효과의 피해자일 수 있다.

278쪽 페타(PETA)에서 이야기하는 사항: "Is It Really Natural? The Truth About Humans and Eating Meat," PETA, January 23, 2018, accessed March 18, 2020, https://www.peta.org/living/food/really-natural-truth-humans-eating-meat/.

279쪽 호미닌 조상은 처음에: H. Pontzer (2012). "Overview of hominin evolution." *Nature Education Knowledge* 3 (10): 8, accessed March 18, 2020, https://www.*Nature*.com/scitable/knowledge/library/overview-of-hominin-evolution-89010983/.

280쪽 주기적으로 곤충을 잡아먹었을 것이다: L. R. Backwell and F. d'Errico (2001). "Evidence of termite foraging by Swartkrans early hominids." *PNAS* 98 (4): 1358-63. doi: 10.1073/*PNAS*.021551598.

280쪽 덩이줄기의 활용: G. Laden and R. Wrangham (2005). "The rise of the hominids as an adaptive shift in fallback foods: Plant underground storage organs (USOs) and australopith origins." *J. Hum. Evol.* 49 (4): 482-98.

281쪽 뼈의 동위원소 기호만 보더라도 명백히 알 수 있다: K. Jaouen et al. (2019). "Exceptionally high δ15N values in collagen single amino acids conrm Neandertals as high-trophic level carnivores." *PNAS* 116 (11): 4928-33. doi: 10.1073/*PNAS*.1814087116.

281쪽 우리의 소화관은 40퍼센트 … 작다: L. C. Aiello and P. Wheeler(1995). "The expensive tissue hypothesis: The brain and the digestive system in human and primate evolution." *Curr. Anthropol.* 36: 199-221.

282쪽 고기와 함께 탄수화물이 많은 곡물 … 먹어 균형을 맞췄다: A. G. Henry, A. S.Brooks, and D. R. Piperno (2014). "Plant foods and the dietary ecology of Neanderthals and early modern humans." *J. Hum. Evol.* 69: 44-54; R. C. Power et al. (2018). "Dental calculus indicates widespread plant use within the stable Neanderthal dietary niche." *J. Hum. Evol.* 119: 27-41.

283쪽 1만 4000년 이상 된 … 빵의 파편이 발견되었는데: A. Arranz-Otaegui et al.(2018). "Archaeobotanical evidence reveals the origins of bread 14,400 years ago in northeastern Jordan." *PNAS* 115 (31): 7925-30. doi: 10.1073/*PNAS*.1801071115.

284쪽 고고학자 조지 머독의《민족지 도해서》: G. P. Murdock, *Ethnographic Atlas* (Univ. Pittsburgh Press, 1967).

286쪽 설치류가 저장해 둔 야생 뿌리식물을 뺏기도 한다: S. Ståhlberg and I. Svanberg (2010). "Gathering food from rodent nests in Siberia." *J. Ethnobiol.* 30 (2): 184-202.

287쪽 혈당과 지방 대사는 꿀에 … 동일하게 반응한다: S. K. Raatz, L. K. Johnson, and M. J. Picklo (2015). "Consumption of honey, sucrose, and high-fructose corn syrup produces similar metabolic effects in glucose-tolerant and-intolerant individuals." *J. Nutr.* 145 (10): 2265-72. doi: 10.3945/jn.115.218016.

287쪽 이들의 심장은 유난히 건강하고: H. Pontzer, B. M. Wood, and D. A. Raichlen (2018). "Hunter-gatherers as models in public health." *Obes. Rev.* 19(Suppl 1): 24-35.

287쪽 고대의 식단은 오직 5퍼센트의 탄수화물과 75퍼센트의 지방으로 구성되어 있다고!: David Perlmutter, *Grain Brain: The Surprising Truth About Wheat, Carbs, and Sugar* (Little, Brown Spark, 2013), 35.

288쪽 이 같은 분석 결과는 동료 심사 논문을 무수히 많이 탄생시켰고: L. Cordain et al.

(2000). "Plant-animal subsistence ratios and macronutrient energy estimations in worldwide hunter-gatherer diets." *Am. J. Clin. Nutr.* 71: 682-92.

288쪽 코데인 교수의 영향력 있는 저서 《구석기 다이어트》: Loren Cordain, *The Paleo Diet*(John Wiley & Sons, 2002).

289쪽 의사 겸 생화학자이자 저탄수화물 식단의 열렬한 옹호자인 스티븐 피니: S. D. Phinney (2004). "Ketogenic diets and physical performance." *Nutr. Metab.* (London) 1 (2). doi: 10.1186/1743-7075-1-2.

290쪽 아프리카에서 퍼지기 시작한 때는 겨우 6500년 전 정도인데: B. S. Arbuckle and E. L. Hammer (2018). "The rise of pastoralism in the ancient Near East." *J. Archaeol. Res.* 27: 391-449. doi: 10.1007/s10814-018-9124-8.

290쪽 평원 지대의 들소 사냥 문화는 … 형성되지도 않았다: D. G. Bamforth(2011). "Origin stories, archaeological evidence, and post-Clovis Paleoindian bison hunting on the Great Plains." *American Antiquity* 76 (1): 24-40.

290~291쪽 북극 지방 문화는 심지어 그 역사가 약 8000년 정도밖에 되지 않는다: "Inuit Ancestor Archaeology: The Earliest Times." CHIN, 2000, accessed March 18, 2020, http://www.virtualmuseum.ca/edu/ViewLoitLo.do?method=preview&lang=EN&id=10101.

291쪽 하드자족, 치마네족, 슈아르족 및 그 외 소규모 사회에서 실천하는 저지방 식단: H. Pontzer, B. M. Wood, and D. A. Raichlen (2018). "Hunter-gatherers as models in public health." *Obes. Rev.* 19 (Suppl 1): 24-35; L. Christopher et al. (2019). "High energy requirements and water throughput of adult Shuar forager-horticulturalists of Amazonian Ecuador." *Am. J. Hum. Biol.* 31: e23223. doi: 10.1002/ajhb.23223.

292~293쪽 목축 집단에서 각각 독립적으로 두 번 발생했다: S. A. Tishkoff et al. (2007). "Convergent adaptation of human lactase persistence in Africa and Europe." *Nature Genetics* 39 (1): 31-40. doi: 10.1038/ng1946

293쪽 인간은 … 타액 아밀라아제를 만드는 유전자의 복제본을 더 많이 가지고 있다: G. H. Perry et al. (2007). "Diet and the evolution of human amylase gene copy number variation." *Nature* Genetics 39 (10): 1256-60. doi: 10.1038/ng2123.

293쪽 식이 엽산 수치의 감소: A. Sabbagh et al. (2011). "Arylamine N-acetyltransferase 2 (NAT2) genetic diversity and traditional subsistence: A worldwide population survey." *PLoS One* 6 (4): e18507. doi: 10.1371/journal.pone.0018507.

293쪽 지방산 불포화 효소(FADS1과 FADS2) 내 변화: S. Mathieson and I. Mathieson (2018). "FADS1 and the timing of human adaptation to agriculture." *Mol. Biol. Evol.* 35 (12): 2957-70. doi: 10.1093/molbev/msy180.

293~294쪽 비소 함량이 높은 지하수: M. Apata, B. Arriaza, E. Llop, and M. Moraga (2017). "Human adaptation to arsenic in Andean populations of the Atacama Desert." *Am. J. Phys. Anthropol.* 163 (1): 192-99. doi: 10.1002/ajpa.23193. Epub 2017 Feb 16.

294쪽 그들의 FADS 유전자에 변화가 있었다: M. Fumagalli et al.(2015). "Greenlandic Inuit show genetic sig*Natures* of diet and climate adaptation." *Science* 349 (6254): 1343-47.

294쪽 이 인구 집단에 속하는 사람들 대부분은 케토시스 상태가 되지 않는다: F. J. Clemente et al.(2014). "A selective sweep on a deleterious mutation in CPT1A in Arctic populations." *Am. J. Hum. Gen.* 95 (5): 584-89. doi: 10.1016/j.ajhg.2014.09.016.

297쪽 오즈 박사가 '해독 주스'를 권하며: "Dr. Oz's detox water," *Women's World Magazine*, May 27, 2019.

299쪽 소화하는 데 더 많은 열량이 든다는 '마이너스' 음식: M. E. Clegg and C. Cooper (2012). "Exploring the myth: Does eating celery result in a negative energy balance?" *Proc. Nutr. Soc.* 71 (oce3): e217.

299쪽 얼음물을 마신다고 매일 소모하는 에너지양이 변하지는 않는다: 몸이 잉여 에너지를 태워 얼음물을 데운다는 증거가 없다. 그랬다면 얼음물(0°C) 한 잔인 240밀리리터의 물이 체온만큼 뜨거워지는 데는 240×37 = 8,880칼로리, 약 9킬로칼로리밖에 들지 않는다.

299쪽 커피 한 잔에 든 카페인: A. G. Dulloo et al. (1989). "Normal caffeine consumption: Inuence on thermogenesis and daily energy expenditure in lean and postobese human volunteers." *Am. J. Clin. Nutr.* 49 (1): 44-50.

300쪽 포화 지방과 트랜스 지방을 심장병의 주요 위험인자로 지목한다: L. Hooper, N. Martin, A. Abdelhamid, and G. D. Smith (2015). "Reduction in saturated fat intake for cardiovascular disease." *Cochrane Database Syst. Rev.* 6: CD011737. doi: 10.1002/14651858.CD011737; F. M. Sacks et al. (2017). "Dietary fats and cardiovascular disease: A presidential advisory from the American Heart Association." *Circulation* 136 (3): e1 – e23. doi: 10.1161/CIR.0000000000000510.

300쪽 이를 알리기 위한 요리책《아낌없이 주는 콩》: Margaret Keys and Ancel Keys, *The Benevolent Bean* (Doubleday, 1967).

302쪽 인슐린은 잉여 포도당을 지방으로 전환시키고: K. N. Frayn et al. (2003). "Integrative *Physiology* of human adipose tissue." *Int. J. Obes. Relat. Metab. Disord.* 27: 875 – 88.

302쪽 지방의 축적은 오히려 과식의 원인이다: D. S. Ludwig and M. I. Friedman (2014). "Increasing adiposity: Consequence or cause of overeating?" *JAMA* 311: 2167 – 68.

303쪽 홀의 연구팀은 과체중이거나 비만인 사람들을: K. D. Hall et al. (2016). "Energy expenditure and body composition changes after an isocaloric ketogenic diet in overweight and obese men." *Am. J. Clin. Nutr.* 104 (2): 324 – 33. doi: 10.3945/ajcn.116.133561.

303쪽 탄수화물이나 지방을 줄여서: K. D. Hall et al. (2015). "Calorie for calorie, dietary fat restriction results in more body fat loss than carbohydrate restriction in people with *Obesity*." *Cell Metabolism* 22 (3): 427 – 36.doi: 10.1016/j.cmet.2015.07.021.

304쪽 일일 에너지 소비량은 차이가 없었다: W. G. Abbott, B. V. Howard, G. Ruotolo, and E. Ravussin (1990). "Energy expenditure in humans: Effects of dietary fat and carbohydrate." *Am. J. Physiol.* 258 (2 Pt 1): E347 – 51.

304쪽 '다이어트피츠(DIETFITS)' 연구에서는 609명의 남녀에게 무작위로 저탄수화물 혹은 저지방 식단을 지정했다: C. D. Gardner et al. (2018). "Effect of low – fat vs low – carbohydrate diet on 12 – month weight loss in overweight adults and the association with genotype pattern or insulin secretion: The DIETFITS randomized clinical trial." *JAMA* 319 (7): 667 – 79. doi: 10.1001/*JAMA*.2018.0245.

304쪽 1960년대와 1970년대, … 존 유드킨: John Yudkin, *Pure, White and Deadly: The*

Problem of Sugar (Davis – Poynter, 1972).

305쪽 심장 질환으로 인한 사망률이 여전히 심각한 수준으로 높긴 하지만: H. K. Weir et al. (2016). "Heart disease and cancer deaths: Trends and projections in the United States, 1969 – 2020." *Prev. Chron. Dis.* 13: 160211.

305쪽 과체중, 비만 발병률: C. D. Fryar, M. D. Carroll, and C. L. Ogden, "Prevalence of Overweight, *Obesity*, and Extreme *Obesity* Among Adults Aged 20 and Over: United States, 1960 – 1962 Through 2013 – 2014," Centers for Disease Control and Prevention, July 18, 2016, accessed March 18, 2020, https: //www.cdc.gov/nchs/data/hestat/*Obesity*_adult_13_14/*Obesity*_adult_13_14.htm.

305쪽 당뇨 발병률은 지속적으로 증가했다: CDC's Division of Diabetes Translation, "Long – term Trends in Diabetes April 2017," April 2017, accessed March 18, 2020, https://www.cdc.gov/diabetes/statistics/slides/long_term_trends.pdf.

305쪽 사람들이 당 섭취를 줄여도: "Food Availability (Per Capita) Data System," USDA Economic Research Service, last updated January 9, 2020, accessed March 18, 2020, https://www.ers.usda.gov/data – products/food – availability – per – capita – data – system/.

305쪽 중국의 경우, 지방에서 얻는 칼로리 비율이 늘었고: J. Zhao et al.(2018). "Secular trends in energy and macronutrient intakes and distribution among adult females (1991 – 2015): Results from the China Health and Nutrition Survey." *Nutrients* 10 (2): 115.

305쪽 비만과 당뇨는 꾸준히 증가했다: R. C. W. Ma (2018). "*Epidemiology* of diabetes and diabetic complications in China." *Diabetologia* 61: 1249 – 60. doi:10.1007/s00125 – 018 – 4557 – 7.

305쪽 비만과 대사 질환은 심각한 문제로 대두되고 있는데: T. Bhurosy and R. Jeewon (2014). "Overweight and *Obesity* epidemic in developing countries: A problem with diet, physical activity, or socioeconomic status?" *Sci. World J.* 2014: 964236. doi: 10.1155/2014/964236.

305쪽 루트비히와 그의 동료들은 … 신진대사율을 조사했다: C. B. Ebbeling et al. (2018).

"Effects of a low carbohydrate diet on energy expenditure during weight loss maintenance: Randomized trial." *BMJ* (Clinical research ed.) 363: k4583. doi: 10.1136/*BMJ*.k4583.

305쪽 케빈 홀이 동일한 데이터를 재분석해: K. D. Hall (2019). "Mystery or method? Evaluating claims of increased energy expenditure during a ketogenic diet." *PLoS One* 14 (12): e0225944. doi: 10.1371/journal.pone.0225944.

307쪽 지방 대 탄수화물의 비율이 일일 에너지 소비량에 미치는 영향은 아마도 아주 적거나 없을 가능성이 높다: K. D. Hall and J. Guo (2017). "*Obesity* energetics: Body weight regulation and the effects of diet composition." *Gastroenterology* 152 (7): 1718-27.e3. doi: 10.1053/j.gastro.2017.01.052.

307쪽 (액상과당을 포함한) 당류에서 얻는 칼로리: T. A. Khan, and J. L Sievenpiper (2016). "Controversies about sugars: Results from systematic reviews and meta-analyses on *Obesity*, cardiometabolic disease and diabetes." *Eur. J. Nutr.* 55 (Suppl 2): 25-43. doi: 10.1007/s00394-016-1345-3.

308쪽 수분 손실 및 급격한 체중 감소로 이어진다: S. N. Kreitzman, A. Y. Coxon, and K. F. Szaz (1992). "Glycogen storage: Illusions of easy weight loss, excessive weight regain, and distortions in estimates of body composition." *Am. J. Clin. Nutr.* 56 (1 Suppl): 292S-93S. doi: 10.1093/ajcn/56.1.292S.

309쪽 네 가지 유명한 다이어트 식단 … 중 하나를 지정해 12개월간 유지하도록 했다: M. L. Dansinger et al. (2005). "Comparison of the Atkins, Ornish, Weight Watchers, and Zone diets for weight loss and heart disease risk reduction: A randomized trial." *JAMA* 293 (1): 43-53.doi: 10.1001/*JAMA*.293.1.43.

310쪽 펜 질렛은 … 45킬로그램 이상을 감량했다고 한다: Susan Rinkunas, "Eating Only One Food to Lose Weight Is a Terrible Idea," The Cut, August 16, 2009, accessed March 18, 2020, https://www.thecut.com/2016/08/mono-diet-potato-diet-penn-jillette.html. 217 10주간 정크 푸드 식단을 실천함으로써: Madison Park, "Twinkie diet helps nutrition professor lose 27 pounds," CNN, November 8, 2010, http://www.cnn.com/2010/HEALTH/11/08/twinkie.diet.professor/index.html.

311쪽 저탄수화물 식단으로 당뇨병을 치료했다: William Morgan, *Diabetes Mellitus: Its History, Chemistry, Anatomy, Pathology, Physiology, and Treatment* (The Homoeopathic Publishing Company, 1877).

311쪽 인슐린 및 다른 당뇨약이 … 더 이상 필요 없어진 경우도 있었다: S. J. Athinarayanan et al. (2019). "Long-term effects of a novel continuous remote care intervention including nutritional ketosis for the management of type 2 diabetes: A 2-year non-randomized clinical trial." *Fron. Endocrinol.* 10: 348. doi:10.3389/fendo.2019.00348.

311쪽 체중 감량이 … 2형 당뇨에서 벗어날 수 있도록 하며: R. Taylor, A. Al-Mrabeh, and N. Sattar (2019). "Understanding the mechanisms of reversal of type 2 diabetes." *Lancet Diab. Endocrinol.* 7 (9): 726-36. doi: 10.1016/S2213-8587(19)30076-2.

312~313쪽 간헐적 단식을 지정받은 사람들은 체중을 더 많이 감량하지도, 감량한 체중을 더 오래 유지하지도 못했다: I. Ciof et al. (2018). "Intermittent versus continuous energy restriction on weight loss and cardiometabolic outcomes: A systematic review and meta-analysis of randomized controlled trials." *J. Transl. Med.* 16: 371. doi: 10.1186/s12967-018-1748-4.

314쪽 《배고픈 뇌(Hungry Brain)》라는 자세하면서도 흡입력 있는 저서: Stephan Guyenet, *The Hungry Brain: Outsmarting the Instincts That Make Us Overeat* (Flatiron Books, 2017).

316쪽 음식, 특히 지방과 당에 강하게 반응하는: M. Alonso-Alonso et al. (2015). "Food reward system: Current perspectives and future research needs." *Nutr. Rev.* 73 (5): 296-307. doi: 10.1093/nutrit/nuv002.

317쪽 단백질 섭취량도 감시되어: M. Journel et al. (2012). "Brain responses to high-protein diets." *Advances in Nutrition* (Bethesda, Md.) 3 (3): 322-29. doi: 10.3945/an.112.002071.

317쪽 시상하부와 소통한다: K. Timper and J. C. Brüning(2017). "Hypothalamic circuits regulating appetite and energy homeostasis: Pathways to *Obesity*." *Disease Models & Mechanisms* 10 (6): 679-89. doi: 10.1242/dmm.026609.

318쪽 쥐는 결국 과식하고 살이 찐다: A. Sclafani and D, Springer (1976). "Dietary *Obesity* in adult rats: Similarities to hypothalamic and human *Obesity* syndromes." *Physiol. Behav.* 17 (3): 461–71.

318쪽 원숭이부터 코끼리에 이르기까지 다양한 종에서 이와 동일한 현상이 관찰되었으며 여기에는 당연히 인간도 포함된다: Monkeys: P. B. Higgins et al. (2010). "Eight week exposure to a high sugar high fat diet results in adiposity gain and alterations in metabolic biomarkers in baboons (*Papio hamadryas sp.*)." *Cardiovasc. Diabetol.* 9: 71. doi: 10.1186/1475–2840–9–71; Elephants: K. A. Morfeld, C. L. Meehan, J. N. Hogan, and J. L. Brown (2016). "Assessment of body condition in African (*Loxodonta africana*) and Asian (*Elephas maximus*) elephants in North American zoos and management practices associated with high body condition scores." *PLoS One* 11: e0155146. doi: 10.1371/journal.pone.0155146; Humans: R. Rising et al. (1992). "Food intake measured by an automated food–selection system: Relationship to energy expenditure." *Am. J. Clin. Nutr.* 55 (2): 343–49.

319쪽 당과 오일은 … 두 가지 주요 열량원이며: S. A. Bowman et al., "Retail Food Commodity Intakes: Mean Amounts of Retail Commodities per Individual, 2007–08," USDA Agricultural Research Service and USDA Economic Research Service, 2013.

319쪽 항상 더 먹고 싶어지는 음식: George Dvorsky, "How Flavor Chemists Make Your Food So Addictively Good," Gizmodo, November 8, 2012, accessed March 18, 2020, https://io9.gizmodo.com/how–avor–chemists–make–your–food–so–addictively–good–5958880.

320쪽 가공 식품이 얼마나 강력할 수 있는지: K. D. Hall et al. (2019). "Ultra–processed diets cause excess calorie intake and weight gain: An inpatient randomized controlled trial of ad libitum food intake." *Cell Metabol.* 30 (1): 67–77.e3.

321쪽 평균 체중의 증가의 원인이 될 수 있지만: S. H. Holt, J. C. Miller, P.Petocz, and E. Farmakalidis (1995). "A satiety index of common foods." *Eur. J. Clin. Nutr.* 49 (9): 675–90.

321쪽 유사한 양의 지방이 쌓이게 된다: C. Bouchard et al. (1990). "The response to long-term overfeeding in identical twins." *N. Engl. J. Med.* 322 (21): 1477-82.

321쪽 쌍둥이는 식사량을 줄이고 체중을 줄이는 데에도 유사하게 반응한다: A. Tremblay et al. (1997). "Endurance training with constant energy intake in identical twins: Changes over time in energy expenditure and related hormones." *Metabolism* 46 (5): 499-503.

321쪽 비만과 관련한 900개 이상의 유전자 변이를 발견해냈다: L. Yengo et al. and the GIANT Consortium (2018). "Meta-analysis of genome-wide association studies for height and body mass index in ~700000 individuals of European ancestry." *Hum. Mol. Gen.* 27 (20): 3641-49. doi: 10.1093/hmg/ddy271.

322쪽 1995년 38가지의 … 음식을 실험했다: S. H. Holt, J. C. Miller, P. Petocz, and E. Farmakalidis (1995). "A satiety index of common foods." *Eur. J. Clin. Nutr.* 49 (9): 675-90.

324쪽 스트레스를 많이 경험한 이후 더 많이 먹는다: B. Hitze et al. (2010). "How the selsh brain organizes its supply and demand." *Frontiers in Neuroenergetics* 2: 7.doi: 10.3389/fnene.2010.00007.

324쪽 휴가철에 사람들이 평균 0.5~1킬로그램 정도 살이 찌는 원인이다: E. E. Helander, B.Wansink, and A. Chieh (2016). "Weight gain over the holidays in three countries." *N. Engl. J. Med.* 375 (12): 1200-2. doi: 10.1056/NEJMc1602012.

324쪽 가난과 기회의 부족이 강한 상관관계가 있다: K. A. Scott, S. J. Melhorn, and R. R. Sakai (2012). "Effects of chronic social stress on *Obesity*." *Curr. Obes. Rep.* 1: 16-25.

327쪽 하드자족의 일일 섬유질 섭취량은 … 약 5배 정도 높다: H. Pontzer, B. M. Wood, and D. A. Raichlen (2018). "Hunter-gatherers as models in public health." *Obes. Rev.* 19 (Suppl 1): 24-35.

327쪽 심장 질환을 예방하는 데 도움이 된다: L. Hooper, N. Martin, A. Abdelhamid, and G. D. Smith (2015). "Reduction in saturated fat intake for cardiovascular disease." *Cochrane Database Syst. Rev.* 6: CD011737. doi:10.1002/14651858.CD011737.

7장 살고 싶다면 뛰어라!

337쪽 유인원들은 매일 밤 9~10시간 정도 잠을 자고: C. L. Nunn and D. R. Samson (2018). "Sleep in a comparative context: Investigating how human sleep differs from sleep in other primates." *Am. J. Phys. Anthropol.* 166 (3): 601–12.

337쪽 침팬지는 매일 나무를 100미터쯤 올랐는데: H. Pontzer and R. W. Wrangham(2014). "Climbing and the daily energy cost of locomotion in wild chimpanzees: Implications for hominoid locomotor evolution." *J. Hum. Evol.* 46 (3): 317–35.

337쪽 유인원은 혈관이 경화되지도 않고 관상 동맥이 막혀 심장마비가 오지도 않는다: K. Kawanishi et al. (2019). "Human species–specic loss of CMP–N–acetylneuraminic acid hydroxylase enhances atherosclerosis via intrinsic and extrinsic mechanisms." *PNAS* 116 (32): 16036–45. doi: 10.1073/*PNAS*.1902902116.

340쪽 한 자리에서 팔굽혀펴기를 10번 할 수 있는 사람: Justin Yang et al. (2019). "Association between push–up exercise capacity and future cardiovascular events among active adult men." *JAMA* Network Open 2 (2): e188341. doi: 10.1001/*JAMA*networkopen.2018.8341.

340쪽 최소 약 365미터를 걸을 수 있는 노인: A. Yazdanyar et al. (2014) "Association between 6–minute walk test and all–cause mortality, coronary heart disease–specic mortality, and incident coronary heart disease." *Journal of Aging and Health* 26 (4): 583–99. doi: 10.1177/0898264314525665.

340쪽 6 대사당량(METS) 혹은 그 이상이 필요하다고 정의되는 격렬한 신체 활동: "Examples of Moderate and Vigorous Physical Activity," Harvard T. H. Chan School of Public Health, accessed March 20, 2020, https://www.hsph.harvard.edu/*Obesity*–prevention–source/moderate–and–vigorous–physical–activity/.

340쪽 산화질소 생성을 촉진하는데: G. Schuler, V. Adams, and Y. Goto(2013). "Role of exercise in the prevention of cardiovascular disease: Results, mechanisms, and new perspectives." *Eur. Heart J.* 34: 1790–99.

340~341쪽 인지 저하 속도를 늦춰 준다: G. Kennedy et al. (2017). "How does exercise reduce the rate of age-associated cognitive decline? A review of potential mechanisms." *J. Alzheimers Dis.* 55 (1): 1-18. doi: 10.3233/JAD-160665.

341쪽 걷기와 달리기를 하면 인지 기능이 향상된다: D. A. Raichlen and G. E.Alexander (2017). "Adaptive capacity: An evolutionary neuro*Science* model linking exercise, cognition, and brain health." *Trends Neurosci.* 40 (7): 408-21. doi: 10.1016/j.tins.2017.05.001.

341쪽 댄 리버먼 교수는 그의 저서 《왜 건강한 행동은 하기 싫은가》(*Exercised: Why Something we Never Evolved to Do Is Healthy and Rewarding*)에서 설명한다 (Pantheon, 2020).

341쪽 근육 운동을 함으로써 수백 개의 분자가 혈액 속으로 방출된다: M. Whitham et al. (2018). "Extracellular vesicles provide a means for tissue crosstalk during exercise." *Cell Metab.* 27 (1): 237-51.e4.

343쪽 성체 수컷 쥐를 대상으로 여러 수준의 칼로리 제한을 실험하여: S. E.Mitchell et al. (2015). "The effects of graded levels of calorie restriction: I. Impact of short term calorie and protein restriction on body composition in the C57BL/6 mouse." *Oncotarget* 6: 15902-30.

345쪽 전염병과 싸우는 동안 아이들은 사용되는 에너지를 증가시켰다: S. S. Urlacher et al.(2018). "Tradeoffs between immune function and childhood growth among Amazonian forager-horticulturalists." *PNAS* 115 (17): E3914-21. doi: 10.1073/*PNAS*.1717522115.

345쪽 운동이 제한된 … 부분을 차지하기 시작하면: H. Pontzer (2018). "Energy constraint as a novel mechanism linking exercise and health." *Physiology* 33 (6): 384-93.

346쪽 운동이 만성 염증을 완화하는 데 효과적인 방법이며: M. Gleeson et al. (2011). "The anti-inammatory effects of exercise: Mechanisms and implications for the prevention and treatment of disease." *Nat. Rev. Immunol.* 11: 607-15.

347쪽 공개 연설을 하게 함으로써 스트레스 반응을 유도한: U. Rimmele et al. (2007). "Trained men show lower cortisol, heart rate and psychological responses to psychosocial stress compared with untrained men." *Psychoneuroendocrinology* 32: 627-35.

347쪽 중간 정도의 우울증을 지닌 여대생을 대상으로 한 연구: C. Nabkasorn et al. (2006). "Effects of physical exercise on depression, neuroendocrine stress hormones and physiological fitness in adolescent females with depressive symptoms." Eur. *J. Publ. Health* 16: 179–84.

349쪽 동일한 연령의 마라톤 선수들과 주로 앉아서 생활하는 남성들: A. C. Hackney (2020). "Hypogonadism in exercising males: Dysfunction or adaptive-regulatory adjustment?" *Front. Endocrinol.* 11: 11. doi: 10.3389/fendo.2020.00011.

350쪽 암 위험을 줄이는 가장 효과적인 방법: J. C. Brown, K. Winters-Stone, A. Lee, and K. H. Schmitz (2012). "Cancer, physical activity, and exercise." *Compr Physiol.* 2: 2775–809.

351쪽 자전거 경주 탄생 당시 금지 약물 사용이 있었다: Lorella Vittozzi, "Historical Evolution of the Doping Phenomenon," *Report on the I.O.A.'s Special Sessions and Seminars* 1997, International Olympic Academy, 1997, 68–70.

352쪽 테스토스테론과 테스토스테론 유사 약물이 전체 도핑 위반 사례의 45퍼센트를 차지했다: R. I. Wood and S. J. Stanton (2012). "Testosterone and sport: Current perspectives." *Horm. Behav.* 61 (1): 147–55. doi: 10.1016/j.yhbeh.2011.09.010.

354쪽 31명의 지구력 부문 여성 운동선수에게 식품 보충제를 제공했다: K. Lagowska, K. Kapczuk, Z. Friebe, and J. Bajerska (2014). "Effects of dietary intervention in young female athletes with menstrual disorders." *J. Int. Soc. Sports Nutr.* 11: 21.

357쪽 하드자족 남성과 여성의 일평균 걸음 수는 1만 6000보 정도다: B. M. Wood et al.(2018). "Step counts from satellites: Methods for integrating accelerometer and GPS data for more accurate measures of pedestrian travel." *J. Meas. Phys. Behav.* 3 (1): 58–66.

357쪽 하루 신체 활동 시간이 2시간이 채 되지 않으며: 흔히 하루 2~3킬로미터를 걷고 100미터가량 나무를 타는 데 드는 예상 시간: H. Pontzer. "Locomotor Ecology and Evolution in Chimpanzees and Humans." In Martin N. Muller, Richard W. Wrangham, and David R. Pilbeam, eds., *Chimpanzees in Human Evolution* (Harvard Univ. Press, 2017), 259–85.

357쪽 하루 평균 걸음 수는 5000보 정도다: 침팬지는 한 걸음에 50센티미터가량 이동한다: H. Pontzer, D. A. Raichlen, and P. S. Rodman (2014). "Bipedal and quadrupedal locomotion in chimpanzees." *J. Hum. Evol.* 66: 64–82.

358쪽 약 5000명의 미국 성인을 대상으로 5년에서 8년의 기간에 걸쳐 조사를 진행했던: P. F. Saint–Maurice et al. (2018). "Moderate–to–vigorous physical activity and all–cause mortality: Do bouts matter?" *J. Am. Heart Assoc.* 7(6): e007678. doi:10.1161/JAHA.117.007678.

358쪽 15만 명의 호주 성인들을 대상으로 한 유사한 연구: E. Stamatakis et al. (2019). "Sitting time, physical activity, and risk of mortality in adults." *J. Am. Coll. Cardiol.* 73 (16): 2062–72. doi: 10.1016/j.jacc.2019.02.031.

358쪽 유명한 코펜하겐 심장 연구: P. Schnohr et al. (2015). "Dose of jogging and long–term mortality: The Copenhagen City Heart Study." *J. Am. Coll. Cardiol.* 65 (5): 411–19. doi: 10.1016/j.jacc.2014.11.023.

358쪽 글래스고의 우편 배달원을 대상으로 한 연구: W. Tigbe, M. Granat, N. Sattar, and M. Lean (2017). "Time spent in sedentary posture is associated with waist circumference and cardiovascular risk." *Int. J. Obes.* 41: 689–96. doi: 10.1038/ijo.2017.30.

359쪽 서유럽에서 기대 수명이 가장 낮은 나라 중 하나: "Scotland's public health priorities," Scottish Government, Population Health Directorate, 2018, accessed March 20, 2020, https://www.gov.scot/publications/scotlands–public–health–priorities/pages/2/.

359쪽 전통 부족들은 … 유사하게 수면을 취한다: G. Yetish et al. (2015) "Natural sleep and its seasonal variations in three pre–industrial societies." *Curr. Biol.* 25(21): 2862–68. doi: 10.1016/j.cub.2015.09.046.

360쪽 심혈관계 대사 질환에 걸릴 위험이 높아진다: A. W. McHill et al. (2014) "Impact of circadian misalignment on energy metabolism during simulated nightshift work." *PNAS* 111 (48): 17302–07. doi: 10.1073/*PNAS*.1412021111.

360쪽 하드자족 성인 역시 동일한 수준의 휴식 시간을 확보한다: D. A. Raichlen et al. (2020) "Sitting, squatting, and the evolutionary biology of human inactivity." *PNAS*,

Epub ahead of print. doi: 10.1073/*PNAS*.1911868117.

361쪽 어둠 속에서 몇 달간 숨어 지내는 억만장자: Wikipedia, accessed March 20, 2020, https://en.wikipedia.org/wiki/Howard_Hughes.

362쪽 영양사, 의료 담당자와 팀을 꾸려: J. Mayer, P. Roy, and K. P. Mitra (1956). "Relation between caloric intake, body weight, and physical work: Studies in an industrial male population in West Bengal." *Am. J. Clin. Nutr.* 4 (2):169−75.

362쪽 약 2000명을 대상으로 실시한 최근 연구: L. R. Dugas et al. (2017). "Accelerometer−measured physical activity is not associated with two−year weight change in African−origin adults from ve diverse populations." *Peer J.* 5: e2902. doi: 10.7717/peerj.2902.

363쪽 뇌가 배고픔과 신진대사를 조절하는: A. Prentice and S. Jebb (2004). "Energy intake/physical activity interactions in the homeostasis of body weight regulation." *Nutr. Rev.* 62: S98−104.

364쪽 앉아서 지내는 생활 방식에서 기인한다: I. Lee et al. (2012). "Effect of physical inactivity on major non−communicable diseases worldwide: An analysis of burden of disease and life expectancy." *Lancet* (London) 380 (9838): 219−29. doi: 10.1016/S0140−6736(12)61031−9.

364쪽 보스턴 경찰관 중 비만인 경관들을 대상으로 한 연구: K. Pavlou, S. Krey, and W. P. Steffee (1989). "Exercise as an adjunct to weight loss and maintenance in moderately obese subjects." *Am. J. Clin. Nutr.* 49: 1115−23.

365쪽 전국 체중 조절 등록 센터: "The National Weight Control Registry,"accessed March 20, 2020, http://www.nwcr.ws/.

367쪽 센터 회원들은 매일 약 1시간 정도를 … 썼고: D. M. Ostendorf et al. (2018). "Objectively measured physical activity and sedentary behavior in successful weight loss maintainers." *Obesity* 26 (1): 53−60. doi: 10.1002/oby.22052.

8장 극단의 에너지학: 인간 지구력의 한계

375쪽 오직 여덟 명만이 횡단에 성공했다: Ocean Rowing, "Atlantic Ocean Crossings West-East from Canada," August 4, 2018, accessed March 21, 2020, http://www.oceanrowing.com/statistics/Atlantic_W-E__from_Canada.htm.

376쪽 4000~5000킬로칼로리를 섭취했지만: Christopher Mele, "Ohio teacher sets record for rowing alone across the Atlantic," *New York Times*, August 6, 2018, accessed March 21, 2020, https://www.nytimes.com/2018/08/06/world/bryce-carlson-rows-atlantic-ocean.html.

376쪽 투르 드 프랑스 사이클 선수들은 8500킬로칼로리의 열량을 소모한다: K. R. Westerterp, W. H. Saris, M. van Es, and F. ten Hoor (1986). "Use of the doubly labeled water technique in humans during heavy sustained exercise." *J. App. Physiol.* 61 (6): 2162-67.

376쪽 철인 3종 경기 선수들은 … 이와 비슷한 에너지를 소모한다: B. C. Ruby et al. (2015). "Extreme endurance and the metabolic range of sustained activity is uniquely available for every human not just the elite few." *Comp. Exer. Physiol.* 11(1): 1-7.

376쪽 1만 2000킬로칼로리를 반복적으로 섭취했다: Mun Keat Looi, "How Olympic swimmers can keep eating such insane quantities of food," Quartz, August 10, 2016, accessed March 21, 2020, https://qz.com/753956/how-olympic-swimmers-can-keep-eating-such-insane-quantities-of-food/.

377~378쪽 알렉스 허친슨의 《인듀어》: Alex Hutchinson, *Endure: Mind, Body, and the Curiously Elastic Limits of Human Performance* (William Morrow, 2018).

379쪽 정신적 피로가 지구력을 떨어뜨린다: See S. Marcora et al. (2018). "The effect of mental fatigue on critical power during cycling exercise." *Eur. J. App. Physiol.* 118 (1): 85-92. doi: 10.1007/s00421-017-3747-1.

380쪽 운동을 하는 동안 우리 몸이 소모하는 연료의 종류: J. A. Romijn et al. (1993). "Regulation of endogenous fat and carbohydrate metabolism in relation to exercise intensity and duration." *Am. J. Physiol.* 265: E380-91.

384쪽 개를 한 마리 한 마리 잡아먹으면서: Mike Dash, "The most terrible polar exploration ever: Douglas Mawson's Antarctic journey," *Smithsonian*, January 27, 2012, accessed March 21, 2020, https://www.smithsonianmag.com/history/the-most-terrible-polar-exploration-ever-douglas-mawsons-antarctic-journey-82192685/.

387쪽 하루 평균 6200킬로칼로리의 열량: C. Thurber et al. (2019). "Extreme events reveal an alimentary limit on sustained maximal human energy expenditure." *Science* Advances 5 (6): eaaw0341. doi: 10.1126/sciadv.aaw0341.

388~389쪽 AEE 내에서 … 일어났다: 사례는 다음을 참조할 것: H. Pontzer et al.(2016). "Constrained total energy expenditure and metabolic adaptation to physical activity in adult humans." *Curr. Biol.* 26 (3): 410-17. doi: 10.1016/j.cub.2015.12.046; S. S. Urlacher et al. (2019). "Constraint and trade-offs regulate energy expenditure during childhood." *Science Advances* 5 (12): eaax1065. doi: 10.1126/sciadv.aax1065.

389쪽 비운동성 활동 열 생성 또는 NEAT: J. A. Levine (2002). "Non-exercise activity thermogenesis (NEAT)." *Best Pract. Res. Clin. Endocrinol. Metab.* 16 (4): 679-702.

389쪽 운동에 대한 NEAT 반응을 측정한 대부분의 연구: E. L. Melanson (2017). "The effect of exercise on non-exercise physical activity and sedentary behavior in adults." *Obes. Rev.* 18: 40-49. doi: 10.1111/obr.12507.

389쪽 매일 오르락내리락 하는 롤러코스터 같은 궤적: K.-M. Zitting et al. (2018). "Human resting energy expenditure varies with circadian phase." *Curr. Biol.* 28 (22): 3685-90.e3.doi: 10.1016/j.cub.2018.10.005.

394쪽 젖먹이 새끼들을 둔 어미 쥐의 털을 밀어서: E. Król, M. Murphy, and J. R. Speakman (2007). "Limits to sustained energy intake. X. Effects of fur removal on reproductive performance in laboratory mice." *J. Exp. Biol.* 210 (23): 4233-43.

397쪽 지질과 포도당 정맥 주사를 맞기 시작했다: "The Dutch Doping Scandal—Part 3," Cycling News, November 29, 1977, accessed March 21, 2020, http://autobus.cyclingnews.com/results/archives/nov97/nov29a.html.

398쪽 임신부는 한계로 내몰린다: H. M. Dunsworth et al. (2012). "Metabolic hypothesis for human altriciality." *PNAS* 109 (38): 15212–16. doi: 10.1073/*PNAS*.1205282109.

398쪽 대사 촉발에 영향을 미쳐: J. C. K. Wells, J. M. DeSilva, and J. T. Stock(2012). "The obstetric dilemma: an ancient game of Russian roulette, or a variable dilemma sensitive to ecology?" *Am. J. Phys. Anthropol.* 149 (55): 40–71. doi:10.1002/ajpa.22160.

401쪽 모든 사람의 의식 속에 떠다니는 1만 2000킬로칼로리라는 수치: Curtis Charles, "Michael Phelps reveals his 12,000–calorie diet was a myth, but he still ate so much food," *USA Today*, June 16, 2017, accessed March 21, 2020, https://ftw.usatoday.com/2017/06/michael–phelps–diet–12000–calories–myth–but–still–ate–8000–to–10000–quote.

401쪽 또 다른 올림픽 수영 스타 케이티 레데키: Sabrina Marques, "Here's how many calories Olympic swimmer Katie Ledecky eats in a day. It's not your typical 19–year–old's diet," Spooniversity, accessed March 21, 2020, https://spoonuniversity.com/lifestyle/this–is–what–olympic–swimmer–katie–ledecky–s–diet–is–like.

401쪽 마이클 펠프스는 체격이 크다. 신장은 평균을 훨씬 넘고: Ishan Daftardar, "Scientic analysis of Michael Phelps's body structure," *Science* ABC, July 2, 2015, March 21, 2020, https://www.Scienceabc.com/sports/michael–phelps–height–arms–torso–arm–span–feet–swimming.html.

404쪽 보온을 위한 목적으로 최초의 조류 조상들에게 생겨났다: M. J. Benton et al. (2019). "The early origin of feathers." *Trends in Ecology & Evolution* 34 (9): 856–69.

404쪽 인간 조상들이 두 발로 직립보행을 시작했다: Charles Darwin, *The Descent of Man: And Selection in Relation to Sex* (J. Murray, 1871).

404쪽 프랑스 언어학회는 언어의 기원에 대한 더 이상의 논의를 금지했다: S. Számadó and E. Szathmáry (2004). "Language evolution." *PLoS Biology 2* (10): e346. doi: 10.1371/journal.pbio.0020346.

9장 호모 에네르제티쿠스의 과거, 현재, 그리고 불확실한 미래

408쪽 1마일, 즉 1.6킬로미터만 넘어도: Y. Yang and A. V. Diez-Roux (2012). "Walking distance by trip purpose and population subgroups." *Am. J. Prev. Med.* 43 (1): 11-19. doi: 10.1016/j.amepre.2012.03.015.

411쪽 제트 연료는 500만 킬로칼로리 이상으로: 1만 4000킬로미터를 운항하는 보잉 747은 승객 한 명당 시간당 6000킬로와트를 소모한다: David J. C. MacKay, *Sustainable Energy: Without the Hot Air* (UIT Cambridge Ltd, 2009), https://www.withouthotair.com/c5/page_35.shtml.

412쪽 존재의 위기: 비만과 기후 변화: "Syndemics: Health in context." *Lancet* 389 (10072): 881.

415쪽 멸종된 호미닌의 화석 유적을 발견했다: L. S. B. Leakey, P. V. Tobias, and J. R. Napier (1964). "A new species of the genus *Homo* from Olduvai Gorge." *Nature* 202: 7-9.

415쪽 수십 년간 발견된 연구 결과: Glenn C. Conroy and Herman Pontzer, *Reconstructing Human Origins: A Modern Synthesis*, 3rd ed. (W. W. Norton,2012).

417쪽 활시위를 당기는 힘: H. Pontzer et al. (2017). "Mechanics of archery among Hadza hunter-gatherers." *J. Archaeol. Sci.* 16: 57-64.doi: 10.1016/j.jasrep.2017.09.025.

418쪽 약 100만 년 전 … 호모 에렉투스: F. Berna et al. (2012). "Acheulean re at Wonderwerk Cave." *PNAS* 109 (20): E1215-20. doi: 10.1073/pnas.1117620109.

418쪽 약 40만 년 전으로 추정한다: W. Roebroeks and P. Villa (2011). "On the earliest evidence for habitual use of re in Europe." *PNAS* 108 (13): 5209-14. doi: 10.1073/ *PNAS*.1018116108.

418쪽 훌륭한 저서 《요리 본능》: 리처드 랭엄 지음, 조현욱 옮김 《요리 본능(*Catching Fire: How Cooking Made Us Human*)》(사이언스북스, 2011).

418쪽 장작불은 연료 450그램당 약 1600킬로칼로리를 에너지를 방출한다: 위키피디아, 2020년 3월 22일 확인, 2020, https://en.wikipedia.org/wiki/Wood_fuel.

419쪽 생식 식단을 따르는 … 남녀: C. Koebnick, C. Strassner, I. Hoffmann, and C.

Leitzmann (1999). "Consequences of a long-term raw food diet on body weight and menstruation: Results of a questionnaire survey." *Ann. Nutr. Metab.* 43: 69-79.

420쪽 불은 주변 환경을 바꾸는 데 사용되기도 했는데: D. W. Bird, R. Bliege Bird, and B. F. Codding (2016). "Pyrodiversity and the anthropocene: The role of re in the broad spectrum revolution." *Evol. Anthropol.* 25: 105-16. doi: 10.1002/evan.21482; F. Scherjon, C. Bakels, K. MacDonald, and W. Roebroeks (2015). "Burning the land: An ethnographic study of off-site re use by current and historically documented foragers and implications for the interpretation of past re practices in the landscape." *Curr. Anthropol.* 56 (3): 299-326.

421쪽 가마를 사용해 역청을 만든 다음 돌도끼 머리와 다른 칼날을 나무 손잡이에 붙이는 방법도 배웠다: P. R. B. Kozowyk et al. (2017). "Experimental methods for the Palaeolithic dry distillation of birch bark: Implications for the origin and development of Neandertal adhesive technology." *Sci. Rep.* 7: 8033. doi: 10.1038/s41598-017-08106-7.

421쪽 도자기를 구울 수 있을 만큼 뜨거운 불을 지필 수 있었다: Cristian Violatti, "Pottery in Antiquity," Ancient History Encyclopedia, September 13, 2014, accessed March 22, 2020, https://www.ancient.eu/pottery/.

421쪽 광석을 녹여 구리와 다른 금속을 제련하는 방법: "Smelting," Wikipedia, accessed March 22, 2020, https://en.wikipedia.org/wiki/Smelting.

421쪽 철과 유리를 만드는 방법을 발견했다: "History of Glass," Wikipedia, accessed March 22, 2020, https://en.wikipedia.org/wiki/History_of_glass.

422쪽 상황을 완전히 뒤바꿀 수 있는 아이디어에 집중하기 시작했다: J. Diamond and P. Bellwood (2003). "Farmers and their languages: The rst expansions." *Science* 300 (5619): 597-603.

424쪽 말이 시간당 약 640킬로칼로리의 작업을 어렵지 않게 할 수 있으며: R. D. Stevenson and R. J. Wassersug (1993). "Horsepower from a horse." *Nature* 364: 6434.

425쪽 말은 사람 10명이 덤벼들어야 할 수 있는 일을 해냈고: Eugene A. Avallone et al, *Marks' Standard Handbook for Mechanical Engineers*, 11th ed. (McGraw-Hill, 2007).

425쪽 말을 타면 하루에 5킬로미터 가까이는 어렵지 않게 이동할 수 있었고: Nicky Ellis, "How far can a horse travel in a day?" Horses & Foals, April 15, 2019, accessed March 22, 2020, https://horsesandfoals.com/how-far-can-a-horse-travel-in-a-day/.

425쪽 출산율이 급증했다: J.-P. Bocquet-Appel (2011). "When the world's population took off: The springboard of the Neolithic demographic transition." *Science* 333 (6042): 560-61. doi: 10.1126/*Science*.1208880.

426쪽 전형적인 하드자족 여성은 일생 동안 여섯 명의 아이를 낳는 반면: N. G. Blurton Jones et al. (1992). "Demography of the Hadza, an increasing and high density population of savanna foragers." *Am. J. Phys. Anthropol.* 89 (2): 159-81.

426쪽 칼로리 혜택을 누리는 치마네족 여성: M. Gurven et al. (2017). "The Tsimane Health and Life History Project: Integrating anthropology and biomedicine." *Evol. Anthropol.* 26 (2): 54-73. doi: 10.1002/evan.21515.

426쪽 집단 지성이라고 부르는: M. Muthukrishna and J. Henrich (2016). "Innovation in the collective brain." *Phil. Trans. R. Soc.* B 371: 20150192. doi: /10.1098/rstb.2015.0192.

426쪽 바람의 힘을 이용해 항해하는 법: 항해의 가장 오래된 증거는 약 7500년 전 페르시아만에서 찾을 수 있다. 자세한 내용은 다음을 참조할 것. R. Carter (2006). "Boat remains and maritime trade in the Persian Gulf during the sixth and fth millennia BC." *Antiquity* 80 (3071): 52-63. Also see "Ancient Maritime History," Wikipedia, accessed March 22, 2020, https://en.wikipedia.org/wiki/Ancient_maritime_history.

426쪽 흐르는 강물의 에너지를 활용해: "Watermill," Wikipedia, accessed March 22, 2020, https://en.wikipedia.org/wiki/Watermill.

426쪽 풍차는 수세기 후 생겨났다: "풍차(Windmill)" 위키피디아, 2020년 3월 22일 확인, https://en.wikipedia.org/wiki/Windmill.

427쪽 화석 연료는 모두 합쳐 3만 5000킬로칼로리 이상의 에너지를 공급하며: 에너지 데이터: "World Energy Balances 2019," 국제 에너지 기구(International Energy Agency), 2020년 3월 23일 확인, https://www.iea.org/data-and-statistics; Population data: "World Population Prospects 2017," UN 경제사무국 인구부(United Nations,

Department of Economic and Social Affairs, Population Division), 2017—Data Booklet (ST/ESA/SER.A/401), 2020년 4월 28일 확인, https://population.un.org/wpp/Publications/Files/WPP2017_DataBooklet.pdf.

427쪽 농부는 미국 내 노동자의 69퍼센트를 차지했고: 미국 인구 조사국(U.S. Census Bureau), 미국 역사 통계(*Historical Statistics of the United States) 1780-1945* (1949), 74, 2020년 3월 23일 확인, https://www2.census.gov/prod2/statcomp/documents/HistoricalStatisticsoftheUnitedStates1789-1945.pdf.

428쪽 농부와 목장주는 미국 노동 인구의 겨우 1.3퍼센트를 차지한다: 2018년 농부 260만 명: "Ag and Food Sectors and the Economy," 미 농무부 경제 조사국(USDA Economic Research Service), 2020년 3월 3일, 2020년 3월 23일 확인, https://www.ers.usda.gov/data-products/ag-and-food-statistics-charting-the-essentials/ag-and-food-sectors-and-the-economy/; the U.S. population in 2018 was 327 million: 미국, 세계 인구 시계(U.S. and World Population Clock), 2020년 3월 23일 확인, https://www.census.gov/popclock/.

428쪽 매년 약 500조킬로칼로리를 소모한다: Randy Schnepf, *Energy Use in Agriculture: Background and Issues*, 의회 조사처 조사 보고서(Congressional Research Service Report for Congress), 2004년 11월 19일, 2020년 3월 23일 확인, https://nationalaglawcenter.org/wp-content/uploads/assets/crs/RL32677.pdf.

429쪽 하드자족 성인의 경우 수렵채집에 필요한 시간당 칼로리가 약 1000~1500킬로칼로리에 달한다: 생산과 활동 데이터로 계산한 하드자족과 치마네족의 음식 에너지 획득 비율(그래프 9.2): Frank W. Marlowe, *The Hadza: Hunter-Gatherers of Tanzania* (Univ. of California Press, 2010); M. Gurven et al. (2013) "Physical activity and modernization among Bolivian Amerindians." *PLoS One* 8 (1): e55679. doi: 10.1371/journal.pone.0055679.

430쪽 생산직에 종사하는 노동자의 1시간 시급으로 3000킬로칼로리 이상 살 수 있었다: E. L. Chao, and K. P. Utgoff, 100 *Years of U.S. Consumer Spending: Data for the Nation, New York City, and Boston*, U.S. Department of Labor, 2006, accessed March 23, 2020, https://www.bls.gov/opub/100-years-of-u-s-consumer-spending.pdf.

430쪽 설탕은 사치품이었다: Anup Shah, "Sugar," Global Issues, April 25, 2003, accessed March 23, 2020, https://www.globalissues.org/article/239/sugar.

431쪽 그램당 가장 많은 칼로리를 함유한 식품은 가장 저렴하다: A. Drewnowski and S. E. Specter (2004). "Poverty and *Obesity*: The role of energy density and energy costs." *Am. J. Clin. Nutr.* 79 (1): 6 – 16.

431쪽 사탕무로 만든 설탕, 액상과당: S. A. Bowman et al., "Retail food commodity intakes: Mean amounts of retail commodities per individual, 2007 – 08," USDA, Agricultural Research Service, Beltsville, MD, and USDA, Economic Research Service, Washington, D.C., 2013.

432쪽 산업화된 식단의 에너지 밀도: H. Pontzer, B. M. Wood, D. A. Raichlen (2018). "Hunter – gatherers as models in public health." *Obes. Rev.* 19(Suppl 1):24 – 35.

432쪽 출산 간격: C. E. Copen, M. E. Thoma, and S. Kirmeyer (2015). "Interpregnancy intervals in the United States: Data from the birth certificate and the National Survey of Family Growth." *National Vital Statistics Reports* 64 (3).

432쪽 치마네족에서 볼 수 있는 출산 간격과 동일하거나 심지어는 조금 빠르다: A. D. Blackwell et al. "Helminth infection, fecundity, and age of rst pregnancy in women." *Science* 350 (6263): 970 – 72. doi: 10.1126/*Science*.aac7902.

432쪽 이처럼 변화한 데 어떠한 문화적, 생물학적 요인이 작용했는지: O. Galor (2012). "The demographic transition: Causes and consequences." *Cliometrica* 6 (1): 1 – 28. doi: 10.1007/s11698 – 011 – 0062 – 7.

433쪽 수렵채집에 사용하는 매 칼로리마다 약 40칼로리의 식량을 얻는다: H. Pontzer(2012). "Relating ranging ecology, limb length, and locomotor economy in terrestrial animals." *Journal of Theoretical Biology* 296: 6 – 12. doi:10.1016/j.jtbi.2011.11.018.

433쪽 우리는 생산하는 식품의 매 칼로리마다 8칼로리를 태운다: "U.S. Food System Factsheet," Center for Sustainable Systems, University of Michigan, 2019. http://css.umich.edu/sites/default/les/Food%20System_CSS01 – 06_e2019.pdf.

433~434쪽 미국에서는 매년 2경 5000조 킬로칼로리라는 충격적인 양의 에너지를 소비한

다: "U.S. energy facts explained," U.S. Energy Information Administration, accessed March 23, 2020, https://www.eia.gov/energyexplained/us-energy-facts/.

434쪽 몇몇 국가에서는 1인당 에너지 소비량: Data and Statistics, "Total primary energy supply (TPES) by source, World 1990-2017," International Energy Agency, 2019, accessed March 23, 2020, https://www.iea.org/data-and-statistics.

434쪽 우리에게는 약 50년 정도 사용할 석유와 천연 가스가 남아 있으며: Hannah Ritchie and Max Roser, "Fossil Fuels," Our World in Data, 2020, https://ourworldindata.org/fossil-fuels.

435쪽 1800년대 후반에 비해 지구의 온도는 섭씨 0.8도 상승했다: National Academy of Sciences, *Climate Change: Evidence and Causes* (National Academies Press, 2014). doi: 10.17226/18730.

435쪽 전 세계 기온이 섭씨 8도 상승할 것이라: R. Winkelmann et al. (2015). "Combustion of available fossil fuel resources sufcient to eliminate the Antarctic ice sheet." *Science Advances* 1 (8): e1500589. doi: 10.1126/sciadv.1500589; K. Tokarska et al. (2016). "The climate response to ve trillion tonnes of carbon." *Nature Clim. Change* 6: 851-55. doi: 10.1038/nclimate3036.

435쪽 팔레오세—에오세 최대 온난기: J. P. Kennett and L. D. Stott, "Terminal Paleocene Mass Extinction in the Deep Sea: Association with Global Warming," ch. 5 in National Research Council (US) Panel, *Effects of Past Global Change on Life* (National Academies Press, 1995). https://www.ncbi.nlm.nih.gov/books/NBK231944/.

435쪽 오늘날보다 적어도 100미터는 높았다: B. U. Haq, J. Hardenbol, and P. R. Vail (1987). "Chronology of uctuating sea levels since the Triassic." *Science* 235 (4793): 1156-67.

435쪽 세계의 대도시 중 3분의 2를 포함해서 인구의 약 10퍼센트는 해수면에서 10미터도 안 되는 높이에 살며: G. McGranahan, D. Balk, and B. Anderson (2007). "The rising tide: Assessing the risks of climate change and human settlements in low elevation coastal zones." *Environment and Urbanization* 19 (1): 17-37. doi:10.1177/0956247807076960.

435쪽 우리 중 절반은 해수면에서 100미터도 안 되는 곳에서 살고 있다: J. E. Cohen and

C. Small (1998). "Hypsographic demography: The distribution of human population by altitude." *PNAS* 95 (24): 14009 – 14. doi: 10.1073/*PNAS*.95.24.14009.

436쪽 1970년대 이후 느리지만 꾸준히 감소하는 추세다: Hannah Ritchie and Max Roser, "Energy," Our World in Data, 2020, accessed March 23, 2020, https://ourworldindata.org/energy.

437쪽 미국과 유럽에서 출퇴근을 위해 이동하는 거리: U.S.: Elizabeth Kneebone and Natalie Holmes, "The growing distance between people and jobs in metropolitan America," Brookings Institute, 2015, https://www.brookings.edu/wp-content/uploads/2016/07/Srvy_JobsProximity.pdf; Europe: "More than 20% of Europeans Commute at Least 90 Minutes Daily," sdworx, September 20, 2018, accessed March 23, 2020, https://www.sdworx.com/en/press/2018/2018-09-20-more-than-20percent-of-europeans-commute-at-least-90-minutes-daily.

437쪽 2050년까지 전 세계의 탄소 배출량을 0으로 줄여야: R. Eisenberg, H. B. Gray, and G. W. Crabtree (2019). "Addressing the challenge of carbon-free energy." *PNAS* 201821674. doi: 10.1073/*PNAS*.1821674116.

438쪽 실행 가능한 여러 전략이 있다: David Roberts, "Is 100% renewable energy realistic? Here's what we know," Vox, February 7, 2018, accessed March 23, 2020, https://www.vox.com/energy-and-environment/2017/4/7/15159034/100-renewable-energy-studies.

438쪽 화석 연료가 수천 명 더 많은 인적 피해를 유발할 수 있다: A. Markandya and P. Wilkinson (2007). "Electricity generation and health." *Lancet* 370 (9591): 979 – 90.

440쪽 가공 식품으로 가득한 식단은 과식과 체중 증가로 이어진다: K. D. Hall et al. (2019). "Ultra-processed diets cause excess calorie intake and weight gain: An inpatient randomized controlled trial of ad libitum food intake." *Cell Metabolism* 30(1): 67 – 77.e3. doi:10.1016/j.cmet.2019.05.008.

440쪽 던킨의 더블 초콜릿 도넛 하나의 열량은 350킬로칼로리이며: 던킨 도너츠, 2020년 3월 23일 확인, https://www.dunkindonuts.com/.

441쪽 탄산음료를 비롯한 가당 음료에 세금을 매기는 경우: A. M. Teng et al.(2019).

"Impact of sugar-sweetened beverage taxes on purchases and dietary intake: Systematic review and meta-analysis." *Obes. Rev.* 20 (9): 1187-1204. doi: 10.1111/obr.12868.

441쪽 미국 내 저소득 인구가 식품 사막에 거주했다: "Food Access Research Atlas," 미 농무부 경제 조사국(USDA Economic Research Service), 2020년 3월 23일 확인, https://www.ers.usda.gov/data-products/food-access-research-atlas.

441쪽 신선 과일, 채소에 비해 킬로칼로리당 가격이 저렴하다: A. Drewnowski and S. E. Specter (2004). "Poverty and *Obesity*: The role of energy density and energy costs." *Am. J. Clin. Nutr.* 79 (1): 6-16.

442쪽 매년 수십억 달러의 보조금: Kimberly Amadeo, "Government Subsidies (Farm, Oil, Export, Etc): What Are the Major Federal Government Subsidies?" The Balance, January 16, 2020, accessed March 23, 2020, https://www.thebalance.com/government-subsidies-denition-farm-oil-export-etc-3305788.

442쪽 스테판 구예네와 다른 연구자들이 주장했듯: Stephan Guyenet, The *Hungry Brain: Outsmarting the Instincts That Make Us Overeat* (Flatiron Books, 2017).

443쪽 1910년 약 25퍼센트에서 3배가 증가: I. D. Wyatt and D. E. Hecker(2006). "Occupational changes during the 20th century." *Monthly Labor Review* 129 (3): 35-57.

443쪽 미국 내 직업 중 13퍼센트 이상이 '주로 앉아서 일하는' 직종으로 분류되며: "Physical strength required for jobs in different occupations in 2016 on the Internet," The Economics Daily, Bureau of Labor Statistics, U.S. Department of Labor, accessed March 23, 2020, https://www.bls.gov/opub/ted/2017/physical-strength-required-for-jobs-in-different-occupations-in-2016.htm.

444쪽 신체 활동을 늘리고 질병을 줄이는 데: D. Rojas-Rueda et al. (2016). "Health impacts of active transportation in Europe." *PLoS One* 11 (3):e0149990. doi: 10.1371/journal.pone.0149990.

445쪽 가난한 삶을 사는 이들은 비만에 걸릴 확률이 부유층에 비해 높으며: O. Egen et al. (2017). "Health and social conditions of the poorest versus wealthiest counties in the United States." *Am. J. Public Health* 107 (1): 130-35. doi: 10.2105/AJPH.2016.

303515.

445쪽 소외된 공동체의 사람들은 건강이 더 나쁘고: J. R. Speakman and S. Heidari-Bakavoli (2016). "Type 2 diabetes, but not *Obesity*, prevalence is positively associated with ambient *Temperature*." *Sci. Rep.* 6: 30409. doi: 10.1038/srep30409; J. Wassink et al. (2017) "Beyond race/ethnicity: Skin color and cardiometabolic health among blacks and Hispanics in the United States." *J. Immigrant Minority Health* 19 (5): 1018-26. doi: 10.1007/s10903-016-0495-y.

445쪽 외로움이 하도 만연해: N. Xia and H. Li (2018). "Loneliness, social isolation, and cardiovascular health." *Antioxidants & Redox Signaling* 28 (9): 837-51. doi: 10.1089/ars.2017.7312.

445쪽 야외에서 보내는 시간은 스트레스를 줄이고: K. M. M. Beyer et al. (2018). "Time spent outdoors, activity levels, and chronic disease among American adults." *J. Behav. Med.* 41 (4): 494-503. doi: 10.1007/s10865-018-9911-1.

445쪽 일반적인 미국인은 인생의 87퍼센트를 건물 안에서 … 보낸다: N. E. Klepeis et al. (2001). "The National Human Activity Pattern Survey (NHAPS): A resource for assessing exposure to environmental pollutants." *J. Expo. Anal. Environ. Epidemiol.* 11 (3): 231-52. https://www.*Nature*.com/articles/7500165.pdf?origin=ppub